GREGORY BATESON

Rumo a uma ecologia da mente

tradução Simone Campos

7   PREFÁCIO, por *Mary Catherine Bateson* [1999]
17   PREFÁCIO, por *Mark Engel* [1971]

21   PREÂMBULO
25   INTRODUÇÃO

PARTE I
Metálogos

37   Por que as coisas ficam bagunçadas?
42   Por que os franceses?
47   Sobre jogos e seriedade
53   Quanto você sabe?
58   Por que as coisas têm contornos?
64   Por que um cisne?
69   O que é instinto?

PARTE II
Forma e padrão na antropologia

91   Contato cultural e cismogênese
102   Experimentos mentais com
materiais resultantes de observação etnológica
116   Moral e caráter nacional
133   Bali: o sistema de valores de um estado sólido
153   Estilo, graça e informação na arte primitiva
177   *Comentário*

PARTE III
Forma e patologia nas relações

181   Planejamento social e o conceito de deuteroaprendizagem
197   Uma teoria da brincadeira e da fantasia
212   A epidemiologia de uma esquizofrenia
218   Em busca de uma teoria da esquizofrenia
242   A dinâmica de grupo da esquizofrenia

256 Requisitos mínimos para uma teoria da esquizofrenia
281 Duplo vínculo
289 As categorias lógicas da aprendizagem e da comunicação
317 A cibernética do eu: uma teoria do alcoolismo
344 *Comentário*

PARTE IV
Biologia e evolução

347 Sobre a desinteligência de certos biólogos e
conselhos estaduais de educação
350 O papel da mudança somática na evolução
367 Problemas na comunicação de cetáceos e outros mamíferos
381 Reexaminando a "regra de Bateson"
398 *Comentário*

PARTE V
Epistemologia e ecologia

401 A explicação cibernética
412 Redundância e codificação
426 Propósito consciente versus a natureza
439 Efeitos do objetivo consciente na adaptação humana
446 Forma, substância e diferença
462 *Comentário*

PARTE VI
Crise na ecologia da mente

465 De Versalhes à cibernética
473 Patologias da epistemologia
482 As raízes da crise ecológica
488 Ecologia e flexibilidade na civilização urbana

501 ÍNDICE ONOMÁSTICO
507 SOBRE O AUTOR

Prefácio [1999]

Mary Catherine Bateson

Este livro é o registro de uma jornada intelectual. Passo a passo. Um de cada vez. O destino, uma nova ciência, estava surgindo quando este livro foi para o prelo, em 1971. Gregory Bateson faleceu em 1980, mas a jornada intelectual prossegue, cada vez mais urgente, e ainda há pistas essenciais para a compreensão dos padrões de relacionamento a serem descobertas nestes textos.

Na realidade, algumas das conquistas mais marcantes do fim do século XX podem ter prejudicado tal compreensão. Por exemplo: o mapeamento detalhado do genoma humano é um feito extraordinário que nos faz esquecer que o fenótipo individual é formado pela interação de múltiplos fatores genéticos, e não por apenas um deles; e que eles se expressam por meio de uma complicada dança com o meio ambiente, o ar, a terra e outros organismos. Mesmo com os atuais avanços na teoria do caos e da complexidade, temos muito menos capacidade de pensar sobre as interações do que sobre as coisas e as entidades. Sabemos muito mais como um computador deve ser projetado para computar melhor e sobre a bioquímica e as estruturas do órgão denominado cérebro do que sabíamos na época em que Gregory escreveu, mas isso nos levou a uma espécie de triunfalismo, como se tais pesquisas fossem finalmente explicar o que é a imaginação criativa.

Gregory Bateson foi incentivado a gostar de ciência desde a infância. A biografia escrita por David Lipset descreve muitíssimo bem os primeiros anos do pequeno Gregory, muito bem a sua fase adulta e mais ou menos a sua última década de vida, já que Lipset se distanciou da narrativa que havia começado em 1972.[1] Gregory cresceu em um lar interessadíssimo por história natural e biologia, e, em especial, pelos debates sobre evolução e genética. Ao escolher estudar antropologia, ele se afastou da tradição familiar, mas não a ponto de renegá-la. No período anterior à Segunda Guerra Mundial, realizou pesquisas etno-

---

1 David Lipset, *Gregory Bateson: The Legacy of a Scientist*. Englewood Cliffs: Prentice Hall, 1980.

gráficas na Nova Guiné e em Bali. Depois da guerra, no entanto, sua trajetória intelectual não se pautou mais por uma disciplina estabelecida. Ele colaborou com Jurgen Ruesch no livro *Communication: The Social Matrix of Psychiatry*[2] e trabalhou com pacientes com transtornos mentais no Veterans Administration Hospital, em Palo Alto, num cargo anomalamente intitulado "etnólogo". E participou das discussões sobre a cibernética, que na época estava surgindo como ciência, sob o patrocínio da Macy Foundation. Por anos a fio, não estava claro nem mesmo para Gregory que seus ensaios sobre assuntos tão diversos, mas com uma argumentação e uma linguagem irrepreensíveis, o "rumo" [*steps*] do título original,[3] tratavam de um mesmo tema. Mas quando começou a reunir os artigos para esta coletânea, ele caracterizou essa disciplina, o destino de quarenta anos de investigação, como "uma ecologia da mente". A década de carreira que lhe restava ele usou para descrever e refinar a compreensão desse destino, na tentativa de passar o bastão adiante.

Os ensaios deste volume foram escritos para diferentes públicos e publicados em diferentes contextos. Alguns se tornaram famosos entre leitores que conheceram um ensaio de cada vez, sem jamais vislumbrar conexão entre eles. Da mesma forma, muitos antropólogos leram o livro que resultou do trabalho de Gregory na Nova Guiné (*Naven*, publicado em 1936 e um clássico até hoje)[4] seguindo a linha de pensamento representada aqui por "Experimentos mentais com materiais resultantes de observação etnológica" (1941) [p. 102], mas por muito tempo o leram sem enxergar vínculo com os textos sobre casos psicológicos e biológicos, e vice-versa. Eles o consideravam o pioneiro da antropologia visual por

---

2   Jurgen Ruesch & Gregory Bateson, *Communication: The Social Matrix of Psychiatry*. New York: Norton, 1951.

3   Referência ao título original deste livro, *Steps to an Ecology of Mind*. *Steps* é um termo polissêmico em inglês, referindo-se a uma série de ações, movimentos ou fases (passos, etapas, degraus) que são realizadas em uma sequência para alcançar um objetivo, e também guarda o sentido de marcas, sinais. Optamos por traduzir o título por *Rumo a uma ecologia da mente*, ainda que utilizando outros termos ao longo do texto. [N. E.]

4   Gregory Bateson, *Naven: um exame dos problemas sugeridos por um retrato compósito da cultura de uma tribo da Nova Guiné, desenhado a partir de três perspectivas* [1936], trad. Magda Lopes. São Paulo: Edusp, 2018 (doravante *Naven* [1936] 2018).

causa do livro que escreveu com Margaret Mead,[5] enquanto outra comunidade profissional o considerava o pioneiro da terapia familiar. Cada grupo de especialistas se inclinava a achar que os trabalhos de Gregory que não se encaixavam em seu campo de atuação eram uma distração – ou até mesmo uma traição. Especialistas em baleias e golfinhos liam "Problemas na comunicação de cetáceos e outros mamíferos" [p. 367], e especialistas em alcoolismo liam "A cibernética do eu: uma teoria do alcoolismo" [p. 317] para esclarecer disciplinas estritamente definidas, sem perceber que esses textos tinham preocupações mais amplas.

Até a publicação de *Rumo a uma ecologia da mente*, mesmo os admiradores mais fervorosos de Gregory devem ter tido a impressão de que ele adotou e abandonou uma série de disciplinas; de fato, às vezes ele mesmo deve ter sentido que fracassou em todas. Sem identidade profissional definida, ficou sem uma base profissional confortável e sem uma fonte de renda segura. Tornou-se um *outsider* de outras maneiras. Profundamente comprometido com a necessidade de derrotar a Alemanha e seus aliados no começo da Segunda Guerra Mundial, convenceu-se de vez dos perigos das boas intenções. Os esforços para se opor às patologias nazifascistas que surgiram das distorções de Versalhes, por seu turno criaram novas patologias, que tiveram vez e voz na era McCarthy e na Guerra Fria e avançam século XXI adentro. Da mesma forma, em seu trabalho pós-guerra sobre a psiquiatria e a comunicação interpessoal, ele começou a ver que os próprios esforços em direção à cura podem ser patogênicos. Sua jornada foi, durante muitos anos, solitária e desencorajadora, caracterizada por uma forma de pensar distinta, e não por um tema concreto e específico. Não por acaso uma série de conversas entre pai e filha – que ele chamou de "metálogos" –, especialmente as que ele escreveu na década de 1950, aparece no início deste volume: a Filha não é contaminada por categorizações acadêmicas e torna-se a desculpa do Pai para abordar questões profundas para além de seus limites. Grande parte dos metálogos foi publicada em periódicos do movimento da semântica geral, que, tal e qual a cibernética, oferecia um ambiente interdisciplinar para se discutir os processos da comunicação.

Somente na década de 1960 o cenário estava pronto para a integração das diferentes vertentes da obra de Gregory. À medida que o movi-

---

5   Gregory Bateson & Margaret Mead, *Balinese Character: A Photographic Analysis*. New York: New York Academy of Sciences, 1942.

mento ambientalista tomava forma, ele ia reclamando suas raízes na biologia. Um dos últimos ensaios incluídos neste livro, "Reexaminando a 'regra de Bateson'" [p. 381], é uma reciclagem de um estudo de seu pai sobre deformações em insetos a partir de seu próprio ponto de vista – que estava em constante evolução. Conforme o movimento antiguerra se desenrolava, Gregory trazia à nota velhas preocupações a respeito da característica sistêmica do belicismo. Após um bom tempo estudando patologias, conceber esses assuntos diversos em termos de teoria dos sistemas demandava também uma visão da saúde dos sistemas como um todo, o que estava prestes a se tornar a tarefa principal. Ao mesmo tempo, uma nova geração de estudantes estava pronta para transgredir fronteiras disciplinares e adotar novas formas de pensar, alguns com desvairada euforia, outros com coragem e precisão semelhantes às de Gregory, trazendo com eles a paixão pelo engajamento social. Em meados da década de 1960, os trabalhos de Gregory tornam-se uma crítica aos rumos tomados pelas sociedades humanas. Em 1968, no fim da década, ele estava pronto para convocar uma conferência interdisciplinar, reunindo pensadores de diferentes momentos da sua jornada.[6] O título da conferência, "Efeitos do objetivo consciente na adaptação humana" (título também de um artigo opinativo publicado aqui na íntegra) [p. 439] faz eco e contrapõe-se ao título deste volume: ambos examinam os padrões dos fenômenos mentais e o mundo das ideias num contexto biológico; ambos apresentam o conceito então emergente de mudanças integrativas que ofereceriam a possibilidade de manter a saúde contínua do sistema. A Parte VI deste volume e boa porção da Parte V apresentam o Gregory Bateson dos anos 1960, focando questões de ecologia e tomadas de decisão em sociedade pelas lentes da epistemologia.

O último artigo deste volume, "Ecologia e flexibilidade na civilização urbana" [p. 488], parte da afirmativa de que um "sistema único de meio ambiente [saudável] conjugado à civilização humana avançada [é aquele] no qual a flexibilidade da civilização se equipara à do ambiente para criar um sistema complexo contínuo, aberto a mudanças graduais até mesmo de características básicas".[7] Ironicamente, esse artigo opinativo foi escrito para uma conferência para planejadores do gabinete de

---

6   Ver Mary Catherine Bateson, *Our Own Metaphor: A Personal Account of a Conference on Conscious Purpose and Human Adaptation*. Washington: Smithsonian Institution Press, 1972.

7   Ibid.

John Lindsay, então prefeito da cidade de Nova York, num contexto em que fortes restrições se combinavam a mudanças não controladas e à inflexibilidade e cegueira características do processo político. Como ele não se cansava de enfatizar, o processo de ajuste sistêmico demandaria um grau de autoconsciência nada fácil para os políticos.

Gregory teve apenas mais uma década – antes de falecer, em 1980 – para enunciar as relações entre áreas do seu pensamento que foram somente justapostas nos textos desta coletânea. Nesse último período, ele escreveu mais algumas apresentações para especialistas, como as que compõem o grosso de *Rumo a uma ecologia da mente*.[8] Ele fez inúmeras palestras, dirigidas frequentemente a estudantes ou ao público em geral, e nas quais ele repetia, de diferentes formas, o padrão do livro – ou seja, ele procurava guiar os leitores pelo caminho que o levou às suas conclusões oferecendo uma parte de sua biografia intelectual e dois ou três momentos cruciais de reconhecimento de padrões. As melhores obras independentes de Gregory e algumas de suas obras mais antigas, bem como uma bibliografia definitiva, no lugar daquela incluída na edição original de *Rumo a uma ecologia da mente* (portanto omitida nesta edição), foram coligidas em *Sacred Unity: Further Steps to an Ecology of Mind*, organizada por Rodney Donaldson.[9] Gregory participou de dois livros dedicados à contextualização de sua obra[10] e começou a escrever mais dois livros que apresentariam a disciplina "ecologia da mente" tal como ela surgira do trabalho de sua vida.

O primeiro desses livros, *Mente e natureza: uma unidade necessária* (1979),[11] é o mais acessível de todos os de Gregory. Afinal de contas, não é um livro escrito para uma comunidade profissional específica, evita referências enigmáticas e vocabulário difícil e, além disso, contém um glossário do jargão do autor. Bateson afirma que a ecologia da mente é uma ecologia de padrões, informações e ideias que se encontram

---

8 Ver, por exemplo, Gregory Bateson, "Some Components of Socialization for Trance", in Rodney E. Donaldson (org.), *Sacred Unity: Further Steps to an Ecology of Mind*. New York: Macmillan, 1991.

9 Ibid.

10 John Brockman, *About Bateson: Essays on Gregory Bateson* (New York: E. P. Dutton, 1977); Carol Wilder & John Weakland, *Rigor and Imagination: Essays from the Legacy of Gregory Bateson* (New York: Praeger Wilder & Weakland, 1981). Anais de uma conferência em homenagem a Gregory Bateson, realizada de 15 a 18 fev. 1979 em Pacific Grove, na Califórnia.

11 G. Bateson, *Mente e natureza: uma unidade necessária* [1979], trad. Claudia Gerpe. Rio de Janeiro: Francisco Alves, 1986.

corporificados em coisas – formas materiais. Uma ciência que se limite a contar e pesar só pode chegar a uma compreensão muito distorcida de tais corporificações. Gregory começou a caracterizar o que entendia por mente (ou sistema mental) em "Patologias da epistemologia" [p. 473], no qual já fica claro que, para ele, o sistema mental é que possui a capacidade de processar e reagir à informação de forma autocorretiva, uma característica dos sistemas vivos, desde células até florestas e civilizações. Ele ampliou essa caracterização, listando vários critérios que definem a mente. Torna-se claro que a mente é composta de diversas partes materiais cujo arranjo permite processos e padrões. Sendo assim, a mente é inseparável de sua base material, e os tradicionais dualismos que diferenciam corpo e mente ou mente e matéria são equivocados. Uma mente pode incluir elementos não vivos, assim como múltiplos organismos; pode funcionar por períodos breves ou longos; não é necessariamente definida por uma fronteira, como um invólucro de pele; e a consciência, se está presente, é sempre apenas parcial. Essa ênfase no fato de que os sistemas mentais incluem mais do que organismos individuais leva Gregory a insistir que a unidade de sobrevivência é sempre organismo *e* meio ambiente.

Tendo descrito os sistemas mentais, Gregory pôde identificar diversas outras características. Ele desenvolve a ideia de que, no mundo dos processos mentais, a diferença é análoga à causa ("diferença que faz diferença") e defende que sistemas integrados e interativos têm capacidade de selecionar padrões a partir de elementos aleatórios, como acontece na evolução e no aprendizado, os quais Gregory chama de "os dois grandes processos estocásticos". Ele explora como a analogia é subjacente a todos "os padrões que se conectam" e elabora uma tipologia de erros comuns nos processos de pensamento, uns sem importância, outros potencialmente letais.

O segundo livro que Gregory havia planejado escrever, *Angels Fear* (abreviação de *Where Angels Fear to Tread* [Onde os anjos temem pisar]), era uma pilha de rascunhos e trechos manuscritos sem a menor conexão no momento de sua morte; a seu pedido, reuni tudo com um material complementar para produzir um livro em coautoria.[12] Os temas que, para Gregory, pareciam assustadores até para os anjos eram os da estética e da religião, da beleza e do sagrado, em grande parte por

---

12   G. Bateson & M. C. Bateson, *Angels Fear: Towards an Epistemology of the Sacred*. Nova York: Macmillan, 1987.

causa da dupla pressão do materialismo e do sobrenaturalismo. Gregory atribuiu a descrições impróprias as ações humanas destrutivas e argumentou que "aquilo que acreditamos que somos deveria ser compatível com aquilo que acreditamos do mundo ao nosso redor",[13] mesmo que conhecimento e crença impliquem profundos abismos de desconhecimento. Ele, porém, estava convencido de que as reações de assombro e reconhecimento envolviam reações a padrões – uma espécie de conhecimento – que nos leva a respeitar a integridade sistêmica da natureza, na qual todos nós, plantas e animais, fazemos parte do ambiente um do outro.

Hoje há uma tendência a encapsular as conclusões dos pensadores em breves resumos, como os guias de estudo Cliffs Notes e livros didáticos, tendência essa que pode ser descrita como uma história intelectual pela caricatura. Os trabalhos mais recentes de Gregory possuem uma fluidez e uma jovialidade que resistem a esse processo, embora muitas ideias tenham aparecido após sua morte, em pacotes rotulados de pós-modernismo ou construcionismo social, autopoiesis ou cibernética de segunda ordem. O perigo de rotular escolas de pensamento é que raramente voltamos aos textos originais para descobrir as riquezas que não são captadas pelos resumos. Mas hoje, voltando a *Rumo a uma ecologia da mente*, vejo que os fios de ligação com meu trabalho mais recente são revelados e aclarados. A importância da diversidade para conservar a flexibilidade (e a resiliência), a busca de continuidades básicas que favoreçam a adaptação, inclusive aprender a aprender a partir da mudança e da disparidade cultural, são temas que vêm diretamente do trabalho de Gregory. Outro aspecto é a importância da história como forma de pensar. Descobri que muitas formulações hoje populares, mas desconhecidas na época de Gregory, como sustentabilidade, são esclarecidas por seus textos, tanto em sua importância quanto em sua vulnerabilidade à distorção.

Lipset comentou que Gregory era "um homem duplamente anacrônico, tanto adiantado quanto atrasado no tempo".[14] Ele estava atrasado, especialmente em sua última década de vida, no sentido de que não estava absorvendo os mais recentes avanços em campos relacionados aos seus. Por outro lado, relê-lo no princípio de um novo milênio sugere que, de várias formas, ele está à frente do pensamento contemporâneo,

---

13   Ibid., p. 177.
14   D. Lipset, *Gregory Bateson: The Legacy of a Scientist*, op. cit., p. xii.

e seus *insights* ainda não foram inteiramente absorvidos. Este livro está cheio de ideias difíceis, que não encontramos em nenhum outro lugar, e ideias lúdicas, que evocam novos modos de pensar. A primeira vez que o lemos é uma vertigem, desafia hábitos arraigados de pensamento. Relê-lo é surpreendente, revela novas camadas de significado. Nós adquirimos uma nova consciência das questões epistemológicas, mas continuamos confusos quanto à natureza da saúde ecológica da nossa civilização, assombrados pelos inúmeros esforços de correção que só agravaram a situação. O crescimento populacional desacelerou, mas ainda é uma preocupação, e o impacto ambiental de cada indivíduo que nasce só faz crescer. Alguns tipos de degradação ambiental foram evitados. Crianças em idade escolar são apaixonadas por tigres e baleias, mas a extinção de espécies e habitats continua. A Guerra Fria acabou, mas as guerras continuam, provando que os velhos diagnósticos estavam errados e os velhos remédios foram inócuos. Mesmo num cenário no qual a disparidade econômica vem aumentando, a concorrência é estimulada com um fervor fundamentalista como se fosse a única solução para tudo. A saúde ecológica continua a nos escapar – e talvez dependa de fato da reconstrução dos padrões de pensamento. Espera-se que a reedição de *Rumo a uma ecologia da mente*, postergada por problemas de direitos de publicação, seja um primeiro passo para a reedição das obras posteriores de Bateson, nas quais ele descreve a sua ciência madura.

Com o passar do tempo, diversas decisões tiveram de ser tomadas a respeito do legado intelectual de Gregory, procurando equilibrar mais acessibilidade e autoridade com suas preferências pessoais, expressas, por exemplo, na concepção de suas conferências. Uma dessas decisões foi respeitar e preservar o caráter interdisciplinar da obra de Gregory para manter a ecologia de ideias que ele mesmo idealizou. Neste volume, ele dividiu os textos em grandes categorias para que os leitores pudessem acompanhar uma determinada linha de pensamento para depois passar para outra. Donaldson aderiu ao mesmo plano básico em *Sacred Unity*. Mas projetos de desconstrução do pensamento de Gregory Bateson para publicá-lo em pacotes disciplinares mais convenientes – para psicólogos, teóricos dos sistemas ou antropólogos – podem reforçar a cegueira existente.

Dentro do plano básico de *Rumo a uma ecologia da mente*, a ordem é basicamente cronológica, pois a estrutura do pensamento de Gregory reflete claramente um padrão de crescimento e desenvolvimento orgânico. Tal e qual um organismo, ele se diferencia em partes ou órgãos com diferentes funções, cada um deles emergindo (ou definhando) com o tempo, em uma sequência epigenética. Alguns leitores percebem o padrão intelectual subjacente desde as primeiras publicações de Gregory ou desde aquelas com as quais tiveram contato primeiro. Outros, entre os quais me incluo, veem continuidade, mas também um desenvolvimento significativo, a incorporação de novas ideias em uma ordem emergente. O próprio Gregory se inspirou repetidas vezes em sua própria história de aprendizado para comunicar suas ideias. Fica aqui um desafio aos leitores: ler estes artigos refletidamente, procurando os *insights* que estavam prestes a emergir. *Mente e natureza* é o texto mais satisfatório para os leitores que procuram uma síntese feita pelo próprio Bateson; *Rumo a uma ecologia da mente* e demais publicações póstumas são tentadoras para aqueles que gostam de surpreender o autor no momento em que tem um *insight* e faz sua própria síntese.

Dentre os especialistas em Bateson, Peter Harries-Jones[15] é notável pelo estudo da "ecologia da mente" de Gregory no contexto de sua obra de maturidade, usando termos associados a esse período para descrevê-la, como "epistemologia recursiva" ou "epistemologia ecológica". Os processos que interessavam a Gregory eram essencialmente processos de conhecimento: percepção, comunicação, codificação e tradução. Epistemologia, portanto. Mas o fulcro dessa epistemologia era a diferenciação dos níveis lógicos, inclusive a relação entre o conhecedor e o conhecido, o conhecimento que retorna como conhecimento de um eu expandido, uma epistemologia recursiva, portanto. Idealmente, a relação entre os padrões do mundo biológico e nossa compreensão desse mundo seria uma relação de congruência, de encaixe, uma similaridade mais ampla e mais difundida do que a capacidade de fazer previsões em contextos experimentais que dependem de simplificação e atenção seletiva. Parece útil nos referirmos à ecologia da mente de Gregory como uma ecologia epistemológica para compará-la com a ecologia largamente materialista dos departamentos acadêmicos. Parece essencial destacar que a recursividade é uma característica necessária dessa epistemologia (e talvez de toda epistemologia, já que todo empenho para saber sobre o conhecimento redunda num gato tentando morder o próprio rabo).

---

15 Peter Harries-Jones, *A Recursive Vision: Ecological Understanding and Gregory Bateson*. Toronto: University of Toronto Press, 1995.

Gregory foi atormentado, em seus últimos anos, pela sensação de urgência, pela sensação de que a definição estreita de "propósito humano", reforçada pela tecnologia, levaria a desastres irreversíveis, e somente uma epistemologia refinada poderia nos salvar. Com certeza, há irreversibilidades em todo nosso entorno. Muitas – como o aquecimento global, a destruição da camada de ozônio e o movimento do veneno pelas cadeias alimentares globais – estão tão adiantadas que é tarde para mudá-las, apesar de não termos sofrido ainda seu impacto integral. No entanto, a situação não degringolou tão rápido quanto ele previa, e talvez ele tenha sucumbido algumas vezes à tentação de dramatizar a mensagem para transmiti-la, de maneira que, mais tarde, ela acabou minada. Porém, os hábitos mentais descritos por ele podem ser vistos em qualquer jornal ou noticiário: a busca por soluções de curto prazo que, com o tempo, acabam piorando o problema (muitas vezes por espelhamento, como usar violência contra violência); o foco em pessoas ou organismos individuais ou até mesmo em espécies, vistos de forma isolada; a tendência a permitir que possibilidades tecnológicas ou indicadores econômicos substituam a reflexão; o esforço para maximizar variáveis isoladas (tal como o lucro) em detrimento da otimização da relação num complexo conjunto de variáveis.

Os ensaios deste volume e de publicações posteriores sugerem uma trajetória. O importante é começar a seguir essa trajetória, simpatizar com ela, para ir além, de maneira que o passo seguinte seja óbvio. A análise acadêmica da obra de Gregory Bateson é uma parte ínfima da tarefa, pois a análise sempre foi um meio de controle. O mais importante agora é reagir. Acompanhar Gregory em seu desenvolvimento é provavelmente a melhor forma de se preparar para os passos que ainda precisam ser dados, os momentos de reconhecimento imaginativo que nos aguardam mais adiante.

Prefácio [1971]

Mark Engel

Sou aluno de Gregory Bateson há três anos e pude ajudá-lo a selecionar os ensaios que se encontram reunidos aqui, em um único volume, pela primeira vez. Acredito que se trata de um livro importantíssimo, não apenas para os que trabalham com as ciências comportamentais, biologia e filosofia, mas em especial para quem é da minha geração – a que nasceu depois de Hiroshima – e está em busca de uma melhor compreensão de si mesmo e do mundo.

A ideia central deste livro é que nós criamos o mundo que percebemos, não porque não exista realidade fora do nosso cérebro (a guerra da Indochina é um erro, estamos destruindo nosso ecossistema e, portanto, a nós mesmos, quer acreditemos ou não), mas porque selecionamos e editamos a realidade que vemos para ajustá-la às nossas crenças sobre o tipo de mundo em que vivemos. O homem que acredita que os recursos do mundo são infinitos, por exemplo, ou que se alguma coisa é boa para nós, quanto mais melhor, será incapaz de enxergar seus erros, porque não vai procurar prova deles.

Para que uma pessoa mude suas crenças básicas, aquelas que determinam sua percepção – aquilo que Bateson chama de premissas epistemológicas –, ela deve primeiro tomar ciência de que a realidade não é necessariamente como ela crê que é. Isso não é fácil nem confortável de aprender, e a maioria dos que nos precederam na história provavelmente conseguiu não pensar nisso. E não estou convencido de que uma vida sem reflexão não valha a pena ser vivida. Mas, às vezes, a dissonância entre a realidade e as falsas crenças chega a tal ponto que o mundo deixa de fazer sentido. Somente então é possível à mente considerar ideias e percepções radicalmente diferentes.

Especificamente, está claro que a nossa mente cultural chegou a esse ponto. Mas há tanto perigos como possibilidades na situação em que estamos. Não existe garantia de que novas ideias trarão melhorias em comparação com as antigas. Nem devemos esperar que a mudança seja suave.

A mudança cultural já fez vítimas psíquicas. Os psicodélicos constituem um poderoso instrumento pedagógico. São a forma mais certeira de conhecer o caráter arbitrário da nossa percepção ordinária. Muitos tiveram de empregá-los para descobrir quão pouco sabiam. Muitos se perderam no labirinto e decidiram que, se a realidade não significa o que pensávamos, não há nenhum sentido nela. Eu mesmo já estive perdido nesse lugar. Até onde sei, existem apenas duas saídas.

Uma delas é a conversão religiosa. (Experimentei o taoismo. Outros escolheram diversas versões do hinduísmo, do budismo e até mesmo do cristianismo. E tempos como estes sempre produzem grandes safras de messias autoproclamados. Além disso, muitos dos que estudam ideologias radicais fazem isso por motivos religiosos e não políticos.) Essa solução pode vir a satisfazer algumas pessoas, ainda que haja sempre o perigo do satanismo. Mas acredito que aqueles que escolhem sistemas de crença pré-fabricados perdem a chance de se engajar num pensamento de fato criativo, e talvez apenas isso seja capaz de nos salvar.

A segunda saída – refletir seriamente e apoiar-se o menos possível na fé – é a mais difícil. A atividade intelectual – da ciência à poesia – tem má reputação na minha geração. A culpa é do nosso sistema educacional, que parece ter sido pensado para impedir que suas vítimas aprendam a pensar, ao mesmo tempo que afirma que pensar é aquilo que acontece quando se lê um livro acadêmico. Além disso, para aprender a pensar, é preciso um professor capaz de pensar. O baixo nível do que se faz passar por raciocínio na maior parte da comunidade acadêmica norte-americana talvez só possa ser apreciado por contraste com um homem como Gregory Bateson, mas já é ruim o suficiente para fazer com que muitas das mentes com mais potencial desistam de procurar coisa melhor.

Porém, a essência de todos os nossos problemas é o mau pensar, e o único remédio é pensar melhor. Este livro é uma amostra do melhor pensamento que já pude encontrar. Recomendo-o a todos, meus irmãos e irmãs da nova cultura, na esperança de que ele nos ajude na nossa jornada.

Honolulu, Havaí
16 de abril de 1971

Preâmbulo

Certas pessoas parecem capazes de trabalhar incansavelmente com escasso êxito e sem nenhum incentivo externo. Não sou uma delas. Sempre precisei saber que alguém acreditava que minha obra era promissora e tinha um rumo, e muitas vezes fiquei surpreso ao constatar que outras pessoas tinham fé em mim quando eu mesmo não tinha quase nenhuma. Às vezes, cheguei a tentar me eximir da responsabilidade que a persistente fé alheia impunha a mim, pensando: "Mas não é possível que eles saibam de fato o que estou fazendo. Como podem saber se eu mesmo não sei?".

Meu primeiro trabalho de campo antropológico com os Baining da Nova Bretanha foi um fracasso, e tive um período de insucesso parcial pesquisando golfinhos. Nenhum desses fracassos jamais foi usado contra mim.

Tenho, portanto, de agradecer às muitas pessoas e instituições que me apoiaram em momentos em que eu mesmo não me considerava uma boa aposta.

Em primeiro lugar, agradeço ao Conselho Diretor do St. John's College, em Cambridge, que me elegeu para uma cátedra imediatamente após meu fracasso com os Baining.

Em seguida, em ordem cronológica, tenho uma grande dívida com Margaret Mead, minha ex-esposa e colaboradora próxima em Bali e na Nova Guiné, e que desde então continua sendo minha amiga e parceira de profissão.

Em 1942, em uma conferência da Macy Foundation, conheci Warren McCulloch e Julian Bigelow, que estavam conversando animadamente sobre "retroalimentação". Escrever *Naven* me conduziu aos limites do que mais tarde se tornaria a cibernética, mas ainda me faltava o conceito de retroalimentação negativa. Quando retornei do exterior após a guerra, procurei Frank Fremont-Smith, da Macy Foundation, para pedir uma conferência sobre esse tema misterioso na época. Frank me respondeu que havia acabado de combinar uma conferência sobre o assunto, tendo McCulloch como presidente. Assim, tive o privilégio de participar das famosas conferências Macy sobre cibernética. Minha dívida com Warren McCulloch, Norbert Wiener, John von Neumann, Evelyn Hutchinson e outros participantes dessas conferências é evidente em tudo o que escrevi desde a Segunda Guerra Mundial.

Em minhas primeiras tentativas de sintetizar ideias cibernéticas e dados antropológicos, fui agraciado com uma bolsa Guggenheim.

No momento em que eu ingressava no campo da psiquiatria, foi Jurgen Ruesch, com quem trabalhei na Langley Porter Clinic, quem me iniciou em muitas das singularidades do mundo psiquiátrico.

De 1949 a 1962, tive o cargo de "etnólogo" no Veterans Administration Hospital de Palo Alto, onde me foi concedida uma liberdade ímpar para estudar o que quer que eu julgasse interessante. Fui poupado de demandas externas e tive essa liberdade por obra do diretor do hospital, dr. John J. Prusmack.

Nesse período, Bernard Siegel sugeriu que a editora da Universidade de Stanford republicasse meu livro *Naven*, cuja primeira edição havia sido um fracasso retumbante em 1936; e tive a sorte de conseguir imagens filmadas de uma sequência de brincadeiras entre lontras do zoológico Fleishhacker que me pareceram suficientemente interessantes do ponto de vista teórico para justificar um pequeno programa de pesquisa.

Devo minha primeira bolsa de pesquisa no campo psiquiátrico ao saudoso Chester Barnard, da Rockefeller Foundation, que tinha um exemplar de *Naven* em sua cabeceira havia alguns anos. Era uma bolsa para estudar "o papel dos paradoxos da abstração na comunicação".

No meio desse período, Jay Haley, John Weakland e Bill Fry se juntaram a mim e formamos um pequeno grupo de pesquisa no Veterans Administration Hospital.

Mas novamente fracassei. Nossa bolsa durou somente dois anos, Chester Barnard se aposentou e, na opinião do pessoal da Rockefeller Foundation, não tínhamos resultados suficientes para justificar a renovação. A bolsa acabou, mas minha equipe permaneceu leal a mim, mesmo sem salário. O trabalho prosseguiu e, alguns dias depois do término da bolsa, enquanto eu escrevia uma carta desesperada a Norbert Wiener pedindo conselhos, a hipótese do duplo vínculo finalmente começou a fazer sentido.

No fim, Frank Fremont-Smith e a Macy Foundation nos salvaram.

Vieram depois as bolsas do Foundations' Fund for Psychiatry e do National Institute of Mental Health.

Gradualmente ficou claro que, para avançar no estudo da tipificação lógica na comunicação, eu deveria trabalhar com animais e comecei a trabalhar com polvos. Minha esposa, Lois, trabalhou comigo e, por mais de um ano, tivemos uma dúzia de polvos na nossa sala de estar. Esse trabalho preliminar foi promissor, mas precisou ser repetido e ampliado sob melhores condições. E, para isso, não havia bolsas disponíveis.

Naquele momento, John Lilly apareceu e me convidou para dirigir o seu laboratório de golfinhos nas ilhas Virgens. Trabalhei lá cerca de um ano e me interessei pelos problemas de comunicação dos cetáceos, mas acho que não sou talhado para administrar um laboratório de financiamento incerto, situado num local onde a logística é intoleravelmente difícil.

Enquanto lutava com esses problemas, recebi um prêmio para o desenvolvimento de carreira do National Institute of Mental Health. Esses prêmios eram distribuídos por Bert Boothe e devo muito à sua fé e interesse perenes.

Em 1963, Taylor Pryor, da Oceanic Foundation, no Havaí, me convidou para trabalhar no Oceanic Institute, pesquisando cetáceos e outros problemas de comunicação animal e humana. Foi lá que escrevi mais da metade deste livro, inclusive toda a Parte V.

No Havaí, também trabalhei com o Culture Learning Institute, do East-West Center (Universidade do Havaí) e devo alguns insights teóricos sobre Aprendizado III às conversas travadas nesse instituto.

Meu débito com a Wenner-Gren Foundation é evidente pelo fato de que este livro contém nada menos do que quatro textos opinativos escritos para as conferências da Wenner-Gren. Quero expressar um agradecimento pessoal à diretora de pesquisas da fundação, sra. Lita Osmundsen.

Muitos outros trabalharam para me ajudar ao longo do caminho. Boa parte não tenho como mencionar, mas agradeço especialmente ao dr. Vern Carroll, que preparou a bibliografia, e à minha secretária, Judith Van Slooten, que trabalhou com todo o empenho para preparar este livro para a publicação.

Por fim, há o débito que todo cientista tem com os gigantes que o precederam. Não é de pouca importância, quando a ideia seguinte não está à mão e todo o esforço empreendido parece inútil, recordar que homens de maior estatura intelectual pelejaram contra os mesmos problemas. Minha inspiração pessoal tem grande débito com os homens que, nos últimos duzentos anos, conservaram viva a ideia de unidade entre o corpo e a mente: Lamarck, fundador da teoria evolucionária, cego, velho e infeliz, e amaldiçoado por Cuvier, que acreditava na criação divina; William Blake, poeta e pintor, que via "através de seus olhos, não com eles", e sabia mais a respeito do que é ser humano do que qualquer outro homem; Samuel Butler, o crítico contemporâneo mais competente da evolução darwiniana e o primeiro a analisar uma família esquizofrenogênica; R. G. Collingwood, o primeiro homem a reconhecer – e analisar em prosa cristalina – a natureza do contexto; e William Bateson, meu pai, que seguramente estava pronto em 1894 para acolher as ideias cibernéticas.

Seleção e arranjo de artigos

Este livro contém quase tudo que escrevi, com exceção de obras grandes demais para serem incluídas, como livros e extensas análises de dados; e textos triviais e efêmeros demais, como críticas literárias e observações controversas. Este livro possui um apêndice com minha bibliografia completa.

De forma geral, ao longo da minha carreira eu me ocupei de quatro grandes temas: antropologia, psiquiatria, evolução biológica e genética e a nova epistemologia que emerge da teoria dos sistemas e da ecologia. Ensaios sobre esses assuntos compõem as Partes II, III, IV e V deste livro, e a ordem das partes corresponde à ordem cronológica dos quatro períodos sobrepostos da minha vida nos quais esses assuntos ocuparam meus pensamentos. Em cada parte, os ensaios são organizados em ordem cronológica.

Entendo que os leitores darão provavelmente mais atenção às partes que tratam das disciplinas de seu interesse pessoal. Não excluí dos textos, portanto, certa redundância. O psiquiatra interessado em alcoolismo encontrará em "A cibernética do eu" [p. 317] ideias que reaparecem, com roupagem mais filosófica, em "Forma, substância e diferença" [p. 446].

Oceanic Institute, Havaí,
16 de abril de 1971

Introdução
A ciência da mente
e da ordem

O título desta coletânea de ensaios e palestras tem a intenção precisamente de definir seu conteúdo.[1] Os ensaios, que abarcam 35 anos de atividade, combinam-se para propor uma nova forma de pensar sobre as *ideias* e agregados de ideias que chamo de "mentes". Chamo a essa forma de pensar "ecologia da mente" ou ecologia das ideias. Trata-se de uma ciência que ainda não existe enquanto corpo teórico ou conhecimento organizado.

Mas a definição de uma "ideia", que os ensaios propõem em conjunto, é muito mais ampla e bem mais formal do que o convencional. Os ensaios devem falar por si, mas permitam-me desde o princípio afirmar minha crença de que questões como a simetria bilateral dos animais, a disposição padronizada das folhas das plantas, a escalada de uma corrida armamentista, os rituais de corte, a natureza do jogo, a gramática de uma oração, o mistério da evolução biológica e as crises contemporâneas na relação entre o homem e o meio ambiente só podem ser compreendidas nos termos de uma ecologia de ideias como a que proponho.

As perguntas colocadas neste livro são ecológicas: como as ideias interagem? Existe uma espécie de seleção natural que determina a sobrevivência de certas ideias e a extinção ou morte de outras? Que tipo de economia limita a multiplicidade de ideias em determinada região da mente? Quais são as condições necessárias para a estabilidade (ou sobrevivência) de um sistema ou subsistema?

Algumas dessas perguntas são tangenciadas nos ensaios, mas o principal ímpeto deste livro é abrir caminho para que elas possam ser feitas de maneira que façam algum sentido.

Foi somente no fim de 1969 que tive plena consciência do que vinha fazendo. Ao escrever "Forma, substância e diferença" [p. 446] para a Conferência Korzybski, descobri que no meu trabalho com povos primi-

---

1   Ensaio escrito em 1971 e publicado pela primeira vez neste livro.

tivos, esquizofrenia e simetria biológica, e no meu descontentamento com as teorias da evolução e do aprendizado convencionais, eu havia identificado um conjunto bastante disperso de marcas ou pontos de referência a partir dos quais um novo território científico poderia ser definido. Foram esses pontos de referência que chamei de "*steps*" no título original do livro.[2]

Pela própria natureza do ofício, o explorador não é capaz de conhecer o que está explorando até que o tenha explorado. Ele não tem um guia de viagem Baedeker que lhe diga quais igrejas deve visitar ou em que hotéis deve se hospedar. Conta apenas com o folclore dúbio dos que estiveram naquelas paragens. Sem dúvida, níveis mais profundos da mente orientam o cientista ou o artista para experiências e pensamentos relevantes para os problemas que lhe interessam, e essa orientação parece operar muito antes de o cientista ter consciência dos seus objetivos. Só não sabemos de que forma isso acontece.

Muitas vezes perdi a paciência com colegas que pareciam incapazes de discernir a diferença entre o trivial e o profundo. Mas quando meus alunos me pediram que definisse essa diferença, me senti burro. Falei vagamente que qualquer estudo que jogue luz sobre a natureza da "ordem" ou do "padrão" do universo certamente é não trivial.

Mas essa resposta só levanta a questão.

Eu costumava ministrar um curso informal aos residentes de psiquiatria do Veterans Administration Hospital, em Palo Alto, tentando fazer com que refletissem sobre alguns dos pensamentos presentes nestes ensaios. Eles compareciam pontualmente e até mesmo demonstravam grande interesse pelo que eu dizia, mas todo ano, depois de três ou quatro aulas, surgia a pergunta: "Sobre o que é este curso?".

Experimentei diversas respostas a essa pergunta. Certa vez cheguei a escrever uma espécie de catecismo para a turma como uma amostra das perguntas que, eu esperava, eles seriam capazes de debater ao fim do curso. As perguntas iam de "O que é um sacramento?" a "O que é entropia?" e "O que é jogo?".

Como estratégia didática, meu catecismo foi um fracasso: silenciou a turma. Mas uma pergunta foi útil: "Uma mãe costuma dar sorvete ao filho pequeno como recompensa depois de ele comer espinafre. De que outra informação você precisa para prever que a criança virá a: a) amar ou odiar espinafre; b) amar ou odiar sorvete; ou c) amar ou odiar a mãe?".

---

2   Ver nota 3 do prefácio de Mary Catherine Bateson, p. 8. [N. E.]

Dedicamos uma ou duas aulas a explorar as diversas ramificações dessa pergunta e, para mim, ficou claro que toda informação adicional necessária dizia respeito ao contexto do comportamento da mãe e do filho. De fato, o fenômeno do contexto e o fenômeno do "sentido", intrinsecamente relacionado a ele, definiam uma separação entre as ciências "exatas" e o gênero de ciência que eu estava tentando construir.

Gradualmente descobri que o que dificultava explicar à turma do que se tratava o curso era o fato de que a minha forma de pensar era diferente da deles. Uma indicação dessa diferença foi dada por um dos alunos. Era a primeira aula e eu havia falado sobre as diferenças culturais entre a Inglaterra e os Estados Unidos – um assunto que sempre entra em pauta quando um inglês ensina antropologia cultural a estadunidenses. Ao fim da aula, um residente se aproximou. Ele olhou para o fundo da sala para garantir que os outros estavam indo embora e disse um tanto hesitante: "Queria fazer uma pergunta". "Sim." "É que... você quer que a gente aprenda o que você está dizendo?" Hesitei um momento, mas ele se apressou em continuar: "Ou é tudo um exemplo que ilustra outra coisa?". "Sim, é isso mesmo!"

Mas um exemplo de quê?

E havia também, quase todos os anos, uma vaga reclamação que geralmente chegava até mim como boato. Diziam que "Bateson sabe de alguma coisa e não diz o que é", ou que "tem alguma coisa por trás do que Bateson diz, mas ele nunca diz o que é".

Evidentemente eu não estava respondendo à pergunta: "Um exemplo de quê?".

Em desespero de causa, montei um diagrama para descrever como concebo a tarefa do cientista. Usando esse diagrama, ficou claro que uma diferença entre os meus hábitos de pensamento e os dos meus alunos vinha do fato de que eles haviam sido treinados para pensar e argumentar indutivamente dos dados às hipóteses, mas nunca para testar hipóteses em relação a conhecimentos deduzidos dos fundamentos da ciência ou da filosofia.

O diagrama tinha três colunas. À esquerda, listei diversos tipos de dados não interpretados, como registros em filme de comportamentos humanos ou animais, descrições de experimentos, descrições ou fotografias de uma pata de besouro, ou falas humanas gravadas. Insisti no fato de que "dados" não são acontecimentos nem objetos, mas sempre registros, descrições ou memórias de acontecimentos ou objetos. Sempre há uma transformação ou recodificação do acontecimento puro que intervém entre o cientista e o objeto. O peso de um objeto é mensurado em comparação com o peso de outro objeto ou registrado em um padrão de medida. A voz humana é transformada em magnetizações variáveis em uma fita. Além disso, inevitavelmente, há sempre seleção de dados, pois o universo total, passado e presente, não é passível de observação a partir do ponto de vista do observador.

Em sentido estrito, portanto, nenhum dado é verdadeiramente "puro", e todo registro já é de alguma forma sujeito a edição e transformação, seja pelo homem, seja pelos instrumentos.

Contudo, ainda assim, os dados são a fonte mais confiável de informação e é deles que o cientista deve partir. São a sua inspiração inicial e a eles o cientista deve retornar.

Na coluna do meio, listei uma série de noções explicativas mal definidas que são comumente utilizadas nas ciências comportamentais – "ego", "angústia", "instinto", "propósito", "mente", "eu", "padrão fixo de conduta", "inteligência", "burrice", "maturidade" e outros. Em nome da boa educação, chamei-os de conceitos "heurísticos", mas, na verdade, a maioria é tão frouxamente derivada e é tão mutuamente irrelevante que, juntos, formam uma névoa conceitual que muito atrasa o progresso da ciência.

Na coluna da direita, listei o que chamo de "fundamentos". Classificam-se em dois tipos: proposições e sistemas de proposições que são truísmos, e proposições ou "leis" que são verdadeiras de forma geral. Entre as proposições que são truísmos, incluí as "verdades eternas" da matemática, em que a verdade é tautologicamente limitada aos domínios dentro dos quais conjuntos de axiomas e definições inventadas pelo homem declaram: "*Se* os números estiverem adequadamente definidos e *se* a operação de adição estiver adequadamente definida, *então* $5+7=12$". Entre as proposições que eu descreveria como cientificamente verdadeiras ou geral e empiricamente verdadeiras, eu listaria as "leis" de conservação de massa e energia, a segunda lei da termodinâmica e assim por diante. Mas a fronteira entre verdades tautológicas e generalizações empíricas não é definível de forma rígida e, entre meus "fundamentos", há muitas proposições das quais nenhum homem sensato pode duvidar, mas que não podem ser facilmente classificadas nem como tautológicas nem como empíricas. Quando as "leis" da probabilidade são declaradas de forma compreensível, acreditamos piamente nelas, mas não é fácil decidir se são empíricas ou tautológicas; e isso vale também para os teoremas de Shannon na teoria da informação.

Com ajuda de um diagrama, pode-se dizer muita coisa a respeito de todo o esforço científico, a posição e o direcionamento de qualquer investigação específica nesse universo. "Explicar" é mapear dados em forma de fundamento, mas o objetivo primordial da ciência é aumentar o saber fundamental.

Muitos pesquisadores, especialmente nas ciências comportamentais, parecem crer que os avanços científicos são predominantemente indutivos e devem ser indutivos. Nos termos do diagrama, acreditam que o progresso se dá a partir do estudo dos dados "puros", levando a novos conceitos heurísticos. Os conceitos heurísticos devem ser vistos, então, como "hipóteses de trabalho" e são testados em comparação com mais dados. Gradualmente, espera-se, os conceitos heurísticos serão corrigidos e melhorados até que, por fim, mereçam uma vaga na lista dos fundamentos. Cerca de cinquenta anos de trabalho de milhares de homens inteligentes produziram uma rica safra de conceitos heurísticos, mas, infelizmente, quase nenhum princípio sólido que merecesse entrar na lista de fundamentos.

É perfeitamente claro que a grande maioria dos conceitos da psicologia, psiquiatria, antropologia, sociologia e economia contemporâneas é totalmente desvinculada da rede de fundamentos científicos.

Molière, muito tempo atrás, descreveu um exame doutoral no qual os doutos especialistas arguem o candidato, perguntando quais seriam "a causa e o motivo" de o ópio fazer as pessoas adormecerem. O candidato responde triunfante em latim macarrônico: "Porque há nele um princípio dormitivo (*virtus dormitiva*)".

A situação mais característica, para o cientista, é confrontar-se com um sistema interativo complexo – nesse caso, a interação entre o homem e o ópio. Ele observa uma mudança no sistema – o homem adormece. Então o cientista explica a mudança dando nome a uma "causa" fictícia, localizada em um ou outro componente do sistema interagente: ou o ópio contém um princípio dormitivo reificado ou o homem contém uma necessidade de dormir reificada, uma *adormitose*, que "se expressa" em resposta ao ópio.

E, caracteristicamente, todas as hipóteses são "dormitivas" no sentido de que adormecem o "senso crítico" (outra causa fictícia reificada) do próprio cientista.

O estado mental ou hábito de pensamento que leva dos dados às hipóteses dormitivas e de volta aos dados é autossustentado. O meio científico dá grande valor à previsão e, de fato, é ótimo ser capaz de prever fenômenos. Mas a previsão é um péssimo teste de validade de uma hipótese, em especial no caso de "hipóteses dormitivas". Se aceitamos que o ópio contém um princípio dormitivo, podemos dedicar toda uma vida de pesquisas estudando as características desse princípio. É estável em variações de calor? Em qual fração de um destilado localiza-se? Qual sua fórmula molecular? E assim por diante. Muitas das respostas a essas perguntas serão encontradas em laboratório e levarão a hipóteses derivadas não menos "dormitivas" do que aquelas com as quais começamos.

De fato, a multiplicação de hipóteses dormitivas é sintoma de uma preferência excessiva pela indução, e essa preferência sempre levará a algo similar ao atual estado das ciências comportamentais – uma massa de especulações semiteóricas sem vínculo com qualquer núcleo de conhecimento fundamental.

Contrariamente, procuro ensinar aos alunos – e esta coleção de ensaios tenta principalmente comunicar essa tese – que a pesquisa científica parte sempre de dois começos, cada qual com seu tipo particular de autoridade: as observações não podem ser negadas e os fundamentos devem se adequar a isso. É preciso realizar uma espécie de manobra em pinça.

Quer se esteja vistoriando um terreno ou mapeando estrelas, há dois corpos de conhecimento e nenhum dos dois pode ser ignorado. De um lado, há as medições empíricas; de outro, a geometria euclidiana. Se eles não se encaixam, ou os dados estão errados, ou foram mal manipulados, ou o pesquisador fez uma grande descoberta que levará à revisão de toda a geometria.

O candidato a cientista comportamental que não sabe nada da estrutura básica da ciência nem dos 3 mil anos de cuidadoso pensamento filosófico e humanista acerca do homem – que não consegue definir nem entropia nem sacramento – faria melhor se ficasse na dele, em vez de piorar a atual selva de hipóteses mal-ajambradas.

Mas o abismo entre o heurístico e o fundamental não se deve apenas ao empirismo e ao hábito indutivo, tampouco às seduções da aplicação rápida ou ao falho sistema educacional, que transforma em cientistas profissionais pessoas que pouco se importam com a estrutura fundamental da ciência. Deve-se também ao fato de que grande parte da estrutura fundamental da ciência do século XIX era irrelevante ou inadequada aos problemas e fenômenos que se apresentavam ao biólogo e ao cientista comportamental.

Por ao menos duzentos anos – digamos, de Newton ao fim do século XIX –, a principal preocupação científica eram as cadeias de causa e efeito que podiam ser atribuídas a forças e impactos. A matemática à disposição de Newton era predominantemente quantitativa e isso, conjugado ao foco central nas forças e impactos, levou o homem a medir com grande precisão quantidades de distância, tempo, matéria e energia.

Assim como as medições do agrimensor devem estar de acordo com a geometria euclidiana, o pensamento científico deve estar de acordo com as grandes leis da conservação. A descrição de todo evento examinado por um físico ou químico deveria se fundamentar nos balanços de massa e energia, e essa regra conferiu um extremo rigor ao pensamento das ciências exatas como um todo.

Os pioneiros da ciência comportamental, como era de se esperar, começaram o estudo do comportamento desejando uma base rigorosa similar para orientar suas especulações. Dificilmente poderiam empregar comprimento e massa para descrever um comportamento (seja qual for), mas o conceito de energia parecia útil. Era tentador relacionar "energia" a metáforas existentes como "força" das emoções, caráter ou "vigor". Ou pensar na "energia" como uma espécie de oposto da "fadiga" ou "apatia". O metabolismo obedece a um balanço energético (no sentido estrito de "energia"), e a energia despendida com um comportamento na certa deve entrar nesse balanço; parecia sensato, portanto, pensar na energia como um fator determinante para o comportamento.

Teria sido mais produtivo pensar em *falta* de energia como impedimento ao comportamento, já que, no fim, um homem morrendo de fome cessará qualquer comportamento. Mas nem mesmo isso é exato: uma ameba, privada de alimento, torna-se *mais* ativa por algum tempo. Seu gasto de energia é uma função inversa do ingresso de energia no sistema.

Os cientistas do século XIX (especialmente Freud) que tentaram estabelecer uma relação entre os dados comportamentais e os fundamentos das ciências físico-químicas estavam corretos, é claro, ao insistir na necessidade dessa relação; porém, creio que erraram ao escolher a "energia" como a base dessa relação.

Se massa e comprimento são inadequados para descrever um comportamento, dificilmente energia será mais apropriada. Afinal, energia é massa vezes velocidade ao quadrado, e nenhum cientista comportamental insiste a sério que a "energia psíquica" pertence a essas dimensões.

É necessário, portanto, vasculhar novamente os fundamentos para encontrar entre eles um conjunto adequado de ideias com o qual comparar e testar nossas hipóteses heurísticas.

Alguns, porém, argumentarão que ainda não é a hora; que com certeza chegamos aos fundamentos da ciência justamente por raciocínio indutivo, a partir da experiência, de modo que deveríamos continuar com a indução até obtermos uma resposta fundamental.

Creio que simplesmente não é verdade que os fundamentos da ciência nasceram da indução e sugiro que, ao procurar a base da nossa relação entre os fundamentos, voltemos aos primórdios do pensamento científico e filosófico, ou até mesmo a um período anterior à separação de ciência, filosofia e religião como atividades distintas, praticadas por profissionais de disciplinas diferentes.

Consideremos, por exemplo, o mito de origem central dos povos judaico-cristãos. Com que problemas filosóficos e científicos fundamentais esse mito se ocupa?

> No princípio, Deus criou o céu e a terra. Ora, a terra estava vazia e vaga, as trevas cobriam o abismo, e um vento de Deus pairava sobre as águas.
>
> Deus disse: "Haja luz" e houve luz. Deus viu que a luz era boa, e Deus separou a luz e as trevas. Deus chamou à luz "dia" e às trevas "noite". Houve uma tarde e uma manhã: primeiro dia.
>
> Deus disse: "Haja um firmamento no meio das águas e que ele separe as águas das águas", e assim se fez. Deus fez o firmamento, que separou as águas que estão sob o firmamento das águas que estão acima do firmamento, e Deus chamou ao firmamento "céu". Houve uma tarde e uma manhã: segundo dia.
>
> Deus disse: "Que as águas que estão sob o céu se reúnam numa só massa e que apareça o continente" e assim se fez. Deus chamou ao continente "terra" e à massa das águas "mares", e Deus viu que isso era bom.[3]

Desses dez primeiros versos de prosa clamorosa, podemos extrair algumas das premissas ou fundamentos do antigo pensamento caldeu e é estranho, quase assustador, perceber quantos dos fundamentos e problemas da ciência moderna são prenunciados nesse antiquíssimo documento.

1. O problema da origem e da natureza da matéria é sumariamente abandonado.
2. O trecho trata detidamente do problema da origem da ordem.
3. Gera-se desse modo uma separação entre os dois tipos de problema. É possível que essa separação tenha sido um erro, mas – erro ou não –

---

3   Gênesis, 1,1-10. Bíblia de Jerusalém. São Paulo: Paulus, 2016. [N. T.]

a separação se mantém nos fundamentos da ciência moderna. As leis de conservação da matéria e da energia ainda são separadas das leis da ordem, entropia negativa e informação.

4. A ordem é vista como uma questão de separação e divisão. Mas a ideia fundamental em toda separação é que uma diferença acarretará outra posteriormente. Se separamos bolas pretas de bolas brancas, ou bolas grandes de bolas pequenas, a diferença entre as bolas deve ser seguida de uma diferença de localização – bolas de um tipo em um saco e bolas de outro tipo em outro saco. Para essa operação, precisamos de uma peneira, uma barreira ou, por excelência, um órgão sensorial. É, portanto, compreensível que uma Entidade perceptiva tenha sido invocada para assumir a função de criar uma ordem que, não fosse pela sua interferência, seria improvável.

5. Estreitamente relacionado à separação e à divisão, há o mistério da classificação, que mais tarde será acompanhada da extraordinária conquista humana que é a *nomeação*.

Não está nada claro que os diversos elementos desse mito sejam todos produto do raciocínio indutivo a partir da experiência. E o problema se torna ainda mais enigmático quando comparamos esse mito de origem a outros que encarnam outras premissas fundamentais.

Entre os Iatmul da Nova Guiné, o mito de origem, tal e qual a história contada no Gênesis, trata da separação das águas e do continente. Dizem eles que, no princípio do mundo, o crocodilo Kavwokmali nadava suavemente movendo as patas dianteiras e traseiras; e que ao nadar mantinha a lama suspensa na água. O grande herói da cultura, Kevembuangga, veio e matou Kavwokmali com sua lança. A lama baixou e o continente se formou. Então Kevembuangga bateu o pé na terra seca – ou seja, mostrou com orgulho que ela "era boa".

Aqui temos um indício mais forte de que o mito é derivado da experiência combinada com raciocínio indutivo. Afinal, a lama permanece em suspensão quando é remexida a esmo e de fato se deposita quando cessa a movimentação. Além disso, o povo iatmul mora nos vastos pântanos do vale do rio Sepik, onde a separação entre terra e água é imperfeita, portanto, é compreensível que se interessem pela diferenciação de terra e água.

De qualquer modo, os Iatmul chegaram a uma teoria da ordem que é quase o exato oposto do livro do Gênesis. No pensamento iatmul, haverá separação se o acaso for impedido. No Gênesis, um agente é invocado para fazer a separação e a divisão.

Mas ambas as culturas presumem uma divisão fundamental entre os problemas da criação da matéria e os problemas da ordem e da diferenciação.

Retornando à questão de saber se os fundamentos da ciência e/ou da filosofia foram obtidos, primitivamente, por raciocínio indutivo a partir de dados empíricos, vemos que a resposta não é simples. É difícil entender como se chegou à dicotomia entre forma e substância por argumento indutivo. Afinal, o homem nunca viu ou experimentou a matéria sem forma e classificação; assim como jamais viu ou experimentou um acontecimento "aleatório". Se, portanto, o homem chegou por indução à ideia de um universo "sem forma e vazio", foi por um gigantesco – e talvez errôneo – salto extrapolador.

E, mesmo assim, não está claro que os filósofos primitivos partiram da observação. Essa hipótese é pelo menos tão provável quanto a dicotomia entre forma e substância ser uma dedução inconsciente da relação sujeito-predicado na estrutura da linguagem primitiva. Essa questão, no entanto, está além do alcance da especulação útil.

Seja como for, o tema central – mas geralmente não explícito – das palestras que eu costumava oferecer aos residentes psiquiátricos e dos ensaios reunidos aqui é a relação entre os dados comportamentais e os "fundamentos" da ciência e da filosofia; e meus comentários críticos sobre o uso metafórico de "energia" nas ciências comportamentais acabam valendo como uma acusação muito simples a vários dos meus colegas: a de que eles tentaram construir uma ponte no lado errado da antiga dicotomia entre forma e substância. As leis de conservação da energia e da matéria dizem respeito à substância, e não à forma. Mas o processo mental, as ideias, a comunicação, a organização, a diferenciação, o padrão etc. são problemas de forma, e não de substância.

Dentro do conjunto de fundamentos, a metade que trata da forma foi substancialmente enriquecida nos últimos trinta anos pelas descobertas da cibernética e da teoria dos sistemas. Este livro se trata da construção de uma ponte entre os fatos da vida e o comportamento e daquilo que hoje sabemos sobre a natureza do padrão e da ordem.

PARTE I

Metálogos

definição

Metálogo é uma conversa sobre um tema problemático. Essa conversa deve se dar de forma que não só os participantes discutam o problema, como também a própria estrutura da conversa seja relevante para o tema. Só algumas das conversas aqui apresentadas logram esse duplo formato.

Note-se: a história da teoria evolucionária é inevitavelmente um metálogo entre o homem e a natureza, no qual a criação e a interação de ideias exemplificam necessariamente o processo evolucionário.

Por que as coisas ficam bagunçadas?

[FILHA] *Papai, por que as coisas ficam bagunçadas?*[1]

[PAI] Como assim? Que coisas? Que bagunça?

Bom, as pessoas gastam muito tempo arrumando coisas, mas não parece que elas gastam muito tempo bagunçando essas coisas. As coisas parecem que bagunçam sozinhas. E aí as pessoas têm que arrumá-las.

Mas as coisas ficam bagunçadas sem ninguém mexer nelas?

Não – se ninguém mexer nelas, não. Mas se você mexer nelas – ou se qualquer pessoa mexer nelas –, elas ficam bagunçadas e, se não for eu, a bagunça é pior.

Sim – é por isso que não deixo você mexer na minha escrivaninha. Porque as minhas coisas ficam mais bagunçadas se alguém que não for eu mexer nelas.

Mas as pessoas sempre *bagunçam as coisas umas das outras? Por quê, papai?*

Espera um pouquinho aí. Não é tão simples. Primeiro de tudo, o que você quer dizer com "uma bagunça"?

Quero dizer – quando eu não encontro as coisas, e elas ficam parecendo bagunçadas. Quando não tem nada em ordem...

Mas você tem certeza de que "bagunça" quer dizer a mesma coisa para todo mundo?

Tenho, papai. Porque não sou uma pessoa muito organizada e, se digo que as coisas estão bagunçadas, tenho certeza de que todo mundo concordaria comigo.

Então está certo. Mas você acha que "organizado" quer dizer a mesma coisa para todo mundo? Se a mamãe organizar as suas coisas, você consegue encontrá-las?

Hum... às vezes... porque eu sei onde ela coloca as coisas...

---

1   Ensaio escrito em 1948 e publicado pela primeira vez neste livro.

Sim, eu também tento evitar que ela arrume a minha escrivaninha. E sei muito bem que "organizar" não quer dizer a mesma coisa para ela e para mim.

Papai, "organizar" quer dizer a mesma coisa para você e para mim?

Duvido, minha querida. Duvido.

Mas, papai, não é engraçado? "Bagunçado" significa a mesma coisa para todo mundo, mas "organizado" significa uma coisa diferente para cada um. Mas "organizado" é o contrário de "bagunçado", não é?

Estamos começando a entrar em questões mais complicadas. Vamos começar de novo. Você me perguntou: *"Por que as coisas ficam bagunçadas?"*. Nós avançamos um passo ou dois, então vamos mudar a pergunta: "Por que as coisas ficam daquele jeito que a Cathy chama de 'desorganizadas'?". Entendeu por que quero fazer essa troca?

Acho que sim. Porque se "organizado" tem um sentido especial para mim, o "organizado" das outras pessoas vai parecer bagunçado para mim – mesmo a gente concordando na maioria dos casos sobre o que a gente chama de bagunça...

Isso mesmo. Agora vamos dar uma olhada no que *você* chama de organizado. Quando a sua caixa de aquarelas está no lugar dela, onde ela fica?

Aqui no canto dessa prateleira.

Está certo. E se estivesse em outro lugar?

Não, aí ela não estaria no lugar dela.

E se estivesse aqui, nesse outro canto da prateleira? Desse jeito?

Não, aí não é o lugar dela e, mesmo que fosse, ela ficaria retinha, e não torta que nem você botou.

Ah, no lugar certo *e* retinha.

Isso.

Bem, então quer dizer que tem pouquíssimos lugares para a sua caixa de aquarelas...

Só tem um lugar...

Não, tem *pouquíssimos*, porque se eu mexer nela um pouquinho, assim, ainda vai estar no lugar dela.

Está certo, mas são pouquíssimos lugares mesmo.

Está bem, são pouquíssimos lugares mesmo. Mas e o ursinho, a boneca, o Mágico de Oz, o seu casaco e os seus sapatos? Não vale o mesmo para todas as coisas – cada coisa tem pouquíssimos lugares onde ela fica "organizada"?

Sim, papai. Mas o Mágico de Oz pode ficar em qualquer lugar daquela prateleira. E, papai, sabe de uma coisa? Eu detesto, detesto quando meus livros ficam misturados com os seus e os da mamãe.

Sim, eu sei. (Pausa)

Papai, você não terminou. Por que as minhas coisas ficam daquele jeito que eu chamo de desorganizadas?

Terminei, *sim*! É só porque tem mais jeitos que você chama de "desorganizado" do que tem jeitos que você chama de "organizado".

Mas não é por isso que...

É, sim, oras. E é o verdadeiro e único motivo, e é muito importante.

Ah, para, papai!

Não, não estou brincando. É esse motivo mesmo, *e a ciência inteira está ligada a esse motivo.* Vamos pegar outro exemplo. Se eu puser areia no fundo dessa xícara e depois colocar açúcar por cima, e aí mexer com uma colherzinha, a areia e o açúcar vão se misturar, não é?

Sim, papai, mas você pode começar a falar de "misturado" se a gente começou falando de "bagunçado"?

Hum... não sei... mas acho que sim, porque vamos dizer que alguém pense que é mais organizado a areia ficar toda embaixo do açúcar. Se você quiser, posso dizer que prefiro assim...

Hum...

Está bem – vou dar outro exemplo. Às vezes, nos filmes, você vê um monte de letras espalhadas pela tela, embaralhadas e algumas até de cabeça para baixo. Então alguma coisa sacode a mesa e as letras começam a se mexer; e, conforme a mesa sacode, as letras acabam se juntando para formar o título do filme.

Eu já vi isso, sim – elas formavam a palavra DONALD.

Não importa a palavra que elas formavam. O importante é que você viu as letras sendo sacudidas e remexidas e, em vez de embaralhar mais, elas entraram em uma ordem, todas de cabeça para cima, e formaram uma palavra – elas formaram algo que muita gente chamaria de *sentido*.

Sim, papai, mas sabe...

Não, não sei não; o que estou tentando dizer é que, no mundo real, as coisas nunca são assim. É só nos filmes.

Mas, pai...

Estou dizendo, é só nos filmes que sacudir as coisas faz com que elas pareçam ter mais ordem e sentido...

Mas, pai...

Espera eu terminar dessa vez... Fazem parecer assim nos filmes fazendo tudo ao contrário. Primeiro colocam todas as letras em ordem para formar a palavra DONALD, aí ligam a câmera e começam a sacudir a mesa.

Ah, papai. Eu já sabia disso e queria tanto ter contado... Aí, quando passam o filme, passam ao contrário para que pareça que as coisas aconteceram de trás para a frente. Mas, na verdade, sacudiram a mesa só no final. E têm que filmar de cabeça para baixo... por quê, papai?

Ai, meu Deus.

Por que eles têm que botar a câmera de cabeça para baixo, papai?

Não, não vou responder isso agora porque estamos no meio da pergunta sobre bagunça.

Ah, então está bem. Mas não esquece, papai, que outro dia você tem que me responder essa pergunta sobre a câmera. Não esquece! Não vai esquecer, não é, papai? Porque eu talvez não me lembre. Por favor, papai.

Está bem. Mas outro dia. Onde é que a gente estava mesmo? Ah, que as coisas nunca acontecem ao contrário. Eu estava tentando dizer que há um motivo para as coisas acontecerem de certo modo, se pudermos demonstrar que esse modo tem mais modos de acontecer do que outro.

Papai, não comece a falar besteira.

Não estou falando besteira. Vamos começar de novo. Só tem um modo de soletrar DONALD. Concorda?

Sim.

Certo. E há milhões e milhões de modos de espalhar seis letras pela mesa. Concorda?

Sim. Acho que sim. Elas podem estar de cabeça para baixo?

Sim – bem bagunçadas e embaralhadas, que nem no filme. Mas poderiam existir milhões, milhões e milhões de bagunças como aquela, não acha? E só um jeito de escrever DONALD.

Tudo bem – é, sim. Mas, papai, as mesmas letras podem formar OLD DAN.

Não importa. O pessoal do filme não quer que as letras formem OLD DAN. Eles só querem DONALD.

Por quê?

Droga do pessoal do filme...

Mas foi você quem falou neles, papai.

Sim – mas foi para tentar explicar por que as coisas acontecem daquele modo, sendo que há muitos modos em que poderiam acontecer. E agora está na hora de você dormir.

> *Mas, papai, você nem acabou de terminar de dizer por que as coisas acontecem assim – do modo que tem mais modos.*

Está bem. Mas não me venha com mais perguntas paralelas – uma já basta, e como! De qualquer modo, me cansei do DONALD, vamos pegar outro exemplo. Vamos falar de jogar moedas.

> *Papai, a gente ainda está falando daquela mesma pergunta com que a gente começou? "Por que as coisas ficam bagunçadas?"*

Sim.

> *Então o que você está tentando dizer vale para as moedas, para o DONALD, para o açúcar e a areia, para a minha aquarela e para as moedas?*

Sim – isso mesmo.

> *Ah. Eu só estava curiosa, só isso.*

Então vamos ver se eu consigo passar a mensagem desta vez. Vamos voltar à areia com açúcar, e vamos supor que alguém disse que fazer a areia ficar no fundo é "organizado".

> *Papai, alguém tem que dizer isso antes de você falar que as coisas vão se misturar quando alguém mexe nelas?*

Sim – é justamente essa a parte importante. As pessoas dizem o que esperam que aconteça; aí eu digo que isso não vai acontecer porque tem *muitas* outras coisas que poderiam acontecer. E sei que é mais provável que uma das coisas que são *muitas* aconteça, e não uma das poucas.

> *Papai, você parece um* bookmaker *apostando em* todos *os outros cavalos, em vez de apostar no* único *cavalo em que quero apostar.*

Isso mesmo, querida. Faço os jogadores apostarem na forma que chamo de "organizada" – porque sei que existem infinitas formas bagunçadas – de modo que as coisas vão sempre caminhar para a bagunça e a confusão.

> *Mas por que você não disse isso no começo, papai? Eu teria entendido logo.*

Sim, acho que sim. De qualquer modo, está na hora de dormir.

> *Papai, por que os adultos vão para a guerra, em vez de só brigar que nem as crianças?*

Não, vamos dormir. Já para a cama. Depois conversamos sobre guerra.

Por que os franceses?

[FILHA] *Papai, por que os franceses balançam os braços?*[1]
[PAI] Como assim?

Quando estão falando. Por que eles balançam os braços?

Bem... por que você sorri? E por que, às vezes, bate o pé?

Mas é diferente, papai. Eu não fico mexendo os braços que nem os franceses. Acho que eles não conseguem parar de mexer os braços. Conseguem, papai?

Não sei – pode ser que achem difícil parar... você conseguiria deixar de sorrir?

Mas, papai, eu não sorrio o tempo todo. É difícil parar quando estou com vontade de sorrir. Mas não sinto vontade o tempo todo. Então eu começo, mas paro.

Lá isso é verdade – mas, veja bem, o francês não mexe os braços do mesmo jeito o tempo todo. Às vezes ele mexe os braços de um jeito, às vezes de outro. E outras vezes, eu acho, ele para de mexê-los.

———

[PAI] O que você acha? Quer dizer, o que você pensa quando vê um francês balançando os braços?

[FILHA] *Parece coisa de gente boba, papai. Mas acho que para outro francês não deve parecer bobo. Não é possível que todos eles pareçam bobos uns para os outros, porque senão iam parar. Não é?*

Talvez... mas essa pergunta não é tão simples assim. Em que mais você pensa quando vê um francês balançando os braços?

Bem... eles parecem muito empolgados...

Certo. "Bobos" e "empolgados".

Mas será que eles estão mesmo tão empolgados? Se eu estivesse assim tão animada, eu ia querer dançar, cantar ou dar um soco no nariz de alguém... mas eles simplesmente balançam os braços. Não é possível estar tão empolgado.

---

1   Publicado originalmente na *Impulse 1951*, uma revista anual sobre dança contemporânea, e republicado em *ETC.: A Review of General Semantics*, v. X, 1953.

Bem – será que eles são tão bobos quanto parecem? E, de qualquer modo, por que às vezes você fica com vontade de dançar, cantar ou socar o nariz de alguém?

Ah... Às vezes simplesmente dá vontade.

Talvez o francês simplesmente "fique com vontade", então.

Mas não é possível que ele fique com vontade o tempo todo, papai. Simplesmente não dá.

Você quer dizer que o francês que balança os braços na certa não se sente exatamente como você se sente se balançasse os seus. Nisso você tem razão.

Mas então como é que ele se sente de fato?

Bom... vamos imaginar que você esteja conversando com um francês e ele esteja gesticulando com os braços; de repente, no meio da conversa, depois de algo que você diz, ele para de repente de agitar os braços, mas continua a falar. O que você pensaria? Que ele simplesmente deixou de ser bobo e se empolgar?

Não... eu ia ficar com medo. Ia pensar que tinha dito alguma coisa que deixou o francês magoado, talvez até bravo.

Sim – e pode ser que você tivesse razão.

——

[FILHA] *Tudo bem – então eles param de agitar os braços quando ficam bravos.*

[PAI] Espera aí. A pergunta, afinal, é o que um francês diz a outro francês quando agita os braços. E temos parte de uma resposta: o francês está dizendo como se sente em relação ao outro. Está dizendo que não está bravo – que quer e consegue ficar do jeito que você chama de "bobo".

Isso não! Não faz sentido. Não é possível que ele tenha esse trabalho todo só para depois poder mostrar para o outro que ele está bravo simplesmente porque está com os braços parados. Como é que ele sabe que vai ficar bravo?

Ele não sabe. Mas só por precaução...

Não, papai. Não faz sentido. Eu não sorrio só para mostrar depois que fiquei brava fazendo cara séria.

Olha, acho que *é, sim*, por causa disso que a gente sorri, em parte. E tem muita gente que sorri para mostrar como *não* está brava – quando, na realidade, está.

Mas isso é diferente, papai. É mentir usando a nossa cara. Que nem pôquer.

Sim.

[PAI] Onde é que a gente estava mesmo? Você não acha que faz sentido os franceses terem tanto trabalho para mostrar ao outro que não estão zangados nem magoados. Mas, afinal de contas, sobre o que é a maior parte das conversas? Digo, entre os estadunidenses?

[FILHA] *Ah, papai. É sobre tudo quanto é coisa: beisebol, sorvete, jardinagem, jogos. E as pessoas falam de outras pessoas, delas mesmas, dos presentes que ganharam no Natal.*

Sim, sim. Mas quem escuta? Digo: tudo bem, elas falam sobre beisebol e jardinagem. Mas estão trocando informações? E, se sim, *que* informações?

Claro! Quando você volta da pescaria e eu pergunto: "Pescou algum peixe?" e você diz: "Nenhum", eu não sabia *que você não tinha pescado nada até você dizer.*

Hum.

———

[PAI] Está bem. Você falou do meu hábito de sair para pescar – esse é assunto delicado para mim – e há uma pausa, um silêncio na conversa, e esse silêncio diz que não gosto de piadinhas sobre quantos peixes pesquei ou deixei de pescar. É que nem o francês que para de mexer os braços quando está magoado.

[FILHA] *Desculpa, papai. Mas você falou...*

Não, espera um minuto: não vamos nos confundir sentindo pena. Amanhã vou sair de novo para pescar e vou sair sabendo que dificilmente vou pescar algum peixe...

Mas, papai, você disse que toda conversa serve só para dizer às pessoas que você não está bravo com elas...

Eu disse? Não – nem *toda* conversa, mas boa parte. Às vezes, se duas pessoas estão dispostas a ouvir com atenção, é possível fazer mais do que trocar cumprimentos e bons votos. Até mesmo mais do que trocar informações. As duas pessoas podem até descobrir alguma coisa que nenhuma das duas sabia.

———

[PAI] De qualquer modo, a maioria das conversas são sobre estar bravo ou coisa assim. As pessoas se empenham em dizer umas às outras que são amistosas – o que às vezes é mentira. Afinal, o que acontece quando elas não têm nada para dizer? Todo mundo fica constrangido.

[FILHA] *Mas isso não seria informação, papai? Quer dizer, infor-mação de que elas estão contrariadas?*

Sim, claro. Mas é uma informação diferente de "o gato foi para o mato".

———

[FILHA] *Pai, porque as pessoas simplesmente não* dizem: *"Eu não estou zangado com você" e pronto?*

[PAI] Ah, agora estamos chegando ao verdadeiro problema. O problema é que as mensagens que trocamos por gestos não são a mesma coisa que traduzir esses gestos na forma de palavras.

Não entendi.

Estou dizendo que não importa quantas vezes você diga com puras palavras que está brava ou não: não é igual a dizer isso a alguém como um gesto ou pelo seu tom de voz.

Mas, papai, não existem palavras sem tom de voz, não é? Mesmo que seja o mínimo tom possível, os outros vão entender que aquela pessoa está tentando se conter – e isso vai ser uma espécie de tom, não vai?

Sim... acho que sim. Mas era isso que eu estava dizendo sobre os gestos – que os franceses dizem algo diferente quando *param* de gesticular.

———

[PAI] Mas o que quero dizer quando digo que "puras palavras" não conseguem transmitir a mesma mensagem que os gestos – se não existem palavras "puras"?

[FILHA] *Bom, podem ser palavras escritas.*

Não – isso não resolve o problema. Porque as palavras escritas ainda têm uma espécie de ritmo, ainda têm implicações. O problema é que *não existem* palavras "puras". Só existem palavras com gestos, tons de voz ou algo do gênero. Mas, claro, gestos sem palavras são bem comuns.

———

[FILHA] *Papai, quando aprendemos francês na escola, por que não aprendemos a gesticular?*

[PAI] Não sei. Só sei que não sei. Deve ser esse um dos motivos por que as pessoas acham tão difícil aprender outras línguas.

———

[PAI] De qualquer forma, é uma bobagem. Digo, a ideia de que a língua é feita de palavras é uma grande bobagem – e quando digo que os gestos não podem ser traduzidos em "puras palavras", estou falando bobagem, porque não existem palavras "puras". E sintaxe, gramática, tudo isso não passa de bobagem. É tudo baseado na ideia de que existem palavras "puras" – e isso não existe.

[FILHA] *Mas, papai...*

Estou dizendo: a gente tem que começar tudo de novo e presumir que a língua é antes de tudo um sistema de gestos. Afinal, os bichos têm *apenas* gestos e tons de voz – as palavras foram inventadas mais tarde. Bem mais tarde. E só depois é que inventaram os professores.

Papai?

Sim.

Será que ia ser bom se as pessoas desistissem das palavras e voltassem a usar só gestos?

Hum. Não sei. Claro, não íamos mais conseguir conversar como estamos fazendo. Só poderíamos latir, miar e agitar os braços, além de rir, grunhir e chorar. Mas poderia ser divertido – tornaria a vida uma espécie de balé, um balé em que os dançarinos fazem a própria música.

Sobre jogos e seriedade

[FILHA] *Papai, essas nossas conversas são sérias?*[1]
[PAI] Claro que são.

Não são uma espécie de jogo que você está jogando comigo?
Deus me perdoe... mas, sim, são uma espécie de jogo que estamos jogando juntos.

Então não *são sérias!*

———

[PAI] E se você me disser o que você entende pelas palavras "sério" e "jogo"?

[FILHA] *Bem... se você está... não sei.*
Se eu estou o quê?

As conversas para mim são sérias, mas se você estiver só brincando...
Calma. Vamos dar uma olhada no que é bom e no que é ruim em "brincar" e "jogar". Primeiro, não me importo – não muito – de ganhar ou perder. Quando suas perguntas me deixam numa sinuca, sim, eu me empenho mais para pensar e expressar mais claramente as minhas ideias. Mas não blefo, não faço armadilhas. Não fico tentado a trapacear.

É justamente isso. Para você, não é sério. É um jogo. Quem trapaceia simplesmente não sabe brincar. *Porque trata o jogo como se fosse uma coisa séria.*
Mas *é* uma coisa séria.

Não é não – para você, não é.
Porque nem vontade de trapacear eu tenho?

Sim, em parte sim.
Mas você tem vontade de trapacear e blefar o tempo todo?

Não, claro que não.
E então?

Ah, papai – você nunca *vai entender.*

———

1   Publicado originalmente em *ETC.: A Review of General Semantics*, v. X, 1953.

Acho que não vou mesmo.

Olha, é como se eu tivesse marcado um ponto no debate quando fiz você admitir que não quer trapacear – e depois associei essa confissão à conclusão de que, portanto, as conversas também não são sérias para você. Isso foi trapaça?

Sim, um pouco.

Concordo, acho que foi. Desculpe.

Está vendo, papai? Se eu trapaceasse ou quisesse trapacear, isso significaria que não levo a sério as coisas sobre as quais conversamos. Significaria que só estou brincando com você.

Sim, faz sentido.

———

[FILHA] *Mas não faz sentido, papai. É só uma confusão.*

[PAI] Sim, é uma confusão, mas ainda assim tem algum sentido.

Qual, papai?

———

[PAI] Espera um pouco. É difícil explicar. Primeiro de tudo, acho que essas conversas nos levam a algum lugar. Gosto muito delas e acho que você também. Mas, além disso, acho que colocamos algumas ideias em ordem e as confusões ajudam. Quer dizer – se conversássemos de forma lógica o tempo todo, nunca chegaríamos a lugar nenhum. Só repetiríamos que nem papagaios os velhos clichês que todo mundo repete há milhares de anos.

[FILHA] *O que é clichê, papai?*

Clichê? É uma palavra francesa, e acho que originalmente era uma palavra usada na tipografia. Quando o tipógrafo imprime uma frase, ele tem que pegar as letras soltas e encaixá-las uma a uma em uma barra ranhurada até formar a frase toda. Mas para palavras e frases que são usadas a toda hora, o tipógrafo tem fileiras de letras já montadas, prontas para usar. Essas frases pré-montadas são chamadas de clichês.

Agora esqueci o que você estava dizendo sobre os clichês, papai.

Sim – era sobre confusões em que nos metemos nessas conversas e como ficar confuso faz certo sentido. Se não ficássemos confusos, nossas conversas seriam como jogar buraco sem embaralhar as cartas antes.

Sim, papai – mas e as tais fileiras de letras pré-montadas?

Os clichês? Bem, é a mesma coisa. Todos temos uma série de frases e ideias já prontas, e o tipógrafo tem fileiras de letras pré-montadas, formando frases. Mas se o tipógrafo quiser imprimir uma coisa diferente – digamos, uma frase em outro idioma –, ele vai ter que desfazer a ordem antiga das letras. Da mesma forma, para ter novos pensamentos ou dizer coisas novas, precisamos desfazer as velhas ideias prontas e embaralhar as peças.

Mas, papai, o tipógrafo nunca ia embaralhar as letras todas, ia? Será que ia? Ele não iria colocar todas num saco e sacudir. Ele colocaria cada uma no seu lugar, uma por uma – toda letra A em uma caixa, toda letra B em outra, as vírgulas em outra, e assim por diante.

Sim – isso é verdade. Senão ele ia ficar maluco tentando encontrar um A quando precisasse de um.

———

[PAI] Está pensando em quê?

[FILHA] *Não... é que há tantas perguntas.*

Por exemplo?

Bem, entendi o que você disse sobre a gente ficar confuso. Que isso faz a gente dizer coisas novas. Mas estou pensando no tipógrafo. Ele precisa manter todas as letrinhas organizadas, mesmo depois de desfazer todas as frases prontas. E estou pensando nas nossas confusões. A gente precisa manter as pecinhas do nosso pensamento em ordem – para não ficar maluco?

Acho que sim, mas não sei em *que* ordem. Essa pergunta seria dificílima de responder. Acho que não vai ser hoje que vamos chegar a uma resposta para ela.

———

[PAI] Você disse que existem "tantas perguntas". Tem mais alguma?

[FILHA] *Sim – sobre jogar e ser sério. Partimos disso, e não sei como nem por que motivo começamos a falar de confusões. Esse jeito como você bagunça tudo é tipo uma trapaça.*

Não, de jeito nenhum.

———

[PAI] Você trouxe duas perguntas. E existem mesmo muitas outras... Partimos da pergunta sobre as nossas conversas – elas são sérias? Ou são um jogo? E você ficou magoada com a ideia de que eu pudesse estar jogando, enquanto você estava falando sério. Parece que a conversa é um jogo se você participa dela com certas emoções ou ideias – mas não são um "jogo" se as suas ideias ou emoções são diferentes.

[FILHA] *Sim, é se as suas ideias sobre a conversa forem diferentes das minhas...*

Se nós *dois* tivéssemos pensando que é de brincadeira, estaria tudo bem?

Sim – claro.

Então parece que cabe a mim deixar claro o que eu quis dizer com a ideia de jogo. Sei que sou sério – o que quer que isso signifique – sobre as coisas que conversamos. Conversamos sobre ideias. E sei que brinco com as ideias para poder entendê-las e concatená-las. É uma "brincadeira" no mesmo sentido de uma criança pequena "brincando" com blocos... E uma criança com blocos de construção geralmente leva muito a sério a sua "brincadeira".

Mas é um jogo, *papai? Que você joga* contra *mim?*

Não, vejo como se você e eu estivéssemos brincando juntos contra os blocos de construção – as ideias. Às vezes competimos um pouco – mas competindo para ver quem consegue colocar a próxima ideia no lugar. E às vezes um ataca o que o outro construiu, ou vou tentar defender as minhas ideias já construídas das suas críticas. Mas, no fim, sempre estamos trabalhando juntos para construir ideias de modo que fiquem de pé.

———

[FILHA] *Papai, nossas conversas têm* regras? *A diferença entre jogar e brincar é que o jogo tem regras.*

[PAI] Sim. Deixa eu pensar um pouquinho. Acho que temos, sim, algumas regras... e acho que uma criança brincando com blocos segue regras. Os próprios blocos formam um tipo de regra. Eles se equilibram em certas posições e não em outras. E seria trapaça a criança usar cola para empilhar os blocos numa posição em que eles não ficariam normalmente.

Mas que regras a gente tem?

Bem, as ideias com que brincamos implicam uma espécie de regra. Existem regras para o modo como as ideias ficam de pé e se apoiam umas nas outras. E se forem montadas da maneira errada, a construção desaba inteira.

Então não pode cola, papai?

Não, não pode cola. Só lógica.

———

[FILHA] *Mas você disse que, se a gente sempre conversasse de forma lógica e não ficasse confuso, nunca conseguiria dizer nada novo. Só poderia dizer coisas já prontas. Como você chamou essas coisas mesmo?*

[PAI] Clichês. Sim. A cola é o que mantém os clichês colados.

Mas você disse que era a "lógica", papai.

Sim, eu sei. Estamos de novo confusos. Só não estou vendo como vamos sair dessa confusão.

———

[FILHA] *Como é que a gente entrou nela, papai?*

[PAI] Vamos ver se conseguimos relembrar o caminho até aqui. Estávamos conversando sobre as "regras" dessas conversas. E eu disse que as ideias com que a gente brinca têm regras lógicas...

Papai! Não seria bom se a gente tivesse mais regras e respeitasse essas regras com mais cuidado? Talvez a gente não se metesse nessas confusões.

Sim. Mas espere aí. Você quis dizer que eu meto a gente nessas confusões porque desrespeito regras que nós não temos. Dito de outra forma, poderíamos ter regras que nos impediriam de entrar nessas confusões – desde que as respeitássemos.

Sim, papai, é para isso que servem as regras dos jogos.

Sim, mas você quer transformar essas conversas *nesse* tipo de jogo? Aí prefiro jogar canastra – que também é divertido.

Sim, isso é verdade. Podemos jogar canastra quando quisermos. Mas no momento prefiro jogar esse jogo. Só que não sei que tipo de jogo é. Nem que tipo de regras ele tem.

E, mesmo assim, estamos jogando há algum tempo.

Sim. E está divertido.

Sim.

———

[PAI] Vamos voltar à pergunta que você fez e que eu disse que era difícil demais para responder hoje. Estávamos falando sobre o tipógrafo desmanchando os clichês e você disse que, ainda assim, ele manteria as letras em alguma ordem – para não ficar maluco. E depois você perguntou: "Que tipo de ordem deveríamos obedecer para, quando ficamos confusos, não ficar malucos?". Me parece que as "regras" do jogo não passam de outro nome para esse tipo de ordem.

[FILHA] *Sim – e trapacear é o que nos leva à confusão.*

Em certo sentido, sim. É verdade. Exceto que o objetivo do jogo consiste em ficar confuso e conseguir sair do outro lado e, se não houvesse confusão no nosso "jogo", ele seria como canastra ou xadrez – e não é assim que queremos que ele seja.

É você quem faz as regras, papai? É justo isso?

Filha, você está dando uma de espertinha. Meio injusto isso. Mas tudo bem, vou aceitar o que você disse sem julgar. Sim, sou eu quem faz as regras – afinal, não quero que a gente fique maluco.

Tudo bem. Mas, papai, você também não muda as regras? Só às vezes?

Hum, outra esperteza. Sim, filha, eu mudo as regras com frequência. Não todas, mas algumas.

Seria bom se você me avisasse quando vai mudá-las!

Hum – olha aí, outra vez. Quisera eu que fosse possível. Mas não é assim que a banda toca. Se fosse igual a xadrez ou canastra, eu diria quais são as regras e poderíamos, se quiséssemos, parar de jogar e discutir as regras. Então começaríamos um novo jogo de acordo com as novas regras. Mas quais regras valeriam entre os dois jogos? Enquanto discutíssemos as regras?

Não entendi.

Sim. O ponto central é que o objetivo dessas conversas é descobrir as "regras". É como a vida – um jogo cujo objetivo é descobrir as regras, que estão sempre mudando e são sempre indescobríveis.

Mas eu não chamaria isso de jogo, papai.

Talvez não. Eu chamaria de jogo, ou pelo menos de "brincadeira". Mas certamente não é que nem xadrez ou canastra. É mais parecido com gatinhos e cachorrinhos brincando. Talvez. Não sei.

[FILHA] *Papai, por que os gatinhos e cachorrinhos brincam?*
[PAI] Não sei, filha. Não sei.

Quanto você sabe?

[FILHA] *Papai, quanto você sabe?*[1]
[PAI] Eu? Hum... devo ter cerca de uma libra de conhecimento.

Deixa de ser bobo. É uma libra esterlina ou uma libra de peso?
Estou falando sério, quanto você sabe?

Bem, meu cérebro pesa mais ou menos um quilo e suponho que eu use cerca de um quarto dele – ou um quarto da eficiência dele. Portanto, eu diria uns duzentos e cinquenta gramas, que é meia libra.

Mas você sabe mais que o pai do Johnny? Você sabe mais do que eu?

Hum... um menininho inglês que eu conheço um dia perguntou ao pai: "Os pais sempre sabem mais do que os filhos?" e o pai disse: "Sim". A pergunta seguinte foi: "Papai, quem inventou o motor a vapor?" e o pai respondeu: "James Watt". E aí o filho se saiu com: "Então por que o pai do James Watt não inventou o motor a vapor?".

———

[FILHA] *Eu sei. Eu sei mais do que esse menino porque sei por que o pai do James Watt não inventou o motor a vapor. Foi porque outra pessoa tinha que inventar outra coisa antes que qualquer outra pessoa pudesse inventar o motor a vapor. Quer dizer – não sei – alguém teve que descobrir o petróleo antes que alguém pudesse inventar um motor.*

[PAI] Sim, isso faz diferença. Digo, isso quer dizer que o conhecimento é tricotado ou tecido a muitas mãos, e cada unidade de conhecimento só é importante ou útil por causa das outras...

Será que tem que ser medido em metros?

Não acho, não.

Mas é assim que compramos tecido.

Sim. Mas eu não quis dizer que o conhecimento *é* um tecido. Apenas que é parecido. E com certeza não é plano como o tecido, mas tem três dimensões – talvez quatro.

O que você quer dizer, papai?

---

1   Publicado originalmente em *ETC.: A Review of General Semantics*, v. X, 1953.

Não sei, querida. Só estava tentando pensar.

Acho que não estamos indo muito bem hoje. É melhor tentar começar por outro lado. Temos que pensar como as unidades de conhecimento são emendadas umas nas outras. Como uma ajuda a outra.

E como é?

Bem, é como se, às vezes, dois fatos fossem somados um com o outro e tudo o que você tivesse fossem dois fatos. Mas às vezes, em vez de simplesmente se somar um ao outro, eles se multiplicam – e você tem *quatro* fatos.

Não dá para multiplicar um vezes um e ficar com quatro. Você sabe que não dá.

Ah.

———

[PAI] Mas dá, sim. Se as coisas a serem multiplicadas são unidades de conhecimento, fatos ou algo assim. Porque cada um é dois de uma coisa.

[FILHA] *Não entendi.*

Bem... pelo menos dois de uma coisa.

Papai!

É verdade! Vamos fazer a brincadeira das vinte perguntas. Você pensa alguma coisa. Digamos que você pense "amanhã". Certo. Agora eu pergunto: "É abstrato?" e você diz: "Sim". Porque você disse sim, agora eu tenho duas informações. Sei que o que você pensou *é* abstrato e sei também que não é concreto. Ou digamos assim: a partir do seu "sim", posso *cortar pela metade* o número de possibilidades do que a coisa pode ser. E isso é multiplicação de um por dois.

Não é uma divisão?

Sim – é a mesma coisa. Digo – tudo bem – é uma multiplicação por 0,5. O importante é que não é apenas uma subtração ou adição.

Como você sabe *que não é?*

Como eu sei? Bem, suponha que eu faça outra pergunta que corte pela metade a possibilidade de coisas abstratas. E depois outra. Isso reduz o número total de possibilidades a um oitavo do que eram no começo. E dois vezes dois vezes dois é oito.

E dois mais dois mais dois é seis.

Exatamente.

Mas, papai, não entendi – o que acontece no jogo das vinte perguntas?

O ponto central é que, se eu escolher bem as minhas perguntas, consigo decidir entre dois vezes dois vezes dois vezes dois vinte vezes a respeito das coisas – dois elevado a vinte coisas. É mais de um milhão de coisas em que você pode ter pensado. Uma pergunta basta para decidir entre duas coisas; e duas perguntas para decidir entre quatro coisas – e assim por diante.

Eu não gosto de aritmética, papai.

Sim, eu sei. Processar esse raciocínio é maçante, mas algumas ideias são divertidas. De qualquer modo, você perguntou como se mede o conhecimento, e se você começar a medir as coisas, você vai sempre acabar na aritmética.

Mas ainda nem medimos conhecimento nenhum.

Não. Eu sei. Mas avançamos um ou dois passos para saber como medi-lo, caso a gente queira. E isso significa que estamos um pouco mais próximos de saber o que é conhecimento.

Esse ia ser um conhecimento esquisito, papai. Digo, saber sobre o saber – será que mediríamos esse tipo de conhecimento do mesmo jeito?

Espera. Não sei. Na verdade, essa deve ser a pergunta do milhão sobre esse tema. Porque... bem, voltemos ao jogo das vinte perguntas. A parte que ainda não mencionamos é que essas perguntas precisam estar numa determinada ordem. Primeiro a pergunta mais ampla e genérica e, por último, a mais detalhada. E é só a partir das respostas às perguntas genéricas que vou saber quais perguntas detalhadas devo fazer. Mas contamos todas igualmente. Não sei. Mas você me pergunta se o saber sobre o saber seria medido da mesma forma que outros conhecimentos. Com certeza a resposta é não. Sabe, se as primeiras perguntas no jogo me dizem quais perguntas devo fazer depois, então elas devem ser, em parte, perguntas sobre o saber. Elas exploram o assunto conhecimento.

Papai, alguma vez alguém já mediu quanto uma pessoa sabia?

Ah, sim. Muitas vezes. Mas não sei bem o que as respostas querem dizer. Essa medida é feita com provas, testes e exames, mas é como tentar descobrir o tamanho de um pedaço de papel jogando pedra nele.

Como assim?

Digo – se você jogar pedras em dois pedaços de papel de uma mesma distância e descobrir que acerta um dos pedaços com mais frequência do que o outro, provavelmente o que você acertou mais vezes é maior que o outro. Da mesma forma, em uma prova você joga uma porção de perguntas nos seus alunos, e se percebe que acertou mais unidades de conhecimento em um aluno, você pensa que esse aluno deve saber mais do que os outros. A ideia é essa.

Mas será que alguém poderia medir um papel desse jeito?

Claro que poderia. Pode ser até um bom jeito. Medimos uma porção de coisas desse jeito. Por exemplo, julgamos quanto um café é forte procurando ver quanto ele é preto – ou seja, procuramos ver quanta luz é bloqueada pelo líquido. Atiramos ondas de luz, em vez de pedras. A ideia é a mesma.

Ah.

———

[FILHA] *Mas então por que não medimos o conhecimento assim?*

[PAI] Como? Com testes? Não, Deus nos livre! O problema é que esse tipo de medição exclui o que você percebeu – que há diferentes tipos de conhecimento, e que há conhecimento sobre conhecimento. E será que o aluno que responde às perguntas mais genéricas deveria receber a nota mais alta? Ou talvez devesse haver notas diferentes para cada tipo diferente de pergunta.

Bem, tudo bem. Vamos fazer isso e depois somar as notas e depois...

Não – não é possível somá-las. Poderíamos multiplicar ou dividir um tipo de nota por outro tipo, mas não poderíamos somá-las.

Por que não, papai?

Porque... porque não é possível. Não me admira que você não goste de aritmética se não ensinam esse tipo de coisa na escola. O que é que andam ensinando? Nossa! Fico imaginando o que os professores acham que é aritmética.

O que é aritmética, papai?

Não. Vamos nos ater à pergunta de como medir o conhecimento. A aritmética é uma porção de truques para pensar claramente, e a única graça dela é justamente essa clareza. E a primeira coisa para pensar de forma clara é não misturar ideias que, na verdade, são completamente diferentes umas das outras. A ideia de duas laranjas é bem diferente da ideia de dois quilômetros. Porque, se você somar uma à outra, vai ficar uma confusão só na sua cabeça.

Mas, papai, eu não consigo manter as ideias separadas umas das outras. Eu deveria fazer isso?

Não, não! Claro que não. Combine, mas não some as ideias. Só isso. Quer dizer: se as ideias a que você se refere são números e você quer misturar dois tipos diferentes, o que você deve fazer é multiplicar um pelo outro. Ou dividir um pelo outro. E então você vai obter outro tipo de ideia, um novo tipo de quantidade. Se você estiver pensando em quilômetros e em horas, e dividir os quilômetros pelas horas, você vai ter "quilômetros por hora" – ou seja, velocidade.

Está bem, papai. E o que eu teria se multiplicasse um pelo outro?
Ah... é... acho que você teria quilômetro-hora. Sim. Já sei o que são quilômetro-hora. É aquilo que você paga a um taxista. O taxímetro tem um hodômetro que mede os quilômetros e um relógio que conta as horas, e o hodômetro e o relógio trabalham juntos, multiplicando as horas pelos quilômetros, e depois multiplicando os quilômetro--hora por outra coisa que transforma quilômetro-hora em dólares.

Uma vez eu fiz uma experiência.
É?

Eu queria descobrir se conseguia pensar dois pensamentos ao mesmo tempo. Então pensei "é verão" e pensei "é inverno". E então tentei pensar os dois pensamentos juntos.
E?

Mas descobri que não estava pensando dois pensamentos. Só estava tendo um pensamento sobre *ter dois pensamentos.*
Claro, é exatamente isso. Você não consegue misturar pensamentos, só combiná-los. E, no fim das contas, isso quer dizer que você não pode contá-los. Porque contar, na verdade, é somar coisas. E, na maioria das situações, você não pode fazer isso.

Então na verdade *a gente só tem um pensamentão com muitas ramificações – muitas, muitas ramificações?*
Sim. Acho que sim. Não sei. De qualquer maneira, acho que é uma forma mais clara de dizer a coisa. Quer dizer, é mais claro do que falar sobre unidades de pensamento e tentar contá-las.

[FILHA] *Papai, por que você não usa os outros três quartos do seu cérebro?*
[PAI] Ah, sim – quanto a isso, sabe, o problema é que eu também tive professores na escola. E eles encheram um quarto do meu cérebro com bobagens. E li jornais e dei ouvidos ao que as outras pessoas diziam, e isso encheu o outro quarto do meu cérebro com bobagens.

E o outro quarto, papai?
Ah... são bobagens que eu mesmo inventei enquanto estava tentando pensar.

Por que as coisas têm contornos?

[FILHA] *Papai, por que as coisas têm contornos?*[1]

[PAI] Elas têm? Não sei. De que coisas você está falando?

Estou falando de quando eu desenho as coisas – por que elas têm contornos?

Bem, e as outras coisas – por exemplo, um rebanho de ovelhas ou uma conversa? Elas têm contornos?

Não se faça de bobo! Não consigo desenhar uma conversa. Estou falando de coisas.

Sim – eu estava tentando descobrir do que exatamente você estava falando. Você quis dizer: "Por que damos contorno às coisas quando as desenhamos?", ou quis dizer que as coisas *têm* contornos quando as desenhamos ou não?

Não sei, papai. Me diz você. O que eu quis dizer?

Não sei, querida. Em certa época, havia um escritor muito mal-humorado que escrevia sobre todos os tipos de coisa e, depois que ele morreu, leram os seus cadernos e viram que ele tinha escrito: "O sábio vê o contorno; por isso é que ele o desenha", mas em outro lugar ele tinha escrito: "O louco vê o contorno; por isso é que ele o desenha".

Mas para ele qual que era a frase certa? Não entendi.

Bem, William Blake – era esse o nome dele – era um grande artista e um homem muito mal-humorado. Às vezes ele enrolava suas ideias em canudinhos de papel com baba para poder cuspi-las nas pessoas.

Mas, papai, por que essa loucura toda?

Essa loucura toda? Ah, entendi – você quer dizer essa "raiva" toda. Temos que deixar os dois sentidos de "loucura" bem claros se quisermos falar sobre Blake. Porque havia muita gente que o achava um louco varrido – louco de verdade. E essa era uma das coisas que o deixava louco de raiva. Além disso, ele também tinha raiva de certos artistas que pintavam quadros como se as coisas não tivessem contornos. Ele os chamava de "escola do desleixo".

---

1   Publicado originalmente em *ETC.: A Review of General Semantics*, v. XI, 1953.

Ele não era muito tolerante, não é, papai?

Tolerante? Ah, meu Deus! É, eu sei – é isso que a escola martela na sua cabeça. Não, Blake não era muito tolerante. Nem achava a tolerância uma coisa boa. Tolerância era um grande desleixo. Ele achava que ela borrava tudo, confundia tudo – deixava todos os gatos pardos. No fim das contas, ninguém conseguia ver nada com clareza e nitidez.

Está bem, papai.

Não, a resposta não é essa. Quer dizer: "Está bem, papai" não é resposta. Só significa é que você não sabe que resposta dar – e não dá a mínima para o que eu digo e o que Blake disse e que a escola deixou você tão confusa com esse papo de tolerância que você não consegue ver a diferença entre uma coisa e outra.

[Chora]

Ah, meu Deus. Me desculpe, é que fiquei com raiva. Mas não com raiva de você. Fiquei com raiva do sentimentalismo com que as pessoas agem e pensam em geral – e como elas ensinam a confusão mental e a chamam de tolerância.

Mas, papai...

Sim?

Não sei. Parece que não consigo pensar muito bem. Está uma confusão só na minha cabeça...

Me desculpe. Acho que eu confundi você por ter começado pelo meu desabafo.

_____

[FILHA] *Pai?*

[PAI] Sim?

Por que isso deixa as pessoas com raiva?

O que deixa as pessoas com raiva?

Estou falando de as coisas terem contornos. Você disse que William Blake tinha raiva disso. E aí você também ficou com raiva. Por quê, papai?

Sim, de certa forma, acho que sim. Acho que é importante. Talvez, de certa forma, seja *o que* mais importa. E as outras coisas só importam porque fazem parte disso.

Como assim, papai?

Digo, bem – vamos falar sobre tolerância. Quando os gentios querem perseguir os judeus porque eles mataram Jesus, eu me torno intolerante. Acho que os gentios estão confundindo tudo, borrando os contornos. Porque não foram os judeus que mataram Jesus, foram os italianos.

Foi mesmo, papai?

Sim, mas os que o mataram são chamados hoje em dia de romanos, e seus descendentes nós chamamos por outro nome. Nós os chamamos de italianos. Está vendo? Aí tem duas confusões e eu estava provocando a segunda confusão de propósito para poder pegá-la no flagra. Primeiro, a confusão de contar a história errado e dizer que os culpados são os judeus, e depois a confusão de dizer que os descendentes devem ser responsabilizados pelo que os seus ancestrais nem sequer fizeram. É tudo extremamente desleixado.

Está bem, papai.

Certo. Vou tentar não ficar com raiva de novo. Só estou tentando dizer uma coisa: que devemos ficar com raiva da bagunça.

Papai?

Sim?

Outro dia mesmo conversamos sobre bagunça. Estamos conversando sobre a mesma coisa agora?

Sim, claro. É por isso que é importante o que dissemos no outro dia.

E você disse que esclarecer as coisas era o objetivo da ciência.

Sim, é a mesma coisa de novo.

———

[FILHA] *Parece que não consigo entender tudo isso muito bem. Parece que tudo é tudo, e fico meio perdida.*

[PAI] Sim, sei que é difícil. A questão é que nossas conversas têm um contorno, sim, de certa forma – quem me dera alguém conseguir vê-lo com clareza.

———

[PAI] Vamos pensar em uma bagunça bem bagunçada, real e concreta, para variar, e ver se isso ajuda. Você se lembra do jogo de croquet em *Alice no País das Maravilhas*?

[FILHA] *Sim – com flamingos?*

Isso mesmo.

E as bolas eram porcos-espinhos?

Não, ouriços. Eram ouriços. Não existem porcos-espinhos na Inglaterra.

Ah. Era na Inglaterra, papai? Eu não sabia.

É claro que era na Inglaterra. Nos Estados Unidos também não há duquesas.

Mas tem a duquesa de Windsor, papai.

Sim, mas ela não tem espinhos, ao contrário de um porco-espinho de verdade.

Continue a falar da Alice e não se faça de bobo, papai.

Sim, estávamos falando de flamingos. A questão é que quem escreveu *Alice* estava pensando sobre as mesmas coisas que nós. E ele se divertia com a pequena Alice imaginando um jogo de croquet que seria uma grande bagunça. Então ele disse que os jogadores deveriam usar flamingos como tacos porque os flamingos dobrariam o pescoço de forma que os jogadores não saberiam nem se o taco ia atingir a bola.

E a própria bola podia sair andando, se quisesse, porque era um ouriço.

Isso mesmo. Então fica tudo tão confuso que ninguém tem como prever o que vai acontecer.

E os aros também andavam, porque eram soldados.

Isso mesmo – tudo podia se mexer e ninguém podia prever como.

Tudo tinha que ter vida para ele criar essa confusão toda?

Não – ele poderia ter criado confusão se... não, acho que você está certa. Que interessante. Sim, tinha que ser assim. Espera um minuto. É curioso, mas você está certa. Porque, se ele tivesse bagunçado as coisas de qualquer outra maneira, os jogadores poderiam aprender a lidar com os detalhes da confusão. Quer dizer, suponhamos que o gramado fosse ondulado, ou as bolas tivessem um formato esquisito, ou as pontas dos tacos fossem apenas bambas, em vez de vivas. Nesse caso as pessoas ainda poderiam aprender e o jogo só ficaria mais difícil – e não impossível. Mas quando você joga com coisas vivas, ele se torna impossível. Por essa eu não esperava.

Não, papai? Eu já esperava. Para mim, isso parece natural.

Natural? Claro – bem natural. Mas eu não esperava que funcionasse assim.

Por que não? É como eu esperava.

Sim. Mas vou dizer a você a parte que eu não esperava. Os animais, que são capazes de prever acontecimentos e agir de acordo com o que pensam que vai acontecer – uma gata pode pegar um rato dando um salto para cair exatamente no lugar em que o rato provavelmente vai estar quando ela tiver concluído o salto –, mas é o fato de que os animais são capazes de prever e aprender que os torna as únicas coisas de fato imprevisíveis do mundo. E pensar que tentamos criar leis como se as pessoas fossem regulares e previsíveis!

Ou será que criamos leis só porque as pessoas não são previsíveis e as pessoas que fazem as leis queriam que as outras fossem previsíveis?

É, acho que sim.

———

[FILHA] *Do que estávamos falando mesmo?*

[PAI] Não sei bem – ainda não. Mas você abriu uma linha nova perguntando se o jogo de croquet só podia ser uma bagunça enorme porque há apenas seres vivos nele. Eu saí correndo atrás dessa pergunta e acho que ainda não alcancei a resposta. Tem algo de estranho nisso tudo.

O quê?

Não sei ao certo – ainda não. Alguma coisa sobre os seres vivos e a diferença entre eles e as coisas não vivas – máquinas, pedras, e assim por diante. Cavalos não se adaptam a um mundo com automóveis. E isso faz parte do mesmo questionamento. Eles são imprevisíveis, como os flamingos no jogo de croquet.

E as pessoas, papai?

O que têm elas?

Bem, elas estão vivas. Elas se adaptam? Digo, às ruas?

Não, acho que não se adaptam de fato – ou só se adaptam se se esforçarem muito para se proteger e se ajustar. Sim, elas têm de se fazer de previsíveis, porque senão as máquinas ficam bravas e as matam.

Não seja bobo. Se as máquinas pudessem ficar bravas, elas não seriam previsíveis. Seriam como você, papai. Você não prevê quando vai ficar bravo, não é?

Não, creio que não.

Mas, papai, prefiro você imprevisível – às vezes.

———

[FILHA] *O que você quis dizer com a conversa ter contorno? Essa conversa teve um contorno?*

[PAI] Ah, com certeza. Mas ainda não podemos vê-lo porque a conversa ainda não terminou. Você não consegue vê-lo quando está no meio da conversa. Porque, se conseguisse, você seria previsível – tal e qual a máquina. E eu seria previsível, e nós dois seríamos previsíveis...

Não entendi. Você diz que é importante lidar com as coisas com clareza. E fica bravo com as pessoas que borram os contornos. E, ainda assim, achamos que é melhor ser imprevisível do que ser como uma máquina. E agora você diz que só vamos ver os con-

tornos desta conversa depois que ela tiver acabado. Então não importa se somos claros ou não. Porque depois não vamos poder fazer nada em relação a isso.

Sim, eu sei – e eu mesmo não entendo... Mas, afinal, quem quer *fazer* alguma coisa em relação a isso?

Por que um cisne?

[FILHA] *Por que um cisne?*[1]

[PAI] Sim – e por que um fantoche em *Petrushka*?

Não – isso é diferente. Porque um fantoche é feito um ser humano – e esse fantoche em especial é muito humano.

Mais humano do que as pessoas?

Sim.

Mas ainda assim feito um ser humano? Mas, no fim das contas, o cisne também é feito um ser humano.

Sim.

———

[FILHA] *Mas e a bailarina? Ela é humana? É claro que ela é na realidade, mas, no palco, ela parece inumana ou impessoal. Talvez sobre-humana. Não sei.*

[PAI] Você quer dizer que, enquanto o cisne do balé é só *uma espécie de* um cisne e não tem os dedos do pé ligados por uma membrana, a bailarina só parece *uma espécie de* ser humano.

Não sei – talvez seja algo desse tipo.

———

[PAI] Não – eu fico confuso quando falo do "cisne" e da bailarina como duas coisas diferentes. Prefiro dizer que a coisa que vejo no palco – a figura do cisne – é tanto "uma espécie de" ser humano quanto "uma espécie de" cisne.

[FILHA] *Mas aí você estaria usando o termo "uma espécie de" em dois sentidos.*

Sim, é verdade. Mas de qualquer modo, quando digo que a figura do cisne é "uma espécie de" ser humano, não quero dizer que ele é um membro da família ou do gênero que chamamos de humano.

Não, claro que não.

———

1   Publicado originalmente na revista *Impulse 1954*.

E sim que ele é membro de outra subdivisão de um grupo mais amplo que incluiria fantoches em *Petrushka*, cisnes de balé e gente.

Não, não é como em gêneros e espécies. Esse seu grupo mais amplo inclui gansos?

————

[PAI] Tudo bem. Então, evidentemente, não sei o que a expressão "espécie de" quer dizer. Mas uma coisa eu sei: que toda fantasia, poesia, balé e arte em geral devem seu significado e importância à relação a que me refiro quando digo que a figura do cisne é "uma espécie de" cisne – ou um cisne "de mentirinha".

[FILHA] *Então a gente nunca vai saber por que a bailarina é um cisne ou fantoche ou qualquer outra coisa, e nunca vai conseguir dizer o que é arte ou poesia até alguém dizer o que "uma espécie de" realmente quer dizer.*

Sim.

————

[PAI] Mas não precisamos fugir dos trocadilhos. Em francês, a expressão *espèce de* (literalmente "uma espécie de") contém um peso especial. Se um homem chamar o outro de "camelo", o insulto pode ser amistoso. Mas se ele chamar o outro de *espèce de chameau* – espécie de camelo – é bem ruim. E é pior ainda chamar alguém de *espèce d'espèce* – espécie de espécie.

[FILHA] *Uma espécie de espécie de quê?*

Não – só uma espécie de espécie. Por outro lado, se você diz que um homem é um camelo *de verdade*, o insulto cheira a admiração invejosa.

Mas quando um francês chama um homem de espécie de camelo, ele está usando a expressão uma espécie de *de maneira parecida com a que eu uso quando digo que o cisne é* uma espécie de *ser humano?*

————

[PAI] Veja desta forma: tem uma passagem em *Macbeth* em que Macbeth está conversando com os matadores que ele mandou para assassinar Banquo. Eles dizem que são homens, e ele lhes diz que são uma espécie de homens.

Sim, sei que num catálogo são homens,
Como galgo, mastim e veadeiro,
Pastor ou vira-lata são chamados
pelo nome de cão.[2]

[FILHA] *Não – é isso que você disse ainda agora. Como era mesmo? "Outra subdivisão de um grupo mais amplo"? Não acho que seja isso, não.*

Não, não é só isso. Macbeth, no fim das contas, usa cães na sua comparação. E "cães" podem ser tanto galgos como vira-latas. Não seria a mesma coisa se tivesse usado variedades de gatos domésticos – ou subespécies de rosas silvestres.

Está bem, está bem. Mas qual é a resposta à minha pergunta? Quando um francês chama um homem de "espécie" de camelo, e eu digo que o cisne é "uma espécie de" ser humano, eu e ele queremos dizer o mesmo com "espécie"?

———

[PAI] Está bem, vamos tentar analisar o que "espécie" quer dizer. Vamos pegar uma oração e examiná-la. Se eu digo "o fantoche Petrushka é *uma espécie de* ser humano", eu declaro uma relação.

[FILHA] *Entre o quê?*

Entre ideias, acho.

Não entre um fantoche e gente?

Não. Entre algumas ideias que tenho sobre um fantoche e algumas ideias que tenho sobre os seres humanos.

Ah.

———

[FILHA] *Bem, então que tipo de relação é?*

[PAI] Não sei. Uma relação metafórica?

———

[PAI] E tem aquela outra relação que é enfaticamente *não* "espécie de" algo. Muitos homens foram para a fogueira porque declararam que o pão e o vinho não são "uma espécie de" carne e sangue.

---

2   William Shakespeare, *Macbeth* [1623], Ato III, Cena I, trad. Barbara Heliodora. Rio de Janeiro: Nova Fronteira, 2011. [N. T.]

[FILHA] *Mas será que é a mesma coisa? Digo – a dança dos cisnes é um sacramento?*

Sim – acho que sim –, pelo menos para algumas pessoas. Na linguagem protestante poderíamos dizer que a fantasia de cisne e os movimentos da bailarina são "sinais exteriores e visíveis de uma graça espiritual interior" da mulher. Mas, na linguagem católica, isso faria do balé uma simples metáfora, e não um sacramento.

Mas você disse que para algumas pessoas é um sacramento. Você quis dizer para os protestantes?

Não, não. Quis dizer que, para algumas pessoas, o sangue e o vinho são só metafóricos, enquanto para outras – os católicos – o pão e o vinho são um sacramento; então, se há alguns para quem o balé é uma metáfora, pode haver outros para quem é enfaticamente mais do que uma metáfora – um sacramento.

No sentido católico?

Sim.

———

[PAI] Quero dizer que, se pudéssemos dizer claramente o que significa a proposição "o pão e o vinho *não* são 'uma espécie de' carne e sangue", saberíamos mais sobre o que queremos dizer quando dizemos que o cisne é "uma espécie de" ser humano ou que o balé é um sacramento.

[FILHA] *Bem – como saber a diferença?*

Que diferença?

Entre um sacramento e uma metáfora.

———

[PAI] Espera um minuto. Estamos falando sobre o artista ou poeta, ou sobre um espectador específico. Você me perguntou como sei a diferença entre um sacramento e uma metáfora. Mas a minha resposta tem que levar em conta a pessoa, não a mensagem. Você me perguntou como eu decidiria se certa dança em certo dia é ou não sacramental para aquela bailarina em particular.

[FILHA] *Está certo, mas pare de me enrolar.*

Bem – creio que é meio um segredo.

Você está querendo dizer que não vai me contar?

Não – não é desse tipo de segredo que estou falando. Não é uma coisa que não se deve contar. É uma coisa que não se consegue contar.

Como assim? Por que não?

Vamos supor que eu perguntasse à bailarina: "Srta. X, me diga, a dança que você executa – o que ela é para você? Sacramento ou metáfora?". E vamos imaginar que eu consiga tornar essa pergunta inteligível. Talvez ela me decepcione, dizendo: "Foi você que me assistiu – você decide, se quiser, se foi ou não sacramental para você". Ou ela poderia dizer: "Às vezes é, às vezes não é". Ou: "Como eu me saí na noite passada?". Mas, em todo caso, ela está impossibilitada de controle direto sobre essa questão.

———

[FILHA] *Você quer dizer que quem soubesse esse segredo teria o poder de ser um grande bailarino ou poeta?*
[PAI] Não, não, não. Não é isso. O que quero dizer, principalmente, é que a grande arte, a religião e todo o resto têm a ver com esse segredo; mas conhecer o segredo num nível consciente normal não daria poder de controle a quem o conhecesse.

———

[FILHA] *Papai, o que aconteceu? Estávamos tentando descobrir o que "uma espécie de" quer dizer quando dizemos que o cisne é "uma espécie de" ser humano. Eu disse que há dois sentidos de "espécie de". Um na oração "a figura do cisne é 'uma espécie de' cisne", e outra na oração "a figura do cisne é 'uma espécie de' ser humano". E agora você está falando sobre segredos misteriosos e controle.*
[PAI] Está bem. Vou começar de novo. A figura do cisne não é um cisne de verdade e sim um de faz de conta. Também é um "não ser humano" de faz de conta. Também é "na verdade" uma moça usando um vestido branco. E um cisne de verdade se pareceria, de certa forma, com uma moça.
Mas quais desses são sacramentais?
Ai, meu Deus! Lá vamos nós outra vez. Só posso dizer uma coisa: não é nenhuma dessas declarações, mas todas em conjunto que constituem um sacramento. O "faz de conta" e o "faz de conta que não" e o "de verdade" se fundem de certa maneira em um só sentido.
Mas devíamos mantê-los separados.
Sim. É isso que os lógicos e os cientistas tentam fazer. Mas eles não criam balés como esse – nem sacramentos.

O que é instinto?

[FILHA] *Papai, o que é instinto?*[1]
[PAI] Instinto, querida, é um princípio explicativo.

Mas o que ele explica?

Qualquer coisa – quase qualquer coisa. Qualquer coisa que você queira que ele explique.

Não fale bobagem. Ele não explica a gravidade.

Não. Mas é porque ninguém quer que o "instinto" explique a gravidade. Se quisessem, ele explicaria. Poderíamos dizer simplesmente que a Lua tem um instinto cuja força varia em razão inversa ao quadrado da distância...

Que bobagem, papai.

Sim, claro. Mas foi você quem falou de "instinto", não eu.

Está bem – mas então o que explica a gravidade?

Nada, querida, porque a gravidade é um princípio explicativo.

Ah.

———

[FILHA] *Você quer dizer que não se pode usar um princípio explicativo para explicar outro? Nunca?*

[PAI] Hum... quase nunca. Foi isso que Newton quis dizer com "*hypotheses non fingo*".

E o que isso quer dizer? Por favor.

Bem, "hipóteses" você sabe o que é. Qualquer afirmativa que relacione duas afirmativas descritivas é uma hipótese. Se você disser que foi lua cheia em primeiro de fevereiro e outra vez em primeiro de março e depois relacionar ambas as afirmações sob qualquer forma, a afirmativa que as relaciona se chama hipótese.

Sim – e eu sei o que quer dizer non. *Mas e* fingo?

Bem, *fingo* é uma palavra do latim tardio que quer dizer "faço". É um verbo cuja forma nominal é *fictio*, do qual vem a palavra "ficção".

———

1   Publicado originalmente em Thomas A. Sebeok (org.), *Approaches to Animal Communication*. New York: De Gruyter Mouton, 1969.

Papai, quer dizer que o Isaac Newton achava que todas as hipóteses eram simplesmente inventadas, como as histórias?

Sim – exatamente isso.

Mas ele não descobriu a gravidade? Com a maçã?

Não, querida. Ele a inventou.

Ah... Papai, quem inventou o instinto?

———

[PAI] Não sei. Deve ter sido um personagem bíblico.

[FILHA] *Mas se a ideia de gravidade vincula duas afirmativas descritivas, deve ser uma hipótese.*

Isso mesmo.

Então Newton fingo *uma hipótese, afinal de contas.*

Sim, de fato. Ele era um excelente cientista.

Ah.

———

[FILHA] *Papai, um princípio explicativo é o mesmo que uma hipótese?*

[PAI] Quase o mesmo, mas não exatamente. Sabe, uma hipótese tenta explicar algo específico, mas um princípio explicativo – como "gravidade" ou "instinto" – na verdade não explica nada. É como se fosse uma convenção, um acordo entre os cientistas para tentar parar de explicar as coisas a partir de certo ponto.

Então foi isso que Newton quis dizer? Se "gravidade" não explica nada, e na verdade é apenas uma espécie de ponto final no fim de uma frase explicativa, então inventar a gravidade não foi o mesmo que inventar uma hipótese, e ele poderia dizer que não fingo *hipótese nenhuma.*

Isso mesmo. Não há explicação para um princípio explicativo. É como uma caixa-preta.

Ah.

———

[FILHA] *Pai, o que é uma caixa-preta?*

[PAI] Uma "caixa-preta" é um acordo entre cientistas para parar de tentar explicar as coisas em um certo ponto. Acho que costuma ser apenas temporário.

Mas isso não me soa como uma caixa-preta.

Não – mas é assim que se chama. Muitas vezes as coisas não soam como os seus nomes.

Não.

É uma palavra que vem da engenharia. Quando os engenheiros desenham o diagrama de uma máquina complicada, eles usam uma espécie de atalho. Em vez de desenhar todos os detalhes, eles colocam uma caixa para representar um montão de peças e etiquetam a caixa com o que esse montão de peças faz.

Então uma "caixa-preta" é um rótulo para o que um montão de coisas faz...

Isso mesmo. Mas não é uma explicação de como o montão funciona.

E gravidade?

É um rótulo para o que a gravidade faz. Não é uma explicação de como ela faz.

Ah.

———

[FILHA] *Papai, o que é instinto?*

[PAI] É uma etiqueta para o que uma certa caixa-preta deveria fazer.

Mas o que ela deveria fazer?

Hum. Essa pergunta é muito difícil...

Continue.

Bem. Supostamente ela controla – em parte – aquilo que um organismo faz.

As plantas têm instinto?

Não. Se um botânico usasse a palavra "instinto" quando estivesse falando de plantas, seria acusado de zoomorfismo.

Isso é ruim?

Sim. Para um botânico, é muito ruim. Para um botânico, incorrer em zoomorfismo é tão feio quanto seria, para um zoólogo, incorrer em antropomorfismo. É muito feio mesmo.

Ah, entendi.

———

[FILHA] *O que você quis dizer com "controlar em parte"?*

[PAI] Bem, se um bicho cai de um precipício, sua queda é controlada pela gravidade. Mas se ele se retorce enquanto está caindo, pode ser devido ao instinto.

Instinto de autopreservação?

Creio que sim.

O que é "si mesmo", papai? Um cachorro sabe que tem um eu?
Eu não sei. Mas se o cachorro sabe que tem um eu e se retorce com o intuito de preservar esse eu, então esse retorcer-se é *racional*, e não instintivo.

Ah, então "instinto de autopreservação" é uma contradição.
Bem, fica a meio caminho do antropomorfismo.

Ah. E isso é feio.
Mas o cachorro poderia *saber* que tem um eu e não saber que esse eu tem que ser preservado. Então seria racional *não* se retorcer. Se, ainda assim, o cachorro se retorcer, seria instintivo. Mas se ele *aprendesse* a se retorcer, então não seria instintivo.

Ah.

_____

[FILHA] *Qual parte que não seria instintiva, papai? Ele aprender ou ele se retorcer?*
[PAI] Não – só ele se retorcer.

E o aprendizado seria instintivo?
Bem... sim. A não ser que o cachorro tenha aprendido a aprender.

Ah.

_____

[FILHA] *Mas, papai, o que é que o instinto tenta explicar?*
[PAI] Eu vivo tentando evitar essa pergunta. Sabe, instintos foram inventados antes que as pessoas soubessem qualquer coisa sobre genética, e boa parte da genética moderna foi descoberta antes que as pessoas soubessem qualquer coisa sobre teoria da comunicação. Então é duplamente difícil traduzir "instinto" em termos e ideias modernos.

Sim, continue.
Bem, você sabe que, nos cromossomos, há genes; e que os genes são uma espécie de mensagem que diz respeito ao modo como o organismo se desenvolve e se comporta.

Se desenvolver é diferente de se comportar, papai? E qual deles é aprender? É o "se desenvolver" ou o "se comportar"?
Não! Não! Devagar. Vamos evitar essas perguntas colocando desenvolvimento, aprendizado e comportamento todos no mesmo balaio. Um mesmo espectro de fenômenos. Vamos tentar falar como o instinto contribui para a explicação desse espectro.

Mas isso é um espectro?

Não – é só um modo genérico de dizer.

Ah.

———

[FILHA] *Mas o instinto não está na parte comportamental desse "espectro"? E o aprendizado não é determinado só pelo meio ambiente e não pelos cromossomos?*

[PAI] Vamos esclarecer de vez: não existe nenhum comportamento, nenhuma anatomia, nem nenhum aprendizado armazenado nos cromossomos em si.

Eles não têm uma anatomia própria?

Têm, claro. E uma fisiologia própria. Mas a anatomia e a fisiologia dos genes e dos cromossomos *não* são a anatomia e a fisiologia do animal todo.

Claro que não.

Mas são *sobre* a anatomia e fisiologia do animal inteiro.

Anatomia sobre *anatomia?*

Sim, exatamente como as letras e as palavras têm suas próprias formas, e essas formas fazem parte de palavras, frases e assim por diante – que podem ser *sobre* qualquer coisa.

Ah.

———

[FILHA] *Papai, a anatomia dos genes e cromossomos é sobre a anatomia do animal inteiro? E a fisiologia dos genes e cromossomos é sobre a fisiologia do animal todo?*

[PAI] Não, não. Não há motivo para que seja assim. Não é assim. A anatomia e a fisiologia não são separadas.

Papai, você vai pôr anatomia e fisiologia juntas no mesmo balaio, como você fez com desenvolvimento, aprendizado e comportamento?

Isso. Certíssimo.

Ah.

———

[FILHA] *O mesmo balaio?*

[PAI] Por que não? Acho que o *desenvolvimento* está bem no centro desse balaio. Bem lá no centro.

Ah.

Se os cromossomos e os genes têm anatomia e fisiologia, devem passar por um desenvolvimento.

Sim. Procede.

Você acha que o desenvolvimento de cromossomos e genes pode ser sobre o desenvolvimento de um organismo como um todo?

Eu nem sei o que significa essa pergunta.

Eu sei. Significa que os cromossomos e os genes mudariam ou se desenvolveriam de uma certa maneira ou de outra enquanto o bebê está se desenvolvendo, e as mudanças nos cromossomos seriam sobre as mudanças no bebê. Controlando-as ou controlando-as em parte.

Não. Acho que não.

Ah.

———

[FILHA] *Os cromossomos aprendem?*

[PAI] Não sei.

Eles me cheiram a caixa-preta.

Sim, mas se cromossomos ou genes podem aprender, então eles são caixas-pretas bem mais complicadas do que qualquer pessoa imagina hoje em dia. Os cientistas vivem presumindo ou esperando que as coisas sejam simples e sempre acabam descobrindo que elas não são simples.

Sim, papai.

———

[FILHA] *Papai, isso é instinto?*

[PAI] O quê?

Presumir que as coisas são simples.

Não. Claro que não. Os cientistas são ensinados a agir assim.

Mas pensei que nenhum organismo pudesse ser ensinado a errar sempre.

Mocinha, além de errada, a senhorita está sendo atrevida. Em primeiro lugar, os cientistas não estão errados todas as vezes que presumem que as coisas são simples. É bem frequente que estejam certos, ou certos em parte, e ainda mais frequente que pensem que estão certos e digam isso aos outros. E isso basta como reforço. E, de qualquer forma, você está errada quando diz que nenhum organismo pode ser ensinado a errar.

[FILHA] *Quando as pessoas dizem que uma coisa é "instintiva", estão tentando simplificar as coisas?*

[PAI] Sim, isso mesmo.

E estão erradas?

Não sei. Depende do que querem dizer com isso.

Ah.

Quando *estão erradas?*

Sim, essa forma de perguntar é melhor. Elas estão erradas quando veem uma criatura fazendo algo e têm duas certezas: primeiro, que a criatura não aprendeu a fazer aquilo e, segundo, que a criatura é burra demais para compreender por que deveria fazer aquilo.

Alguma outra ocasião?

Sim. Quando veem que todos os membros de uma espécie fazem as mesmas coisas sob as mesmas circunstâncias; e quando veem o animal repetindo a mesma ação, mesmo quando as circunstâncias são modificadas para que a ação fracasse.

Então há quatro maneiras de saber que é algo instintivo.

Não. Quatro condições sob as quais os cientistas falam em instinto.

Mas e se uma das condições não estiver lá? O instinto se parece muito com um hábito ou costume.

Mas hábitos se aprendem.

Sim.

———

[FILHA] *Os hábitos sempre são aprendidos duas vezes?*

[PAI] Como assim?

Tipo... quando aprendo acordes no violão, primeiro aprendo ou descubro esses acordes; depois, quando pratico, adquiro o hábito de tocá-los daquele modo. E, às vezes, adquiro hábitos errados.

Então você aprende a errar *sempre?*

Ah – certo. Mas e a questão das duas vezes? Será que ambas as *partes do aprendizado não estariam mais presentes se tocar violão fosse instintivo?*

Sim. Se claramente ambas as partes do aprendizado não estivessem mais presentes, os cientistas poderiam dizer que tocar violão é instintivo.

Mas e se faltasse só uma parte do aprendizado?

Então, logicamente, a parte faltante poderia ser explicada pelo "instinto".

Qualquer uma *das partes poderia estar faltando?*

Não sei. E acho que ninguém sabe.

Ah.

[FILHA] *Os passarinhos praticam o seu canto?*

[PAI] Sim. Dizem que alguns pássaros praticam.

Acho que a primeira parte do canto é instintiva, mas eles precisam praticar a segunda.

Talvez.

———

[FILHA] *Será que praticar é instintivo?*

[PAI] Acho que pode ser – mas não sei mais o que a palavra "instinto" significa nesta conversa.

É um princípio explicativo, papai, como você mesmo disse... Só tem uma coisa que não entendo.

Sim?

Existe uma porção de instintos ou um instinto só?

Essa é uma boa pergunta, e os cientistas têm debatido muito a respeito dela, fazendo listas de instintos separados e depois aglutinando-os de novo.

Mas qual é a resposta?

Bem, não está muito claro. Mas uma coisa é certa: princípios explicativos não precisam ser multiplicados além do necessário.

E isso significa o quê? Por favor.

É a ideia por trás do monoteísmo – a ideia de um grande Deus único é preferível à ideia de dois deuses menores.

Deus é um princípio explicativo?

Ah, sim – dos grandes. Não se deve usar duas caixas-pretas – ou dois instintos – para explicar o que uma caixa-preta só explicaria...

Se fosse grande o bastante.

Não. Quer dizer...

Há instintos grandes e instintos pequenos?

Bem, para falar a verdade, os cientistas falam como se houvesse. Mas eles chamam os instintos pequenos por outros nomes – "reflexos", "mecanismos de liberação inata", "padrões fixos de conduta" e assim por diante.

Entendi. É como ter um Deus grande para explicar o universo e vários pequenos "duendes" e "gnomos" para explicar as coisas pequenas que acontecem.

Bem, sim. É bem isso.

Mas, papai, como é que eles aglutinam as coisas para formar os instintos grandes?

Bem, por exemplo, eles não dizem que o cachorro tem um instinto que o faz se retorcer quando cai da ribanceira e outro que o faz fugir do fogo.

Você quer dizer que esses dois comportamentos seriam explicáveis por um instinto de autopreservação?

Sim, algo assim.

Mas se você aglutinar todas essas ações diferentes num instinto, você não pode não admitir que o cachorro tem a noção de "eu".

Não, talvez não.

Como você resolveria a questão do instinto da música e do instinto de praticar a música?

Bem, dependeria do propósito para o qual a música é utilizada. Tanto a música como a prática dela podem se aglutinar num instinto territorial ou sexual.

Eu não colocaria os dois juntos.

Não?

E se o pássaro também praticasse catar sementes ou coisas assim? Você teria de multiplicar os instintos – o que é isso? – além da necessidade.

O que você quer dizer com isso?

Falo de um instinto de buscar comida para explicar a prática de catar sementes e um instinto territorial para praticar música. Por que não ter um instinto de prática para ambas as coisas? Isso economizaria uma caixa-preta.

Mas aí você estaria jogando fora a ideia de aglutinar no mesmo instinto as ações que servem ao mesmo propósito.

Sim, porque, se a prática serve a um propósito – digo, se o pássaro tem um propósito –, então a prática é racional e não instintiva. Você não disse algo assim?

Sim, eu disse algo assim, sim.

———

[FILHA] *Será que conseguimos dispensar a noção de "instinto"?*

[PAI] Nesse caso, como você explicaria as coisas?

Bem, eu observaria as coisas pequenas: quando uma coisa faz "pou!", o cachorro pula. Quando fica sem chão embaixo das patas, ele se retorce. E assim por diante.

Você quer dizer... manter todos os duendes, mas nenhum deus?

Sim, algo assim.

Bem, alguns cientistas tentam falar nesses termos, e digo até que está na moda. Dizem eles que é mais *objetivo*.

E é?

Ah, é.

———

[FILHA] *O que quer dizer "objetivo"?*

[PAI] Bem, significa que você olha com muita atenção para as coisas que decidiu observar.

Me parece certo. Mas como as pessoas objetivas escolhem as coisas que vão tratar objetivamente?

Bem, elas escolhem coisas sobre as quais é fácil ser objetivo.

Você quer dizer fácil para elas?

Sim.

Mas como elas sabem *que são coisas fáceis?*

Suponho que experimentem coisas diferentes e descubram pela experiência.

Então é uma escolha subjetiva?

Ah, sim. Toda experiência é subjetiva.

É humana e subjetiva. Elas decidem que partes do comportamento dos bichos vão ser objetivas consultando a experiência subjetiva humana. Você não tinha dito que antropomorfismo é feio?

Sim – se bem que elas tentam não ser humanas.

———

[FILHA] *Que coisas elas deixam de lado?*

[pai] O que você quer dizer com isso?

Quero dizer o seguinte: a experiência subjetiva mostra às pessoas sobre que coisas é fácil ser objetivo. Então elas vão lá e estudam essas coisas. Mas que coisas a experiência mostra que são difíceis? Para elas evitarem essas coisas. Quais são as coisas que elas evitam?

Bem, você falou antes numa coisa chamada "prática". É difícil tratar dela com objetividade. E há outras coisas igualmente difíceis. A *brincadeira*, por exemplo. E a *exploração*. É difícil saber objetivamente se um rato está *de fato* explorando ou *de fato* brincando. Então essas coisas não são investigadas. Além disso, há o amor. E, é claro, o ódio.

Entendi. Era para esse tipo de coisa que eu queria inventar instintos separados.

Sim – essas coisas. E não se esqueça do humor.

———

[FILHA] *Papai, os bichos são objetivos?*

[PAI] Não sei – provavelmente não. Também não acho que sejam subjetivos. Acho que eles não podem ser divididos dessa forma.

———

[FILHA] *Não é verdade que as pessoas têm uma grande dificuldade para ser objetivas em relação às partes mais animalescas da sua natureza?*

[PAI] Acho que sim. De qualquer forma, foi o que Freud disse, e acho que ele estava certo. Por que a pergunta?

Porque... Poxa, coitadas das pessoas. Elas tentam estudar os animais. E se especializam em coisas que conseguem estudar objetivamente. E só conseguem ser objetivas em relação às coisas em que podem ser o menos parecidas possível com os animais. Deve ser difícil para elas.

Não – não é necessariamente isso que se conclui. As pessoas ainda podem ser objetivas em relação a algumas coisas de sua natureza animal. Você não demonstrou que tudo que é comportamento animal está no conjunto das coisas sobre as quais as pessoas não conseguem ser objetivas.

Não?

———

[FILHA] *Quais são as diferenças mais gritantes entre as pessoas e os animais?*

[PAI] Bem... o intelecto, a linguagem, as ferramentas. Coisas assim.

E é fácil para as pessoas serem intelectualmente objetivas em relação à linguagem e às ferramentas?

Isso mesmo.

Mas isso quer dizer que existe nas pessoas todo um conjunto de ideias e coisas desse tipo completamente interligadas. Por exemplo, uma segunda criatura dentro da pessoa, uma segunda criatura que tem uma forma bem diferente de pensar sobre tudo. Uma forma objetiva.

Sim. O caminho mais curto para a consciência e a objetividade passa pela linguagem e pelas ferramentas.

Mas o que acontece quando essa criatura olha para todas as partes da pessoa sobre as quais é difícil ser objetivo? Ela só olha? Ou se intromete?

Ela se intromete.

E aí? O que acontece?

Essa pergunta é terrível.

Continue. Se vamos estudar os bichos, temos que enfrentar essa pergunta.

Bem... os poetas e os artistas sabem melhor a resposta do que os cientistas. Vou ler um trecho para você:

> O *pensamento* fez do infinito serpente; da compaixão
> Uma chama devoradora; e o homem fugiu do rosto dela e escondeu-se
> Nas florestas da noite; depois todas as florestas eternas se dividiram
> Em terras a rodar nos círculos de espaço, qual oceano revolto
> Que tudo submergisse menos esta muralha finita de carne.
> Foi então que o templo da serpente se formou, imagem do infinito
> Encerrada em finitas revoluções, e o homem se tornou Anjo;
> O Céu, um círculo enorme a girar; Deus, um tirano coroado.[2]

Não entendi. Soa terrível, mas o que quer dizer?

Bem, o poema não é uma declaração objetiva, porque está falando sobre o *efeito* da objetividade – o que o poeta chama aqui de "pensamento" – sobre a pessoa toda ou a vida toda. O "pensamento" deveria ser parte do todo, mas, em vez disso, ele se espalha e se mistura com o resto.

Continue.

Bem, ele pica tudo em pedacinhos minúsculos.

Não entendi.

Bem, o primeiro corte é entre a coisa objetiva e o resto. Então, no *interior* da criatura criada segundo o modelo do intelecto, da linguagem e das ferramentas, é natural que o *propósito* evolua. As ferramentas têm determinados propósitos e qualquer coisa que impeça esses pro-

---

2   William Blake, "Europa: uma profecia", in *Sete livros iluminados*, trad. Manuel Portela. Lisboa: Antígona, 2005, grifo nosso.

pósitos vira um empecilho. O mundo da criatura objetiva passa a ser dividido entre "coisas úteis" e "coisas impeditivas".

Sim. Entendi.

Certo. Então, a criatura aplica a mesma divisão ao mundo da pessoa como um todo, e "coisas úteis" e "coisas impeditivas" se tornam o Bem e o Mal, e o mundo passa a ser dividido entre Deus e a Serpente. E, depois disso, seguem-se mais e mais divisões, porque o intelecto está sempre classificando e dividindo as coisas.

Multiplicando princípios explicativos sem necessidade?

Isso mesmo.

Então, inevitavelmente, quando a criatura objetiva olha para os animais, ela divide as coisas e faz com que os animais se pareçam com os seres humanos depois que o seu intelecto invadiu a sua alma.

Exatamente. É uma espécie de antropomorfismo desumano.

E é por isso que as pessoas objetivas estudam os duendes, em vez das coisas maiores?

Sim. Isso se chama psicologia estímulo-resposta. É fácil ser objetivo em relação ao sexo, mas não em relação ao amor.

———

[FILHA] *Papai, nós falamos sobre dois jeitos de estudar os animais – o jeito amplo do instinto e o jeito do estímulo-resposta, e nenhum dos dois parece muito sólido. O que vamos fazer?*

[PAI] Não sei.

Você não disse que o caminho mais curto para a objetividade e a consciência são a linguagem e as ferramentas? Qual é o caminho mais curto para a outra metade?

Freud dizia que eram os sonhos.

Ah.

———

[FILHA] *O que são os sonhos? Como eles se formam?*

[PAI] Bem – sonhos são pedacinhos soltos da matéria de que somos feitos. Da matéria não objetiva.

Mas como são formados?

Olha... será que não estamos nos afastando demais da questão do comportamento animal?

Não sei, mas acho que não. Me parece que vamos ser antropomórficos de uma maneira ou de outra, não importa o que fizer-

mos. E é obviamente errado construir o nosso antropomorfismo no lado da natureza humana em que o homem é mais diferente dos animais. Então vamos tentar o outro lado. Você disse que os sonhos são o caminho mais curto para o outro lado. Então...

Não fui eu quem disse. Foi Freud. Ou algo do tipo.

Está bem. Mas como os sonhos se formam?

Você quer dizer como dois sonhos se relacionam entre si?

Não. Porque, como você disse, eles são só pedacinhos soltos. O que quero dizer é: como é a formação de um sonho por dentro? Será que o comportamento dos animais pode se formar da mesma maneira?

———

[PAI] Não sei por onde começar.

[FILHA] *Bem. Os sonhos mostram coisas contrárias?*

Ah, meu Deus! A velha crendice popular. Não. Eles não preveem o futuro. Os sonhos são coisas meio suspensas no tempo. Tempos verbais não se aplicam a eles.

Mas se uma pessoa está com medo de alguma coisa que ela sabe que vai acontecer no dia seguinte, ela pode sonhar com isso na noite anterior?

Com certeza. Ou com o passado dela. Ou com o passado e o presente. Mas o sonho não vem com um rótulo dizendo "sobre o que" ele é nesse sentido. Ele simplesmente é como é.

Você quer dizer que é como se o sonho não tivesse folha de rosto?

Sim. É como um antigo manuscrito ou carta cujo começo e fim se perderam e o historiador precisa adivinhar do que se trata, quem o escreveu e quando – a partir do *conteúdo*.

Então vamos ter de ser objetivos também?

Sim, de fato. Mas sabemos que temos que ter cuidado. Temos que estar atentos para não forçar os conceitos da criatura que maneja as ferramentas e a linguagem sobre o material onírico.

Como assim?

Por exemplo: se os sonhos não trabalham com tempos verbais e de certo modo estão suspensos no tempo, seria forçar o tipo errado de objetividade dizer que um sonho "prevê" alguma coisa. E seria igualmente errado dizer que eles afirmam algo sobre o passado. Não se trata de história.

Só de propaganda política?

Como assim?

*O que quero dizer é – será que os sonhos são como as narrativas
escritas pelos propagandistas, que eles dizem ser históricas, mas,
na verdade, não passam de contos da carochinha?*
Sim. Os sonhos se parecem sob vários aspectos com os mitos, as fábulas e os contos de fada. Mas não são conscientemente criados por um propagandista. Não são planejados.
Os sonhos têm sempre uma moral?
Não sei se sempre, mas muitas vezes, sim. Mas a moral não é declarada no sonho. O psicanalista tenta fazer o paciente descobrir a moral. Na verdade, o sonho todo é a moral.
O que isso quer dizer?
Não sei muito bem.

———

[FILHA] *Bem. Será que os sonhos contêm contrários? Será que a
moral é o oposto do que o sonho parece estar dizendo?*
[PAI] Ah, sim. Muitas vezes sim. Os sonhos frequentemente têm um quê de ironia ou sarcasmo. Uma espécie de *reductio ad absurdum*.
Por exemplo?
Está bem. Um amigo meu foi piloto durante a Segunda Guerra Mundial. Depois da guerra, ele se tornou psicólogo e teria de fazer uma prova oral para obter o seu doutorado. Ele estava morrendo de medo da prova, mas, na noite anterior, teve um pesadelo em que reviveu a experiência de estar num avião abatido em pleno voo. No dia seguinte, ele foi e fez a prova sem medo.
Por quê?
Porque era bobagem para um piloto de caça ter medo de meia dúzia de professores universitários que não poderiam atirar nele *para valer.*
*Mas como ele sabia disso? O sonho poderia estar dizendo que os
professores atirariam nele,* sim. *Como ele sabia que era ironia?*
Hum. A resposta é que ele não sabia. O sonho não vem com um rótulo dizendo que é ironia. Quando as pessoas são irônicas em uma conversa real, muitas vezes elas não dizem que estão sendo irônicas.
Não dizem. É verdade. Sempre achei isso meio cruel.
É, costuma ser mesmo.

———

[FILHA] *Papai, os animais sabem ser irônicos ou sarcásticos?*
[PAI] Não. Acho que não. Mas não tenho certeza de que essas palavras sejam adequadas. "Irônico" e "sarcástico" são palavras para análise de

mensagens em forma de linguagem. E os animais não têm linguagem. Talvez isso faça parte daquele nosso tipo de objetividade errada.

Tudo bem. Então será que os animais sabem lidar com contrários? Bem, sim. Para dizer a verdade, eles lidam, sim. Mas não sei se é a mesma coisa...

Fale mais. Como eles lidam então? E quando? Bem. Sabe quando um cachorrinho deita de barriga para cima, mostrando-a para um cachorro maior? É uma espécie de convite para atacar. Mas funciona de modo oposto. Isso impede o cachorro maior de atacar.

Sim, entendi. É um uso de oposições. Mas como eles sabem disso? Você quer dizer como o cachorrão sabe que o cachorrinho quer dizer o oposto do que ele está dizendo? E como o cachorrinho sabe que esse é o jeito de fazer o cachorrão parar?

Sim.

Não sei. Às vezes acho que o cachorrinho sabe mais que o cachorrão. De qualquer modo, o cachorrinho não dá nenhum sinal de que sabe. Ele obviamente não poderia fazer isso.

Então é como nos sonhos. Não há rótulo para dizer que o sonho está tratando de opostos.

Isso mesmo.

Acho que estamos chegando a algum lugar. Os sonhos lidam com opostos, e os animais lidam com opostos, e nenhum dos dois possui rótulos que digam quando estão lidando com opostos.

Hum.

———

[FILHA] *Por que os animais brigam?*

[PAI] Ah, por muitas razões. Território, sexo, alimento...

Papai, você está falando que nem a teoria dos instintos. Pensei que tínhamos concordado que não faríamos isso.

Tudo bem. Mas que tipo de resposta você quer para a pergunta por que os animais brigam?

Bem. Eles lidam com contrários?

Ah. Sim. Boa parte das brigas acaba com os envolvidos fazendo as pazes de algum jeito. E, com certeza, brincar de brigar é, em parte, uma forma de confirmar a amizade. Ou descobrir ou redescobrir a amizade.

Bem que eu achava isso...

———

[FILHA] *Mas por que nada disso tem rótulos? Será pelo mesmo motivo tanto nos animais como nos sonhos?*

[PAI] Não sei. Mas, sabe, nem sempre os sonhos lidam com opostos.

Não – é claro que não. Nem os animais.

Ah, então está bem.

Vamos falar de novo daquele sonho. O efeito no homem foi como se tivessem dito a ele: "'Você em um avião de caça' não é igual a 'você em uma prova oral'".

Sim. Mas o sonho não disse isso de forma óbvia. Disse apenas: "Você em um caça". O sonho não usou o "não" e deixou de fora a instrução para comparar o sonho com outra coisa, e também não disse com o que ele devia compará-lo.

Tudo bem. Vamos ver primeiro o "não". Existe algum "não" no comportamento dos bichos?

Como poderia existir?

Digo, um animal é capaz de dizer com seus atos "eu não vou morder você"?

Bem, para começar, a comunicação por meio de atos não pode, de jeito nenhum, ter tempos verbais. Eles só são possíveis na linguagem.

Você não disse que os sonhos não têm tempos verbais?

Hum. Sim, disse.

Certo. Mas e o "não"? O bicho pode dizer "eu não mordo"?

Ainda assim há um tempo verbal aí. Mas não faz mal. Se um animal não *for* morder o outro, ele não morde e pronto.

Mas ele pode não querer fazer uma série de outras coisas, como dormir, comer, correr e assim por diante. Como ele pode dizer "morder é o que não vou fazer"?

Ele só consegue fazer isso se morder já foi mencionado antes de alguma forma.

Você quer dizer que ele poderia dizer "eu não vou morder você" primeiro mostrando os caninos e aí então não mordendo?

Sim, algo do gênero.

Mas e dois animais? Os dois teriam de mostrar os caninos.

Sim.

E me parece que eles poderiam se entender errado e aí começar a brigar.

Sim. Sempre há esse risco quando se lida com opostos e um não diz ou não consegue dizer o que está fazendo. Especialmente quando ele não *sabe* o que está fazendo.

Mas os animais sabem que mostraram os dentes para dizer "eu não vou morder você".

Não sei se sabem. Certamente nenhum dos animais sabe isso sobre o outro. Quem está sonhando não sabe, no começo do sonho, como ele vai terminar.

Então é uma espécie de experimento...

Sim.

Então eles podem começar uma briga para descobrir se a briga era o que eles tinham que fazer.

Sim – mas eu colocaria isso de forma menos objetivista. Eu diria que a briga mostra a eles que tipo de relacionamento eles têm depois dela. Não é planejado.

Então o "não" não está lá quando os bichos mostram os dentes?

Acho que não. Ou muitas vezes não. Talvez velhos amigos consigam começar a brincar de brigar, sabendo desde o início o que estão fazendo.

———

[FILHA] *Tudo bem. Então o "não" está ausente do comportamento animal porque o "não" faz parte da linguagem verbal e não existe uma ação que sinalize o "não". E como não há o "não", a única forma de concordar com uma negativa é encenar todo o reductio ad absurdum. Você precisa encenar uma batalha para provar que não se trata de uma batalha, e precisa agir como se fosse submisso para provar que o outro não vai devorar você.*

[PAI] Sim.

[FILHA] *Os bichos precisaram pensar em tudo isso?*

Não. Porque tudo é *necessariamente* verdade. E o que é necessariamente verdade governa seus atos, independentemente de você saber que aquilo é necessariamente verdade. Se você juntar duas maçãs com três maçãs sempre terá cinco maçãs – mesmo que você não saiba contar. É outra forma de "explicar" as coisas.

Ah.

———

[FILHA] *Mas, então, por que o sonho deixa o "não" de fora?*

[PAI] Acho que, na verdade, é por um motivo bem semelhante. Sonhos são majoritariamente constituídos por imagens e sentimentos, e se você vai se comunicar por imagens e sentimentos e coisas assim, você é novamente governada pelo fato de que não existe imagem para o "não".

Mas você poderia sonhar com uma placa de "Pare" com uma linha diagonal no meio dela, significando que é "Proibido parar".
Sim. Mas isso é meio caminho andado em direção à linguagem. E a linha diagonal não é a palavra "não". É "não faça". "Não faça" pode ser expresso na linguagem dos atos – se a *outra* pessoa fizer um movimento para mencionar aquilo que você quer proibir. Você até pode sonhar em palavras, e a palavra "não" pode estar entre elas. Mas eu duvido que você possa sonhar com um "não" que seja a respeito do sonho. Quer dizer, um "não" que signifique "este sonho não deve ser tomado literalmente". Às vezes, quando o sono é muito leve, você consegue saber que está sonhando.

———

[FILHA] *Mas, papai, você ainda não respondeu à pergunta sobre como os sonhos se formam.*
[PAI] Na verdade, acho que respondi sim. Mas vou tentar de novo. Um sonho é uma metáfora ou um emaranhado de metáforas. Você sabe o que é uma metáfora?
Sim. Se eu disser que você é como *um porco, isso é um símile. Mas se eu disser que você é um porco, isso é uma metáfora.*
Mais ou menos isso. Quando uma metáfora é *rotulada* como uma metáfora, torna-se um símile.
E é essa rotulação que o sonho não faz.
Isso mesmo. Uma metáfora compara coisas sem deixar claro que é uma comparação. Retira o que é verdadeiro a respeito de um conjunto de coisas e aplica-o a outro conjunto. Quando dizemos que um país "está apodrecendo", estamos usando uma metáfora, sugerindo que algumas mudanças numa nação são como certas mudanças que as bactérias produzem nas frutas. Mas não mencionamos nem a fruta nem as bactérias.
E os sonhos são assim?
Não, é o contrário. O sonho mencionaria a fruta, possivelmente a bactéria, mas não a nação. O sonho trabalha com a *relação,* mas não identifica as coisas que estão relacionadas entre si.
Papai, você poderia inventar um sonho para mim?
Com essa receita, você quer dizer? Não. Vamos pegar o fragmento de verso que eu li ainda agora e transformá-lo em sonho. Do jeito que está, já é quase um sonho. Na maior parte das vezes, o que você tem que fazer é substituir as imagens por palavras. E as palavras já são

vívidas o suficiente. Mas toda a série de metáforas ou imagens está atrelada, o que não seria o caso num sonho.

O que você quer dizer com "atrelada"?

Quero dizer que elas estão relacionadas à primeira palavra – "pensamento". Essa palavra o escritor está usando literalmente, e só essa palavra já diz do que trata o resto.

E em um sonho?

Essa palavra também seria metafórica. Logo o poema todo seria bem mais difícil.

Tudo bem – vamos mudar o poema.

Que tal "*Bárbara* converteu o infinito..." e assim por diante.

Mas por quê? Quem é ela?

Bem, ela é bárbara, é do sexo feminino, e é um apelido mnemônico para um tipo de silogismo.[3] Achei que serviria muito bem como um símbolo monstruoso para o "pensamento". Até consigo vê-la com um par bem grande de pinças, beliscando o próprio cérebro para mudar o universo.

Para com isso.

Tudo bem. Mas você entendeu o que eu quis dizer quando disse que, nos sonhos, as metáforas não são atreladas.

———

[FILHA] *Os animais atrelam as metáforas deles?*

[PAI] Não. Eles não precisam. Sabe, quando um pássaro adulto imita um filhote ao se aproximar de um pássaro do sexo oposto, ele está usando uma metáfora tirada da relação entre pais e filhos. Mas ele não precisa atrelá-la à relação da qual ele está falando. É obviamente a relação entre ele e o outro. Pois são os dois que estão presentes.

Mas eles nunca usam metáforas – agem metaforicamente – sobre outra coisa que não seja suas relações?

Acho que não. Não, mamíferos não. E acho que pássaros também não. Talvez abelhas. E, claro, pessoas.

———

[FILHA] *Tem só uma coisa que não entendi.*

[PAI] Sim?

———

3   O autor se refere ao silogismo Bárbara, que contém três afirmações universais (A). O apelido foi dado na Idade Média para auxiliar a memorização. [N. E.]

Descobrimos uma porção de coisas em comum entre os sonhos e o comportamento dos animais. Ambos lidam com opostos, ambos não operam com tempos verbais, ambos não contêm "não" e ambos trabalham com metáforas, e nenhum dos dois atrela as metáforas. Mas o que não entendo é por que, quando os animais fazem essas coisas, faz sentido. Digo, eles operarem com oposições. E eles não precisam atrelar suas metáforas – mas não vejo razão para os sonhos também serem assim.

Nem eu.

E tem outra coisa.

Sim?

Você falou em genes e cromossomos transportando mensagens sobre o desenvolvimento. Eles falam que nem os animais e os sonhos? Digo, em metáforas e sem "nãos"? Ou falam como nós?

Não sei. Mas tenho certeza de que o sistema de mensagens deles não contém nenhuma conversão simples da teoria dos instintos.

PARTE II

Forma e padrão na antropologia

Contato cultural e cismogênese

O memorando escrito por um comitê de pesquisa em ciências sociais[1] me estimulou a apresentar um ponto de vista consideravelmente diferente e, embora o início deste artigo pareça uma crítica ao memorando, quero deixar claro que considero uma contribuição real qualquer tentativa séria de conceber categorias para o estudo do contato cultural.[2] Além disso, como há diversas passagens no memorando (entre elas, a definição) que não entendi inteiramente, minhas críticas são apresentadas com certa hesitação e se dirigem não ao comitê, mas a certos erros cometidos com frequência pelos antropólogos.

1. *O emprego dos sistemas de categorização.* Em geral é desaconselhável construir sistemas desse tipo enquanto os problemas que eles devem esclarecer não forem claramente formulados; e, até onde vejo, as categorias criadas pelo comitê foram construídas não em referência a um problema especificamente definido, mas para lançar luz sobre "o problema" da aculturação, enquanto o problema em si continua vago.

2. Decorre disso que nossa necessidade imediata não é tanto construir um conjunto de categorias que joguem luz sobre todos os problemas, mas formular esquematicamente os problemas de tal forma que possam ser investigados separadamente.

3. Embora o comitê não defina seus problemas, podemos extrair, a partir de uma leitura cuidadosa das categorias, um vago esboço das perguntas feitas ao material. Aparentemente, o comitê foi influenciado pelo tipo de pergunta que os administradores fazem aos antropólogos – "É bom usar de força em contatos culturais?", "Como podemos fazer

---

1   "A Memorandum for the Study of Acculturation". *Man*, art. 162, v. XXXV, 1935. Disponível on-line.

2   Toda a controvérsia da qual fez parte este artigo está em Paul Bohannon & Fred Plog (orgs.), *Beyond the Frontier: Social Process and Cultural Change*. New York: The Natural History Press, 1967. Mas as repercussões dessa controvérsia cessaram há tempos e o artigo só foi incluído nesta coletânea por suas contribuições positivas. É reproduzido aqui sem alterações, tal como saiu em *Man*, art. 199, v. XXXV, 1935.

determinado povo aceitar determinado traço?" e assim por diante. Em resposta a esse tipo de pergunta, encontramos na definição de aculturação uma ênfase na diferença cultural dos grupos em contato e nas mudanças decorrentes; e dicotomias como aquelas entre "elementos impingidos a um povo ou por este recebidos voluntariamente"[3] podem igualmente ser tomadas como sintomáticas desse raciocínio em termos de problemas administrativos. O mesmo pode ser dito das categorias v, A, B e C, "aceitação", "adaptação" e "reação".

4. Podemos concordar que precisamos desesperadamente de respostas para essas questões de administração e, além disso, que um estudo sobre contatos culturais provavelmente fornecerá essas respostas. Mas é quase certo que a formulação científica dos problemas de contato não seguirá essa linha. É como se, na construção de categorias para o estudo da criminologia, partíssemos de uma dicotomia entre indivíduos criminosos e não criminosos – e, de fato, esta curiosa ciência foi muito tempo obstada justamente por essa tentativa de definir o "típico criminoso".

5. O memorando baseia-se em uma falácia: a de que é possível classificar as características de uma cultura como econômicas, religiosas etc. Pede, por exemplo, que as classifiquemos em três categorias, apresentadas em razão de: (a) proveito econômico ou predominância política; (b) conveniência de entrar em conformidade com os valores do grupo de doadores; (c) considerações ético-religiosas. A ideia de que cada característica tem uma única função, ou pelo menos uma função que sobressai às demais, leva por extensão à ideia de que uma cultura pode ser subdividida em "instituições" e os conjuntos de características que formam cada uma dessas instituições são parecidos em suas funções principais. A debilidade desse método de subdivisão das culturas foi demonstrada conclusivamente por Malinowski e seus pupilos: eles demonstraram que praticamente *tudo* em uma cultura pode ser visto ou como um mecanismo para modificar e satisfazer as necessidades sexuais dos indivíduos, ou para cumprir normas de conduta, ou para prover os indivíduos de alimento.[4] Depois dessa demonstração exaus-

---

3   Em todo caso está claro que, em um estudo científico de processos e leis naturais, essa invocação do livre-arbítrio não tem cabimento.

4   Ver Bronisław K. Malinowski, *Vida sexual dos selvagens* [1929] (trad. Carlos Sussekind. Rio de Janeiro: Francisco Alves, 1982); *Crime e costume na sociedade selvagem* [1926] (trad. Maria Clara Corrêa Dias. Brasília/São Paulo: Ed. UnB/ IO, 2003); Audrey I. Richards, *Hunger and Work in a Savage Tribe* (London: Routledge, 1932). Essa questão da subdivisão da cultura em

tiva, deve-se esperar que qualquer característica de uma cultura se revele, sob análise, não meramente econômica, religiosa ou estrutural, mas também compartilhando de todas essas qualidades segundo o ponto de vista do qual é examinada. Se isso é válido para uma cultura vista em seção sincrônica, deve aplicar-se também aos processos diacrônicos de contato e mudança cultural; e deve-se esperar que, para a oferta, aceitação ou recusa de cada característica, existem causas simultâneas de ordem econômica, estrutural, sexual e religiosa.

6. Segue-se disso que nossas categorias – "religioso", "econômico" etc. – não são subdivisões *reais* presentes nas culturas que estudamos, mas sim meras *abstrações* que fazemos por conveniência quando nos propomos descrever uma cultura com palavras. Não são fenômenos presentes na cultura, mas rótulos para diversos pontos de vista que adotamos em nossos estudos. Ao lidar com tais abstrações, devemos ter cuidado para evitar a "falácia da concretude mal deslocada" de Whitehead, em que, por exemplo, os historiadores marxistas incorrem ao sustentar que os "fenômenos" econômicos são os "principais".

Feito esse preâmbulo, podemos agora pensar em um esquema alternativo para estudar fenômenos de contato.

"instituições" não é tão simples quanto deixei transparecer; e, a despeito das obras que publicou, creio que a London School ainda segue a teoria segundo a qual certa divisão desse tipo é praticável. É possível que essa confusão resulte do fato de que certos povos nativos – se não todos, pelo menos os da Europa Ocidental – de fato pensem que sua cultura é subdividida. Vários fenômenos culturais também contribuem para tal subdivisão, por exemplo: (a) a divisão do trabalho e a diferenciação de normas de comportamento entre diferentes grupos de indivíduos da mesma comunidade; e (b) a ênfase, presente em certas culturas, nas subdivisões de tempo e lugar que organizam o comportamento. Tais fenômenos levam à possibilidade de que, nessas culturas, todo comportamento que ocorra em uma igreja, por exemplo, entre 11h30 e 12h30 aos domingos seja chamado de "religioso". Porém, mesmo ao estudar essas culturas, o antropólogo deve olhar com certa suspeita para a classificação de traços como instituições e deve esperar grandes sobreposições entre as diversas instituições.

Existe uma falácia análoga na psicologia que consiste em ver o comportamento como classificável segundo os impulsos que o inspiram, ou seja, em categorias como autoprotetor, assertivo, sexual, aquisitivo etc. Aqui, também, a confusão advém do fato de que não só o psicólogo, mas também o indivíduo estudado tendem a pensar em termos de categorias. Os psicólogos fariam bem em aceitar a probabilidade de que todo fragmento de comportamento é – pelo menos em um indivíduo bem integrado – simultaneamente relevante para todas essas abstrações.

7. *Âmbito da pesquisa*. Sugiro que consideremos "contato cultural" não apenas os casos em que o contato ocorre entre duas comunidades de culturas diferentes e resulta em profunda perturbação na cultura de um ou de ambos os grupos, mas também os casos de contato dentro de uma única comunidade. Nestes últimos, o contato seria entre grupos de indivíduos diferentes – por exemplo: entre sexos, entre jovens e idosos, entre aristocracia e plebe, entre clãs etc. – que vivem juntos e em equilíbrio aproximado. Eu estenderia a ideia de "contato" para abarcar os processos pelos quais uma criança é moldada e treinada para se encaixar na cultura em que nasceu,[5] mas por ora podemos nos resumir aos contatos entre grupos de indivíduos com normas diferentes de conduta cultural em cada grupo.

8. Se considerarmos o possível desfecho das perturbações drásticas que se seguem aos contatos entre comunidades profundamente diferentes, veremos que as mudanças devem resultar teoricamente em um dos seguintes padrões:

a) a total fusão dos grupos originalmente diferentes,

b) a eliminação de um ou de ambos os grupos,

c) a persistência de ambos os grupos em equilíbrio dinâmico dentro de uma comunidade maior.

9. Meu objetivo, ao estender a ideia de contato para abarcar as condições de diferenciação dentro de uma única cultura, é usar nosso conhecimento desses estados quiescentes para lançar luz sobre os fatores que agem nos estados de desequilíbrio. Pode ser fácil conhecer esses fatores a partir de seu funcionamento em condições de equilíbrio, mas é impossível isolá-los quando estão em violenta agitação. Não convém estudar as leis da gravidade pela observação de prédios desabando durante um terremoto.

10. *Fusão completa*. Já que esse é um dos possíveis desfechos do processo, devemos saber quais fatores estão presentes em um grupo de indivíduos com padrões de conduta homogêneos e consistentes em todos do grupo. Uma abordagem dessas condições pode ser realizada

---

5   O esquema aqui sugerido é orientado mais para o estudo dos processos sociais do que para o dos processos psicológicos, mas pode-se conceber um esquema muito similar para o estudo da psicopatologia. Nesse caso, o estudo seria sobre a ideia de "contato", especialmente nos contextos de modelação de um indivíduo, e os processos de cismogênese seriam vistos como fatores importantes não apenas na acentuação dos desajustes da pessoa desviada, mas também na assimilação do indivíduo normal ao seu grupo.

em qualquer comunidade que esteja em estado próximo ao equilíbrio, mas, infelizmente, nossas comunidades na Europa estão em tal estado de fluxo que essas condições dificilmente ocorrem. Além disso, mesmo em comunidades primitivas, as condições são geralmente complexificadas por diferenciação, de forma que devemos nos contentar com estudos de grupos homogêneos conforme eles podem ser observados dentro das grandes comunidades diferenciadas.

Nossa primeira tarefa será averiguar quais tipos de unidade prevalecem dentro desses grupos, ou melhor – tendo em mente que estamos buscando *aspectos* e não gêneros de fenômenos –, quais aspectos de todo o conjunto de características devemos descrever para obter uma visão geral da situação. Sugiro que o material, para ser devidamente compreendido, deve ser examinado pelo menos sob estes cinco aspectos distinguíveis:

a) *O aspecto estrutural da unidade*. O comportamento de qualquer indivíduo em qualquer contexto é, em algum sentido, cognitivamente consistente com o comportamento de todos os outros indivíduos em todos os outros contextos. Nesse ponto, devemos nos preparar para descobrir que a lógica inerente a uma cultura difere profundamente das lógicas das outras. Partindo desse ponto de vista, veremos, por exemplo, que quando o indivíduo A oferece uma bebida ao indivíduo B, esse comportamento é consistente com outras normas de conduta prevalentes no grupo que contém A e B.

Esse aspecto da unidade do conjunto de padrões de conduta pode ser reformulado em termos de padronização dos aspectos cognitivos da personalidade dos indivíduos. Podemos dizer que os padrões de pensamento dos indivíduos são tão padronizados que seu comportamento lhes parece lógico.

b) *Aspectos afetivos da unidade*. Ao estudar a cultura desse ponto de vista, estamos interessados em mostrar o contexto emocional de todos os detalhes do comportamento. Visualizamos o conjunto dos comportamentos como um mecanismo concatenado e orientado para a satisfação e insatisfação afetiva do indivíduo.

Esse aspecto da cultura pode também ser descrito em termos de padronização dos aspectos afetivos da personalidade dos indivíduos, que são tão modificados pela cultura que, para eles, seu comportamento é emocionalmente consistente.

c) *Unidade econômica*. Nesse ponto, visualizamos o conjunto dos comportamentos como um mecanismo orientado para a produção e distribuição de objetos materiais.

d) *Unidade cronológico-espacial*. Nesse ponto, visualizamos os padrões de conduta organizados esquematicamente por tempo e lugar. Visualizamos A oferecendo uma bebida a B "porque é sábado à noite no bar Javali Azul".

e) *Unidade sociológica*. Nesse ponto, visualizamos o comportamento dos indivíduos orientado para a integração e desintegração da unidade maior, o grupo como um todo. Vemos que oferecer bebidas é um fator que promove a solidariedade do grupo.

11. Além de estudar o comportamento dos membros do grupo homogêneo sob todos esses pontos de vista, devemos examinar uma série de grupos similares para descobrir os efeitos da padronização desses vários pontos de vista nas pessoas que estamos estudando. Afirmamos anteriormente que todo comportamento deve ser visto como provavelmente relevante para todos esses pontos de vista, mas persiste o fato de que certos povos são mais inclinados que outros a enxergar e formular sua própria conduta como "lógica" e "pelo bem do Estado".

12. Com esse conhecimento das condições que prevalecem em grupos homogêneos, estamos em posição de examinar os processos de fusão de dois diferentes grupos em um. Podemos até mesmo ser capazes de prescrever medidas que promovam ou retardem essa fusão e prever se uma característica que se encaixa nos cinco aspectos de unidade pode ser acrescentada a uma cultura sem outras mudanças. Se não se encaixar, buscaremos modificações apropriadas ou na cultura ou na característica.

13. *A eliminação de um ou de ambos os grupos*. Estudar esse resultado final talvez seja de pouca valia, mas devemos ao menos examinar o material que houver disponível para determinar que efeitos essa atividade tão hostil teve sobre a cultura do grupo sobrevivente. É possível, por exemplo, que os padrões de conduta associados à eliminação de outros grupos sejam assimilados à cultura sobrevivente, de forma que seus membros se sintam compelidos a eliminar mais e mais.

14. *Persistência de ambos os grupos em equilíbrio dinâmico*. Esse é provavelmente o mais instrutivo dos resultados finais do contato, já que os fatores ativos no equilíbrio dinâmico têm grande probabilidade de ser idênticos ou análogos àqueles que, no desequilíbrio, são ativos na mudança cultural. Nossa primeira tarefa é estudar os relacionamentos prevalentes entre grupos de indivíduos com padrões de conduta diferenciados e, depois, ponderar que tipo de luz essas relações jogam sobre o que costuma ser chamado de "contato". Qualquer antropólogo que já tenha estado em campo teve oportunidade de estudar grupos diferenciados.

15. As possibilidades de diferenciação de grupos não são de forma alguma infinitas, mas são claramente distinguíveis em duas categorias: (a) casos em que a relação é praticamente simétrica, por exemplo, na diferenciação de metades, clãs, aldeias e nações da Europa; (b) casos em que a relação é *complementar*, por exemplo, na diferenciação de estratos sociais, classes, castas, faixas etárias e, em alguns casos, na diferenciação cultural entre os sexos.[6] Ambos os tipos de diferenciação contêm elementos dinâmicos tais que, quando determinados fatores restritivos são retirados, a diferenciação ou separação entre os grupos aumenta progressivamente em direção ao colapso ou a um novo equilíbrio.

16. *Diferenciação simétrica*. Podem ser remetidos a essa categoria todos os casos em que os indivíduos de dois grupos, A e B, possuem as mesmas aspirações e os mesmos padrões de conduta. Portanto, membros do grupo A exibem os padrões de comportamento A, B, C em seu trato uns com os outros, mas adotam os padrões X, Y, Z ao tratar com os membros do grupo B. Da mesma forma, membros do grupo B exibem os padrões de comportamento A, B, C entre si, mas adotam os padrões X, Y, Z ao tratar com o grupo A. Assim, define-se uma posição em que o comportamento X, Y, Z é a resposta padrão a X, Y, Z. Essa posição contém elementos que podem levar à diferenciação progressiva ou *cismogênese* sobre as mesmas bases. Por exemplo, se os padrões X, Y, Z incluem a vanglória, veremos que existe a probabilidade de que um grupo leve o outro a enfatizar excessivamente o padrão, já que a vanglória é a resposta à vanglória; trata-se de um processo que, se não for reprimido, só poderá levar a uma rivalidade mais e mais extrema até chegar, no fim, à hostilidade e ao colapso de todo o sistema.

17. *Diferenciação complementar*. A essa categoria direcionamos todos os casos nos quais o comportamento e as aspirações dos membros de ambos os grupos são fundamentalmente diferentes. Portanto,

---

6   Ver M. Mead, *Sexo e temperamento* [1935], trad. Dora Ruhman et al. São Paulo: Perspectiva, 1969. Das comunidades descritas nesse livro, os Arapesh e os Mundugumor possuem uma relação preponderantemente simétrica entre os sexos, enquanto os Tchambuli possuem uma relação complementar. Entre os Iatmul, uma tribo que estudei na mesma região, o relacionamento entre os sexos é complementar, mas em bases muito diferentes das dos Tchambuli. Espero publicar em breve um livro sobre os Iatmul com as características de sua cultura a partir dos pontos de vista *a*, *b* e *e* delineados no décimo parágrafo. [N. E.: Ver G. Bateson, *Naven* [1936] 2018; "Language and Psychotherapy: Frieda Fromm-Reichmann's Last Project". *Psychiatry*, v. 21, n. 1, 1958.]

os membros do grupo A tratam-se entre si com os padrões L, M, N e exibem os padrões O, P, Q ao lidar com o grupo B. Em resposta a O, P, Q, os membros do grupo B exibem os padrões U, V, W, mas entre si adotam os padrões R, S, T. Assim, ocorre que O, P, Q é a resposta a U, V, W e vice-versa. Essa diferenciação pode se tornar progressiva. Se, por exemplo, a série O, P, Q inclui padrões culturalmente vistos como assertivos, enquanto U, V, W inclui submissão cultural, é provável que a submissão promova maior assertividade, a qual, por sua vez, promoverá mais submissão. Essa cismogênese, se não for reprimida, levará a uma progressiva distorção unilateral das personalidades dos membros de ambos os grupos, o que resultará em hostilidade mútua entre eles e terminará com o colapso do sistema.

18. *Reciprocidade*. Embora as relações entre grupos possam ser classificadas genericamente em duas categorias simétricas e complementares, esta subdivisão é, em parte, abafada por outro tipo de diferenciação que podemos descrever como *recíproca*. Nesse tipo de diferenciação, os padrões de comportamento X e Y são adotados pelos membros de cada grupo ao tratar com os membros do outro grupo, mas, em vez do sistema simétrico em que X é a resposta a X e Y é a resposta a Y, percebemos que aqui X é resposta a Y. Assim, em cada instância isolada, o comportamento é assimétrico, mas a simetria é readquirida após um grande número de instâncias, já que, às vezes, o grupo A exibe X, ao que o grupo B responde com Y, e às vezes o grupo A exibe Y e o grupo B responde com X. Casos em que o grupo A às vezes vende sagu para o grupo B e este último às vezes vende a mesma mercadoria para A podem ser vistos como recíprocos; mas casos em que o grupo A vende habitualmente sagu para o grupo B e este último vende habitualmente peixes para A, devemos, creio eu, visualizar o padrão como complementar. O padrão recíproco, note-se, é compensado e balanceado internamente e, portanto, não tende à cismogênese.

19. Pontos a investigar:

a) Precisamos de uma pesquisa adequada sobre os tipos de comportamento que podem levar à cismogênese do tipo simétrico. Atualmente só é possível apontar a vanglória e a rivalidade comercial, mas existem sem dúvida muitos outros padrões a descobrir que têm o mesmo tipo de efeito.

b) Precisamos de uma pesquisa sobre os tipos de comportamento que são mutuamente complementares e levam a cismogêneses do segundo tipo. Nesse quesito, podemos citar, atualmente, apenas assertividade versus submissão, exibicionismo versus contemplação, acolhimento versus demonstrações de debilidade e, além destes, as várias combinações possíveis entre esses pares.

c) Precisamos verificar a lei geral presumida no início deste texto de que, quando dois grupos exibem condutas complementares um ao outro, o comportamento interno entre os membros do grupo A necessariamente difere do comportamento interno entre os membros do grupo B.

d) Precisamos de um exame sistemático das cismogêneses de ambos os tipos a partir dos diversos pontos de vista delineados no décimo parágrafo. Nesse momento, olhei somente para a questão a partir dos pontos de vista etológico e estrutural (décimo parágrafo, aspectos *a* e *b*). Além disso, os historiadores marxistas nos forneceram um retrato do aspecto econômico da cismogênese complementar na Europa Ocidental. Mas é provável que eles mesmos tenham sido indevidamente influenciados pela cismogênese que estudaram, tendo sido, portanto, impelidos ao exagero.

e) Precisamos saber mais sobre a ocorrência de comportamentos recíprocos em relacionamentos que sejam preponderantemente simétricos ou complementares.

20. *Fatores restritivos*. Mais urgente, porém, do que qualquer problema do último parágrafo, precisamos de um estudo dos fatores que restringem ambos os tipos de cismogênese. No momento atual, as nações europeias estão muito adentradas na cismogênese simétrica e prestes a se engalfinhar; enquanto isso, em cada nação, observam-se hostilidades cada vez maiores entre os diversos estratos sociais, sintomas de cismogênese complementar. Igualmente, nos países governados por ditaduras recentes, podemos observar os estágios iniciais da cismogênese complementar, com o comportamento de seus associados impelindo o ditador a um orgulho e assertividade cada vez maiores.

O objetivo deste artigo é sugerir problemas e linhas investigativas, e não fornecer respostas; porém, experimentalmente, oferece sugestões quanto aos fatores que controlam a cismogênese:

a) É possível que, na verdade, nenhuma relação saudável e equilibrada entre grupos seja puramente simétrica ou puramente complementar, mas que toda relação de um tipo contenha elementos do outro tipo. É verdade que é fácil classificar relações em uma ou outra categoria, de acordo com sua ênfase predominante, mas é possível que um acréscimo ínfimo de comportamento complementar a um relacionamento simétrico, ou um acréscimo ínfimo de comportamento simétrico a um relacionamento complementar, possa fazer muito em prol da estabilização da posição. Exemplos desse tipo de estabilização são talvez comuns. O nobre inglês está em relação predominantemente complementar e nem sempre confortável com os seus aldeões, mas se ele participa do críquete da aldeia (rivalidade simétrica) uma vez por ano que seja, isso pode ter um efeito curiosamente desproporcional em sua relação com eles.

b) É certo que, como no caso supracitado em que o grupo A vende sagu ao B enquanto este vende peixe ao A, os padrões complementares podem às vezes ter um efeito estabilizador real, por promover a dependência mútua entre os grupos.

c) É possível que a presença de uma série de elementos verdadeiramente recíprocos em um relacionamento tenda a estabilizá-lo, impedindo a cismogênese que, noutro caso, poderia resultar ou de elementos simétricos ou de complementares. Mas isso parece, no melhor dos casos, uma defesa muito fraca: por um lado, se considerarmos os efeitos da cismogênese simétrica sobre os padrões de comportamento recíprocos, percebemos que estes últimos tendem a se manifestar cada vez menos. Assim, conforme os indivíduos que formam as nações europeias envolvem-se cada vez mais em suas rivalidades simétricas internacionais, eles deixam gradualmente para trás o comportamento recíproco, deliberadamente reduzindo ao mínimo o antigo comportamento comercial recíproco.[7] Por outro lado, se considerarmos os efeitos da cismogênese complementar sobre os padrões de comportamento recíprocos, percebemos que metade do padrão recíproco é passível de cessar. Se antes ambos os grupos exibiam tanto X como Y, gradualmente evolui um sistema em que um dos grupos exibe apenas X, enquanto o outro exibe somente Y. De fato, o comportamento anteriormente recíproco reduz-se a um padrão complementar típico e, provavelmente, depois disso, há de contribuir para a cismogênese complementar.

d) É certo que qualquer um dos dois tipos de cismogênese entre dois grupos pode ser verificado por fatores que unem os dois grupos seja na lealdade, seja na oposição a um elemento externo. Tal elemento

---

[7] Nisso, como nos demais exemplos, não procuramos considerar a cismogênese a partir de todos os pontos de vista listados no décimo parágrafo. Portanto, da mesma forma que não consideramos aqui o aspecto econômico do problema, ignoramos os efeitos da recessão sobre a cismogênese. Um estudo completo estaria subdividido em seções, cada uma tratando de um dos aspectos do fenômeno.

externo pode ser um indivíduo simbólico, um povo inimigo ou uma circunstância um tanto impessoal – o leão pode descansar ao lado da ovelha, se desabar um temporal severo o bastante. Note-se, porém, que, quando o elemento externo é uma pessoa ou grupo de pessoas, o relacionamento dos grupos A e B combinados com o grupo externo sempre será, em si, uma relação potencialmente cismogênica de um dos tipos descritos. É urgente averiguar os múltiplos sistemas desse gênero e, em especial, saber mais sobre os sistemas (por exemplo, as hierarquias militares) nos quais a distorção de personalidade é modificada nos grupos intermediários da hierarquia, permitindo aos indivíduos exibir respeito e submissão ao tratar com os grupos hierarquicamente superiores, enquanto exibem assertividade e orgulho no trato com os grupos inferiores.

e) No caso da situação europeia, há mais uma possibilidade – um caso especial de controle por desvio proposital da atenção a circunstâncias exteriores. É possível que os responsáveis pela política de classes e países tomem consciência dos processos em que estão operando e cooperem numa tentativa de resolver as dificuldades. Isso, porém, dificilmente deve ocorrer, já que a antropologia e a psicologia social carecem do prestígio necessário para funcionar como conselheiras; e, sem tal aconselhamento, os governos continuarão a responder às reações uns dos outros, em vez de prestar atenção às circunstâncias.

21. Concluindo, podemos nos voltar para os problemas do administrador que lida com o contato entre culturas negras e brancas. Sua primeira tarefa é decidir qual dos resultados finais delineados no oitavo parágrafo é desejável e, além disso, possível. Essa decisão deve ser tomada por ele sem hipocrisia. Caso escolha a fusão, ele deve se esforçar para conceber cada passo de forma a promover as condições de consistência delineadas (como problemas a serem investigados) no décimo parágrafo. Caso decida que ambos os grupos devem persistir em algum tipo de equilíbrio dinâmico, então deve se esforçar para estabelecer um sistema no qual as possibilidades de cismogênese sejam adequadamente compensadas ou equilibradas uma em relação à outra. Mas em cada etapa do esquema que delineei há problemas que devem ser estudados por pessoas especializadas e que, quando solucionados, contribuirão não apenas para a sociologia aplicada, como também para a própria base da nossa compreensão dos seres humanos em sociedade.

Experimentos mentais com materiais resultantes de observação etnológica

Pelo que entendi, vocês me pediram uma exposição honesta e introspectiva – pessoal – a respeito da minha maneira de pensar sobre o material antropológico e, se tenho de ser honesto e pessoal com relação ao modo como penso, preciso ser impessoal também com relação ao produto desse pensamento.[1] Mesmo que eu consiga me livrar do orgulho e da timidez por meia hora, ainda assim será difícil para mim ser honesto. Vou tentar montar uma imagem da minha maneira de pensar por meio de um relato autobiográfico de como adquiri minhas ferramentas conceituais e meus hábitos intelectuais. Com isso, não me refiro a uma biografia acadêmica ou a uma lista dos assuntos que estudei, mas a algo mais importante – uma lista dos motivos de pensar sobre diversas questões científicas que deixaram uma impressão tão profunda em minha mente que, quando comecei a trabalhar com material antropológico, naturalmente me servi desses motivos para guiar a abordagem escolhida para o novo material.

Devo grande parte desse ferramental ao meu pai, William Bateson, que era geneticista. Escolas e universidades fazem muito pouco para dar ao aluno uma ideia dos princípios básicos do pensamento científico, e o que aprendi veio em larga medida das conversas com meu pai, talvez especialmente dos subtextos dessas conversas. Meu pai não era articulado no que diz respeito à filosofia, matemática e lógica, e era articuladamente desconfiado dessas matérias, mas, ainda assim, creio que, apesar de suas convicções pessoais, ele me passou algumas coisas sobre esses assuntos.

As posições que herdei dele eram especificamente aquelas que ele havia negado para si mesmo. Em seus primeiros e – como creio que ele mesmo sabia – melhores trabalhos, ele apresentou os proble-

---

[1] Apresentado na VII Conferência de Métodos na Filosofia e nas Ciências, realizada na New School for Social Research, em 28 abr. 1940. Publicado originalmente em *Philosophy of Science*, v. 8, n. 1, 1941.

mas da simetria animal, segmentação animal, repetição seriada de partes, padrões etc. Mais tarde, ele trocou esse campo pelo mendelismo, ao qual devotou o resto de sua vida. Mas ele sempre teve uma "queda" pelos problemas de padrão e simetria, e foi essa "queda" e o misticismo que a inspirou que assimilei e, para o bem ou para o mal, chamei de "ciência".

Assimilei dele uma vaga intuição mística de que devemos procurar os mesmos tipos de processo em todos os campos dos fenômenos naturais, que podemos esperar encontrar os mesmos tipos de lei funcionando na estrutura de um cristal e na estrutura social, ou que a segmentação de uma minhoca é comparável com o processo de formação dos pilares de basalto.

Eu não devia pregar a fé mística nos dias de hoje, mas uma coisa eu digo: acredito que as operações mentais que são úteis na análise de um campo podem ser igualmente úteis na análise de outros – que é a estrutura (o *eidos*) da ciência, e não a estrutura da natureza, que é a mesma em todos os campos. Mas a abordagem mais mística dessa questão, que eu havia aprendido em termos vagos, foi de importância capital para mim. Isso conferia uma certa dignidade a qualquer investigação científica, deixando implícito que, quando eu estava analisando os padrões das penas das perdizes, talvez pudesse obter uma resposta ou parte de uma resposta à questão confusa dos padrões e da regularidade na natureza. Além disso, esse naco de misticismo foi importante porque me deu liberdade para usar minha experiência científica anterior, as formas de pensar que eu havia aprendido com a biologia, a física elementar e a química; isso me estimulou a esperar que essas formas de pensar pudessem servir para os mais diversos campos de observação. Permitiu-me visualizar toda a minha formação como potencialmente útil, em vez de absolutamente irrelevante para a antropologia.

Quando comecei na antropologia, havia nesse campo uma reação considerável contra o emprego de analogias frouxas, especialmente contra a analogia de Spencer entre organismo e sociedade. Graças a essa crença mística na unidade inerente aos fenômenos do mundo, evitei um grande desperdício de intelecto. Nunca tive dúvida alguma de que essa analogia era fundamentalmente sólida, pois duvidar teria sido de grande custo emocional para mim. Hoje, é claro, a ênfase mudou. Pouca gente duvidaria seriamente de que os meios que foram comprovadamente úteis na análise de um sistema de funcionamento complexo têm boa probabilidade de ser úteis na análise de outro sistema similar. Mas o esteio místico me foi útil naquela época, embora minha formulação fosse ruim.

O misticismo me ajudou ainda de outra maneira – que é especialmente relevante para minha tese. Quero ressaltar que sempre que nos orgulhamos de descobrir uma nova forma de pensar ou expor que é mais exata; sempre que começamos a insistir demais no "operacionalismo", na lógica simbólica ou em qualquer um desses sistemas de "trilhos" tão essenciais, perdemos um pouco da capacidade de pensar em coisas novas. E, do mesmo modo, é claro, sempre que nos rebelamos contra a rigidez estéril do raciocínio e da exposição formal, deixando nossas ideias correrem soltas, nós perdemos da mesma forma. No meu entender, os avanços no pensamento científico provêm de uma *mistura de pensamento vago com rigoroso* e essa combinação é a ferramenta mais preciosa que a ciência possui.

Minha visão mística dos fenômenos contribuiu especificamente para formar esse duplo hábito mental – levava-me a perseguir "palpites" desvairados e, ao mesmo tempo, obrigava-me a pensar mais formalmente sobre esses palpites. Estimulava a frouxidão do pensamento e então, imediatamente, insistia para que essa frouxidão fosse ponderada segundo esquemas rígidos e concretos. A questão é que o palpite inicial da analogia tem algo de desvairado e, depois, no momento em que começo a desenvolver a analogia, sou confrontado com as formulações rígidas que foram concebidas no campo do qual tomei emprestado a analogia.

Talvez valha a pena dar um exemplo. Tratava-se de formular a organização social de uma tribo da Nova Guiné – os Iatmul. O sistema social dos Iatmul difere do nosso em um ponto muito essencial. A sociedade iatmul não tem nenhum tipo de chefia e formulei um esboço dessa questão dizendo que o controle do indivíduo era efetuado pelo que chamei de sanções "laterais", em vez de "sanções de cima". Revisando meu material, descobri ainda que, em geral, as subdivisões da sociedade – os clãs, metades etc. – praticamente não tinham meios de castigar seus próprios membros. Testemunhei um caso em que uma casa cerimonial pertencente a uma classe de jovens havia sido profanada e, embora os demais membros da classe estivessem furiosíssimos com o profanador, eles não podiam fazer nada. Perguntei se iriam matar um de seus porcos ou tomar algo pertencente a ele, e me responderam: "Não, claro que não. *Ele é membro da nossa própria classe iniciática*". Se a mesma coisa tivesse acontecido na grande casa cerimonial dos mais velhos, que pertence a várias classes, aí sim o profanador seria castigado. Sua classe o defenderia, mas os demais logo formariam uma roda de briga.[2]

Comecei então a procurar casos mais concretos que pudessem ser comparados com as diferenças entre esse sistema e o nosso. Enunciei: "É tal qual a diferença entre animais radialmente simétricos (águas-vivas, anêmonas-do-mar etc.) e animais de segmentação transversal (minhocas, lagostas, o homem etc.)".

Mas no campo de segmentação animal, apesar de sabermos pouquíssimo sobre os mecanismos em questão, pelo menos os problemas são mais concretos do que no campo social. Quando comparamos um problema social com um problema de diferenciação animal, imediatamente nos deparamos com um diagrama nos termos do qual podemos falar com um pouco mais de precisão. E, pelo menos, quando se trata dos animais de segmentação transversal, temos mais do que um mero diagrama anatômico. Graças aos estudos da embriologia experimental e dos gradientes axiais, temos alguma ideia da dinâmica do sistema. Sabemos que existe algum tipo de relação assimétrica entre os segmentos sucessivos, que cada segmento formaria, se pudesse (estou falando de forma genérica), uma cabeça, mas que o segmento imediatamente anterior impede que isso aconteça. Além disso, essa assimetria dinâmica nas relações entre segmentos sucessivos reflete-se morfologicamente; encontramos em boa parte desses animais uma diferença serial – o que chamamos de diferenciação metamérica – entre os segmentos sucessivos. Seus apêndices, embora demonstrem se conformar a uma única estrutura básica, diferenciam-se um do outro à medida que a série avança. (Um exemplo conhecido são as patas da lagosta.) Em contraste, no caso dos animais radialmente simétricos, os segmentos, organizados ao redor do centro como os setores de um círculo, geralmente são todos iguais.

Como eu havia dito, não sabemos muito sobre a segmentação dos animais, mas pelo menos nesse ponto eu já sabia o bastante para retornar ao problema da organização social dos Iatmul. Meu "palpite" me havia fornecido um conjunto de palavras e diagramas mais estritos, nos termos dos quais eu poderia tentar ser mais preciso ao pensar sobre a questão dos Iatmul. Agora eu podia me focar no material iatmul para determinar se a relação entre os clãs era de fato, em certo sentido,

---

2   Para mais detalhes desse e outros incidentes semelhantes, ver G. Bateson, *Naven* [1936] 2018, pp. 98–107.

simétrica e se havia algo nela que pudesse ser comparável à falta de diferenciação metamérica. Descobri que meu "palpite" estava certo. Descobri que, no que concernia à oposição, controle etc. entre os clãs, as relações eram razoavelmente simétricas; além disso, na questão de diferenciação entre eles, era possível demonstrar que, embora houvesse diferenças consideráveis, elas não obedeciam a nenhum padrão seriado. Além disso, descobri que os clãs tinham forte tendência a se imitar uns aos outros, roubar pedaços da história mitológica uns dos outros para incorporá-los ao seu próprio passado – uma espécie de heráldica fraudulenta, em que cada clã copia o outro –, de forma que o sistema como um todo tendia a diminuir a diferenciação entre eles. (O sistema talvez contivesse também tendências na direção oposta, mas não é necessário entrarmos nessa questão.)

Segui a analogia em outra direção. Impressionado pelo fenômeno de diferenciação metamérica, considerei que em nossa sociedade, com seus sistemas hierárquicos (comparáveis à minhoca ou à lagosta), quando um grupo se separa da sociedade mãe, é comum que a linha de fissão, de divisão entre o antigo e o novo grupo marque uma diferenciação de costumes. Os primeiros colonos dos Estados Unidos emigraram para poder ser *diferentes*. Mas entre os Iatmul, quando dois grupos se desentendem e metade deixa a aldeia para fundar uma nova comunidade, os costumes de ambos continuam idênticos. Em nossa sociedade, a fissão tende a ser herética (uma aderência a outras doutrinas ou tradições), mas, entre os Iatmul, a fissão é um tanto cismática (uma aderência a novos líderes sem mudança de dogma).

Vocês devem ter notado que, com isso, acabei superando minha analogia, e que essa questão ainda não está perfeitamente esclarecida. Quando uma fissão transversal ou um brotamento lateral aparece em um animal de segmentação transversal, os produtos desse brotamento ou fissão são *idênticos*, a metade posterior – que era mantida em suspenso pela anterior – é liberada desse controle e desenvolve-se até formar um animal normal, completo. Não estou, portanto, alinhado à minha analogia quando vejo a diferenciação que acompanha a fissão em uma sociedade hierárquica como comparável àquela que existe antes da fissão em um animal de segmentação transversal. Essa divergência na analogia certamente merece investigação; e há de nos levar a um estudo mais preciso das relações assimétricas que prevalecem entre as unidades em ambos os casos, além de suscitar questionamentos quanto às reações do membro subordinado a sua posição na assimetria. Ainda não cheguei a examinar esse aspecto do problema.

Tendo obtido uma estrutura conceitual dentro da qual eu podia descrever as inter-relações entre os clãs, parti para ponderar as inter-relações entre as diversas classes etárias nos termos da mesma estrutura. Aqui, em que, mais do que em outros lugares, poderíamos esperar que a idade desse margem a uma diferenciação seriada, esperávamos encontrar algo análogo à segmentação transversal com relações assimétricas entre as classes sucessivas – e, até certo ponto, o sistema de classes etárias se encaixava nessa ideia. Cada classe possui cerimônias e segredos iniciáticos; e, nessas cerimônias e segredos, foi muito fácil rastrear uma diferenciação metamérica. Cerimônias que são plenamente desenvolvidas no topo do sistema são ainda reconhecíveis em sua forma básica nos níveis mais baixos – mas são mais e mais rudimentares a cada nível que descemos na série.

Mas o sistema de iniciação contém um elemento muito interessante que me saltou aos olhos quando defini meu ponto de vista em termos de segmentação animal. As classes *se alternam*, de forma que o sistema todo consiste de dois grupos em oposição, sendo um grupo composto das classes 3, 5, 7 etc. (números ímpares) e o outro das classes 2, 4, 6 etc.; e esses dois grupos mantêm o tipo de relação que eu já havia qualificado de "simétrico" – cada um aplicando sanções ao outro quando seus direitos são desrespeitados.

Portanto, até mesmo onde poderíamos esperar uma hierarquia bem definida, os Iatmul a substituíram por um sistema sem líderes em que um lado se opõe simetricamente ao outro.

A partir dessa conclusão, minha investigação, influenciada por diversos outros materiais, procurará observar a questão a partir de outros pontos de vista – especialmente os problemas psicológicos relacionados à possibilidade de implementar no indivíduo uma preferência por relacionamentos simétricos, ao invés de assimétricos, e quais poderiam ser os mecanismos dessa formação de caráter. Mas não precisamos entrar nessa questão.

Já disse o suficiente para explicar a questão metodológica – de que um vago "palpite" derivado de outra ciência conduz às formulações precisas dessa outra ciência nos termos da qual é possível pensar mais proveitosamente sobre o material que temos em foco.

Vocês devem ter notado que a forma como usei as descobertas biológicas foi muito diferente da forma como um zoólogo normalmente falaria de seu material. Nos casos em que o zoólogo falaria de gradientes axiais, eu falei de "relações assimétricas entre segmentos sucessivos" e, na minha enunciação, eu me preparei para associar à palavra "sucessivos" dois sentidos simultâneos: em referência ao material animal, ela significaria uma série morfológica em um organismo concreto tridimensional; em referência ao material antropológico, a palavra "sucessivos" significaria uma propriedade abstrata de uma hierarquia.

Acho que seria justo dizer que uso as analogias de forma curiosamente abstrata – que, assim como troco "gradientes axiais" por "relações assimétricas", confiro à palavra "sucessivos" um sentido abstrato que a torna aplicável a ambos os tipos de caso.

Isso nos leva a outro aspecto muito importante do meu modo de pensar – o hábito de construir abstrações que se referem a termos de comparação entre entidades; e, para ilustrá-lo, posso recordar claramente a primeira vez em que cometi uma abstração desse gênero. Foi na minha prova final de graduação em zoologia, em Cambridge, e o examinador havia tentado me obrigar a responder pelo menos uma pergunta de cada subdivisão da matéria. Eu sempre achei a anatomia comparativa uma perda de tempo, mas inexoravelmente me deparei com ela na prova e eu não possuía o conhecimento necessário. Pediram-me que comparasse o sistema urogenital dos anfíbios com o dos mamíferos e eu não sabia muita coisa a respeito.

A necessidade é a mãe da invenção. Decidi que deveria ser capaz de defender a posição de que a anatomia comparativa era uma bagunça e uma perda de tempo, de forma que parti para o ataque de toda a ênfase da zoologia clássica na homologia. Como vocês provavelmente sabem, convencionou-se entre os zoólogos que há dois tipos possíveis de comparabilidade entre os órgãos – a *homologia* e a *analogia*. Diz-se que os órgãos são "homólogos" quando pode ser demonstrado que eles possuem estrutura similar ou contêm relações estruturais similares a outros órgãos. Por exemplo: a tromba do elefante é homóloga ao nariz e lábios de um homem porque possui a mesma relação formal com outras partes – olhos etc.; mas a tromba do elefante é análoga à mão do homem porque ambas têm os mesmos usos. Quinze anos atrás, a anatomia comparativa girava ao redor desses dois tipos de comparabilidade, que por sinal são bons exemplos do que quero dizer com "abstrações que definem os termos de comparação entre entidades".

Meu ataque ao sistema foi sugerir que poderia haver outros tipos de comparabilidade e que esses outros tipos confundiriam a tal ponto a questão que a mera análise morfológica não bastaria. Argumentei que as barbatanas bilaterais do peixe são convencionalmente consideradas homólogas aos membros bilaterais de um mamífero, mas a cauda do peixe, órgão medial, é convencionalmente considerada "diferente das" ou, no máximo, somente "análoga" às barbatanas. Mas e o peixe-dourado japonês de cauda dupla? Nesse animal, os fatores que causam a anomalia da cauda também causam a mesma anomalia nas barbatanas bilaterais; aí estava, portanto, outro tipo de comparabilidade, uma equivalência em termos de processos e leis de crescimento. Bem, não sei qual nota recebi pela minha resposta. Descobri muito tempo depois que, afinal de contas, as barbatanas laterais do peixe-dourado são pouquíssimo, se é que são, afetadas pelos fatores que causam a anomalia na cauda, mas duvido que o examinador tenha me pegado no pulo; e descobri também que, curiosamente, em 1854, Haekel chegou a cunhar a palavra "homonomia" para o mesmíssimo tipo de equivalência que eu estava inventando. A palavra caiu em desuso, até onde sei, e estava em desuso quando escrevi a minha resposta.

Mas, ao menos para mim, a ideia era nova e eu havia pensado nela sozinho. Senti que havia descoberto como pensar. Isso foi em 1926 e essa mesma velha pista, ou receita, se preferirem, seguiu comigo desde então. Não percebi na época que tinha na mão uma receita; e somente dez anos depois tive plena consciência da importância dessa questão da analogia-homologia-homonomia.

Talvez seja interessante contar com algum detalhe os meus diversos reencontros com esses conceitos e a receita que eles continham. Logo após a prova a que me referi, me aventurei pela antropologia e, por algum tempo, parei de pensar no assunto – antes me perguntando o que eu poderia ter feito com essa questão, sem conseguir clarear as minhas ideias, apenas sentindo repúdio pelas abordagens convencionais, que, para mim, pareciam disparates. Escrevi um pequeno esboço sobre o conceito de totemismo em 1930, primeiro provando que o totemismo dos Iatmul é um *verdadeiro* totemismo, pois contém uma "alta porcentagem" de características do totemismo listadas no "Notes and Queries on Anthropology" ["Notas e questões em antropologia"], publicado mais ou menos *ex cathedra* pelo Royal Anthropological Institute, e depois respondendo à pergunta sobre a equivalência a que nos referimos quando igualamos certos elementos de cultura iatmul com o totemismo norte-americano e adentrando pela homologia-homonomia etc.

Durante essa discussão sobre o totemismo "verdadeiro", eu ainda tinha bem nítidas na minha cabeça as abstrações da homonomia-homologia e estava usando esses conceitos com um entendimento claro (embora inarticulado) sobre que tipo de abstrações eles eram – mas é interessante como depois fiz algumas abstrações parecidas para a análise do material iatmul e acabei embaralhando as questões, me esquecendo precisamente disso.

Eu estava especialmente interessado em estudar aquilo que eu chamava de "sensação" da cultura e o estudo convencional dos detalhes mais formais me entediava. Pelo menos parti para a Nova Guiné com isso vagamente claro na cabeça – e numa das minhas primeiras cartas para casa, reclamei que não tinha nenhuma esperança de apreender um conceito tão imponderável como a "sensação" da cultura. Estava observando um grupo informal de nativos mascando folhas de betel, cuspindo, rindo, fazendo piadas etc., e sentia agudamente a tantalizante impossibilidade do que eu desejava fazer.

Um ano depois, ainda na Nova Guiné, li *Arabia Deserta*[3] e reconheci empolgado que Doughty havia, de certa forma, feito o que eu pretendia fazer. Ele tinha apanhado o pássaro que eu tanto vinha tentando caçar. Mas percebi também que ele havia usado a armadilha errada: eu não estava interessado em uma representação literária nem artística da "sensação" da cultura; eu estava interessado em uma análise científica dela.

No fim, acho que Doughty foi um estímulo para mim, e o maior estímulo que recebi dele foi um pequeno pensamento falacioso. Para mim, parecia impossível entender o comportamento daqueles árabes sem ter a "sensação" da cultura deles, e disso parecia se seguir que essa "sensação" da cultura era de certa forma *causativa*, porque moldava o comportamento nativo. Isso me incitou a continuar pensando que eu estava à procura de algo importante – e, até aqui, estava tudo certo. Mas também me fez perceber a "sensação" da cultura como algo muito mais concreto e causativamente ativo do que eu tinha direito de considerar.

Essa falsa concretude foi reforçada depois por um acidente linguístico. Radcliffe-Brown me levou a prestar atenção ao velho termo *éthos* e me disse que era isso que eu estava tentando estudar. As palavras são perigosas, e o caso é que *éthos* é de certa maneira uma palavra muito ruim. Se eu tivesse sido obrigado a inventar a minha própria palavra para o que eu queria dizer, eu teria me saído melhor e me poupado de muita confusão. Creio que teria apresentado um termo como "etonomia", o que teria me lembrado que eu me referia a uma abstração da mesma ordem que a homologia ou a homonomia. O problema de *éthos*

---

3   Charles Montagu Doughty, *Travels in Arabia Deserta* [1888]. New York: Random House, 1936.

é que ela é simplesmente *curta demais*. É uma palavra una, uma raiz que é também um substantivo em grego, e por isso me fez continuar pensando que se referia a uma coisa una que eu ainda podia ver como *causativa*. Eu a tratava como se fosse uma categoria de comportamentos ou uma espécie de fator que moldava o comportamento.

Todos temos familiaridade com esse emprego impreciso das palavras em expressões como: "as causas da guerra são econômicas", "o pensamento econômico", "ele estava sob influência de forte emoção", "seus sintomas são produto do conflito entre seu superego e seu id". (Não tenho certeza de quantas falácias desse gênero estão contidas nesse último exemplo; numa contagem grosseira, parecem ser cinco, com uma possível sexta falácia, mas pode ser mais. A psicanálise, infelizmente, errou ao empregar termos curtos demais, de forma que parecem mais concretos do que são de fato.) Confesso ter incorrido exatamente nesse tipo de pensamento fajuto quando empreguei o termo *éthos*, e perdoem-me por ter buscado apoio moral para fazer essa confissão numa digressão que mostra como outros cometeram o mesmo crime.

Examinemos os estágios pelos quais entrei na falácia e como saí dela. Acho que o primeiro passo para escapar desse pecadilho foi multiplicar meus delitos – e sou muito a favor desse método. Afinal, é muito chato conviver com o vício, seja físico, seja intelectual, e, às vezes, a cura pode vir da satisfação desse vício, até o paciente perceber a verdade. É uma forma de provar que determinada linha de pensamento ou conduta não dará conta do recado, extrapolando-a experimentalmente ao infinito, até seus absurdos se tornarem evidentes.

Multipliquei meus delitos quando criei diversos outros conceitos no mínimo tão abstratos quanto *éthos* – eu tinha *eidos*, "estrutura cultural", "sociologia" – e tratava todos como se fossem entidades concretas. Imaginava as relações entre o *éthos* e a estrutura cultural como similares à relação entre um rio e suas margens – "o rio molda as margens e as margens guiam o rio. Da mesma forma, o *éthos* molda a estrutura cultural e é por ela guiada". Ainda estava procurando analogias físicas, mas a posição não era mais a mesma de quando eu estava procurando analogias para obter conceitos que eu pudesse usar no material observado. Eu estava procurando analogias físicas que eu pudesse usar na análise dos meus próprios conceitos, e tratava-se de um trabalho muito menos satisfatório. Não quero dizer, claro, que as outras ciências não possam ajudar a ordenar os pensamentos; é claro que podem. Por exemplo, a teoria das dimensões da física pode ajudar enormemente nesse campo. O que quero dizer é que, quando estamos buscando uma analogia para esclarecer um certo tipo de material, é sempre bom dar uma olhada na forma como materiais análogos foram analisados. Mas quando estamos buscando esclarecer nossos próprios conceitos, temos de buscar analogias em um nível igualmente abstrato. No entanto, esses símiles sobre rios e margens me pareciam muito bonitos e eu os tratava com a maior seriedade.

Preciso fazer outra digressão rápida para falar de um truque para pensar e falar. Quando me deparo com um conceito vago e sinto que ainda não chegou o momento de cristalizá-lo num termo específico, cunho uma expressão imprecisa para me referir a ele, sem prejulgar a questão usando um nome significativo demais. Eu a rotulo sem me questionar muito sobre um termo curto, coloquial e concreto – geralmente anglo-saxão, em vez de latino – e começo a falar da "coisa" [*stuff*] da cultura, ou dos "elementos" [*bits*] da cultura, ou da "sensação" [*feel*] da cultura. Esses termos curtos anglo-saxões têm, para mim, um tom ou sensação bem definidos que não me deixam esquecer que os conceitos por trás deles são vagos e aguardam uma análise mais profunda. É um truque como dar um nó no lenço – mas com a vantagem de que ainda me permite, se posso dizer assim, continuar usando o lenço para outros fins. Posso continuar usando o conceito vago no valioso processo do pensamento impreciso – ainda assim, permanentemente alerta para o fato de que meus pensamentos estão imprecisos.

Mas esses símiles sobre o *éthos* ser um rio e as formulações da cultura ou "estrutura cultural" serem as margens não eram lembretes anglo-saxões de que eu havia deixado algo em aberto para análise posterior. Eram, segundo o que eu pensava, algo real – uma contribuição real para nossa compreensão do funcionamento da cultura. Pensei que havia um determinado tipo de fenômeno que eu poderia chamar de *éthos* e outro tipo que eu poderia chamar de "estrutura cultural" e que eles operavam juntos – um tinha efeitos mútuos sobre o outro. Tudo o que me restava era discriminar claramente esses vários tipos de fenômeno, de forma que outras pessoas pudessem realizar o mesmo tipo de análise que eu.

Procrastinei esse esforço discriminativo, talvez sentindo que ainda não era chegada a hora de lidar com o problema – e prossegui com a análise cultural. E fiz o que ainda penso ter sido um bom trabalho. Quero ressaltar essa última afirmação – a de que, afinal de contas, é possível contribuir de forma considerável com a ciência utilizando conceitos toscos e grosseiros. Podemos fazer piada com a abundância de concretude mal aplicada em todos os termos psicanalíticos – mas a despeito do pensamento confuso iniciado por Freud, a psicanálise continua sendo *a* contribuição mais relevante, praticamente a única contribuição para nossa compreensão da família – um monumento à importância e ao valor do pensamento impreciso.

Por fim, concluí meu livro sobre a cultura iatmul, exceto o último capítulo, cuja redação deveria ser o teste e a revisão final dos meus vários conceitos e contribuições teóricos. Pelo que eu havia planejado, esse capítulo deveria conter uma tentativa de distinguir o tipo de coisa que eu chamava de *éthos* do tipo de coisa que eu chamava de *eidos* etc.

Fiquei num estado quase idêntico àquele do pânico que senti na sala de exames onde pari o conceito de *homonomia*. Estava prestes a embarcar para o meu próximo local de pesquisa – o livro deveria ser concluído antes de eu entrar no navio – e o livro não se sustentaria sem uma explicação clara das inter-relações desses meus conceitos.

E, aqui, cito o que por fim apareceu nesse último capítulo do livro:

> Comecei a duvidar da validade das minhas próprias categorias e realizei um experimento. Escolhi três elementos da cultura: (a) um *wau* (irmão da mãe) dando comida a um *laua* (filho da irmã) – elemento pragmático, (b) um homem ralhando com sua mulher – elemento etológico; e (c) um homem se casando com a filha da irmã do pai – elemento estrutural. Então desenhei um quadro com nove quadrados em um papel de tamanho grande, três fileiras de quadrados com três quadrados em cada fileira. Escrevi o nome dos meus elementos de cultura nas fileiras horizontais e os das minhas categorias nas colunas verticais. Então me obriguei a ver cada elemento como presumivelmente pertencente a cada categoria. Descobri que era possível.
>
> Descobri que conseguia pensar em cada elemento cultural estruturalmente; que era capaz de visualizar cada um de acordo com um conjunto consistente de regras ou formulações. Da mesma maneira, era capaz de enxergar cada elemento como "pragmático", seja satisfazendo as necessidades dos indivíduos, seja contribuindo para a integração da sociedade. Além disso, conseguia ver cada elemento etologicamente, como expressão de emoção.
>
> Esse experimento pode parecer pueril, mas para mim foi muito importante. Descrevi-o em detalhes porque algum leitor meu pode ter tendência a enxergar os conceitos como uma "estrutura", à maneira de peças concretas que se encontram "em interação" na cultura, e que, como eu, tem dificuldade em pensar nesses conceitos como meros rótulos para pontos de vista, sejam estes adotados

pelos cientistas ou pelos nativos. É instrutivo realizar o mesmo experimento com conceitos como economia etc.[4]

De fato, o *éthos* e o resto foram finalmente reduzidos a abstrações da mesma ordem geral que "homologia", "homonomia" etc.; eram rótulos para pontos de vista voluntariamente adotados pelo pesquisador. Eu estava, conforme vocês podem imaginar, empolgadíssimo por ter colocado aquela barafunda em ordem – mas também estava preocupado, porque achei que tinha a obrigação de reescrever o livro inteiro. Mas descobri que não era o caso. Foi necessário precisar as definições, reler o texto, verificando se, cada vez que o termo técnico aparecia, eu poderia substituí-lo pela nova definição, destacar as partes mais clamorosamente sem sentido com notas de rodapé, alertando o leitor de que tais passagens deveriam ser consideradas um alerta de como não formular as coisas – e assim por diante. Mas o grosso do meu trabalho era sólido como um móvel – tudo que ele precisava eram novas rodinhas nos pés.

Até agora, falei das minhas experiências pessoais com o raciocínio rigoroso e impreciso, mas acho que, na verdade, a história que narrei é típica de todo o processo tateante que é o avanço da ciência. No meu caso, que é pequeno e insignificante em comparação com os avanços científicos como um todo, é possível enxergar ambos os elementos do processo de alternância – primeiro o pensamento impreciso e a construção de uma estrutura sobre fundações inseguras, e depois a correção para o pensamento mais rigoroso e um novo sustentáculo, substituindo o antigo, para todo o edifício já erguido. E isso, creio eu, é uma bela ilustração de como a ciência avança, exceto que em geral o edifício é mais amplo e os indivíduos que contribuem para o novo sustentáculo não são os mesmos que tiveram os primeiros pensamentos vagos. Às vezes, como na física, passam-se séculos entre a primeira construção do edifício e a correção posterior dos alicerces – mas o processo é basicamente o mesmo.

E se vocês me pedirem uma receita para acelerar o processo, eu diria primeiro que deveríamos aceitar e desfrutar da forma como os dois processos operam juntos para nos fazer avançar na compreensão do mundo. Não devemos censurar em demasia nenhum dos dois, ou pelo menos devemos censurar na mesma medida qualquer um dos dois

---

4   G. Bateson, *Naven* [1936] 2018, p. 261.

processos quando não é complementado pelo outro. Creio que fazemos a ciência perder tempo quando começamos a nos aprofundar demais, seja no raciocínio impreciso, seja no rígido. Suspeito, por exemplo, que o edifício freudiano cresceu demais, antes que o corretivo do pensamento estrito lhe fosse aplicado – e agora, quando os pesquisadores começam a reformular os dogmas freudianos em termos novos e mais rigorosos, há um bocado de desconforto, e isso é prejudicial. (Neste ponto, talvez eu deva dizer uma palavra de reconforto aos ortodoxos da psicanálise. Quando os formuladores começam a fuçar as premissas analíticas mais básicas e questionar a realidade concreta de conceitos como "ego", "desejos", "id" ou "libido" – como de fato já estão começando a fazer –, não há por que se alarmar e começar a ter pesadelos aterrorizantes de caos e tempestades em alto mar. Certamente boa parte do velho tecido analítico vai permanecer de pé, após a inserção do novo sustentáculo. E quando os conceitos, os postulados e as premissas tiverem sido corrigidos, os analistas poderão embarcar em uma nova e ainda mais frutífera orgia de pensamentos imprecisos, até o ponto em que, mais uma vez, os resultados do pensamento precisarão ser conceitualizados de maneira estrita. Penso que eles deveriam desfrutar dessa alternância no progresso da ciência e não retardar o progresso da ciência negando-se a aceitar esse dualismo.)

Ademais, além de simplesmente não criar empecilho ao progresso, acho que podemos acelerar as coisas e venho sugerindo duas formas de fazer isso. Uma é ensinar os cientistas a procurar, nas ciências mais antigas, analogias descabidas com o seu próprio material, de forma que os seus palpites mais desvairados sobre os problemas os conduzam ao território das formulações rigorosas. O segundo método é ensiná-los a dar um nó no lenço sempre que uma questão puder ser mais bem formulada – para que estejam dispostos a deixar anos a fio a questão nesse pé e, ainda assim, deixar um sinal de alerta na própria terminologia que usam, de forma que tais termos perseverem para sempre não como cercas escondendo o desconhecido de futuros pesquisadores, mas sim como placas de alerta: "TERRITÓRIO INEXPLORADO À FRENTE".

Moral e caráter nacional

Vamos proceder da seguinte forma:[1] (1) examinaremos certas críticas que podem ser formuladas contra a nossa concepção de "caráter nacional". (2) Tal exame nos permitirá enunciar certos limites conceituais dentro dos quais a expressão "caráter nacional" é provavelmente válida. (3) Em seguida, dentro desses limites, delinearemos quais ordens de diferença podemos esperar encontrar entre as nações ocidentais, procurando, por meio de exemplos, traçar conjeturas mais concretas de algumas dessas diferenças. (4) Por último, consideraremos como os problemas de moral e as relações internacionais são afetados por diferenças dessa ordem.

Empecilhos a qualquer concepção de "caráter nacional"

A investigação científica tem se desviado de questões desse gênero em virtude de certos modos de pensar que levam os cientistas a enxergar todas essas questões como inúteis ou não embasadas. Portanto, antes de arriscar qualquer opinião construtiva sobre a ordem de diferenças a ser esperada entre as populações europeias, esses modos de pensar devem ser examinados.

Argumenta-se, em primeiro lugar, que não são as pessoas e sim as circunstâncias em que elas vivem que diferem de uma comunidade para outra; que temos de lidar com diferenças seja no contexto histórico, seja nas condições atuais; e que esses fatores são suficientes para explicar toda a diferença comportamental sem termos de invocar qualquer diferença de caráter nos indivíduos. Essencialmente, esse argumento é um apelo à Navalha de Ockham – a afirmação de que não devemos multiplicar entidades além do necessário. O argumento é que, quando existem diferenças observáveis nas circunstâncias, devemos

---

[1] Publicado em Goodwin Watson (org.), *Civilian Morale: Second Yearbook of the Society for the Psychological Study of Social Issues*. New York: Reynal & Hitchcock, 1942. Parte da introdução foi cortada.

invocá-las, em vez de invocar meras diferenças de caráter inferidas, que não podemos observar.

Esse argumento pode ser derrubado em parte por meio de dados experimentais, como os experimentos de Lewin (material ainda não publicado) que mostram grandes diferenças na forma como alemães e norte-americanos reagem ao fracasso em cenários experimentais. Os norte-americanos tratam o fracasso como um desafio para se esforçarem mais; os alemães reagem ao mesmo fracasso perdendo o ânimo. Mas quem defende a efetividade das condições, em vez do caráter, responde que, na verdade, as condições experimentais não são as mesmas para ambos os grupos; que o valor de estímulo de qualquer circunstância depende de como ela se destaca das outras circunstâncias de vida do sujeito observado; e que esse contraste não tem como ser o mesmo para os dois grupos.

É possível argumentar, na verdade, que, já que circunstâncias idênticas *nunca* ocorrem para indivíduos com *backgrounds* culturais diferentes, é inútil invocar abstrações tal como um caráter nacional. Creio que esse argumento é derrubado quando se aponta que, enfatizando as circunstâncias, em vez do caráter, ignoramos fatos notórios sobre a *aprendizagem*. Talvez a generalização mais documentada no campo da psicologia seja a de que, a qualquer momento, as características comportamentais de qualquer mamífero, e especialmente as do homem, dependem da experiência e do comportamento prévio desse indivíduo. Assim, ao presumir que o caráter, tal como as circunstâncias, deve ser levado em conta, não estamos multiplicando as entidades além do necessário; nós *sabemos* da importância do caráter aprendido a partir de outros tipos de dados, e é esse conhecimento que nos obriga a levar em conta a "entidade" adicional.

Debelado o primeiro, surge um segundo empecilho à aceitação da noção de "caráter nacional". Quem aceita que o caráter precisa ser levado em conta ainda pode duvidar de que possa prevalecer qualquer uniformidade ou regularidade na amostra de seres humanos que constitui uma nação. Afirmamos logo de saída que obviamente não há *uniformidade* e prosseguiremos nos perguntando que tipos de *regularidade* podemos esperar.

A crítica à qual estamos tentando responder pode adquirir uma destas cinco formas: (1) o crítico pode apontar a ocorrência de diferenciação subcultural, diferenças entre os sexos, ou entre classes, ou entre grupos ocupacionais dentro da comunidade; (2) ele pode apontar a extrema heterogeneidade e confusão de normas culturais que podem ser observadas em comunidades do tipo *melting pot*; (3) ele pode apontar o desviante acidental, o indivíduo que passou por uma experiência traumática "acidental" incomum para o seu meio social; (4) ele pode apontar fenômenos de transformação cultural e, especialmente, diferenciações que acontecem quando uma parte da comunidade fica para trás em termos de velocidade da transformação; (5) por fim, ele pode apontar a natureza arbitrária das fronteiras nacionais.

Tais objeções estão intimamente interligadas e as respostas a todas derivam, em última análise, de dois postulados: primeiro, o indivíduo, seja do ponto de vista fisiológico ou psicológico, é uma entidade única *organizada*, de modo que todas as suas "partes" ou "aspectos" são mutuamente modificáveis e interagem entre si; segundo, uma comunidade é igualmente *organizada* nesse sentido.

Quando observamos a diferenciação social em uma comunidade estável – digamos, a diferenciação sexual em uma tribo na Nova Guiné[2] –, percebemos que não basta dizer que o sistema de hábitos ou a estrutura de caráter de um dos sexos é *diferente* da do outro. O ponto crucial é que o sistema de hábitos de um sexo engrena no sistema de hábitos do outro; que o comportamento de um promove os hábitos do outro.[3] Descobrimos entre os sexos padrões complementares, como exibicionismo-contemplação, dominação-submissão, auxílio-dependência, ou mesmo uma mistura entre eles. Nunca encontramos irrelevância mútua entre os grupos.

Embora seja lamentavelmente verdade que sabemos muito pouco sobre os termos de diferenciação dos hábitos entre classes, sexos, grupos ocupacionais etc. nas nações ocidentais, creio não haver perigo algum em aplicar essa conclusão geral a todos os casos de diferenciação estável entre grupos que vivem em contato mútuo. É inconcebível para mim que dois grupos que diferem entre si possam existir lado a lado em uma comunidade sem algum tipo de relevância mútua entre as característi-

---

2   Para uma análise da diferenciação sexual entre os Tchambuli, ver M. Mead, *Sexo e temperamento* [1935] (trad. Dora Ruhman et al. São Paulo: Perspectiva, 1969), especialmente a Parte III; para uma análise da diferenciação sexual entre os adultos iatmul, na Nova Guiné, ver G. Bateson, *Naven* [1936] 2018.

3   Estamos considerando somente casos nos quais a diferenciação etológica acompanha a dicotomia sexual. É provável que, quando o *éthos* dos dois sexos *não* é fortemente diferenciado, ainda seja correto afirmar que o *éthos* de um promove o do outro – por exemplo, por mecanismos como competição e imitação mútua. Ver M. Mead, *Sex and Temperament in Three Primitive Societies*, op. cit.

cas especiais de um grupo e de outro. Isso seria contrário ao postulado de que uma comunidade é uma unidade organizada. Presumimos, portanto, que essa generalização se aplica a toda diferenciação social estável.

Agora, tudo o que sabemos da mecânica da formação de caráter – especialmente os processos de projeção, formação de reação, compensação e similares – nos obriga a ver esses padrões bipolares como unitários dentro do indivíduo. Se sabemos que um indivíduo foi ensinado a demonstrar claramente metade de um desses padrões – digamos, a conduta dominante –, podemos prever com certeza (embora não em termos precisos) que as sementes da outra metade – nesse caso, a submissão – foram semeadas simultaneamente na sua personalidade. Temos de pensar no indivíduo, na verdade, como alguém que aprendeu dominação-submissão, não *ou* dominação, *ou* submissão. Decorre daí que, quando estamos tratando de diferenciação estável dentro de uma comunidade, é com justa causa que atribuímos um caráter comum aos membros dessa comunidade, desde que tomemos a precaução de descrever esse caráter comum em termos dos motivos relacionais entre as seções diferenciadas da comunidade.

Considerações similares nos guiarão quando tratarmos de nossa segunda crítica – os extremos da heterogeneidade tais como ocorrem nas modernas comunidades *melting pot*. Suponhamos que tentássemos analisar todos os motivos de relacionamento entre indivíduos e grupos em uma comunidade como a da cidade de Nova York; se não terminássemos em um hospício muito antes de concluirmos nosso estudo, provavelmente chegaríamos a uma imagem do caráter comum quase infinitamente complexa – que, com certeza, conteria mais diferenciações mínimas do que a psique humana é capaz de concertar dentro de si. Nesse ponto, portanto, tanto nós como os indivíduos que estudamos somos forçados a tomar um atalho: tratar a heterogeneidade como uma característica positiva do ambiente comum, *sui generis*. Quando, munidos de tal hipótese, começamos a procurar motivos de comportamento comuns, percebemos tendências muito claras à glorificação da heterogeneidade em si (como na canção "Ballad for Americans", de Robinson e La Touche) e à visão do mundo como composto por uma infinidade de elementos triviais desconexos (como em "Believe It or Not [Acredite se quiser]", de Ripley).[4]

---

4   Na época era uma coluna de jornal, em 1982 foi transformado em programa de TV. [N. E.]

A terceira objeção, o caso do indivíduo desviante, entra na mesma estrutura referencial que a diferenciação de grupos estáveis. O menino que não se adapta ao ensino de uma escola pública inglesa, mesmo que as raízes de seu desvio sejam trauma "acidental", está reagindo *ao* sistema escolar público. Os hábitos comportamentais que ele adquire podem não seguir as normas que a escola pretende incutir, mas são adquiridos precisamente em reação *a* essas normas. Ele pode adquirir (como muitas vezes faz) padrões exatamente opostos ao normal; mas não é inconcebível que ele adquira padrões irrelevantes. Ele pode se tornar um "mau" aluno da escola pública inglesa, ele pode enlouquecer, mas ainda assim suas características desviantes estarão sistematicamente relacionadas ao caráter padrão da escola pública, assim como o caráter dos nativos iatmul de um sexo está sistematicamente relacionado ao caráter do outro sexo. Seu caráter é orientado pelos motivos e padrões de relacionamento da sociedade em que ele vive.

O mesmo quadro de referência se aplica à quarta consideração: comunidades em transformação e tipo de diferenciação que ocorre quando parte de uma comunidade fica para trás em termos de transformação. Como a direção na qual uma mudança ocorre é necessariamente condicionada pelo *status quo ante*, os novos padrões, por serem reações aos antigos, estarão sistematicamente relacionados a eles. Portanto, desde que nos confinemos aos termos e temas dessa relação sistemática, temos direito a esperar regularidade de caráter nos indivíduos. Além disso, a *expectativa e a experiência da mudança* podem, em alguns casos, ser importantes a ponto de se tornar um fator[5] comum na determinação do caráter *sui generis*, do mesmo modo que a "heterogeneidade" pode ter efeitos positivos.

Por último, podemos considerar os casos de fronteiras nacionais em transformação, nossa quinta crítica. Nesse caso, é claro, não podemos esperar que a assinatura de um diplomata em um tratado modifique imediatamente a personalidade dos indivíduos cuja lealdade nacional foi em tese alterada pelo documento. Pode ocorrer – por exemplo,

---

5   Para uma discussão sobre o papel da "mudança" e da "heterogeneidade" em comunidades *melting pot*, ver M. Mead, "Educative Effects of Social Environment as Disclosed by Studies of Primitive Societies". *Symposium on Environment and Education*, University of Chicago, 22 set. 1941. Ver também Franz Alexander, "Educative Influence of Personality Factors in the Environment". *Symposium on Environment and Education*, University of Chicago, 22 set. 1941.

no caso de uma população nativa sem linguagem escrita que tem um primeiro contato com europeus – que, após a mudança, durante algum tempo as duas partes se comportem de maneira exploratória ou quase aleatória, cada uma mantendo suas próprias normas e não fazendo ainda nenhum ajuste especial à situação de contato. Nesse período, ainda não devemos esperar generalizações que se apliquem a ambos os grupos. Porém, sabemos que muito em breve cada lado desenvolverá padrões especiais de comportamento que serão empregados no contato com o outro.[6] Nesse ponto, cabe perguntar quais termos de relacionamento sistemáticos descreverão o caráter comum dos dois grupos; e, desse ponto em diante, as estruturas de caráter em comum crescerão em grau, até que os dois grupos estejam relacionados entre si, tal como duas classes ou dois sexos em uma sociedade estável e diferenciada.[7]

Em suma, àqueles que argumentam que as comunidades humanas possuem diferenciações internas tão grandes ou contêm um elemento de aleatoriedade tão forte que é impossível empregar qualquer noção de caráter, respondemos: esperamos que essa abordagem seja útil, (a) desde que o caráter comum seja descrito em termos de temas de relação *entre* os grupos e os indivíduos dentro da comunidade, e (b) desde que a comunidade tenha tempo suficiente para alcançar algum grau de equilíbrio ou aceitar a transformação ou a heterogeneidade como características de seu habitat humano.

Diferenças esperadas entre grupos nacionais

A análise acima das "falácias do espantalho" usadas contra o "caráter nacional" limitou muito estritamente o âmbito desse conceito. Mas as conclusões não são de modo algum negativas. Limitar o âmbito de um conceito é quase sinônimo de defini-lo.

---

6   Nos mares do Sul, os modos especiais de comportamento que os europeus adotam em relação às populações nativas e os modos de comportamento que os nativos adotam em relação aos europeus são bastante óbvios. Todavia, além de análises das línguas de contato, não temos dados psicológicos sobre esses padrões. Para uma descrição de padrões análogos nos relacionamentos entre negros e brancos, ver John Dollard, *Caste and Class in a Southern Town* (New Haven: Yale University Press, 1937), especialmente o capítulo XII, "Accomodation Attitudes of Negroes".

7   Ver *supra* "Contato cultural e cismogênese", p. 91.

Acrescemos uma ferramenta muito importante ao nosso equipamento – a técnica de descrever o caráter comum (ou o "máximo divisor comum" do caráter) dos indivíduos de uma comunidade humana em termos de adjetivos bipolares. Em vez de nos desesperar com o fato de as nações serem altamente diferenciadas, tomamos as dimensões dessa diferenciação como pista para definir o caráter nacional. Não mais satisfeitos em dizer que "os alemães são submissos" ou "os ingleses são frios", agora usamos expressões como "dominantes-submissos" quando ocorrem relações desse tipo. Da mesma forma, não nos referimos mais ao "elemento paranoide do caráter alemão", a não ser que possamos demonstrar que por "paranoide" nos referimos a uma característica bipolar da relação alemão-alemão ou alemão-estrangeiro. Não pretendemos descrever variedades de caráter definindo um determinado caráter segundo sua posição em um *continuum* entre dominação extrema e submissão extrema, mas sim tentar usar em nossas descrições alguns desses *continua* como "grau de interesse em ou orientação para a dominação-submissão".

Até agora, mencionamos apenas uma minúscula lista de características bipolares: dominação-submissão, auxílio-dependência e exibicionismo-contemplação. Com certeza, uma crítica saltará na mente do leitor – a de que, em suma, todas essas três características estão claramente presentes em todas as culturas ocidentais. Antes que nosso método possa ser útil, portanto, devemos tentar expandi-lo para termos latitude e poder de discriminação suficientes para diferenciar uma cultura ocidental de outra.

À medida que esse quadro conceitual se desenvolver, sem dúvida muitas novas expansões e discriminações serão incluídas. Este trabalho tratará de apenas três tipos de expansão.

ALTERNATIVAS À BIPOLARIDADE

Quando invocamos a bipolaridade como forma de lidar com a diferenciação dentro da sociedade, sem renunciar a certa noção de estrutura de caráter comum, pensamos apenas na possibilidade de diferenciação bipolar simples. É certo que esse padrão é muito comum nas culturas ocidentais; vide, por exemplo, republicanos e democratas, esquerda e direita, diferenciação sexual, Deus e diabo e assim por diante. Esses povos tentam até mesmo impor um padrão binário a fenômenos que não são duais por natureza – juventude e velhice, trabalho e capital, mente e corpo – e, em geral, não têm dispositivos organizacionais para lidar com sistemas triangulares; por exemplo, a criação de um "terceiro" partido é sempre vista como uma ameaça à nossa organização política. Essa clara tendência a sistemas duais não deve, porém, nos impedir de enxergar a ocorrência de outros padrões.[8]

Existe, por exemplo, uma tendência muito interessante em comunidades inglesas de formação de sistemas ternários, como pais-babá--criança, reis-ministros-povo, comandantes-suboficiais-soldados rasos.[9] Se, por um lado, os motivos precisos das relações nesses sistemas ternários ainda carecem de investigação, é importante notar que esses sistemas, aos quais me refiro como ternários, não são nem "hierarquias simples" nem "triângulos". Por hierarquia pura, quero dizer um sistema seriado no qual relações face a face não ocorrem entre membros quando eles estão separados por um membro intermediário; em outras palavras, sistemas nos quais a única comunicação entre A e C passa por B. Por triângulo, quero dizer um sistema tríplice sem propriedades seriais. O sistema ternário pais-babá-criança, por sua vez, é muito diferente dessas duas formas. Contém elementos seriados, mas há contato face a face entre o primeiro e o terceiro membro. Essencialmente, a função do membro intermediário é instruir e disciplinar o terceiro membro nas formas de conduta que ele deve adotar no contato com o primeiro membro. A babá ensina a criança como se comportar com os pais, assim como o suboficial ensina e disciplina o soldado raso na conduta que ele deve ter com os comandantes. Na terminologia psicanalítica, o processo de introjeção se dá de forma *indireta*, e não por impacto direto das personalidades materna

---

8 O sistema social nas comunidades montanhesas de Bali é quase inteiramente desprovido de dualismos. A diferenciação entre os sexos é muito sutil; as facções políticas são completamente ausentes. Nas planícies, há um dualismo resultante da intrusão do sistema de castas hindu: os que pertencem a uma casta são diferenciados dos que não pertencem a nenhuma. No entanto, no nível simbólico (em parte por causa da influência hindu), os dualismos são bem mais frequentes do que na estrutura social (por exemplo, nordeste e sudeste, deuses e demônios, esquerda simbólica e direita simbólica, masculino simbólico e feminino simbólico etc.).

9 Um quarto exemplo desse padrão tríplice são certas escolas públicas de excelência (como Charterhouse), onde a autoridade é dividida entre líderes mais intelectualizados, refinados e calados ("monitores") e líderes mais rudes, barulhentos e atléticos (capitães de times de futebol, chefes do salão comunal etc.), que têm o dever de garantir que os calouros se apresentem imediatamente quando o monitor chama.

e paterna sobre a criança.[10] Os contatos face a face entre o primeiro e o terceiro membros são, porém, muito importantes. Podemos mencionar, nesse sentido, o ritual diário e vital do exército britânico no qual o comandante do dia pergunta aos soldados rasos e suboficiais reunidos se eles têm alguma queixa.

Com certeza, qualquer discussão completa sobre o caráter inglês deve admitir padrões ternários, além de bipolares.

MOTIVOS SIMÉTRICOS

Até o momento, levamos em conta apenas aquilo que denominamos padrões "complementares" de relação, nos quais os padrões comportamentais em uma das partes da relação são diferentes dos padrões de comportamento da outra parte (dominação-submissão etc.), mas um se encaixa no outro. Existe, porém, toda uma categoria de comportamentos interpessoais humanos que não cabem nessa descrição. Além dos padrões complementares contrastantes, temos de reconhecer a existência de uma série de padrões *simétricos* nos quais as pessoas reagem ao que as outras estão fazendo realizando elas mesmas algo similar. Temos de considerar em especial os padrões competitivos,[11] em que o indivíduo ou grupo A é estimulado a adotar *mais* um certo comportamento ao notar a predominância desse comportamento (ou mais êxito nesse comportamento) no indivíduo ou grupo B.

Há um profundo contraste entre esses sistemas competitivos de comportamento e os sistemas complementares de dominação-submissão – um contraste muito significativo para qualquer discussão sobre caráter nacional. No esforço complementar, o estímulo que impele o indivíduo A a fazer um esforço maior é a *fraqueza* relativa de B; se quisermos fazer A ceder ou se submeter, devemos mostrar que B é mais forte do que ele.

---

10   Para uma discussão geral sobre as variantes culturais da situação edipiana e os sistemas relacionados de sanção cultural, ver M. Mead, "Social Change and Cultural Surrogates". *Journal of Educational Sociology*, v. 14, n. 2, 1940; ver também Géza Róheim, *The Riddle of the Sphinx*. London: Hogarth, 1934.

11   O termo "cooperação", que às vezes é usado como antônimo de "competição", abarca uma variedade imensa de padrões, alguns bipolares e outros nos quais os cooperadores são fortemente orientados a uma meta pessoal ou impessoal. Podemos esperar que uma análise cuidadosa desses padrões nos forneça o vocabulário para descrever outros tipos de características nacionais. Não temos condições de tentar aqui uma análise como essa.

De fato, a estrutura de caráter complementar pode ser resumida no par "valentão-covarde", deixando implícita a combinação dessas características na personalidade. Os sistemas competitivos simétricos, em compensação, são quase precisamente opostos aos complementares no quesito funcionalidade. Aqui o estímulo que provoca maior esforço de A é a visão de maior *força* ou empenho de B; e, inversamente, se demonstrarmos a A que B é muito fraco, A relaxará seus esforços.

É provável que esses dois padrões contrastantes estejam igualmente disponíveis como potencialidades em todo ser humano; mas, claramente, qualquer indivíduo que se comporte de ambas as maneiras ao mesmo tempo correrá o risco de confusão e conflito internos. Consequentemente, nos vários grupos nacionais, desenvolveram-se diferentes métodos de resolver essa discrepância. Na Inglaterra e nos Estados Unidos, onde crianças e adultos são submetidos a um bombardeio de reprovação quase contínuo quando exibem padrões complementares, eles acabam inevitavelmente aceitando a ética do *fair-play*. Em resposta às dificuldades, eles não conseguem chutar quem está por baixo sem sentir culpa.[12] Para o moral britânico, a Batalha de Dunquerque foi estimulante, não desencorajadora.

Na Alemanha, por outro lado, esses mesmos clichês aparentemente não existem, e a comunidade é organizada principalmente com base em uma hierarquia complementar em termos de dominação-submissão. O comportamento dominante é clara e agudamente desenvolvido; no entanto, a situação não é inteiramente clara e merece mais investigação. É improvável que exista uma hierarquia de pura dominação-submissão como sistema estável. Parece que, no caso alemão, a parte de submissão do padrão é escamoteada, de forma que a submissão manifesta é tão tabu quanto nos Estados Unidos ou na Inglaterra. Em vez da submissão, encontramos uma espécie de imperturbabilidade militar.

Uma pista do processo de modificação do papel de submissão para que seja tolerável pode ser encontrada nas entrevistas de um estudo sobre histórias de vida de alemães.[13] Um dos sujeitos entrevistados descreveu quão diferente fora o tratamento que ele recebera em casa, no sul da Alemanha, daquele dispensado à irmã. Disse que os pais exigiam

---

12   É possível, porém, que em certos setores dessas nações esses padrões complementares sejam frequentes – particularmente entre grupos que sofreram insegurança e incerteza prolongadas, como minorias raciais, regiões em dificuldades, bolsa de valores, círculos políticos etc.

13   G. Bateson, pesquisas não publicadas para o Council on Human Relations.

muito mais dele; que permitiam que sua irmã fugisse da disciplina; que davam muito mais liberdade a ela, enquanto dele esperavam obediência e respeito estritos. O entrevistador o inquiriu a respeito do ciúme entre irmãos de sexos opostos, mas o entrevistado declarou que era uma honra para o menino obedecer. "Não se espera grande coisa das meninas", disse. "O que as pessoas acham que eles [os meninos] devem fazer e realizar é muito sério, porque eles têm de estar preparados para a vida." Uma inversão interessante da *noblesse oblige*.

COMBINAÇÕES DE MOTIVOS

Entre os motivos complementares, mencionamos somente três – dominação-submissão, exibicionismo-contemplação e auxílio-dependência –, mas eles bastarão para ilustrar o tipo de hipótese verificável a que podemos chegar com essa terminologia hifenizada para descrever o caráter nacional.[14]

Já que claramente todos esses três motivos ocorrem em todas as culturas ocidentais, a possibilidade de diferenças internacionais limita-se à forma e proporção com que eles podem se combinar. A proporção será provavelmente muito difícil de detectar, exceto quando as diferenças são muito grandes. Podemos ter certeza de que os alemães são mais orientados para a dominação-submissão do que os norte-americanos, mas talvez seja difícil demonstrar essa certeza. Estimar diferenças de grau no desenvolvimento do exibicionismo-contemplação ou auxílio-dependência nas diversas nações talvez seja quase impossível.

Se, no entanto, ponderamos sobre as formas como esses motivos podem se combinar, encontramos grandes diferenças qualitativas e facilmente verificadas. Presumamos que todos esses três motivos se desenvolvam em todas as relações em todas as culturas ocidentais e, a partir dessa pressuposição, ponderemos sobre *qual indivíduo exerce qual papel*.

É logicamente possível que, em um ambiente cultural, A seja dominante e exibicionista e B seja submisso e contemplador; enquanto em outra cultura, X seja dominante e contemplador e Y seja submisso e exibicionista.

---

14 Para um estudo mais completo, deveríamos considerar outros motivos, como agressão-passividade, possessivo-possuído, agente-ferramenta etc. E todos esses motivos requerem muito mais definição crítica do que é possível neste trabalho.

Exemplos desse tipo de contraste nos vêm à mente com facilidade. Podemos notar que, enquanto os nazistas dominantes desfilam orgulhosos diante do povo, o tzar russo tinha um balé particular e Stálin só sai de sua reclusão para revistar as tropas. A relação entre o partido nazista e o povo alemão talvez possa ser apresentada da seguinte forma:

Partido	*Povo*
Dominação	Submissão
Exibicionismo	Contemplação

Ao passo que o tzar e seu balé poderiam ser representados assim:

Tzar	*Balé*
Dominação	Submissão
Contemplação	Exibicionismo

Como esses exemplos europeus se encontram relativamente não fundamentados, é válido, neste momento, mostrar a existência dessas diferenças descrevendo uma diferença etnográfica marcante que tenha sido mais amplamente documentada. Na Europa, onde tendemos a associar o auxílio à superioridade social, construímos nossos símbolos parentais de acordo com essa noção. Nosso Deus ou nosso rei são os "pais" do povo. Por outro lado, em Bali, os deuses é que são "filhos" do povo e, quando um deus fala pela boca de alguém em transe, ele se dirige a quem o escuta como "pai". Da mesma forma, o rajá é *sajanganga* ("mimado" como uma criança) pelo povo. Além disso, os balineses costumam colocar as crianças no duplo papel de deus e dançarino; na mitologia, o príncipe perfeito é refinado e narcisista. Portanto, o padrão balinês poderia ser resumido assim:

Status superior	*Status inferior*
Dependência	Auxílio
Exibicionismo	Contemplação

E esse diagrama implica não apenas que os balineses sentem que dependência, exibicionismo e status superior caminham naturalmente de mãos dadas, como também que um balinês não associa prontamente o auxílio ao exibicionismo (ou seja, os balineses não têm o costume de presentear para ostentar, como muitos povos primitivos), tampouco se sente envergonhado quando o contexto o obriga a fazer tal combinação.

Embora diagramas análogos não possam ser construídos com a mesma certeza para as culturas ocidentais, é conveniente tentar construí-los para a relação entre pais e filhos nas culturas inglesa, norte-americana e alemã. Porém, há uma complicação a mais a enfrentar; quando tratamos da relação entre pais e filhos, temos de deixar uma margem para as mudanças que ocorrem no padrão à medida que os filhos crescem. Auxílio-dependência é sem dúvida o motivo dominante no começo da vida, mas posteriormente diversos mecanismos modificam essa dependência extrema para suscitar algum grau de independência psicológica.

O sistema nas classes alta e média da Inglaterra seria representado em diagrama da seguinte maneira:

Pais	Filhos
Dominação	Submissão (modificada pelo sistema "ternário": pais-babá-filhos)
Auxílio	Dependência (hábitos de dependência rompidos pela separação: os filhos são mandados para a escola)
Exibicionismo	Contemplação (os filhos ficam calados e ouvem os pais durante as refeições)

Em contraste, o padrão norte-americano parece ser:

Pais	Filhos
Dominação (leve)	Submissão (leve)
Auxílio	Dependência
Contemplação	Exibicionismo

E esse padrão difere do inglês não apenas pela inversão dos papéis de espectador-exibicionista, mas também pelo conteúdo do que se exibe. A criança norte-americana é estimulada pelos pais a *exibir como é independente*. Em geral, o processo de desmame psicológico não se dá quando a criança é enviada para o internato; ao contrário, o exibicionismo da criança é jogado contra a sua dependência, até que esta seja eliminada. Mais tarde, em razão dessas exibições de independência, o indivíduo às vezes chega à vida adulta exibindo sua capacidade de prestar auxílio e sua esposa e filhos funcionam, em certa medida, como "objetos de exibição".

Embora o padrão alemão análogo se pareça com o norte-americano na disposição dos pares complementares, com certeza difere dele pelo fato de que a dominação do pai é bem maior e mais consistente, especialmente porque o conteúdo do exibicionismo do menino é diferente. O menino alemão, na verdade, é educado para exibir uma disciplina quase militar, que assume o lugar do comportamento abertamente submisso. Portanto, enquanto o exibicionismo no caráter norte-americano é estimulado pelos pais como método de desmame psicológico, no caráter alemão a função e o conteúdo do exibicionismo são inteiramente diferentes.

Diferenças dessa ordem, que podemos esperar em qualquer nação europeia, são provavelmente a base de muitos comentários ingênuos e tantas vezes grosseiros que fazemos sobre os estrangeiros. Aliás, elas podem ter uma importância considerável na mecânica das relações internacionais, já que compreendê-las pode desfazer alguns desses mal-entendidos. Na visão dos norte-americanos, os ingleses parecem muitas vezes "arrogantes", enquanto na visão dos ingleses, os norte-americanos parecem ser "ostentadores". Se pudéssemos demonstrar precisamente quanto há de verdade e quanto há de distorção nessas impressões, isso poderia ser uma contribuição real à cooperação entre os Aliados.

Nos termos dos diagramas acima, a "arrogância" do inglês seria devida à combinação de dominação e exibicionismo. Quando desempenha um papel (o pai no café da manhã, o editor do jornal, o porta-voz do político, o palestrante e assim por diante), o inglês presume que está desempenhando também um papel dominante – que ele pode decidir, de acordo com padrões vagos e abstratos, que tipo de papel desempenhará – e o público que o aceite ou "a porta da rua é serventia da casa". Ele vê a própria arrogância ou como "natural" ou como mitigada por sua humildade em face de padrões abstratos. Inconsciente de que seu comportamento pode ser visto como uma opinião sobre o seu público, ele só tem consciência de estar se comportando como um ator, de acordo com a forma como entende seu papel. Mas o norte-americano não vê as coisas assim. Para ele, o comportamento "arrogante" do inglês parece se dirigir *contra* o público, e a invocação implícita a um padrão abstrato só parece agravar o ultraje.

Da mesma forma, o comportamento norte-americano que um inglês interpreta como "ostentador" não é agressivo, embora o inglês sinta talvez que está sendo submetido a uma comparação invejosa. Ele não sabe que, na realidade, os norte-americanos só se comportam assim com gente de quem gostam e respeitam muito. Pela hipótese explicada acima, o padrão de "ostentar" deriva do curioso vínculo no qual a exibição de autossuficiência e independência compete com o excesso de dependência. O norte-americano, ao se vangloriar, busca a aprovação de sua admirável independência; mas o inglês ingênuo interpreta esse comportamento como uma tentativa de dominar ou mostrar superioridade.

Com essa análise, podemos supor que o tom de uma cultura nacional pode diferir completamente do de outra, e que tais diferenças podem ser consideráveis o bastante para causar sérios mal-entendidos. Mas é provável que essas diferenças não tenham uma natureza tão complexa que fiquem fora do alcance da investigação intelectual. Hipóteses como as que aventamos podem ser facilmente testadas, e precisamos urgentemente de pesquisas nesse sentido.

Caráter nacional e moral norte-americano

Utilizando os motivos de relação interpessoal e intergrupal como pistas do caráter nacional, conseguimos indicar certas ordens de diferença regular que podem ser encontradas entre os povos que fazem parte da nossa civilização ocidental. Por necessidade, nossas declarações foram teóricas e não empíricas; ainda assim, da estrutura teórica que construímos, é possível extrair certas fórmulas que podem ser úteis a quem estiver procurando levantar o moral.

Todas essas fórmulas baseiam-se na suposição geral de que as pessoas respondem mais energicamente quando o contexto é estruturado para apelar para seus padrões de reação habituais. Não faz sentido estimular um asno a subir uma montanha oferecendo-lhe carne crua, um leão tampouco reagirá a grama.

1. Como todas as nações ocidentais tendem a pensar e se comportar em termos bipolares, é uma boa ideia, para levantar o moral dos norte-americanos, pensar em nossos vários inimigos como uma única entidade hostil. As distinções e gradações favorecidas pelos intelectuais provavelmente serão perturbadoras.

2. Já que tanto os norte-americanos como os ingleses reagem mais energicamente a estímulos simétricos, seria muita insensatez de nossa parte suavizar os efeitos desastrosos da guerra. Se nossos inimigos vierem a nos derrotar em algum campo, esse fato deve ser explorado ao máximo como um desafio e uma incitação para redobrarmos os esforços. Quando nossas forças sofrerem um revés, nossos jornais não devem ter pressa em informar que "os avanços inimigos foram detidos". Progressos militares são sempre intermitentes, e o momento para atacar, o momento em que o moral precisa estar no máximo, é quando o

inimigo está consolidando sua posição e preparando o próximo golpe. Em um momento como esse, é insensato reduzir a energia agressiva de nossos líderes e do povo por um apaziguamento presunçoso.

3. Há, no entanto, uma discrepância superficial entre o hábito da motivação simétrica e a necessidade de demonstrar autossuficiência. Já sugerimos que as crianças norte-americanas aprendem a andar com os próprios pés em ocasiões em que os pais eram espectadores deliciados de sua autossuficiência. Se esse diagnóstico estiver correto, poderíamos inferir que uma certa efervescência de autoapreciação é normal e saudável nos norte-americanos e, talvez, um ingrediente essencial da independência e da força desse povo.

Seguir muito literalmente a fórmula acima, portanto, insistindo nos desastres e nas dificuldades, pode levar a uma certa perda de energia por represamento dessa exuberância espontânea. Uma dieta concentrada de "sangue, suor e lágrimas" pode ser boa para os ingleses; mas os norte-americanos, embora não sejam menos dependentes da motivação simétrica, não conseguem manter o ânimo quando só ouvem falar em desastres. Nossos porta-vozes e editorialistas jamais devem suavizar o fato de que temos um trabalho muito árduo pela frente, mas também farão bem em insistir que os Estados Unidos são uma nação à altura dele. Qualquer tentativa de reconfortar os norte-americanos minimizando a força do inimigo deve ser evitada, mas ostentar francamente os sucessos reais lhes fará bem.

4. Como nossa visão em favor da paz é um fator a ser considerado em nosso moral bélico, vale perguntar desde já que luz o estudo das diferenças nacionais lança, afinal, nos problemas das discussões de paz.

Temos de conceber um tratado de paz tal que (a) os norte-americanos e os britânicos lutem para realizá-lo, e (b) suscite as melhores e não as piores características de nossos inimigos. Caso abordemos o problema cientificamente, ele não estará de forma alguma fora do nosso alcance.

O obstáculo psicológico mais óbvio a ser debelado para imaginarmos tal tratado de paz é o contraste entre os padrões simétricos britânicos e norte-americanos e os padrões complementares alemães, com o tabu sobre o seu comportamento visivelmente submisso. As nações aliadas não estão psicologicamente equipadas para impor um tratado severo; até poderiam escrever um tratado nesses moldes, mas em seis meses já estariam cansadas de oprimir o vencido. Os alemães, por outro lado, se virem seu papel como "submisso", não vão baixar a cabeça sem o emprego de medidas severas. Vimos que essas considerações se aplicam até mesmo a um tratado minimamente punitivo como o de Versalhes; os aliados se omitiam a fazê-lo valer e os alemães se recusaram a aceitá-lo. Portanto, é inútil sonhar com um tratado desse tipo, e é pior que inútil repetir esse sonho como uma forma de elevar nosso moral agora, quando estamos furiosos com a Alemanha. Fazer isso agora só obscureceria as questões cruciais do acordo final.

Essa incompatibilidade entre motivação complementar e simétrica significa, de fato, que o tratado não pode ser organizado em torno da simples dominação-submissão; somos, portanto, obrigados a procurar soluções alternativas. Devemos examinar, por exemplo, o motivo do exibicionismo-contemplação – qual papel digno mais convém a cada nação representar? – e o do auxílio-dependência – no mundo faminto do pós-guerra, que padrões motivacionais devemos evocar entre os que distribuem comida e os que a recebem? E, como alternativa a essas soluções, temos a possibilidade de uma estrutura tríplice, na qual tanto os aliados quanto a Alemanha se submeteriam não um ao outro, mas sim a um princípio abstrato.

Bali: o sistema de valores de um estado sólido

"Éthos" e "cismogênese"

Seria simplificar demais – seria até mesmo incorrer em falso – dizer que a ciência avança necessariamente pela construção e testagem empírica de sucessivas hipóteses de trabalho.[1] Entre físicos e químicos, pode haver um ou outro que de fato proceda dessa forma ortodoxa, mas entre os cientistas sociais não há provavelmente nenhum. Nossos conceitos são definidos vagamente – uma névoa em *chiaroscuro* prefigurando linhas um pouco mais nítidas ainda a serem traçadas – e nossas hipóteses ainda são tão vagas que dificilmente podemos imaginar qualquer instância cuja investigação sirva para testá-las.

O presente trabalho é uma tentativa de refinar uma ideia que publiquei em 1936[2] e desde então deixei de lado. A noção de *éthos* se mostrou uma ferramenta conceitual útil para mim, e com ela, consegui uma compreensão mais aguda da cultura iatmul. Mas essa experiência não provou de forma alguma que essa ferramenta seria necessariamente útil em outras mãos ou para a análise de outras culturas. A conclusão mais geral a que cheguei foi esta: a de que meus próprios processos mentais possuíam certas características; que as falas, atos e organização dos Iatmul tinham certas características; e que a abstração *"éthos"* cumpria um papel – catalisador, talvez – que facilitava a relação entre essas duas especificidades, minha mente e os dados que eu mesmo havia coletado.

Imediatamente depois de concluir o manuscrito de *Naven*, fui a Bali com o intuito de experimentar essa ferramenta que evoluíra a partir da análise dos Iatmul nos dados balineses. Por um motivo ou outro, porém, não o fiz, em parte porque, em Bali, Margaret Mead e eu estávamos

---

[1] Publicado em Meyer Fortes (org.), *Social Structure: Studies Presented to A. R. Radcliffe Brown*. Oxford: OUP, 1949. O processo de criação deste ensaio teve o amparo de uma bolsa Guggenheim.

[2] G. Bateson, *Naven* [1936] 2018.

empenhados em imaginar novas ferramentas – métodos fotográficos de registro e descrição – e, em parte porque eu estava aprendendo as técnicas da aplicação da psicologia genética a dados culturais, e mais especificamente porque em algum nível não articulado eu sentia que a ferramenta era inadequada para essa nova tarefa.

Não que o conceito de *éthos* estivesse comprovadamente errado, de modo algum – na verdade, é muito difícil provar que uma ferramenta ou método é falso. Só se pode demonstrar que ele não é útil e, nesse caso, não havia nem sequer uma demonstração clara de sua inutilidade. O método quase não havia tido aplicação, e o máximo que eu podia alegar era que, depois de submeter os dados, que é o primeiro passo em qualquer estudo antropológico, o próximo passo não parece ser uma análise etológica.

Agora, com os dados balineses, é possível demonstrar que peculiaridades dessa cultura podem ter me influenciado e afastado da análise etológica, e essa demonstração levará a uma maior generalização da abstração que chamamos de *éthos*. Nesse processo, vamos realizar certos saltos heurísticos que podem nos guiar a procedimentos descritivos mais rigorosos quando tratarmos de outras culturas.

1. A análise dos dados iatmul nos levou à definição de *éthos* como a "expressão de um sistema culturalmente padronizado de organização dos instintos e emoções dos indivíduos".[3]

2. A análise do *éthos* iatmul – consistindo do ordenamento dos dados de forma a evidenciar certas "ênfases" ou "temas" recorrentes – levou à identificação de uma cismogênese. Parecia que o funcionamento da sociedade iatmul envolvia, entre outras coisas, dois tipos de círculos regenerativos[4] ou "viciosos". Ambos eram sequências de interação

---

3   Ibid., p. 118.

4   Os termos "regenerativo" e "degenerativo" foram tomados de empréstimo da engenharia das comunicações. Um círculo regenerativo ou "vicioso" é uma cadeia de variáveis do tipo geral: um aumento em A causa um aumento em B; um aumento em B causa um aumento em C; [...] um aumento em N causa um aumento em A. Tal sistema, se abastecido com a energia necessária e se os fatores externos o permitirem, operará claramente em um grau de intensidade cada vez maior. Um círculo "degenerativo" ou "autocorretivo" difere de um círculo regenerativo por conter ao menos um vínculo do tipo: "um aumento em N causa uma *diminuição* em M". O termostato doméstico ou o motor a vapor são exemplos de sistemas autocorretivos. Há de se notar que, em muitos casos, o mesmo circuito material poderá ser regenerativo ou degenerativo conforme a quantidade

social tais que as ações de A eram estímulos para as ações de B, que, por sua vez, se tornavam estímulo para ações mais intensas de A e assim por diante, sendo A e B pessoas que agem ora como indivíduos, ora como membros de um grupo.

3. Essas sequências cismogênicas podem ser classificadas em dois tipos: (a) *cismogêneses simétricas*, em que as ações mutuamente promotoras de A e B são essencialmente similares, por exemplo, em casos de competição, rivalidade e afins; e (b) *cismogêneses complementares*, em que as ações mutuamente promotoras são dissimilares em essência, mas mutuamente adequadas, por exemplo, em casos de dominação--submissão, auxílio-dependência, exibicionismo-contemplação e afins.

4. Em 1939, houve um avanço considerável na definição das relações formais entre os conceitos de cismogênese simétrica e complementar. Esse avanço se originou de uma tentativa de conceituação da teoria cismogênica nos termos das equações de Richardson[5] para a corrida armamentista internacional. As equações para a rivalidade evidentemente forneceram uma primeira aproximação ao que chamei de "cismogênese simétrica". Essas equações presumem que a intensidade das ações de A (a velocidade com que A se arma, no caso de Richardson) é simplesmente proporcional à vantagem de B sobre A. O termo do estímulo, na verdade, é (B–A) e, quando esse termo é positivo, o esperado é que A inicie esforços para se armar. A segunda equação de Richardson faz a mesma suposição *mutatis mutandis* sobre as ações de B. As equações sugerem que outros fenômenos rivais ou competitivos simples – por exemplo, a ostentação –, embora não estejam sujeitos a uma medição tão simples como o gasto com armamentos, poderiam, ainda assim, quando afinal são medidos, ser redutíveis a um conjunto de relações análogo.

A questão, porém, não estava tão clara no caso da cismogênese complementar. As equações de Richardson para a "submissão" definem evidentemente um fenômeno um tanto diferente da relação complementar progressiva, e suas equações descrevem a ação de um fator de "submissividade" que desacelera e, por fim, inverte o sinal do esforço bélico. O que, porém, é necessário para descrever a cismogênese com-

---

de carga, a frequência dos impulsos transmitidos pela cadeia e as características temporais da cadeia como um todo.

5   Lewis F. Richardson, "Generalized Foreign Politics". *British Journal of Psychology: Monograph Supplements* XXIII. Cambridge/Chicago: Cambridge University Press/ University of Chicago Press, 1939.

plementar seria uma forma equacional que oferecesse uma inversão de sinal aguda e descontínua. Obtém-se tal forma supondo que as ações de A em uma relação complementar sejam proporcionais a um termo de estímulo do tipo (A–B). Essa forma tem a vantagem também de definir automaticamente as ações de um dos participantes como negativas e, assim, oferecer um análogo matemático para a aparente ligação psicológica de dominação com submissão, exibicionismo com contemplação, auxílio com dependência etc.

Visivelmente, essa formulação é em si um negativo da formulação da rivalidade, o termo do estímulo sendo o oposto. Já havia sido observado que as sequências de atos simétricos têm forte tendência a reduzir o desgaste das relações excessivamente complementares entre pessoas ou grupos.[6] É tentador atribuir esse efeito a uma hipótese que tornaria os dois tipos de cismogênese psicologicamente incompatíveis em algum grau, como faz a formulação acima.

5. É interessante notar que todos os modos associados às zonas erógenas,[7] embora não claramente quantificáveis, definem temas para as relações *complementares*.

6. O vínculo com as zonas erógenas sugerido no item 5 talvez indique que não devemos pensar em simples curvas exponenciais, limitadas apenas por fatores análogos à fadiga, como implicam as equações de Richardson; e sim que deveríamos esperar que nossas curvas sejam modeladas por fenômenos comparáveis ao orgasmo – à obtenção de um certo grau de envolvimento ou intensidade corporal ou neural pode suceder um alívio na tensão cismogênica. De fato, tudo o que sabemos sobre os seres humanos em diversos tipos de concursos simples parece indicar que esse é o caso, e que o desejo, consciente ou inconsciente, por esse tipo de alívio é um importante fator de manutenção da ligação dos participantes, impedindo-os de simplesmente se retirar de concursos

---

6   G. Bateson, *Naven* [1936] 2018, p. 173.

7   E. H. Homburger, "Configurations in Play: Psychological Notes". *Psychoanalytical Quarterly*, n. 6, 1937. Esse trabalho, um dos mais importantes do gênero a buscar formular hipóteses psicanalíticas em termos mais rigorosos, trata dos "modos" apropriados às várias zonas erógenas – intrusão, incorporação, retenção e assim por diante – e demonstra como esses modos podem ser transferidos de uma zona para outra. Isso leva o autor a traçar um quadro das permutações e combinações das modalidades transferidas. Esse quadro oferece meios precisos de descrição do trajeto de desenvolvimento de uma ampla variedade *de* diferentes tipos de estrutura de caráter (por exemplo, *como* são encontrados em diferentes culturas).

que, não fosse por isso, dificilmente poderiam ser atribuídos ao "bom senso". Se há uma característica humana básica que torna o homem propenso a lutar, parece ser justamente essa esperança de aliviar a tensão pelo envolvimento integral. No caso das guerras, muitas vezes esse fator é indubitavelmente potente. (A verdade verdadeira – a de que na guerra moderna somente pouquíssimos participantes conseguem esse alívio-clímax – mal aparece em oposição ao insidioso mito da guerra "total".)

7. Em 1936, sugeriu-se que o fenômeno de "apaixonar-se" poderia ser comparável a uma cismogênese com os sinais invertidos, e até mesmo que, "se o percurso do amor verdadeiro não tivesse obstáculos, ele seguiria uma curva exponencial".[8] Depois dessa época, Richardson[9] defendeu, de forma independente, o mesmo ponto de vista em termos mais formais. O sexto parágrafo desse texto indicava claramente que as "curvas exponenciais" devem dar lugar a um tipo de curva que não ascende indefinidamente, mas sim atinge um clímax e decai. Quanto ao resto, porém, a relação óbvia desses fenômenos interativos com o clímax e o orgasmo fortalece muito a posição de quem vê a cismogênese e as sequências cumulativas de interação que levam ao amor como psicologicamente equivalentes muitas vezes. (Perceba as curiosas confusões entre fazer guerra e fazer amor, as identificações simbólicas entre orgasmo e morte, o uso recorrente por mamíferos de órgãos de ataque como ornamentos de atração sexual etc.).

8. *Não foram localizadas sequências cismogênicas em Bali.* Essa afirmação negativa é tão importante e conflita com tantas teorias da oposição social e do determinismo marxista que, para ter credibilidade, devo descrever esquematicamente o processo de formação de caráter, a estrutura de caráter balinesa resultante, as instâncias excepcionais em que um tipo de interação cumulativa pode ser reconhecido e os métodos segundo os quais são tratadas as brigas e a diferenciação de status. (A análise detalhada dos vários pontos e dados de apoio não podem ser reproduzidos aqui, mas farei menção às fontes nas quais os dados podem ser examinados).[10]

---

8   G. Bateson, *Naven* [1936] 2018, p. 197.

9   L. F. Richardson, "Generalized Foreign Politics", op. cit.

10   Ver, em especial, G. Bateson & M. Mead, *Balinese Character: A Photographic Analysis. Special Publications of the New York Academy of Sciences*, v. 2, 1942. Como esse registro fotográfico está disponível, não foram incluídas fotografias neste trabalho.

O caráter balinês

a) A exceção mais importante à generalização acima ocorre na relação entre adultos (especialmente pais) e crianças. Em geral, a mãe inicia um pequeno flerte com o filho, puxando seu pênis ou estimulando-o de alguma forma à atividade interpessoal. Isso excitará a criança e, por alguns instantes, ocorrerá uma interação cumulativa. Então, exatamente quando a criança, aproximando-se de um pequeno clímax, atira os braços ao redor do pescoço da mãe, esta muda seu foco de atenção. Nesse ponto, a criança geralmente inicia uma interação cumulativa alternativa, evoluindo para um acesso de raiva. A mãe fará o papel de espectadora, apreciando a fúria da criança, ou, caso a criança a ataque, ela a interromperá sem demonstrar nenhuma raiva. Essas sequências podem ser vistas ou como uma expressão de desagrado da mãe por esse tipo de envolvimento pessoal ou como um contexto em que a criança adquire uma grande desconfiança de envolvimentos como esse. A tendência talvez basicamente humana à interação pessoal cumulativa é, assim, inibida.[11] É possível que um tipo de platô contínuo de intensidade entre no lugar do clímax conforme a criança vai se ajustando à vida balinesa. Atualmente isso não pode ser claramente documentado no que diz respeito às relações sexuais, mas há indicações de que uma sequência tipo platô seja característica no transe e nas brigas (ver item d abaixo).

b) Sequências semelhantes têm o efeito de diminuir as tendências da criança a comportamentos competitivos e rivalizantes. A mãe, por exemplo, provoca o filho dando de mamar ao bebê de outra mulher e aprecia o empenho dele para afastar o intruso do peito da mãe.[12]

c) Em geral, a falta de clímax é uma característica da música, do teatro e demais formas de arte balinesas. A música contém em geral uma progressão, derivada da lógica de sua estrutura formal, e modificações de intensidade determinadas pela duração e pelo progresso do desenvolvimento dessas relações formais. Não possui a intensidade ascendente e a estrutura climática característica da música ocidental moderna, e sim uma progressão formal.[13]

---

11 *Balinese Character: A Photographic Analysis*, lâmina 47 e pp. 32–36.
12 Ibid., lâminas 49, 52, 53, e 69–72.
13 Ver Colin McPhee, "The Absolute Music of Bali". *Modern Music*, 1935; e *A House in Bali*. London: Gollancz, 1947.

d) A cultura balinesa possui técnicas bem definidas para lidar com desavenças. Dois homens que tenham uma desavença devem ir formalmente ao posto do representante local do rajá e ali registrar a briga, concordando que aquele que falar com o outro terá de pagar uma multa ou fazer uma oferenda aos deuses. Mais tarde, caso a desavença termine, esse contrato poderá ser formalmente anulado. A evitação (*pwik*) de conflitos de menor importância – porém semelhantes – é praticada até mesmo pelas crianças em suas brigas. Talvez seja importante frisar que esse processo não é uma tentativa de influenciar os protagonistas a deixar de lado as hostilidades e retomar a amizade. É, ao contrário, um reconhecimento formal do estado da relação mútua e, possivelmente, em certo sentido, um modo de fixar a relação nesse estado. Caso essa interpretação esteja correta, esse método de lidar com querelas corresponderia à substituição de um clímax por um platô.

e) Com relação à guerra, o comentário contemporâneo sobre as guerras entre os rajás indica que, no período em que os comentários foram coletados (1936–39), pensava-se que elas continham fortes elementos de esquiva mútua. A aldeia de Bajoeng Gede era cercada de um velho fosso e uma paliçada, e as pessoas explicavam a função dessas fortificações da seguinte maneira: "Se você e eu tivéssemos uma briga, então você iria lá e cavaria uma vala em volta da sua casa. Mais tarde eu chegaria para brigar com você, mas eu veria a vala e, assim, não haveria briga" – uma espécie de mútua psicologia de Linha Maginot. Do mesmo modo, as fronteiras entre reinos vizinhos eram, em geral, uma terra de ninguém, habitada somente por nômades e exilados. (Uma psicologia de guerra muito diferente foi desenvolvida, sem dúvida, quando o reino de Karangasem embarcou na conquista da ilha vizinha de Lombok no começo do século XVIII. A psicologia desse militarismo não foi investigada, mas há motivos para crer que a perspectiva temporal dos colonizadores balineses em Lombok é hoje muito diferente da dos balineses de Bali.)[14]

f) As técnicas formais de influência social – oratória e afins – são quase totalmente ausentes da cultura balinesa. Exigir atenção contínua de um indivíduo ou exercer influência emocional sobre um grupo não somente são de mau gosto como praticamente impossíveis; pois em tais circunstâncias a atenção da vítima rapidamente se desvia. Até mesmo discursos contínuos, como os que são usados para narrar histórias na

---

14 Ver G. Bateson, "An Old Temple and a New Myth". *Djawa*, Batávia, n. 7, 1937.

maioria das culturas, não ocorrem em Bali. O narrador geralmente faz uma pausa depois de uma ou duas frases e espera que alguém da assistência lhe faça uma pergunta concreta sobre algum detalhe da trama. Então o narrador responde à pergunta e retoma a história. Esse procedimento aparentemente quebra a tensão cumulativa pela interação irrelevante.

g) As principais estruturas hierárquicas na sociedade – o sistema de castas e a hierarquia de cidadãos plenos que formam o conselho da aldeia – são rígidas. Não existem contextos em que um indivíduo possa competir com outro por um cargo em um desses sistemas. Um indivíduo pode perder seu status de membro da hierarquia por diversos atos, mas seu lugar dentro dela não pode ser alterado. Caso ele abrace a ortodoxia e seja aceito de volta, ele retornará à sua posição original em relação aos outros membros.[15]

As generalizações descritivas anteriores são respostas parciais a uma pergunta negativa – "Por que a sociedade balinesa é não cismogênica?" – e, da combinação dessas generalizações, chegamos à imagem de uma sociedade que difere radicalmente da nossa, da dos Iatmul, dos sistemas de oposição social analisados por Radcliffe-Brown e de qualquer estrutura social postulada pelas análises marxistas.

Havíamos partido da hipótese de que os seres humanos tendem a se envolver em sequências de interação cumulativa, e essa hipótese permanece praticamente intacta. Entre os balineses, pelo menos os bebês possuem evidentemente tais tendências. Mas, para ter validade sociológica, essa hipótese deve ser colocada entre parênteses estipulando que essas tendências são operantes na dinâmica social apenas se a educação durante a infância não for tal que impeça sua expressão na vida adulta.

Avançamos em nossos conhecimentos sobre o âmbito da formação do caráter humano ao demonstrar que essas tendências à cumulação interativa estão sujeitas a algum tipo de modificação, descondicionamento ou inibição.[16] E esse é um avanço importante. Sabemos que os balineses são não cismogênicos e sabemos que sua aversão a padrões

---

15   Ver M. Mead, "Public Opinion Mechanisms among Primitive Peoples". *Public Opinion Quarterly*, v. 1, 1937.

16   Como é comum na antropologia, os dados não são suficientemente precisos para nos fornecer pistas quanto à natureza dos processos de aprendizagem envolvidos. A antropologia, no máximo, é capaz de *apontar* problemas dessa ordem. O passo seguinte deve ser confiado à experimentação em laboratório.

cismogênicos se expressa em diversos detalhes da organização social – as hierarquias rígidas, as instituições para lidar com as desavenças etc. –, mas ainda não sabemos nada da dinâmica positiva da sociedade. Respondemos somente à pergunta negativa.

O éthos balinês

O próximo passo, portanto, é fazer perguntas a respeito do *éthos* balinês. Quais são, afinal, os motivos e os valores que acompanham as ricas e complexas atividades culturais dos balineses? Quais causas têm os balineses, se não as inter-relações competitivas e cumulativas de outros gêneros, para desempenhar um padrão tão elaborado na vida?

1. É imediatamente claro para qualquer visitante de Bali que a força motriz da atividade cultural *não* é a vontade de aquisição nem a necessidade fisiológica pura e simples. Os balineses, especialmente nas planícies, não passam fome nem pobreza. Chegam a desperdiçar comida, e uma parte considerável de sua atividade se dirige a atividades inteiramente não produtivas de natureza artística ou ritual nas quais alimentos e riquezas são fragorosamente despendidos. Essencialmente, estamos tratando de uma economia de fartura, não de escassez. Há, de fato, quem seja rotulado de "pobre" por seus pares, mas nenhum desses pobres corre risco de morrer de fome, e a sugestão de que seres humanos possam de fato morrer de inanição nas grandes cidades ocidentais era, para os balineses, chocante a ponto de deixá-los sem palavras.

2. Em suas transações econômicas, os balineses demonstram um enorme cuidado com os menores negócios. Controlam os gastos até mesmo com migalhas. Por outro lado, essa cautela tem como contraponto esbanjamentos homéricos com cerimônias e outras formas de consumo de luxo. Poucos balineses têm a lembrança de maximizar gradualmente suas riquezas ou propriedades; esses poucos são vistos em parte como antipáticos e em parte como extravagantes. Para a grande maioria, a economia "do centavo em centavo" se faz com uma perspectiva de tempo limitada e um nível de aspiração limitado. Eles economizam até terem o suficiente para gastar a rodo com uma cerimônia. Não devemos descrever a economia balinesa em termos de tentativas de maximizar valor, mas compará-la com as oscilações de relaxamento da fisiologia e da engenharia, percebendo não só que essa analogia descreve as sequências de transações, mas também que eles mesmos veem tais sequências como naturalmente dotadas dessa forma.

3. Os balineses são intensamente dependentes da orientação espacial. Para saber como vão se comportar, eles precisam localizar os pontos cardeais, e se um balinês andar de carro por estradas tortuosas até perder o senso de direção, ele pode ficar seriamente desorientado e sem saber como agir (por exemplo, um dançarino pode não conseguir dançar) até se orientar novamente, por exemplo, visualizando um marco geográfico importante, como a montanha central da ilha, em torno da qual se estruturam os pontos cardeais. Eles têm uma dependência comparável em relação à orientação social, mas com a diferença de que, enquanto a orientação espacial está no plano horizontal, a orientação social é percebida como predominantemente vertical. Quando dois desconhecidos se encontram, é necessário que, antes de vir a conversar com um mínimo de liberdade, eles declarem sua posição relativa nas castas. Um perguntará ao outro: "Onde você se senta?" – essa é uma metáfora para casta. Essencialmente ele está perguntando "Você está sentado em cima ou embaixo?". Quando souberem a casta um do outro, ambos saberão que etiqueta e formas linguísticas devem adotar e a conversa poderá prosseguir. Na falta de tal orientação, o balinês perde o dom da palavra.

4. É comum descobrir que a atividade (exceto o controle de gastos com as mínimas migalhas já mencionado) não tem um propósito, ou seja, não é dirigida a uma meta, mas é valorizada em si mesma. O artista, o dançarino, o músico e o sacerdote podem receber uma recompensa pecuniária por sua atividade profissional, mas só em raros casos essa remuneração é suficiente para ao menos compensar o artista por seu tempo e material. A recompensa é um sinal de apreciação, é a definição do contexto em que uma companhia teatral se apresenta, mas não é o principal sustento econômico da trupe. Os proventos podem ser economizados para permitir a compra de novos figurinos, mas, quando estes são finalmente comprados, em geral é necessário que cada membro da trupe faça uma contribuição considerável para um fundo comum para que o pagamento seja feito. De forma semelhante, nas oferendas levadas ao templo a cada festival, não há propósito nesse grande dispêndio de riqueza e trabalho artístico. O deus não vai lhe fazer benefício algum só porque você fez uma bela montagem de flores e frutos para o festival anual do templo, nem vai se vingar se você não comparecer. Em vez de objetivos futuros, há uma satisfação imediata e imanente em apresentar uma performance magnífica, com todo mundo presente, conforme o que é adequado em cada contexto específico.

5. Em geral, vê-se como fonte provável de enorme prazer qualquer atividade pressurosa realizada em meio a grandes multidões.[17] Na mesma linha, mas em sentido oposto, há a infelicidade inerente à perda do status no grupo e a ameaça dessa perda é uma das sanções mais sérias da cultura.

6. É de grande interesse notar que diversas ações dos balineses podem ser amplamente esclarecidas em termos sociológicos, e não em termos de metas ou valores individuais.[18]

Isso é mais evidente em todas as ações relacionadas ao conselho da aldeia, hierarquia que inclui todos os cidadãos plenos. Esse grupo, sob o aspecto secular, é chamado de *I Desa* (literalmente, "Sr. Aldeia"), e diversas regras e procedimentos são racionalizados por esse personagem abstrato. Do mesmo modo, sob o aspecto sagrado, a aldeia é divinizada como *Betara Desa* (Aldeia de Deus), em honra da qual se constroem santuários e à qual se fazem oferendas. (Podemos arriscar dizer que uma análise durkheimiana pareceria aos balineses uma abordagem óbvia e adequada à compreensão de boa parte de sua cultura pública.)

Em particular, todas as transações monetárias que envolvem o tesouro da vila são governadas pela generalização "A aldeia não perde" (*Desanne sing dadi potjol*). Essa generalização se aplica, por exemplo, a todos os casos em que um animal do rebanho da aldeia é vendido. Em nenhuma circunstância a aldeia pode aceitar um preço menor do que o preço real ou nominal de aquisição. (É importante notar que a regra tem a forma de fixação de um limite inferior; não se trata de uma injunção para maximizar o tesouro da aldeia.)

Uma consciência peculiar da natureza dos processos sociais evidencia-se por incidentes como este: um homem pobre estava prestes a cumprir um dos mais importantes e dispendiosos ritos de passagem necessários àqueles que se aproximam do topo da hierarquia do conselho. Perguntamos o que aconteceria se ele se recusasse a gastar aquela soma. A primeira resposta foi que, se ele fosse muito pobre, *I Desa* lhe *emprestaria* o dinheiro. Em resposta a nossa insistência em saber o que aconteceria caso ele realmente se recusasse a gastar aquela soma, ouvimos que ninguém jamais havia recusado, mas, se alguém fizesse

---

17 G. Bateson & M. Mead, *Balinese Character*, op. cit., lâmina 5.

18 Ver G. Bateson, *Naven* [1936] 2018, pp. 250–ss, no qual sugiro que podemos esperar descobrir que certos povos no mundo relacionam seus atos à estrutura sociológica.

isso, ninguém jamais passaria pela cerimônia novamente. Por essa resposta e pelo fato de que ninguém nunca a recusa, fica implícito que o processo cultural contínuo é algo valorizado em si mesmo.

7. Atos culturalmente corretos (*patoet*) são aceitáveis e valorizados esteticamente. Ações permitidas (*dadi*) têm valor mais ou menos neutro, enquanto ações não permitidas (*sing dadi*) são depreciadas e evitadas. Essas generalizações, em sua forma traduzida, sem dúvida são válidas em muitas culturas, mas é importante ter uma compreensão clara do que os balineses querem dizer com *dadi*. A noção não deve ser equiparada a nossa "etiqueta" ou "legislação", já que cada uma dessas palavras invoca o juízo de valor de outra pessoa ou entidade sociológica. Em Bali, não temos a impressão de que as ações foram ou são categorizadas como *dadi* ou *sing dadi* por um ser humano ou autoridade sobrenatural. Ao contrário, a afirmação de que uma ação tal ou tal é *dadi* é uma generalização absoluta na medida que, nas circunstâncias em questão, essa ação é comum.[19] É errado uma pessoa sem casta se dirigir a um príncipe sem ser em "linguagem polida", e é errado uma mulher menstruada entrar em um templo. O príncipe ou a divindade podem expressar seu aborrecimento, mas não se tem a impressão de que o príncipe, a divindade ou a pessoa sem casta criaram essas regras. Tem-se a impressão de que a ofensa foi cometida contra a ordem e a estrutura naturais do universo, e não contra a pessoa de fato ofendida. O ofensor, mesmo quando a ofensa é séria, como o incesto (e ele pode ser expulso da sociedade por isso),[20] não pode ser culpado de coisa pior do que de burrice e falta de jeito. É considerado uma "pessoa desafortunada" (*anak latjoer*), e o infortúnio pode acontecer com qualquer pessoa, "quando for a vez dela". Além disso, é preciso sublinhar que os padrões que definem as condutas corretas e permissíveis são muitíssimo complexos (especialmente as regras idiomáticas) e não cometer erros (até certo ponto, mesmo dentro da própria família) é uma angústia constante para o balinês. Além do mais, a natureza das regras não é tal que possam ser resumidas em uma mera fórmula ou postura emocional. A etiqueta não pode ser deduzida de uma afirmativa abrangente sobre os sentimentos das pessoas ou de respeito aos superiores. Os detalhes são complexos e variados demais e, assim, o

---

19   A palavra *dadi* também é usada como verbo copulativo referente a mudanças no estado social. *I Anoe dadi Koebajan* significa "Fulano de Tal se tornou conselheiro da aldeia".

20   M. Mead, "Public Opinion Mechanisms among Primitive Peoples", op. cit.

balinês está sempre pisando em ovos, como um equilibrista em uma corda bamba, com medo de dar um passo em falso.

8. A metáfora do equilíbrio usada no último parágrafo é demonstravelmente aplicável em diversos contextos da cultura balinesa:

a) O medo da perda de apoio é um tema importante na infância balinesa.[21]

b) A elevação (e seus problemas conexos de equilíbrio físico e metafórico) é o complemento passivo do respeito.[22]

c) A criança balinesa é elevada tal como uma pessoa superior ou um deus.[23]

d) Em caso de efetiva elevação física,[24] a responsabilidade de equilibrar o sistema recai sobre a pessoa em posição mais baixa, mas o controle da direção na qual o sistema se mover está nas mãos das pessoas mais elevadas. A menininha em transe na figura, de pé sobre os ombros de um homem, pode fazê-lo ir aonde ela quiser, bastando inclinar-se na direção desejada. Ele então deve caminhar na direção indicada para manter o equilíbrio do sistema.

e) Grande parte de nossa coleção de 1.200 esculturas balinesas mostra uma preocupação da parte do artista com a questão do equilíbrio.[25]

f) A Bruxa, a personificação do medo, faz frequentemente um gesto (chamado *kapar*) que é descrito como o de um homem caindo de um coqueiro ao ver, de repente, uma cobra. Nesse gesto, os braços são erguidos lateralmente até bem acima da cabeça.

g) O termo balinês comumente usado para o período anterior à chegada do homem branco é "quando o mundo era estável" (*doegas goemine enteg*).

---

21 G. Bateson & M. Mead, *Balinese Character*, op. cit., lâminas 17, 67 e 79.

22 Ibid., lâminas 10–14.

23 Ibid., lâmina 45.

24 Ibid., lâmina 10, fig. 3.

25 Atualmente, não é possível fazer uma declaração dessas em termos quantitativos estritamente definidos, já que os juízos disponíveis são subjetivos e ocidentais.

Aplicações do jogo de Von Neumann

Mesmo essa lista muito breve de alguns elementos do *éthos* balinês já basta para indicar problemas teóricos de suma importância. Ponderemos a questão em termos abstratos. Uma das hipóteses subjacentes a boa parte da sociologia é que a dinâmica do mecanismo social pode ser descrita presumindo-se que os indivíduos que constituem esse mecanismo são motivados a maximizar certas variáveis. Na teoria econômica convencional, presume-se que os indivíduos queiram maximizar o valor, enquanto na teoria cismogênica presumia-se tacitamente que os indivíduos maximizariam variáveis simples, mas intangíveis como prestígio, autoestima ou até mesmo submissão. Os balineses, porém, não maximizam nenhuma dessas variáveis simples.

Para definir o tipo de contraste que existe entre o sistema balinês e qualquer sistema competitivo, vamos começar considerando as premissas de um jogo von-neumanniano estritamente competitivo e prosseguir com as mudanças que precisamos efetuar nessas premissas para nos aproximar mais do sistema balinês.

1. Os jogadores do jogo de Von Neumann são motivados, em tese, apenas em termos de uma única escala de valor linear (a saber, monetária). Suas estratégias são determinadas: (a) pelas regras do jogo hipotético; e (b) por sua inteligência, que em tese é suficiente para resolver todos os problemas apresentados no jogo. Von Neumann demonstra que, sob certas circunstâncias definíveis, a depender do número de jogadores e das regras, os jogadores formarão coalizões de diversos tipos e, de fato, a análise de Von Neumann concentra-se principalmente na estrutura dessas coalizões e na distribuição de valor entre seus membros. Ao comparar esses jogos com as sociedades humanas, tomaremos as organizações sociais como análogas dos sistemas de coalizão.[26]

---

26   Temos uma alternativa para lidar com essa analogia. Um sistema social é, conforme apontado por Von Neumann e Morgenstern, comparável a um jogo de soma não zero no qual uma ou mais coalizões de pessoas jogam umas contra as outras e contra a natureza. A característica da soma não zero é que o valor é extraído continuamente do ambiente natural. Dado que a sociedade balinesa explora a natureza, a entidade integral (tanto meio ambiente como pessoas) é claramente comparável a um jogo que requer coalizão entre as pessoas. É possível, porém, que a subdivisão do jogo total que compreende *somente as pessoas* seja tal que a formação de coalizões dentro dela não seja essencial – ou seja, a sociedade balinesa pode diferir da maioria das outras sociedades no sentido de que as "regras"

2. Os sistemas von-neumannianos diferem das sociedades humanas nos seguintes aspectos:

a) Os "jogadores" têm, desde o princípio, uma inteligência plena, enquanto os seres humanos aprendem. Dos seres humanos, devemos esperar que as regras do jogo e as convenções associadas a qualquer conjunto específico de coalizões sejam incorporadas às estruturas de caráter dos jogadores como indivíduos.

b) A escala de valor dos mamíferos não é simples e monótona, mas talvez muitíssimo complexa. Sabemos, mesmo em nível fisiológico, que o cálcio não substitui as vitaminas e que um aminoácido não substitui o oxigênio. Além disso, sabemos que o animal não se esforça para maximizar o suprimento de um desses elementos discrepantes, mas ele deve manter o suprimento de cada um dentro de limites toleráveis. O excesso pode ser tão nocivo quanto a carência. Também duvidamos que a preferência dos mamíferos seja sempre transitiva.

c) No sistema de Von Neumann, presume-se que o número de jogadas em um determinado "jogo" é finito. Os problemas estratégicos são solucionáveis porque o indivíduo pode atuar dentro de uma perspectiva de tempo limitada. Basta estender o olhar por uma distância finita para enxergar o fim do jogo, momento em que ganhos e perdas serão pagos e tudo recomeçará de uma *tabula rasa*. Na sociedade humana, a vida não é dessa forma e cada indivíduo enfrenta um panorama de fatores indetermináveis cujo número só faz crescer (de forma provavelmente exponencial) conforme o tempo passa.

d) Os jogadores von-neumannianos não são suscetíveis, em tese, nem à morte econômica nem ao tédio. Os perdedores podem continuar perdendo para sempre, mesmo que o resultado de cada jogada seja definitivamente previsível em termos probabilísticos.

3. Das diferenças entre os sistemas humanos e o sistema von-neumanniano, só as diferenças nas escalas de valor e a possibilidade de "morte" nos dizem respeito aqui. Para simplificar, presumiremos que outras diferenças, embora muito profundas, podem ser ignoradas por ora.

4. Curiosamente, podemos notar que, embora os homens sejam mamíferos e, portanto, tenham um sistema de valores primário multidimensional e não maximizante, ainda assim é possível colocar essas

---

do relacionamento entre as pessoas definem um "jogo" do tipo que Von Neumann chamaria de "não essencial". Essa possibilidade não será aqui examinada (ver John von Neumann e Oskar Morgenstern, *Theory of Games and Economic Behavior*. Princeton: Princeton University Press, 1944).

criaturas em contextos nos quais se empenharão para maximizar uma ou mais variáveis simples (dinheiro, prestígio, poder etc.).

5. Como aparentemente o sistema de valores multidimensional é primário, o problema proposto, por exemplo, pela organização social iatmul não é tanto explicar o comportamento dos indivíduos iatmul invocando (ou abstraindo) seu sistema de valores, mas perguntar como tal sistema de valores é imposto aos indivíduos mamíferos pela organização social na qual se encontram. Convencionalmente, na antropologia, essa questão é atacada pela psicologia genética. Esforçamo-nos para coletar dados que demonstrem como o sistema de valores implícito na organização social é inculcado na estrutura de caráter dos indivíduos durante a infância. Há, porém, uma abordagem alternativa que ignoraria momentaneamente, conforme faz Von Neumann, o fenômeno da aprendizagem e levaria em conta somente as implicações estratégicas dos contextos que devem ocorrer segundo as "regras" determinadas e o sistema de coalizão. Sobre esse ponto é importante notar que os contextos competitivos – desde que os indivíduos possam ser levados a reconhecer os contextos como competitivos – inevitavelmente reduzem a complexa gama de valores a termos muito simples, até mesmo lineares e monótonos.[27] Considerações como essa, aliadas à descrição das regularidades no processo da formação do caráter, provavelmente bastam para descrever como escalas de valores simples são impostas aos indivíduos mamíferos em sociedades competitivas como a dos Iatmul ou a dos Estados Unidos do século XX.

6. Já na sociedade balinesa encontramos uma situação completamente diferente. Nem o indivíduo nem a aldeia estão preocupados com a maximização de variáveis simples. Ao contrário, eles parecem estar preocupados com a maximização de algo que podemos chamar de estabilidade, usando esse termo talvez de forma altamente metafórica. (Há, na verdade, uma variável quantitativa simples que parece ser maximizada. Essa variável é o valor de toda multa imposta pela aldeia. Quando aplicadas pela primeira vez, as multas são em sua maior parte muito pequenas, mas, se o pagamento atrasa, o valor da multa aumenta abruptamente, e caso haja qualquer sinal de que o ofensor está *se recusando* a pagar – "opondo-se à aldeia" –, a multa é imediatamente elevada a uma soma gigantesca e o ofensor é privado da condição de

---

27   Lawrence K. Frank, "The Cost of Competition". *Plan Age*, v. 6, 1940.

membro da comunidade até que esteja disposto a ceder. Nesse caso, parte da multa pode ser perdoada.)

7. Consideremos agora um sistema hipotético consistindo de uma série de jogadores idênticos, além de um árbitro cuja preocupação é manter a estabilidade entre os jogadores. Suponhamos também que os jogadores sejam suscetíveis à morte econômica, que nosso árbitro esteja preocupado em não deixar isso ocorrer e tenha o poder de realizar certas alterações nas regras do jogo ou nas probabilidades associadas aos movimentos aleatórios. Claramente, o árbitro estará sempre mais ou menos em conflito com os jogadores. Ele estará empenhado em manter um equilíbrio dinâmico ou um estado de equilíbrio, e isso pode ser reformulado como uma tentativa de maximizar as chances *contrárias* de maximização de qualquer variável simples.

8. Ashby mostrou, em termos rigorosos, que o estado de equilíbrio e a existência contínua de sistemas interativos complexos dependem da prevenção da maximização de qualquer variável, e que qualquer aumento contínuo em qualquer variável inevitavelmente resultará em mudanças irreversíveis no sistema e será limitado por elas. Ele também indicou que em tais sistemas é muito importante permitir que certas variáveis sejam alteradas.[28] O estado de equilíbrio de um motor equipado com um regulador dificilmente se manterá se a posição das esferas do regulador é fixa. Da mesma forma, um equilibrista sobre uma corda bamba que use uma vara para se equilibrar não conseguirá manter o equilíbrio a não ser que *varie* as forças que ele exerce sobre a vara.

9. Voltando agora ao modelo conceitual sugerido no sétimo parágrafo, vamos dar mais um passo para tornar esse modelo comparável à sociedade balinesa. Vamos colocar no lugar do árbitro um conselho da aldeia composto de todos os jogadores. Agora temos um sistema que apresenta uma série de analogias com nosso acrobata equilibrista. Quando falam como membros do conselho da aldeia, os jogadores estão interessados, em tese, em conservar o estado de equilíbrio do sistema – ou seja, impedir a maximização de qualquer variável simples cujo aumento excessivo possa produzir mudanças irreversíveis. Na vida cotidiana, porém, eles permanecem comprometidos com estratégias competitivas simples.

10. O próximo passo para fazer nosso modelo se assemelhar mais à sociedade balinesa é postular claramente, na estrutura de caráter

---

28 W. Ross Ashby, "Effect of Controls on Stability". *Nature*, v. 155, n. 3.930, 1945, pp. 242–43.

dos indivíduos e/ou nos contextos de sua vida diária, os fatores que os motivam a manter o estado de equilíbrio não só quando eles falam como membro do conselho, mas também em suas demais relações interpessoais. Tais fatores são reconhecíveis em Bali e foram enumerados acima. Em nossa análise do porquê de a sociedade balinesa ser não cismogênica, assinalamos que a criança balinesa aprende a evitar interação cumulativa, isto é, a maximização de certas variáveis simples, e que a organização social e os contextos da vida cotidiana são construídos de forma a prevenir interações competitivas. Além disso, em nossa análise do *éthos* balinês, notamos uma valorização recorrente: (a) da definição clara e fixa do status e da orientação espacial, e (b) do equilíbrio e dos movimentos que levem ao equilíbrio.

Em suma, parece que os balineses estendem às relações humanas posturas baseadas no equilíbrio corporal e que eles generalizam a ideia de que o movimento é essencial ao equilíbrio. Esse último ponto, creio, responde parcialmente à pergunta por que a sociedade continua não só a funcionar, mas também continua a funcionar rápida e pressurosamente, empenhando-se em tarefas cerimoniais e artísticas que não são determinadas econômica ou competitivamente. Esse estado de equilíbrio é mantido por contínuas mudanças não progressivas.

O sistema cismogênico versus o estado de equilíbrio

Debati dois tipos de sistemas sociais em linhas tão esquemáticas que é possível afirmar que há um claro contraste entre eles. Ambos os tipos de sistema, desde que sejam capazes de se manter sem mudanças progressivas ou irreversíveis, chegam ao estado de equilíbrio. No entanto, há profundas diferenças entre eles na maneira pela qual é regulado o estado de equilíbrio.

O sistema iatmul, que aqui é usado como protótipo dos sistemas cismogênicos, inclui uma série de circuitos causais regenerativos ou círculos viciosos. Cada circuito consiste de dois ou mais indivíduos (ou grupos de indivíduos) que participam de interações potencialmente cumulativas. Cada indivíduo humano é uma fonte de energia ou "relê", de forma que a energia usada em suas respostas não deriva dos estímulos e sim de seus próprios processos metabólicos. Sucede-se disso, portanto, que um sistema cismogênico é – a não ser que seja controlado – passível de aumento excessivo dos atos que caracterizam as cismogêneses. Portanto, o antropólogo que tenta realizar uma descrição, mesmo que qualitativa, de um sistema desse tipo deve identificar: (1) os indivíduos e grupos envolvidos na cismogênese e as rotas de comunicação entre eles; (2) as categorias de atos e contextos característicos das cismogêneses; (3) os processos pelos quais os indivíduos se tornam psicologicamente aptos a desempenhar tais atos e/ou a natureza dos contextos que os forçam a esses atos; e, por último, (4) ele precisa identificar os mecanismos ou fatores que controlam as cismogêneses. Esses fatores de controle podem ser de ao menos três tipos distintos: (a) *loops* causais degenerativos podem se sobrepor às cismogêneses de tal modo que, no momento que ela chega a determinada intensidade, uma forma de contenção é aplicada – como ocorre em sistemas ocidentais quando um governo intervém para limitar a concorrência econômica; (b) pode haver, além das cismogêneses já consideradas, outras interações cumulativas agindo em sentido oposto e, assim, promovendo integração social, em vez de fissão; (c) o aumento da cismogênese pode ser limitado por fatores do ambiente interno ou externo às partes do circuito cismogênico. Os fatores que só têm um pequeno efeito de restrição em baixas intensidades de cismogênese podem aumentar com o aumento da intensidade. Fricção, fadiga e limitação do suprimento energético são exemplos desses fatores.

Em comparação com esses sistemas cismogênicos, a sociedade balinesa é um mecanismo inteiramente diferente e, ao descrevê-lo, o antropólogo deve seguir procedimentos inteiramente diferentes, para os quais ainda não foi possível estabelecer regras. Como a classificação de sistemas sociais "não cismogênicos" é definida somente em termos negativos, não podemos presumir que os componentes dessa classe terão características comuns. Na análise do sistema balinês, porém, ocorreram as seguintes etapas, e é possível que algumas delas se apliquem a análises de outras culturas desse gênero: (1) observamos que sequências cismogênicas são raras em Bali; (2) investigamos os casos excepcionais em que tais sequências ocorrem; (3) a partir dessa investigação, pareceu-nos (a) que em geral os contextos recorrentes na vida social balinesa previnem a interação cumulativa e (b) que as experiências na infância educam a criança a não procurar o clímax nas interações pessoais; (4) demonstramos que certos valores positivos – ligados ao equilíbrio – são recorrentes na cultura e incorporam-se à estrutura do caráter durante a infância, e, além disso, que esses valores podem ser especificamente relacionados ao estado de equilíbrio social; (5) é necessário agora um estudo mais detalhado para chegarmos a uma afirmação sistemática das características autocorretivas desse sistema. É evidente que só o *éthos* é insuficiente para manter o estado de equilíbrio social. De tempos em tempos, a aldeia ou outra entidade intervém de fato para corrigir infrações. A natureza dessas instâncias de funcionamento do mecanismo corretivo deve ser estudada; mas está claro que esse mecanismo intermitente é muito diferente dos freios continuamente operantes que precisam estar presentes em todo sistema cismogênico.

Estilo, graça e informação na arte primitiva

Introdução

Este trabalho consiste de diversas tentativas ainda isoladas de cartografar uma teoria associada à cultura e às artes não verbais.[1] Como nenhuma dessas tentativas teve êxito absoluto, e como essas tentativas ainda não se encontraram no território a ser cartografado, talvez seja útil declarar, em linguagem não técnica, o que estou procurando.

Aldous Huxley dizia que o problema central da humanidade é a busca pela *graça*. Usava essa palavra no sentido em que acreditava que era usada no Novo Testamento. Porém, explicava-a em seus próprios termos. Afirmava – tal como Walt Whitman – que a comunicação e o comportamento dos animais possuem uma ingenuidade, uma simplicidade, que o homem perdeu. O comportamento do homem está corrompido pelo engano – inclusive pelo autoengano –, pelas intenções e pela autoconsciência. Segundo Aldous, o homem perdeu a "graça" que os animais ainda possuem.

Nos termos desse contraste, Aldous defendia que Deus se parece mais com os animais do que com os homens: idealmente, Ele seria incapaz de enganar e incapaz de confusões internas.

Na grande escala dos seres, portanto, o homem estaria como que deslocado para o lado, destituído da graça que têm os animais e o próprio Deus.

Quero argumentar que a arte faz parte da busca do homem pela graça; ora vemos êxtase pelo sucesso parcial, ora raiva e agonia pelo fracasso.

Além disso, sustento que existem muitas espécies de graça dentro do gênero Graça; e também que existem diversos tipos de fracasso, frustração e afastamento da graça. Sem dúvida, cada cultura tem tipos característicos de graça – pela qual os artistas se empenham – e também os próprios tipos de fracasso.

---

1   Publicado em Anthony Forge (org.), *A Study of Primitive Art*. Oxford: Oxford University Press, 1973, com permissão da editora. [N. E.]

Certas culturas podem promover uma abordagem negativa dessa difícil integração, evitando a complexidade, preferindo grosseiramente ou a consciência total ou a inconsciência total. Sua arte dificilmente será "grande arte".

Neste trabalho, pretendo defender que o problema da graça é fundamentalmente um problema de integração e que o que há para ser integrado são as diversas partes da mente – especialmente os múltiplos níveis dos quais um extremo se chama "consciência" e o outro, "inconsciente". Para a obtenção da graça, as razões do coração precisam estar integradas às razões da razão.

Nesta conferência, Edmund Leach nos indagou o seguinte: como é que a arte de uma cultura pode ter significado ou validade para críticos educados em uma cultura diferente? Minha resposta seria que, se de alguma forma a arte expressa graça ou integração física, então o *sucesso* dessa expressão bem poderia ser reconhecível para além das barreiras culturais. A graça física dos gatos é profundamente diferente da graça física dos cavalos e, ainda assim, o homem, que não tem a graça física de nenhum dos dois, sabe apreciar a de ambos.

E mesmo quando o tema da arte é a frustração dessa integração, o reconhecimento intercultural dos produtos dessa frustração não é tão surpreendente assim.

A questão central é: de que maneira a informação sobre a integração psíquica está contida ou codificada na obra de arte?

Estilo e significado

Dizem que "toda imagem conta uma história", e essa generalização se aplica à maioria das obras de arte, se excluirmos a "mera" ornamentação geométrica. Mas quero justamente evitar analisar a "história". O aspecto da obra de arte que pode ser reduzido mais facilmente a palavras – a *mitologia* conectada ao tema – não é o que desejo discutir. Nem sequer mencionarei a mitologia inconsciente do simbolismo fálico, exceto no final.

O que me interessa é a importante informação psíquica que está contida no objeto de arte, independentemente do que ele "representa". *"Le style est l'homme même"* ("O estilo é o próprio homem") (Buffon). O que está implícito no estilo, no material, na composição, no ritmo, na técnica e nos aspectos afins?

Está claro que esse tema incluirá a ornamentação geométrica, além da composição e dos aspectos estilísticos das obras mais representacionais.

Os leões da Trafalgar Square poderiam ser águias ou buldogues e, ainda assim, passariam as mesmas mensagens (ou mensagens parecidas) sobre os impérios e sobre as premissas culturais da Inglaterra do século XIX. E, no entanto, como seria diferente a mensagem se tivessem sido esculpidos em madeira!

Mas o representacional*ismo* em si é relevante. Os cavalos e os cervos extremamente realistas de Altamira certamente não têm relação com as premissas culturais dos contornos pretos altamente convencionados de um período posterior. O *código* pelo qual os objetos ou as pessoas (ou seres sobrenaturais) são transformados em madeira ou tinta é uma fonte de informação sobre o artista e sua cultura.

São as próprias regras de transformação que me interessam – não a mensagem, mas o código.

Meu objetivo não é instrumental. Não pretendo usar as regras da transformação para revertê-la ou "decodificar" a mensagem. Traduzir o objeto de arte para a mitologia e, a partir disso, examinar a mitologia seria somente uma forma bonita de me desviar ou negar o problema sobre "O que é a arte?".

Minha indagação, portanto, não se refere ao significado da mensagem em código, mas sim ao significado do código escolhido. Mas primeiro precisamos definir essa palavra tão escorregadia que é "significado".

Convém, num primeiro momento, definir o que é significado da forma mais geral possível.

"Significado" pode ser visto como um sinônimo aproximado de padrão, redundância, informação e "restrição", dentro de um paradigma do seguinte tipo:

Diremos de um agregado de eventos ou objetos (por exemplo, uma sequência de fonemas, uma pintura, um sapo ou uma cultura) que ele contém "redundância" ou "padrão", se o agregado puder ser dividido por uma "barra" de tal modo que um observador que veja apenas o que está de um dos lados da barra possa *adivinhar*, com mais probabilidade de êxito do que em tentativas aleatórias, o que está do outro lado da barra. Podemos dizer que o que está de um lado da barra contém uma *informação* ou *significado* a respeito do que está do outro lado. Ou, em linguagem de engenharia, o agregado contém "redundância". Ou, do ponto de vista de um observador cibernético, a informação disponível de um dos lados da barra restringirá (ou seja, reduzirá a probabilidade de) palpites errados. Exemplos:

A letra T escrita em certa posição em um texto em inglês sugere que a próxima letra será provavelmente um H, um R ou uma vogal. É possível supor o que há do outro lado da barra imediatamente após o T. A ortografia inglesa contém redundância.

De um fragmento de oração em inglês, delimitado por uma barra, é possível acertar a estrutura sintática do resto da oração.

De uma árvore visível acima do solo, é possível adivinhar que existem raízes sob o solo. A parte superior fornece informações sobre a parte inferior.

Do arco de um círculo *desenhado*, é possível supor a posição das demais partes da circunferência. (A partir do diâmetro de um círculo *ideal*, é possível afirmar o comprimento da circunferência. Mas essa é uma questão de verdade dentro de um sistema tautológico.)

Do modo como seu chefe agiu ontem, é possível arriscar um palpite sobre o modo como ele agirá hoje.

Do que eu digo, é possível prever o que vocês me responderão. Minhas palavras contêm significado ou informação sobre a resposta.

O telegrafista A escreve uma mensagem em um bloquinho e envia essa mensagem por telégrafo a B, de forma que B recebe a mesma sequência de letras escritas no bloquinho. Essa transação (ou "jogo de linguagem", segundo Wittgenstein) cria um universo redundante para um observador O. Se O sabe o que está escrito no bloquinho de A, ele pode arriscar um palpite mais acertado sobre o que está escrito no bloquinho de B.

A essência e *raison d'être* da comunicação é a criação de redundância, significado, padrão, previsibilidade, informação e/ou a redução do aleatório por meio de "restrições".

Creio que é de suma importância termos um sistema conceitual que nos obrigue a enxergar a "mensagem" (ou seja, o objeto de arte) como portadora de padrões internos *e ao mesmo tempo* como parte de um universo maior que também tem padrões – uma cultura ou um fragmento de cultura.

Acredita-se que as características dos objetos de arte *tratem* ou sejam parcialmente derivadas de outras características dos sistemas culturais e psicológicos, ou determinadas por elas. Nosso problema, portanto, poderia ser extremamente simplificado pelo seguinte diagrama:

[Características do objeto artístico/Características do resto da cultura] cujos colchetes encerram um universo relevante e por cuja barra pode-se arriscar algumas suposições em uma direção ou em ambas. O problema, portanto, é colocar em termos claros que tipo de relação, correspondências etc. atravessa ou transcende essa barra.

Considerem o caso em que digo: "Está chovendo" e vocês supõem que, se olharem pela janela, verão gotas de chuva. Um diagrama semelhante vai nos ajudar:

[Características de: "Está chovendo"/Percepção das gotas de chuva]

Percebam, porém, que esse caso não é nem um pouco simples. Somente se conhecerem a *linguagem* e confiarem minimamente que seja no que estou dizendo é que serão capazes de arriscar um palpite sobre as gotas de chuva. De fato, pouca gente nessa situação se coíbe de confirmar a informação olhando pela janela. Gostamos de provar que nossos palpites estão certos e que nossos amigos são honestos. E, mais importante, *gostamos de testar ou verificar se está correta a visão que temos de nossa relação com os outros.*

Esse último ponto não é trivial. Ilustra a estrutura necessariamente hierárquica de todos os sistemas comunicacionais: o fato de que a conformidade ou não conformidade (ou, na verdade, qualquer outra relação) entre partes de um conjunto padronizado possa ser, em si mesma, informativa como parte de um conjunto ainda maior. A questão pode ser esquematizada desta forma:

[("Está chovendo"/gotas de chuva)/relação entre mim e vocês]

em que a redundância dos lados divididos pela barra no universo menor delimitado pelos parênteses propõe (é uma mensagem sobre) uma redundância no universo maior delimitado pelos colchetes.

Mas a mensagem: "Está chovendo" é ela mesma convencionalmente codificada e internamente padronizada, de forma que diversas barras poderiam dividir a mensagem indicando que existe um padrão dentro dela.

E o mesmo vale para a chuva. Ela também é padronizada e estruturada. Pela direção de uma gota, eu poderia prever a direção das outras. E assim por diante.

Mas as barras que dividem a mensagem verbal: "Está chovendo" não correspondem de maneira simples às barras que dividem as gotas de chuva.

Se, em vez de uma mensagem verbal, eu tivesse apresentado uma imagem da chuva, algumas das barras do diagrama corresponderiam às barras da chuva percebida.

Essa diferença é um ótimo critério formal para distinguirmos entre a característica codificadora "arbitrária" e digital da parte verbal da linguagem e o código *icônico* da representação.

No entanto, muitas vezes a descrição verbal é icônica em sua estrutura mais ampla. Um cientista que estivesse descrevendo uma minhoca poderia muito bem começar pela cabeça e ir descendo pelo corpo – produzindo, assim, uma descrição icônica pela sequência e pelo longo comprimento. Nesse caso também, observamos uma estrutura hierárquica que é digital ou verbal em um nível e icônica em outro.

Níveis e tipos lógicos

Já falamos sobre os "níveis". Assinalamos que: (a) a *combinação* da mensagem: "Está chovendo" com a percepção das gotas de chuva pode em si constituir uma mensagem a respeito de um universo de relações pessoais; e (b) quando nosso foco muda das unidades menores para as unidades maiores do material de mensagem, descobrimos que uma unidade maior pode conter codificação icônica, mesmo que as partes menores sejam verbais; a descrição verbal de uma minhoca pode, como um todo, ter um comprimento longo.

A questão dos níveis aparece agora de outra forma, uma forma crucial para qualquer epistemologia da arte.

A palavra "know" não é simplesmente ambígua, compreendendo tanto o sentido de *connaître* (conhecer através dos sentidos, reconhecer ou perceber) como o de *savoir* (saber dentro da mente); ela também varia – troca ativamente – de sentido por razões sistêmicas básicas. Aquilo que conhecemos através dos sentidos pode *se tornar* saber na mente.

"Eu sei o caminho para Cambridge" pode significar que estudei o mapa e posso dar indicações dele. Pode significar que me recordo de detalhes do caminho inteiro. Pode querer dizer que, ao dirigir pela região, eu *reconheço* muitos detalhes, embora só me recorde de alguns. Pode querer dizer que, ao pegar a estrada para Cambridge, posso confiar que o "hábito" vai me fazer pegar os acessos certos, sem ter de *pensar* para onde estou indo. E assim por diante.

Em todos esses casos, estamos lidando com uma redundância ou uma padronização bastante complexa:

[("Eu sei..."/minha mente)//a estrada]

e a dificuldade é determinar a natureza da padronização dentro dos parênteses ou, dito de outra forma, que *partes* da mente são redundantes com a mensagem específica sobre o "saber".

Por fim, há uma forma especial de "conhecimento" que geralmente é vista como uma adaptação e não como uma informação. Um tubarão é perfeitamente bem talhado para se mover dentro da água, mas certamente seu genoma não contém informações sobre hidrodinâmica. Devemos supor, isso sim, que seu genoma contém informações ou instruções que são um *complemento* da hidrodinâmica. Não a hidrodinâmica, mas o que a hidrodinâmica exige, o que foi construído no genoma do tubarão. Da mesma forma, um pássaro migratório talvez não conheça o caminho até seu destino nos sentidos delineados acima, mas talvez tenha em si as instruções complementares necessárias para voar corretamente até lá.

"*Le coeur a ses raisons que la raison ne connaît point*" ("O coração tem razões que a razão desconhece"). É isso – as camadas complexas de consciência e inconsciência – que cria dificuldades quando tentamos discutir arte, rituais ou mitologia. A questão dos *níveis* da mente já foi discutida a partir de inúmeros pontos de vista, mas ao menos quatro devem ser mencionados e integrados a qualquer abordagem científica da arte:

1. A insistência de Samuel Butler em sustentar que, quanto melhor um organismo "conhece" uma coisa, menos consciente ele é de seu conhecimento, ou seja, há um processo pelo qual o conhecimento (ou "hábito" – seja de ação, percepção ou pensamento) passa para níveis cada vez mais profundos da mente. Esse fenômeno, que é central para a disciplina zen (ver Herrigel, *A arte cavalheiresca do arqueiro zen*),[2] também é relevante para toda arte e toda técnica.

2. As demonstrações de Adalbert Ames de que as imagens visuais tridimensionais conscientes que criamos daquilo que vemos são geradas por processos que envolvem princípios matemáticos, perspectiva etc., dos quais somos totalmente inconscientes. Não temos qualquer controle voluntário sobre esses processos. O desenho de uma cadeira sob a perspectiva de Van Gogh afronta as expectativas conscientes e

---

2   Eugen Herrigel, *A arte cavalheiresca do arqueiro zen*, trad. J. C. Ismael. São Paulo: Pensamento, 1975. [N. E.]

recorda vagamente à consciência o que era (inconscientemente) dado como certo e garantido.

3. A teoria freudiana dos sonhos como metáforas codificadas (especialmente a de Fenichel) a partir de um *processo primário*. Considero o estilo – nitidez, intensidade do contraste etc. – uma metáfora e, portanto, ligado aos níveis da mente em que domina o processo primário.

4. A visão freudiana do inconsciente como o porão ou armário onde são confinadas as memórias assustadoras e dolorosas por um processo de recalque.

A teoria freudiana clássica presumia que os sonhos eram um produto secundário, criado pelo "trabalho onírico". O material inaceitável para o pensamento consciente é, supostamente, traduzido para o idioma metafórico do processo primário para evitar o despertar do sonhador. E isso pode ser verdade para os elementos da informação que são retidos no inconsciente pelo processo de recalque. Como vimos, porém, muitos outros tipos de informação são inacessíveis à inspeção consciente, inclusive a maioria das premissas sobre a interação entre os mamíferos. A mim me parece sensato pensar que esses elementos existem *primariamente* no idioma do processo primário, apenas oferecendo a dificuldade de tradução em termos "racionais". Em outras palavras, creio que as primeiras teorias freudianas estavam em sua maioria de cabeça para baixo. Naquela época, muitos pensadores viam a razão consciente como algo normal e evidente, enquanto o inconsciente era misterioso e carecia de provas e explicações. A explicação era a recalque, e o inconsciente estava repleto de pensamentos que poderiam ter sido conscientes, mas a recalque e o trabalho onírico os haviam distorcido. Hoje vemos a consciência como o verdadeiro mistério e os métodos computacionais do inconsciente, por exemplo, o processo primário, como continuamente ativos, necessários e abrangentes.

Tais considerações são especialmente relevantes para qualquer tentativa de derivar uma teoria da arte ou da poesia. A poesia não é uma prosa distorcida e ornamentada, mas antes a prosa é uma poesia desnudada e atada a uma cama de lógica procusteana. Os especialistas em computação que programam tradutores automáticos às vezes se esquecem desse fato sobre a natureza primária da linguagem. Tentar construir uma máquina para traduzir a arte de uma cultura para a arte de outra seria igualmente tolo.

A alegoria, que no máximo pode ser considerada uma arte de mau gosto, é uma inversão do processo criativo normal. Geralmente uma relação abstrata, por exemplo, a relação entre a verdade e a justiça, é primeiro concebida em termos racionais. A relação é então metaforizada e embonecada para que se assemelhe a um produto do processo primário. As abstrações são personificadas e obrigadas a participar de um pseudomito e assim por diante. Boa parte da arte de criar anúncios é alegórica nesse sentido – o processo criativo é invertido.

No sistema de clichês anglo-saxão, presume-se em geral que, de certa forma, seria melhor que o que é inconsciente se tornasse consciente. Chegam a atribuir a Freud a frase: "Onde estava o id, agora está o ego", como se aumentar o conhecimento e o controle consciente fosse tanto possível quanto, é claro, melhor. Essa visão é fruto de uma epistemologia quase inteiramente distorcida e de uma visão inteiramente distorcida do que é o homem – ou qualquer outro organismo.

Dos quatro tipos de inconsciência listados acima, está claro que os três primeiros são necessários. A consciência, por razões mecânicas óbvias,[3] deve ser sempre limitada a uma fração muito pequena do processo mental. Para ser minimamente útil, deve ser administrada com economia. A inconsciência associada ao hábito é uma economia tanto de pensamento quanto de consciência; e o mesmo vale para a inacessibilidade dos processos de percepção. O organismo consciente não necessita (para fins pragmáticos) saber *como* ele percebe – mas apenas *o que* ele percebe. (Sugerir que poderíamos operar sem base em um processo primário é sugerir que o cérebro humano deveria ter uma estrutura diferente.) Dos quatro tipos, talvez somente o armário freudiano para esqueletos seja indesejável e evitável. Mas pode haver vantagem em manter o esqueleto longe da mesa de jantar.

Na verdade, nossa vida é tal que seus componentes inconscientes estão continuamente presentes em todas as suas múltiplas formas. Segue-se disso que, em nossas relações, trocamos continuamente mensagens sobre esses materiais inconscientes e também é importante trocar metamensagens para informarmos uns aos outros que ordem e que espécie de inconsciência (ou consciência) estão anexadas às nossas mensagens.

Em termo meramente pragmáticos, isso é importante porque as ordens de verdade são diferentes para gêneros de mensagens diferentes. Na mesma medida em que uma mensagem é consciente e voluntária, ela pode ser enganosa. Posso dizer que a gata está deitada no tapete

---

3   Basta pensar na impossibilidade de se construir um aparelho de TV que relatasse em sua tela *todo* o funcionamento das peças que o compõe, incluindo em especial as partes envolvidas nesse relatório.

quando na verdade não está. Posso dizer "eu amo você" quando na verdade eu não amo você. Mas o discurso sobre as relações é geralmente acompanhado de uma massa de sinais cinésicos e autônomos semivoluntários que fornece um comentário mais confiável sobre a mensagem verbal.

Acontece o mesmo com a habilidade técnica, já que ela indica a presença de grandes componentes inconscientes na atuação.

É, portanto, relevante olhar para qualquer obra de arte com a seguinte pergunta: quais componentes desse material da mensagem continham quais ordens do inconsciente (ou do consciente) para o artista? E essa pergunta, creio eu, é uma pergunta que o crítico sensível geralmente faz, embora talvez não conscientemente.

A arte se torna, nesse sentido, um exercício de comunicação a respeito das espécies de inconsciente. Ou, se preferirem, é uma espécie de comportamento lúdico cuja função é, entre outras coisas, praticar e aperfeiçoar esse tipo de comunicação.

Agradeço ao dr. Anthony Forge a citação de Isadora Duncan: "Se eu pudesse dizer o que isso significa, eu não teria por que dançar".

A afirmação é ambígua. Nos termos das premissas um tanto vulgares da nossa cultura, traduziríamos essa afirmação assim: "Não haveria motivo para eu dançar, porque eu poderia dizer mais rápido e com menos ambiguidade por meio de palavras". Essa interpretação se alinha à ideia tola de que seria bom ter consciência de tudo o que há no inconsciente.

Mas há outro sentido possível para a fala de Isadora Duncan: se a mensagem fosse do tipo que pode ser comunicado em palavras, não haveria motivo para dançá-la; porém, não se trata desse tipo de mensagem. Trata-se justamente do tipo de mensagem que seria falseado se fosse comunicado com palavras, porque o uso de palavras (fora do âmbito da poesia) implicaria que essa mensagem é plenamente consciente e voluntária, e isso é simplesmente uma mentira.

Creio que o que Isadora Duncan ou qualquer outro artista tenta comunicar é mais: "Esse tipo específico de mensagem é em parte inconsciente. Entremos nesse tipo de comunicação em parte inconsciente". Ou talvez: "Essa é uma mensagem sobre a interface entre o consciente e o inconsciente".

A mensagem da *habilidade técnica*, seja qual for, deve ser sempre desse tipo. As sensações e características da habilidade jamais podem ser expressas em palavras e, ainda assim, a existência factual da habilidade é consciente.

É peculiar o dilema do artista. Ele precisa praticar para ser capaz de realizar os componentes artesanais do seu trabalho. Mas o efeito da prática é sempre duplo. Por um lado, torna-o mais capaz de realizar tudo o que tente fazer; por outro, em virtude do fenômeno de formação de hábitos, torna-o menos consciente de como o faz.

Se sua intenção é comunicar os componentes inconscientes de sua performance, então ele está numa espécie de escada rolante cuja posição ele tenta comunicar, mas cujo movimento é em si mesmo uma função de seus esforços para se comunicar.

Claramente a tarefa é impossível, mas, como observamos, há quem a realize com muita graça.

Processo primário

"O coração tem *razões* que a própria razão desconhece." É muito comum os anglo-saxões pensarem nas "razões" do coração ou do inconsciente como forças incipientes, estímulos ou impulsos – aquilo que Freud chamava de *Trieben* [pulsão]. Já para Pascal, que era francês, a questão é bem diferente e, sem dúvida, ele pensava nas razões do coração como um corpo lógico ou computacional tão preciso e complexo quanto as razões da consciência.

(Já notei que, às vezes, os antropólogos anglo-saxões compreendem mal os textos de Claude Lévi-Strauss justamente por esse motivo. Dizem que ele enfatiza demais o intelecto e ignora os "sentimentos". A verdade é que ele presume que o coração tem algoritmos precisos.)

No entanto, esses algoritmos do coração ou, como se diz, do inconsciente são codificados e organizados de forma totalmente diferente dos algoritmos da linguagem. E, como grande parte do pensamento consciente é estruturada nos termos da lógica da linguagem, os algoritmos do inconsciente são duplamente inacessíveis. Não é apenas que a mente consciente tem pouco acesso a esse conteúdo, mas é também que, quando se tem acesso a ele – por exemplo, nos sonhos, na arte, na poesia, na religião, nas drogas e afins –, ainda resta o formidável problema da tradução.

Diz-se geralmente em linguagem freudiana que as operações do inconsciente são estruturadas em termos do *processo primário*, enquanto os pensamentos do consciente (especialmente os pensamentos verbalizados) são expressos no *processo secundário*.

Até onde sei, ninguém sabe nada a respeito do processo secundário. Mas costumamos supor que todos sabem tudo a respeito dele, então nem vou tentar descrever o processo secundário, presumindo que vocês sabem tanto quanto eu.

O processo primário caracteriza-se (segundo Fenichel, por exemplo) como destituído de negações, destituído de tempos verbais, destituído de qualquer identificação de modo verbal (ou seja, nenhuma identificação de indicativo, subjuntivo, optativo etc.) e metafórico. Essas caracterizações baseiam-se na experiência de psicanalistas, que precisam interpretar sonhos e os padrões de livre associação.

Também é verdade que o tema do discurso do processo primário é diferente do tema da linguagem e do consciente. A consciência fala sobre coisas ou pessoas e acrescenta predicados às coisas ou pessoas que foram mencionadas. No processo primário, as coisas ou pessoas geralmente não são identificadas, e o foco do discurso está nas *relações* que se crê que prevalecem entre elas. Na verdade, isso é apenas outra maneira de dizer que o discurso do processo primário é metafórico. A metáfora conserva inalterada a relação que ela "ilustra", substituindo os *relata* por outras coisas ou pessoas. Em um símile, o fato de que uma metáfora está sendo usada é assinalado pela inserção das palavras "como se" ou "tal qual". No processo primário (assim como na arte) não há sinais que indiquem à mente consciente que o conteúdo da mensagem é metafórico.

(Para um esquizofrênico, é um passo importante para uma sanidade mais convencional quando ele consegue enquadrar seus discursos esquizofrênicos ou os comentários de suas vozes na terminologia do "como se".)

O foco da "relação", porém, é bem mais estreito do que se poderia pensar quando se diz apenas que o material do processo primário é metafórico e não identifica os *relata* específicos. O tema do sonho e outros materiais do processo primário é, na verdade, a relação no sentido mais estrito de relação entre o eu e outras pessoas ou entre o eu e o ambiente.

Os anglo-saxões, que ficam incomodados com a ideia de que sentimentos e emoções são manifestações externas de algoritmos precisos e complexos, geralmente têm de ouvir que essas questões, a relação entre o eu e os outros e a relação entre o eu e o ambiente são, na verdade, o cerne daquilo que chamamos de "sentimentos" – amor, ódio, medo, confiança, ansiedade, hostilidade etc. É uma desventura que essas abstrações relativas a *padrões* de relação tenham recebido nomes que *são* tratados em geral de uma forma que pressupõe que os sentimentos são caracterizados principalmente por quantidade, em vez de padrões precisos. Isso é uma das contribuições absurdas da psicologia para uma epistemologia distorcida.

De qualquer modo, para nossos fins atuais é importante assinalar que as características do processo primário conforme descritas acima são as características inevitáveis de qualquer sistema comunicacional entre organismos que só podem usar comunicação icônica. Essa mesma limitação é característica do artista, do sonhador e do mamífero pré-humano ou do pássaro. (A comunicação dos insetos é talvez uma outra questão.)

Na comunicação icônica, não há tempo verbal, negação simples ou marcador modal.

A ausência de negação simples é especialmente interessante porque, muitas vezes, ela obriga os organismos *a dizer o oposto do que querem dizer para transmitir a asserção de que querem dizer o oposto do que estão dizendo.*

Dois cães se aproximam um do outro e precisam trocar a mensagem: "Nós *não* vamos brigar". Mas a única forma de mencionar a briga na comunicação icônica é mostrando os dentes. Então é necessário que os cães descubram que a menção à briga é apenas exploratória. Eles devem explorar o que significa mostrar os dentes. Assim, eles precisam começar uma briga, descobrir que nenhum dos dois pretende matar o outro e, só então, poder ser amigos.

(Basta pensar nas cerimônias de paz nas ilhas Andamã. E também nas funções das afirmações invertidas ou do sarcasmo, e outros tipos de humor nos sonhos, na arte e na mitologia.)

Em geral, o discurso dos animais se preocupa com a relação entre o eu e o outro, ou entre o eu e o ambiente. Em nenhum dos dois casos é necessário identificar os *relata*. O animal A fala ao B de sua relação com B e ele fala a C sobre sua relação com C. O animal A não tem de falar ao animal C sobre a sua relação com B. Os *relata* estão sempre perceptivelmente presentes para ilustrar o discurso, e o discurso é sempre icônico no sentido de ser composto de ações parciais ("movimentos de intenção") que mencionam a ação inteira que é mencionada. Mesmo quando pede leite, a gata não pode mencionar o objeto que deseja (a não ser que ele esteja perceptivelmente presente). Ela diz: "Mamãe, mamãe" e você, a partir dessa indicação de dependência, pode adivinhar que é leite que ela quer.

Tudo isso indica que os pensamentos do processo primário e a comunicação desses pensamentos a outros seres são, em um sentido evolucionário, mais arcaicos que as operações mais conscientes da linguagem etc. Isso tem implicações para toda a economia e estrutura dinâmica da mente. Samuel Butler foi talvez o primeiro a apontar que aquilo que melhor conhecemos é aquilo do que menos temos consciência, ou seja, que o processo de formação de hábitos é afundar o conhecimento em níveis cada vez menos conscientes e mais arcaicos. O inconsciente guarda não apenas questões dolorosas que a consciência prefere não inspecionar, mas também questões com as quais temos tanta familiaridade que não precisamos inspecioná-las. O hábito, portanto, é uma grande economia de pensamento consciente. Conseguimos fazer coisas sem pensar nelas conscientemente. A habilidade de um artista, ou melhor, a demonstração de habilidade técnica do artista é uma mensagem *sobre* essas partes do inconsciente. (Mas talvez não uma mensagem *do* inconsciente.)

Mas a questão não é tão simples. Certos tipos de conhecimento podem ser convenientemente afundados em níveis inconscientes, mas outros devem ficar na superfície. De modo geral, podemos deixar afundar os conhecimentos que continuam a ser verdadeiros mesmo que haja mudanças no ambiente, mas devemos manter em local acessível o controle dos comportamentos que devem mudar a cada circunstância. O leão pode afundar em seu inconsciente a asserção de que as zebras são sua presa natural, mas, ao perseguir uma zebra específica, ele deve ser capaz de modificar os movimentos do ataque para adequá-los ao terreno específico e às táticas de fuga específicas daquela zebra específica.

A economia do sistema, de fato, impele os organismos a deixar que as generalidades das relações que permanecem verdadeiras afundem no inconsciente e manter no nível consciente a pragmática das situações particulares.

Por economia, as premissas podem afundar, mas as conclusões específicas devem permanecer conscientes. Porém, o "afundar", embora econômico, ainda custa um preço – o preço da inacessibilidade. Como o nível no qual as coisas afundam caracteriza-se por algoritmos icônicos e metáfora, é difícil para o organismo inspecionar a matriz da qual surgem as suas conclusões conscientes. De forma conexa, podemos assinalar que o que há de *comum* entre a afirmação específica e a metáfora correspondente é de uma generalidade adequada ao afundamento.

Limites quantitativos da consciência

Um exame muito breve do problema já mostra que é inconcebível que um sistema seja totalmente consciente. Suponhamos que na tela da consciência haja relatórios de diversas partes da mente inteira e consideremos o acréscimo à consciência dos relatórios necessários para cobrir o que, em dado estágio da evolução, ainda não é coberto. Esse acréscimo acarretará um enorme aumento da estrutura dos circuitos cerebrais, mas ainda não permitirá uma cobertura total. O passo seguinte é cobrir os processos e eventos que acontecem na estrutura que acabamos de acrescentar. E assim por diante.

Claramente o problema é insolúvel, e cada passo na direção da consciência total acarretará um enorme aumento dos circuitos necessários.

Decorre disso que todos os organismos devem se contentar com uma parcela relativamente pequena de consciência e que se a consciência possui alguma função útil (o que nunca foi demonstrado, mas provavelmente é verdadeiro), então a *economia* na consciência será de suma importância. Nenhum organismo pode empenhar recursos para ser consciente de problemas dos quais poderia se ocupar em níveis inconscientes.

Eis a economia proporcionada pela formação de hábitos.

Limites qualitativos da consciência

No caso do aparelho de TV, evidentemente é verdade que uma imagem satisfatória na tela é uma indicação de que muitas peças da máquina estão funcionando como devem; e considerações análogas aplicam-se à "tela" da consciência. Mas o que é fornecido é somente um relatório muito indireto do funcionamento de todas essas peças. Se o tubo da TV queimar, ou o homem tiver um derrame, os *efeitos* dessa patologia podem ser evidentes na tela ou na consciência, mas o diagnóstico ainda deve ser declarado por um profissional.

Essa questão tem implicações para a natureza da arte. A TV que mostra uma imagem distorcida ou imperfeita está, em certo sentido, comunicando patologias inconscientes – ou seja, exibindo sintomas – e podemos nos indagar se alguns artistas não fazem algo parecido. Mas isso ainda não nos é útil.

Às vezes se diz que as distorções da arte (digamos, a *Cadeira* de Van Gogh) representam diretamente aquilo que o artista "*vê*". Se tal afirmação se refere a "ver" no sentido físico mais simples (por exemplo, remediável com óculos de grau), presumo que isso seja um disparate. Se Van Gogh só conseguia enxergar a cadeira daquela forma extravagante, seus olhos não lhe serviriam de nada para aplicar a tinta com precisão na tela. E, inversamente, uma representação fotograficamente exata da cadeira na tela também seria vista daquela forma extravagante por Van Gogh. Ele não veria necessidade de distorcer a pintura.

Mas suponhamos que disséssemos que o artista está pintando hoje aquilo que ele viu ontem – ou que está pintando o que de certo modo ele sabe que *poderia* ver. "Eu vejo tão bem quanto você – mas você percebe que essa outra forma de ver uma cadeira existe enquanto potencialidade humana? E que essa potencialidade reside em você e em mim?" Será que ele está exibindo sintomas que ele *poderia* ter, porque todo o espectro da psicopatologia é possível para todos nós?

A intoxicação pelo álcool ou pelas drogas pode nos ajudar a ver um mundo distorcido, e essas distorções podem ser fascinantes, na medida em que reconhecemos essas distorções como *nossas*. *In vino pars veritatis* [No vinho, a verdade]. Podemos nos sentir diminuídos ou engrandecidos quando percebemos que essa também é uma *parte* do eu humano, uma *parte* da Verdade. Mas a droga não aumenta a habilidade técnica – no máximo, pode liberar uma habilidade anteriormente adquirida.

Sem técnica, não há arte.

Consideremos o caso do homem que vai até o quadro-negro – ou até a parede da caverna – e desenha à mão livre uma rena perfeita em atitude ameaçadora. Ele não pode *falar* sobre o desenho da rena ("Se pudesse, não teria por que desenhá-la"). "Você sabia que essa maneira perfeita de ver – e desenhar – uma rena é uma potencialidade humana?" A técnica consumada do desenhista valida a mensagem do artista a respeito da sua relação com o animal – sua empatia.

(Dizem que os desenhos de Altamira foram feitos como magia para facilitar as caçadas. Mas a magia necessita apenas de representações toscas. As flechas rabiscadas que desfiguram a linda rena podem ser magia – talvez uma tentativa vulgar de assassinar o artista, como rabiscar bigodes na Mona Lisa.)

A natureza corretiva da arte

Assinalamos antes que a consciência é necessariamente seletiva e parcial, ou seja, o conteúdo da consciência é, no máximo, uma pequena parcela da verdade sobre o eu. Mas se essa parte for *selecionada* de maneira sistemática, é certo que as verdades parciais da consciência serão, quando tomadas em conjunto, uma distorção da verdade de um universo maior.

No caso de um iceberg, podemos adivinhar, a partir do que está acima da superfície, o que está abaixo dela; mas não podemos fazer o mesmo tipo de extrapolação a partir do conteúdo da consciência. Não é apenas a seletividade da preferência, pela qual os esqueletos se acumulam no inconsciente freudiano, que torna tal extrapolação infundada. A seleção por preferências só promoveria o otimismo.

O problema é o recorte transversal do circuito mental. Se, conforme acreditamos, a mente total é uma rede integrada (de proposições, imagens, processos, patologias neurais ou o que vocês quiserem, segundo a linguagem científica de sua preferência), e se o conteúdo da consciência é apenas uma amostragem de diferentes partes e localidades dessa rede, inevitavelmente a visão consciente da rede como um todo é uma negação monstruosa da *integração* desse todo. Desse recorte no nível da consciência, o que aparece acima da superfície são *arcos* de circuitos, ao invés de circuitos completos ou circuitos de circuitos mais completos.

O que a consciência sozinha (sem a ajuda da arte, dos sonhos etc.) jamais pode avaliar é a natureza *sistêmica* da mente.

Essa noção pode ser convenientemente ilustrada por uma analogia: o corpo humano vivo é um sistema complexo, ciberneticamente integrado. Esse sistema é estudado por cientistas – geralmente da área médica – há muitos e muitos anos. O que eles sabem atualmente sobre o corpo pode ser devidamente comparado com o que a consciência sozinha sabe a respeito da mente. Sendo médicos, eles tinham como objetivo curar. O esforço de pesquisa se concentrava (assim como a atenção se concentra na consciência) naquelas curtas cadeias de causalidade que podiam ser manipuladas, seja por meio de drogas, seja por outras intervenções, para corrigir estados ou sintomas mais ou menos específicos e identificáveis. Sempre que era descoberta uma "cura" eficaz para alguma coisa, a pesquisa nessa área cessava e as atenções se dirigiam para outra. Hoje conseguimos prevenir a pólio, mas ninguém sabe muita coisa sobre os aspectos sistêmicos dessa fascinante doença. A pesquisa cessou ou, no máximo, reduziu-se a melhorar a vacina.

Mas uma coleção de truques para curar ou prevenir algumas doenças específicas não fornece uma *sabedoria* universal. A ecologia e a dinâmica populacional das espécies foram perturbadas; parasitas se tornaram imunes a antibióticos; a relação entre mãe e recém-nascido foi quase destruída; e assim por diante.

Caracteristicamente, os erros ocorrem sempre que a cadeia causal alterada faz parte de uma estrutura de circuitos – grande ou pequena – do sistema. E o restante da nossa tecnologia (da qual a ciência médica é somente uma parte) parece inclinada a prejudicar o resto da nossa ecologia.

No entanto, o ponto que estou tentando defender aqui não é um ataque contra a ciência médica, mas sim uma demonstração de um fato inevitável: a mera racionalidade objetivista, sem o auxílio de fenômenos como arte, religião, sonho e afins, é necessariamente patogênica e destruidora de vida; e sua virulência resulta especificamente do fato de que a vida depende de *circuitos* integrados de contingência, ao passo que a consciência só é capaz de enxergar pequenos arcos de circuitos que os propósitos humanos possam direcionar.

Resumindo, a consciência sozinha vai sempre enredar o homem no tipo de burrice pela qual a evolução foi responsável quando impôs aos dinossauros os valores de uma corrida armamentista. Decorrido 1 milhão de anos, inevitavelmente ela percebeu seu erro e extinguiu todos.

A consciência sozinha sempre vai tender ao ódio; não só porque é senso comum exterminar o outro, mas também, e mais profundamente, por que, enxergando apenas arcos de circuitos, o indivíduo é constantemente surpreendido e fica necessariamente furioso quando suas políticas tacanhas se voltam contra ele.

Se vocês usam DDT para matar insetos, vocês podem conseguir reduzir tanto a população de insetos que os insetívoros vão morrer de fome. Depois terão de usar ainda mais DDT para matar os insetos que os pássaros não devoram mais. Muito provavelmente, vocês já vão matar os pássaros quando eles comerem os insetos que vocês envenenaram. Se o DDT matar também os cachorros, vocês precisarão de mais policiamento para prender os ladrões que tentam roubar a sua casa. Os ladrões vão ter de se armar mais e ficar mais espertos – e assim por diante.

É esse o mundo em que vivemos – um mundo de estruturas em circuito – e o amor só pode sobreviver caso a sabedoria (ou seja, a sensação ou o reconhecimento do fato de haver um circuito) tiver uma voz efetiva.

O que foi dito até agora propõe perguntas sobre a obra de arte muito diferentes das perguntas que os antropólogos fazem convencionalmente. A "escola da cultura e da personalidade", por exemplo, usa tradicionalmente peças de arte e rituais como amostras ou sondas para revelar determinados temas ou estados psicológicos.

Até agora, a pergunta é: será que a arte diz algo a respeito da pessoa que a fez? Mas se a arte, como já sugerimos, tem uma função positiva na manutenção do que chamei de "sabedoria", ou seja, ela corrige uma visão da vida muito ligada a objetivos e torna essa visão mais sistêmica, então a pergunta sobre essa obra de arte passa a ser: que tipos de correção visando a sabedoria seriam alcançados com a criação ou a visualização dessa obra de arte?

A pergunta se torna dinâmica, e não mais estática.

Análise da pintura balinesa

Passando agora da epistemologia para um estilo de arte específico, assinalemos primeiro o que é mais geral e mais óbvio.

Quase sem exceção, os comportamentos considerados arte e seus frutos (também considerados arte) possuem duas características: requerem ou exibem *habilidade técnica* e contêm redundância ou padrão.

Mas essas duas características não são separadas: a habilidade técnica está, em primeiro lugar, na manutenção e, em segundo lugar, na modulação das redundâncias.

A questão torna-se mais clara talvez quando a habilidade técnica é a de um artesão e a redundância é de uma ordem comparativamente inferior. Por exemplo, a pintora balinesa Ida Bagus Djati Sura, da aldeia de Batuan (1937), e quase toda a pintura da escola de Batuan praticavam ou exercitavam um tipo de técnica rudimentar, mas bastante disciplinada sobre um fundo de folhagens. As redundâncias implicavam uma repetição bastante rítmica e uniforme do formato das folhas, mas essa redundância é, por assim dizer, frágil. Era interrompida ou quebrada por borrões ou irregularidades de tamanho ou tom na pintura das folhas.

Quando um artista de Batuan observa o trabalho de outro, uma das primeiras coisas que ele examina é a técnica do fundo de folhas. Primeiro as folhas são desenhadas à mão livre, a lápis; em seguida, cada contorno é finamente redefinido com pena e tinta preta. Depois de fazer isso em todas as folhas, o artista começa a pintar com pincel e nanquim. Cada folha é recoberta com uma aquarela clara. Quando essa aquarela seca, cada folha recebe uma camada de aquarela concêntrica menor e, em seguida, outra ainda menor e assim sucessivamente. O resultado são folhas com bordas quase brancas dentro do contorno demarcado e um degradê sucessivo de cores cada vez mais escuras até o centro.

Um "bom" quadro tem até cinco ou seis camadas sucessivas de aquarela em cada folha. (Essa pintura em especial não é muito "boa" nesse sentido. As folhas foram pintadas em apenas três ou quatro etapas.)

A habilidade e a padronização dependem da rotina muscular e da precisão muscular – alcançando o nível artístico nada desdenhável de um campo bem fornido de nabos.

Eu estava observando um talentosíssimo carpinteiro norte-americano trabalhar na estrutura de madeira de uma casa que ele havia projetado. Ele disse: "Ah, sim. É que nem uma máquina de escrever. Você tem de ser capaz de escrever sem pensar".

Mas acima desse nível de redundância há outro. A uniformidade da redundância de nível inferior tem de ser modulada para permitir ordens de redundância superiores. As folhas de um ponto do quadro têm de ser *diferentes* das folhas de outro, e essas *diferenças* devem ser mutuamente redundantes de certa forma: elas devem fazer parte de um padrão maior.

De fato, a função e a necessidade do controle do primeiro nível são precisamente tornar o segundo nível possível. O apreciador da obra de arte deve receber a informação de que o artista *é capaz* de pintar uma área uniforme de folhas porque, sem essa informação, ele não será capaz de aceitar como significativas as variações dessa uniformidade.

Somente o violinista que é capaz de controlar a qualidade das notas pode usar as variações dessa qualidade para fins musicais.

Esse princípio é básico e explica, sugiro eu, o vínculo quase universal entre habilidade técnica e padrão na estética. As exceções – por exemplo, o culto a paisagens naturais, "objetos encontrados", manchas de tinta, gráficos de dispersão e as obras de Jackson Pollock – parecem exemplificar a mesma regra ao inverso. Nesses casos, uma padronização mais ampla parece propor a ilusão de que os detalhes foram controlados. Também há os casos intermediários: por exemplo, nos entalhes balineses, o veio natural da madeira é frequentemente usado para sugerir detalhes da forma ou da superfície do objeto. Nesses casos, a habilidade não reside na entalhadura dos detalhes, mas na capacidade do artista de inserir seu projeto na estrutura tridimensional da madeira. Ele consegue um "efeito" especial não pela mera representação, mas pela consciência parcial do observador de que um sistema físico que não é o da escultura contribuiu para determinar sua percepção.

Passemos agora a questões mais complexas, ainda concentrando nossa atenção às mais óbvias e elementares.

Pintura balinesa de Ida Bagus Djati Sura (Batuan, 1937).

Composição

1. O delineamento das folhas e outras formas não chega à borda do quadro, mas esbate-se em tons cada vez mais escuros de modo que em quase todo o contorno do retângulo há uma faixa de pigmento negro indiferenciado. Noutras palavras, o quadro é emoldurado pelo próprio escurecimento gradual. Permite sentirmos que o tema está, em certo sentido, "fora deste mundo"; e isso apesar do fato de a cena ilustrada ser familiar – o início de uma cerimônia de cremação.

2. A imagem é *repleta*. A composição não deixa espaços abertos. Não só todo o papel é pintado, como nenhuma área considerável recebe pintura uniforme. As áreas maiores são as faixas escuríssimas na borda inferior, entre as pernas dos homens.

Para o olhar ocidental, isso cria um efeito de "agitação". Para o olhar psiquiátrico, o efeito é de "ansiedade" ou "compulsividade". Todos temos familiaridade com cartas enviadas por pessoas desequilibradas, que sempre parecem querer preencher a página inteira.

3. Antes, porém, de tentar um diagnóstico ou uma avaliação precipitada, temos de observar que a composição da metade inferior da pintura, afora o preenchimento do espaço do fundo, é turbulenta. Não se trata de mera ilustração de figuras em movimento, mas de uma composição em torvelinho ascendente, terminada pela direção contrastante dos gestos dos homens no topo da pirâmide.

A metade superior da imagem, em contraste, é serena. De fato, o efeito das mulheres perfeitamente equilibradas com oferendas sobre a cabeça é tão sereno que, à primeira vista, parece que os homens segurando instrumentos musicais só podem estar sentados. (Supostamente era para eles estarem caminhando em procissão.)

Mas essa estrutura composicional é o inverso da ocidental mais comum. Esperamos que a parte inferior de um quadro seja mais estável e que a ação e o movimento estejam na parte superior – quando há.

4. Nesse ponto, é conveniente examinar o quadro como um jogo de palavras de cunho sexual e, dentro desse contexto, as referências internas ao sexo são pelo menos tão fortes quanto no caso da estatueta de Tangaroa mencionada por Leach. Basta alinhar corretamente a sua mente para enxergar um enorme objeto fálico (a torre de cremação) com duas cabeças de elefante na base. Esse objeto deve passar por uma entrada estreita para um pátio tranquilo e subir por uma passagem ainda mais estreita. Em torno da base do objeto fálico, vê-se uma massa turbulenta de homúnculos, uma multidão na qual

Nenhum se postava à frente
Conduzindo o ataque sagaz;
Mas os de trás gritavam "à frente!"
E os da frente gritavam "pra trás!"[4]

E, se quisermos, descobriremos que o poema de Macaulay sobre a forma como Horácio defendeu a ponte não é menos sexual do que o quadro em questão. O jogo da interpretação sexual é fácil quando se quer jogá-lo. Não há dúvida de que a cobra na árvore à esquerda do quadro também poderia ser incluída na trama sexual.

Contudo, ainda é possível que a hipótese de que o tema seja duplo acrescente algo à nossa compreensão da obra de arte: que a imagem representa tanto o início de uma procissão de cremação quanto um falo e uma vagina. Com um pouco de imaginação, também podemos ver o quadro como uma representação simbólica da organização social balinesa na qual as boas relações da etiqueta e da alegria encobrem metaforicamente a turbulência da paixão. E, é claro, "Horácio" é evidentemente um mito idealizado da Inglaterra imperial do século XIX.

É provavelmente um erro pensar em sonho, mito e arte como se tratassem de outro tema que não as relações. Como dissemos, o sonho é metafórico e não trata particularmente dos *relata* mencionados no sonho. Na interpretação convencional do sonho, outro conjunto de *relata*, muitas vezes sexuais, é trocado pelo conjunto do sonho. Mas talvez, ao fazer isso, só criemos outro sonho. De fato, não há motivo *a priori* para supor que os *relata* sexuais sejam mais primários ou básicos do que qualquer outro conjunto.

Em geral, os artistas não são nada receptivos a interpretações desse gênero, e não está claro se a objeção é à natureza sexual da interpretação. Na verdade, parece que o foco rígido em qualquer conjunto simples de *relata* destrói, para o artista, o significado mais profundo da obra. Se a pintura fosse *apenas* sobre sexo ou *apenas* sobre organização social, seria trivial. É não trivial, ou profunda, justamente porque é sobre sexo, organização social, cremação e outras coisas. Numa palavra, é somente sobre relações e não sobre *qualquer relatum* identificável.

---

4 "*Was none who would be foremost/ To lead such dire attack;/ But those behind cried 'Forward!'/ And those before cried 'Back!'*". Trecho do poema "Horatius", de Thomas Babington Macaulay, publicado em 1842. [N. E.]

5. É apropriado, então, indagar como o artista tratou a identificação do tema no quadro. Percebemos, em primeiro lugar, que a torre de cremação que ocupa perto de um terço da imagem é quase invisível. Ela não se destaca sobre o fundo como deveria, se a intenção do artista fosse deixar inequivocamente claro que "isto é uma cremação". Também é patente que o caixão, que compreensivelmente poderia ser o ponto focal, está situado um pouco abaixo do centro e, mesmo assim, não atrai o olhar. De fato, o artista inseriu detalhes no quadro que o rotulam como uma cena crematória, mas esses detalhes são quase um capricho pessoal à parte, como a cobra e os passarinhos nas árvores. As mulheres equilibram sobre a cabeça oferendas ritualmente corretas, e dois homens levam vasos de bambu com vinho de palma, mas esses detalhes também estão excentricamente dispostos. O artista não enfatiza a identificação do tema, dando maior peso ao contraste entre o turbulento e o sereno que mencionamos no item 3.

6. Em suma, minha opinião é que o ponto-chave do quadro é o contraste entremeado de sereno e turbulento. E contraste ou combinação semelhante está presente também, como vimos, na pintura das folhas. Ali também a liberdade exuberante é suplantada pela precisão.

Em termos dessa conclusão, agora posso tentar dar uma resposta à pergunta que fizemos antes: que tipo de correção, no sentido de sabedoria sistêmica, poderia ser obtido pela criação ou contemplação dessa obra de arte? Em última análise, o quadro pode ser visto como uma afirmação de que escolher a turbulência ou a serenidade como único propósito humano seria um erro vulgar. A concepção e a criação da imagem devem ter proporcionado uma experiência que expôs esse erro. A unidade e a integração do quadro afirmam que nenhum desses polos opostos pode ser escolhido em detrimento do outro, porque eles são mutuamente dependentes. Essa verdade profunda e geral é simultaneamente afirmada como válida para os campos do sexo, da organização e da morte.

Comentário

Desde a Segunda Guerra Mundial, as pesquisas "interdisciplinares" estão na moda e geralmente isso significa, por exemplo, que um ecologista precisará que um geólogo lhe fale das pedras e do solo do terreno que ele está investigando. Mas o trabalho científico pode ser interdisciplinar em outro sentido.

O homem que estuda a disposição das folhas e dos ramos durante o crescimento de uma planta floral pode notar uma analogia entre caules, folhas e brotos e as relações formais que existem entre diferentes tipos de palavras em uma oração. Ele pensará em uma "folha" não como uma coisa verde e plana, mas como algo ligado de forma específica ao caule a partir do qual ela cresce e ao caule secundário (ou broto) que se forma no ângulo entre a folha e o caule primário. De forma semelhante, o linguista moderno pensa em um "substantivo" não como um "nome de pessoa, lugar ou coisa", mas como elemento de uma classe de palavras definidas por sua *relação* com os "verbos" e demais elementos dentro da estrutura da oração.

Quem pensa primeiro nas "coisas" relacionadas entre si (os "*relata*") vai desprezar qualquer analogia entre a gramática e a anatomia das plantas, julgando-a forçada. Afinal, uma planta e um substantivo não se parecem em nada externamente. Mas se pensamos primeiro nas relações e consideramos os *relata* definidos somente por suas relações, então começamos a admitir a possibilidade. Existe uma analogia profunda entre gramática e anatomia? Existe uma ciência interdisciplinar que deveria se dedicar a essas analogias? Qual seria o tema principal dessa ciência? E por que deveríamos esperar que analogias tão vagas tenham importância?

Ao trabalhar com qualquer analogia, é importante definir precisamente o que pretendemos quando dizemos que a analogia é significativa. No exemplo que mencionamos, não pretendíamos afirmar que um substantivo se parece com uma folha. Tampouco que a relação entre folha e caule é idêntica à relação entre substantivo e verbo. O que pretendíamos afirmar é que, tanto na anatomia quanto na gramática, as peças devem ser classificadas de acordo com as relações entre elas. Em ambos os campos, as *relações* devem ser consideradas, de certo modo, primárias e os *relata*, secundários. Além disso, considera-se que as relações são geradas por processos de troca de informações.

Noutras palavras, a relação misteriosa e polimorfa entre *contexto* e *conteúdo* comparece tanto na anatomia como na linguística; e os evolucionistas do século XIX, que estavam preocupados com o que então era chamado de "homologias", na verdade estavam estudando as estruturas contextuais do desenvolvimento biológico.

Toda essa especulação se torna quase trivial quando percebemos que tanto a estrutura gramatical quanto a biológica são produto do processo comunicacional e organizacional. A anatomia vegetal é uma conversão complexa das instruções genotípicas e a "linguagem" dos genes, como qualquer outra linguagem, deve necessariamente ter uma estrutura contextual. Além do mais, em toda comunicação deve haver uma relevância entre a estrutura contextual da mensagem e a estrutura do recipiente. Os tecidos da planta não conseguiriam "ler" as instruções genotípicas inscritas nos cromossomos de cada célula a não ser que célula e tecido existam, naquele momento, em uma estrutura contextual.

O que dissemos até agora servirá de definição suficiente para o que queremos dizer com "forma e padrão". O foco da discussão até aqui foi a forma, e não o conteúdo, foi o contexto, e não o que ocorre "no" contexto, foram as relações, e não as pessoas ou os fenômenos relacionados.

Os ensaios aqui incluídos variam desde uma discussão sobre "cismo-gênese" (1935) a dois ensaios escritos após o nascimento da cibernética.

Em 1935, eu não havia ainda compreendido com clareza a importância central do "contexto". Pensava que os processos de cismogênese eram importantes porque acreditava ver neles a evolução em curso: se a interação entre pessoas podia passar por mudanças qualitativas progressivas à medida que a intensidade aumentava, isso poderia ser o próprio teor da evolução cultural. Decorria disso que toda mudança de direção, mesmo na evolução biológica e na filogenia, poderia – ou só pode – se dever à interação progressiva entre organismos. Na seleção natural, essa mudança nas relações favoreceria a mudança progressiva na anatomia e na fisiologia.

O aumento progressivo do tamanho e das defesas dos dinossauros era, a meu ver, simplesmente uma corrida armamentista interativa – um processo cismogênico. Mas naquela época eu não percebia que a evolução do cavalo a partir do *Eohippus* não era um ajuste unilateral à vida nas planícies relvadas. Com certeza, as planícies relvadas evo-luíram *pari passu* com a evolução dos dentes e dos cascos dos cavalos e outros ungulados. A relva foi a resposta evolutiva da vegetação à evolução do cavalo. É o *contexto* que evolui.

A classificação do processo cismogênico em "simétrico" e "complementar" já era uma classificação de contextos de comportamento; e, já nesse ensaio,[1] proponho examinar as possíveis combinações de temas em comportamentos complementares. Em 1942, já havia me esquecido completamente dessa proposta, mas tentei fazer precisamente aquilo que me propus fazer sete anos antes. Em 1942, muita gente estava interessada no "caráter nacional" e, felizmente, o contraste entre a Inglaterra e os Estados Unidos chamou a atenção para o fato de que a "contemplação" na Inglaterra é uma característica filial, vinculada à dependência e à submissão, enquanto nos Estados Unidos a contemplação é uma característica dos pais vinculada à dominação e ao auxílio.

Essa hipótese, que chamei de "vinculação dos fins", foi uma virada no meu pensamento. Dessa época em diante, concentrei-me conscientemente na estrutura qualitativa dos contextos, em vez da intensidade da interação. Sobretudo, o fenômeno da vinculação dos fins mostrou que as estruturas contextuais podiam ser *mensagens* em si – um ponto importante que não mencionei no artigo de 1942. Um inglês, ao aplaudir alguém, está indicando ou sinalizando submissão e/ou dependência em potencial; quando exibe seus dotes ou demanda a contemplação do outro, está sinalizando dominação ou superioridade; e assim por diante. Todo inglês que escreve um livro tem essa culpa no cartório. No caso do norte-americano, vale o inverso. Sua jactância não passa de um sinal de que ele busca uma aprovação quase paterna.

A noção de contexto ressurge no ensaio "Estilo, graça e informação na arte primitiva", mas nele a ideia de contexto já evoluiu, agrupando-se com as ideias relacionadas de "redundância", "padrão" e "significado".

---

1   Ver *supra* "Moral e caráter nacional", p. 116.

PARTE III

Forma e patologia nas relações

Planejamento social e o conceito de deuteroaprendizagem

O foco deste comentário é o último item do resumo do trabalho da dra. Mead.[1]

> A dra. Mead escreveu: "os alunos que se dedicaram a estudar culturas como um todo, como um sistema de equilíbrio dinâmico, podem fazer as seguintes contribuições: [...] 4. Pôr em prática planos para mudar nossa cultura atual, reconhecendo a importância de incluir os cientistas sociais *em* seu material experimental e reconhecendo que, trabalhando com *fins* predefinidos, envolvemo-nos na manipulação de pessoas e, portanto, na negação da democracia. Somente trabalhando em termos de valores que se limitam a definir uma *direção*, é possível empregar métodos científicos para controlar o processo sem negar a autonomia moral do espírito humano" (grifos da autora)

Ao leigo que não se ocupa do estudo comparativo das culturas humanas, tal recomendação pode parecer estranha; a sugestão de descartar o objetivo para alcançar nosso objetivo pode parecer um paradoxo ético ou filosófico; pode ser que traga à mente aforismos básicos do cristianismo ou do taoismo. Tais aforismos nos são familiares, mas o leigo ficará um tanto surpreso ao vê-los sair da pena de uma cientista, adornados com toda a parafernália do pensamento analítico. Para antropólogos e cientistas sociais, as recomendações da dra. Mead parecerão ainda mais surpreendentes, e talvez pareçam fazer ainda menos sentido, pois a instrumentalidade e as "plantas do projeto" são

---

1   Este artigo é um comentário meu a Margaret Mead, "The Comparative Study of Culture and the Purposive Cultivation of Democratic Values", in Margaret Mead et al. (orgs.), *Science, Philosophy and Religion, Second Symposium*. New York: Conference on Science, Philosophy and Religion, 1942. Na nota 5 [p. 200], coloquei um comentário em itálico entre parênteses que prefigura o conceito de "duplo vínculo".

ingredientes essenciais de toda estrutura de vida tal como a ciência a concebe. Aos atores da vida política, as recomendações da dra. Mead também hão de parecer estranhas, já que para eles as decisões são classificáveis em decisões políticas versus decisões executivas. Tanto governantes como cientistas (sem falar do mundo do comércio) consideram que as relações humanas são determinadas por objetivos, fins e meios, conação e satisfação.

Se alguém duvida de que tendemos a ver propósito e instrumentalidade como especificamente humanos, que reflita sobre a piada do comer e viver. A criatura que "come para viver" é um ser humano elevado; a que "vive para comer" é tosca, mas ainda é humana; mas a que simplesmente "come *e* vive", sem atribuir a um ou outro processo uma instrumentalidade ou prioridade temporal espúria, ela será classificada entre os animais, e algumas pessoas, menos gentis, hão de vê-la apenas como um vegetal.

A contribuição da dra. Mead consiste justamente nisto: fortalecida pelo estudo comparativo de outras culturas, ela conseguiu transcender os hábitos mentais de sua própria cultura e foi capaz de dizer o seguinte:

> Antes de aplicar a ciência social às nossas próprias questões nacionais, devemos reexaminar e mudar nossos hábitos de pensamento sobre os meios e os fins. Aprendemos, em nosso ambiente cultural, a classificar o comportamento em "meios" e "fins" e, se continuarmos a definir os fins como algo separado dos meios *e* se aplicarmos as ciências sociais como meios puramente instrumentais, usando as receitas da ciência para manipular as pessoas, chegaremos a um sistema de vida totalitário, e não democrático.

A solução que ela oferece é buscarmos a "direção" e os "valores" implícitos nos meios, em vez de olhar para uma meta planejada e considerar essa meta uma justificativa ou não para o emprego de meios manipuladores. Temos de encontrar o valor de um ato planejado implícito e simultâneo ao próprio ato, e não separado dele no sentido de que o ato deriva seu valor da referência a um fim ou objetivo futuro. O trabalho da dra. Mead não é, na verdade, uma pregação sobre meios e fins; ela não diz que os fins justificam ou não os meios. Ela não fala diretamente de fins e meios, mas da forma como tendemos a pensar sobre os caminhos e os meios, e sobre os perigos inerentes aos nossos hábitos de pensamento.

É especificamente nesse nível que o antropólogo tem mais a contribuir para os nossos problemas. É de sua competência enxergar o máximo divisor comum na grande variedade de fenômenos humanos ou, inversamente, decidir se fenômenos aparentemente similares são ou não intrinsecamente diferentes. Ele pode visitar uma comunidade dos mares do Sul, como a dos Manus, e lá descobrir que, embora tudo o que os nativos fazem seja concretamente diferente do nosso comportamento, o sistema subjacente de motivos é comparavelmente similar ao da nossa preferência pela cautela e pela acumulação de riqueza; ou, da mesma forma, ele pode visitar uma sociedade como a de Bali e lá descobrir que, apesar de a aparência externa da religião nativa ser comparativamente semelhante à nossa – rezar de joelhos, queimar incenso, recitar palavras acompanhadas de um sino etc. –, as atitudes emocionais básicas são fundamentalmente diferentes. Na religião balinesa, há aprovação da realização mecânica e sem emoção de determinados atos, em vez da ênfase na postura emocional correta que caracteriza as Igrejas cristãs.

Em cada caso, o antropólogo não está preocupado com a mera descrição, e sim com um grau ligeiramente maior de abstração, um grau maior de generalização. Sua primeira tarefa é a coleta meticulosa e maciça de observações concretas da vida nativa, mas o passo seguinte não será a simples sumarização desses dados: será interpretar os dados em uma linguagem abstrata que transcenda e abarque o vocabulário e as noções explícitas e implícitas da nossa própria cultura. Não é possível descrever cientificamente uma cultura nativa com as palavras da língua inglesa; o antropólogo deve conceber um vocabulário mais abstrato em cujos termos tanto a nossa cultura quanto a nativa possam ser descritas.

Essa, portanto, é a disciplina que permitiu à dra. Mead assinalar que existe uma discrepância – uma discrepância básica e fundamental – entre "engenharia social", manipular as pessoas com o intuito de chegar a uma sociedade pré-planejada, e os ideais democráticos, o "valor supremo e a responsabilidade moral do ser humano individual". Os dois motivos em conflito estão implícitos em nossa cultura há um bom tempo, a ciência tem inclinações instrumentais desde antes da Revolução Industrial, e a ênfase no valor e na responsabilidade individuais é ainda mais antiga. A ameaça de conflito entre os dois motivos veio à tona apenas recentemente, com uma consciência e uma ênfase cada vez maior no motivo democrático e a disseminação simultânea do motivo instrumental. No fim das contas, o conflito é uma luta de vida ou morte sobre o papel que as ciências sociais devem desempenhar na ordenação das relações humanas. Não é exagero dizer que, ideologicamente, essa luta é apenas isso – o papel das ciências sociais. Devemos reservar as técnicas e o direito de manipular as pessoas como privilégio de uns poucos planejadores orientados para as metas e ávidos de poder, sobre os quais a instrumentalidade da ciência exerce uma atração natural? Agora que temos as técnicas, vamos deixar impassivelmente que as pessoas sejam tratadas como coisas? Se não, o que vamos fazer com essas técnicas?

A dificuldade do problema é tão grande quanto a sua urgência, e dupla, porque nós cientistas estamos profundamente habituados ao pensamento instrumental – pelo menos, aqueles para quem a ciência faz parte da vida, além de ser uma bela e nobre abstração. Tentemos superar essa fonte adicional de dificuldade voltando as ferramentas da ciência para o hábito do pensamento instrumental e o novo hábito cogitado pela dra. Mead – o hábito de procurar "direção" e "valor" no ato escolhido, em vez de metas definidas. Claramente, ambos os hábitos são formas de considerar as sequências temporais. No velho jargão psicológico, representam formas distintas de perceber sequências de comportamentos ou, no jargão mais recente da psicologia da Gestalt, ambos podem ser descritos como hábitos de busca de um ou outro tipo de quadro conceitual para o comportamento. O problema levantado pela dra. Mead – que advoga a mudança de tais hábitos – é como hábitos dessa ordem abstrata são aprendidos.

Esse não é o tipo de pergunta simples que se faz na maioria dos laboratórios de psicologia: "Sob que circunstâncias um cachorro aprenderá a salivar em resposta a um sino?" ou: "Que variáveis determinam o êxito na aprendizagem por memorização?". Nossa pergunta tem um grau a mais de abstração e, em certo sentido, faz a ponte entre o trabalho experimental sobre a aprendizagem simples e a abordagem dos psicólogos gestaltianos. O que estamos perguntando: "Como o cão adquire o hábito de marcar ou perceber o fluxo infinitamente complexo de acontecimentos (inclusive seu próprio comportamento) de forma que esse fluxo parece ser composto de um certo tipo de sequências curtas e não de outro?". Ou, substituindo o cão pelo cientista, podemos perguntar: "Que circunstâncias determinam que um cientista marcará o fluxo de acontecimentos de forma a concluir que tudo é predeterminado, enquanto outro considerará o fluxo de acontecimentos tão regular que é passível de controle?". Ou, ainda no mesmo nível de abstração, podemos perguntar (e essa pergunta é muito relevante para a promoção da democracia): "Que circunstâncias favorecem aquela formulação habitual do universo que chamamos de 'livre-arbítrio' e aquelas outras que chamamos de 'responsabilidade', 'construtividade', 'energia', 'passividade', 'dominação' etc.?". Afinal, todas essas qualidades abstratas, ferramentas básicas dos educadores, podem ser vistas como hábitos diversos de marcar o fluxo da experiência de forma que ele adquira um ou outro tipo de coerência ou sentido. São abstrações que começam a adquirir um certo sentido operacional quando tomam lugar em nível conceitual entre as afirmações da aprendizagem simples e as da psicologia gestáltica.

Podemos, por exemplo, apontar o dedo muito simplesmente para o processo que conduz à tragédia e à desilusão sempre que os homens decidem que "o fim justifica os meios" no esforço de criar um paraíso cristão ou um paraíso pré-planejado na Terra. Eles ignoram o fato de que, na manipulação social, as ferramentas não são martelos e chaves de fenda. Uma chave de fenda não se abala se, em caso de emergência, é usada como calço; e a visão de mundo de um martelo não muda porque, às vezes, é usado como simples alavanca. Na manipulação social, nossas ferramentas são pessoas e as pessoas aprendem, adquirem hábitos bem mais sutis e penetrantes que os truques que o planejador ensina a elas. Com as melhores intenções do mundo, ele pode ensinar as crianças a espionar os pais para erradicar alguma tendência prejudicial ao sucesso de seu planejamento; porém, como as crianças são pessoas, elas vão fazer mais do que somente aprender esse truque simples – elas vão incorporar essa experiência à sua filosofia de vida; isso vai alterar suas atitudes futuras em relação à autoridade. Sempre que estiverem em certos contextos, tenderão a vê-los estruturados de acordo com o padrão anterior, já familiar. O planejador pode obter uma vantagem inicial a partir da astúcia das crianças, mas o sucesso do plano pode ser comprometido pelos hábitos mentais que elas aprendem com ela. (Infelizmente, não temos nenhuma razão para acreditar que o plano nazista fracassará por esse motivo. É provável que as atitudes desagradáveis evocadas aqui sejam consideradas essenciais *tanto* para o plano em si como para os meios de realizá-lo. O inferno também pode estar cheio de más intenções, embora as pessoas bem-intencionadas não costumem acreditar muito nisso.)

Aparentemente, estamos lidando com um hábito que é produto secundário do processo de aprendizagem. Quando a dra. Mead diz que devemos deixar de pensar em termos de planos e avaliar nossos atos planejados em termos de seu valor implícito imediato, ela está dizendo que, na criação e educação das crianças, devemos procurar lhes inculcar um tipo de hábito colateral bem diferente daquele que adquirimos, e que reforçamos diariamente em nós mesmos pelo contato com a ciência, a política, os jornais etc.

Ela declara com perfeita clareza que essa nova mudança na ênfase ou *Gestalt* do nosso pensamento será uma aventura por mares nunca dantes navegados. Não sabemos que tipo de ser humano resultará dessa rota nem podemos ter certeza de que nos sentiremos em casa no mundo de 1980. Tudo o que a dra. Mead pode dizer é que, se persistirmos na rota que parece mais natural, planejando as aplicações da ciência social como meios para alcançar um objetivo predefinido, com certeza acabaremos jogando o navio contra as pedras. Ela apontou as pedras no mapa e nos aconselhou a navegar em uma nova direção, ainda não mapeada. Seu trabalho deixa a pergunta de como mapear essa nova direção.

Na verdade, a ciência pode nos fornecer algo parecido com uma carta marítima. Mencionei há pouco que é possível olhar para um conjunto variado de termos abstratos – livre-arbítrio, predestinação, responsabilidade, construtividade, passividade, dominação etc. – como se todos descrevessem hábitos aperceptivos, formas habituais de olhar para o fluxo de acontecimentos do qual faz parte o nosso próprio comportamento, e, além disso, que esses hábitos podem ser, em certo sentido, subprodutos do processo de aprendizagem. Nossa próxima tarefa, se queremos produzir uma carta de navegação, é claramente chegar a algo melhor que uma lista aleatória de hábitos possíveis. Devemos reduzir essa lista a uma classificação que nos mostre como cada um desses hábitos está sistematicamente relacionado aos outros.

Estamos de acordo que um senso de autonomia individual, um hábito mental ligado de certa forma ao que chamei de "livre-arbítrio" é essencial à democracia, mas ainda não estamos bem certos como definir operacionalmente essa autonomia. Por exemplo: qual é a relação entre "autonomia" e negativismo compulsivo? Postos de gasolina que se recusam a cumprir o horário obrigatório de fechamento demonstram um belo espírito democrático ou não? Esse tipo de "negativismo" pertence, sem dúvida, ao mesmo nível de abstração que o "livre-arbítrio" ou o "determinismo"; como eles, é uma forma habitual de perceber os contextos, sequências de acontecimentos e o próprio comportamento; mas não está claro se esse negativismo é uma "subespécie" de autonomia individual ou se é, na verdade, um hábito totalmente diferente. Da mesma forma, precisamos saber como esse novo hábito de pensamento preconizado pela dra. Mead se relaciona com os demais.

Evidentemente, precisamos de algo melhor do que uma lista aleatória de hábitos mentais. Precisamos de uma estrutura ou classificação sistemática que mostre como cada um desses hábitos se relaciona com os demais, e essa classificação pode vir a ser o mapa que buscamos. A dra. Mead diz para navegarmos essas águas ainda sem carta, adotando um novo hábito de pensamento; mas se soubermos como esse hábito se relaciona com os outros, podemos ser capazes de avaliar as vantagens e os perigos, além das possíveis armadilhas da jornada. Esse mapa poderia responder a algumas das questões levantadas pela dra. Mead – sobre a possibilidade de julgarmos a "direção" e o valor implícitos dos nossos atos planejados.

Não devemos esperar que o cientista social fabrique de pronto esse mapa ou classificação, como um coelho que se tira da cartola, mas creio que podemos dar um primeiro passo nessa direção; podemos sugerir alguns temas básicos – digamos, os pontos cardeais – sobre os quais a classificação final deve se basear.

Assinalamos que os hábitos que nos interessam são, em certo sentido, subprodutos dos processos de aprendizagem e, sendo assim, é natural que olhemos primeiro para o fenômeno de aprendizagem simples como capaz de nos dar alguma pista. Estamos fazendo perguntas um grau mais abstrato do que aquelas estudadas principalmente pelos psicólogos experimentais, mas é ainda nos laboratórios de psicologia que devemos procurar as respostas.

É fato que, nos laboratórios de psicologia, ocorre um fenômeno comum, cujo grau de abstração ou generalidade é consideravelmente mais alto do que aqueles que os experimentos devem esclarecer. É lugar-comum que o sujeito do experimento – seja animal ou humano – melhora após repetidos experimentos. Ele não só aprende a salivar no momento adequado ou recitar as sílabas desconexas, como também, de certa forma, *aprende a aprender*. Ele não só resolve os problemas que são apresentados pelo cientista, em que cada resolução é uma unidade de aprendizagem simples, como também se torna cada vez mais capaz de resolver os problemas.

Num fraseado semigestáltico ou semiantropomórfico, poderíamos dizer que o sujeito do experimento aprende a se orientar em determinados tipos de contextos, ou tem "*insights*" sobre contextos de resolução de problemas. No jargão deste trabalho, podemos dizer que o sujeito adquiriu o hábito de procurar contextos e sequências que sejam de certo tipo e não de outro, o hábito de "marcar" o fluxo dos acontecimentos de forma a gerar repetições de alguma sequência significativa.

A linha argumentativa que seguimos até agora nos trouxe a um ponto em que as afirmações sobre a aprendizagem simples se encontram com as afirmações sobre a *Gestalt* e a estrutura contextual e assim chegamos à hipótese de que "aprender a aprender" é sinônimo de aquisição de hábitos de pensamento abstratos dos quais trata este trabalho; que os estados mentais que denominamos "livre-arbítrio", pensamento instrumental, dominação, passividade etc. são adquiridos por meio de um processo equiparável a "aprender a aprender".

Essa hipótese é, até certo ponto, tão nova[2] para os psicólogos quanto para os leigos e, aqui, preciso fazer uma digressão para oferecer aos leitores técnicos uma formulação mais exata do que pretendo dizer. Preciso demonstrar ao menos boa vontade para caracterizar essa ponte entre a aprendizagem simples e a Gestalt em termos operacionais.

Cunhamos dois termos, "protoaprendizagem" e "deuteroaprendizagem", para evitar o trabalho de definir operacionalmente todos os outros termos desse campo (transferência de aprendizagem, generalização etc. etc.).[3] Digamos que haja dois tipos de gradação discerníveis em toda aprendizagem contínua. Da gradação a qualquer ponto de uma curva de aprendizagem simples (por exemplo, uma curva de aprendizagem por memorização repetitiva), diremos que representa principalmente o grau de protoaprendizagem. Se, porém, realizarmos uma série de experimentos semelhantes sobre a aprendizagem com o mesmo sujeito, descobriremos que, a cada experimento sucessivo, o sujeito demonstra uma gradação de protoaprendizagem bem mais

---

2 São numerosos os trabalhos de psicologia que tratam desse problema da relação entre Gestalt e aprendizagem simples, se incluirmos todos os que trabalharam com os conceitos de transferência de aprendizagem, generalização, irradiação, limite de reação (Hull), *insight* e afins. Historicamente, um dos primeiros a fazer essas perguntas foi L. K. Frank ("The Problems of Learning". *Psychological Review*, v. 33, 1926); e o professor Maier apresentou recentemente um conceito de "direção" que é fortemente relacionado com a noção de "deuteroaprendizagem". Diz ele: "a direção [...] é a força que integra as lembranças de maneira específica sem ser em si mesma uma lembrança" (N. R. F. Maier, "The Behavior Mechanisms Concerned with Problem Solving". *Psychological Review*, v. 47, 1940). Se trocarmos "força" por "hábito" e "lembrança" por "experiência do fluxo de acontecimentos", o conceito de deuteroaprendizagem pode ser quase sinônimo do conceito de "direção" do professor Maier.

3 Ver comentário do autor sobre o termo "deuteroaprendizagem" em texto posterior, "Requisitos mínimos para uma teoria da esquizofrenia", item 3, p. 260. [N. E.]

abrupta, ele aprende bem mais rápido. Essa mudança progressiva no grau de protoaprendizagem chamaremos de "deuteroaprendizagem".

Nesse ponto, podemos facilmente passar à representação gráfica da deuteroaprendizagem como uma curva cuja gradação representará a razão de deuteroaprendizagem. Podemos obter tal representação, por exemplo, cruzando a série de curvas de protoaprendizagem com um número de tentativas arbitrariamente escolhido e observando a proporção de respostas corretas em cada experimento que aparece nesse ponto. A curva de deuteroaprendizagem seria obtida, portanto, pela comparação, no gráfico, desses números com os números seriais dos experimentos.[4]

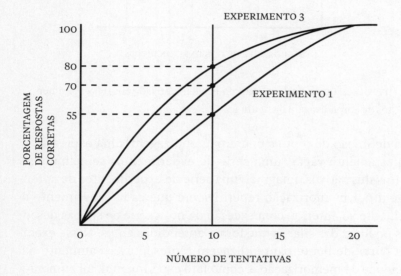

[FIGURA 1] Três curvas de aprendizagem sucessivas com o mesmo sujeito, mostrando um aumento no grau de aprendizagem a cada experimento sucessivo.

---

4   Note-se que a definição operacional de deuteroaprendizagem é necessariamente mais fácil do que a de protoaprendizagem. Na verdade, nenhuma curva de aprendizado simples representa apenas a protoaprendizagem. Mesmo em um único experimento sobre aprendizagem devemos supor que deverá ocorrer alguma deuteroaprendizagem, e que isso tornará a gradação a qualquer ponto consideravelmente mais abrupta do que a hipotética gradação da protoaprendizagem "pura".

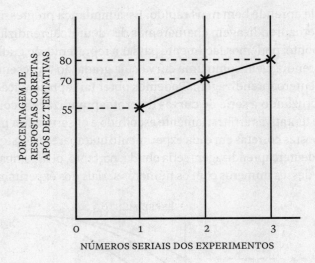

[FIGURA 2] Curva de deuteroaprendizagem derivada dos três experimentos de aprendizagem da figura 1.

Nessa definição de proto e deuteroaprendizagem, uma expressão é manifestamente vaga: "uma série de experimentos semelhantes". Para fins ilustrativos, imaginei uma série de experimentos de aprendizagem por memorização repetitiva em que cada experimento é semelhante ao anterior, com exceção da nova série de sílabas desconexas no lugar das sílabas que foram aprendidas antes. Nesse exemplo, a curva de deuteroaprendizagem representava o aumento da capacidade de memorização e, como fato experimental, tal aumento pode ser demonstrado.[5]

Para além da aprendizagem por memorização, é bem mais difícil definir o que queremos dizer com um contexto de aprendizagem "similar" a outro, a não ser que nos baste encaminhar o problema a outros pesquisadores dizendo que os contextos de aprendizagem devem ser considerados "similares" entre si quando puder ser demonstrado experimentalmente que a experiência de aprendizagem em um contexto promove um aumento na velocidade de aprendizagem em outro, e pedindo aos pesquisadores que descubram que tipo de classificação pode ser construído a partir desse critério. Podemos esperar que o des-

---

5   Clark L. Hull, *Mathematico-Deductive Theory of Rote Learning*. New Haven: Yale University Press, 1940.

cubram; mas não podemos esperar que as respostas às nossas perguntas sejam imediatas, pois há obstáculos seriíssimos a esses experimentos. Os experimentos com aprendizagem simples já são suficientemente difíceis de controlar e realizar com precisão crítica, e os que são com deuteroaprendizagem podem se mostrar quase impossíveis.

Há, no entanto, um caminho alternativo. Quando igualamos o "aprender a aprender" à aquisição de hábitos perceptivos, não excluímos que esses hábitos possam ser adquiridos de outras maneiras. Sugerir que o único método para adquirir um hábito é pela experiência repetida de contextos de aprendizagem de determinado tipo é logicamente análogo a dizer que a única forma de assar um porco é incendiar a casa inteira. É patente que, na educação humana, esses hábitos são adquiridos de formas muito variadas. Não estamos falando de um indivíduo hipotético em contato com um fluxo de acontecimentos impessoal, e sim de indivíduos reais que possuem complexos padrões de relacionamento emocional com outros indivíduos. No mundo real, o indivíduo é levado pelos complexos fenômenos do exemplo pessoal, do tom de voz, hostilidade, amor etc. a adquirir ou rejeitar hábitos perceptivos. Muitos desses hábitos não são transmitidos pela experiência nua e crua do fluxo de acontecimentos, pois nenhum ser humano (nem mesmo os cientistas) é nu e cru nesse sentido. O fluxo de acontecimentos é mediado pela linguagem, pela arte, pela tecnologia e por outros meios culturais estruturados, ponto a ponto, pelas linhas diretrizes dos hábitos perceptivos.

Decorre daí, portanto, que o laboratório de psicologia não é a única fonte de conhecimento possível sobre esses hábitos; podemos recorrer aos padrões de contraste implícitos e explícitos nas diversas culturas do mundo estudadas pelos antropólogos. Podemos ampliar nossa lista de hábitos obscuros acrescentando aqueles que se desenvolveram em culturas diferentes da nossa.

O mais útil, creio eu, seria combinar os *insights* dos psicólogos experimentais com os dos antropólogos, tomando os contextos de aprendizagem experimental em laboratório e perguntando que tipo de hábito perceptivo deveria estar associado a cada um; em seguida, olhar para o mundo em busca de culturas humanas nas quais esse hábito foi desenvolvido. Inversamente, talvez tenhamos uma definição mais precisa – mais operacional – de hábitos como o "livre-arbítrio" se perguntarmos: "Que contexto de aprendizagem experimental conceberíamos para inculcar esse hábito?"; "Como montaríamos o labirinto ou a caixa-problema para que o rato antropomórfico tenha uma impressão repetida e reforçada de seu próprio livre-arbítrio?".

A classificação dos contextos de aprendizagem experimental ainda está longe da conclusão, mas certos avanços já foram obtidos.[6] É possível classificar os principais contextos de aprendizagem positiva (distinta da aprendizagem negativa ou inibição, que é aprender a *não* fazer determinada coisa) em quatro categorias, como se segue.

1. Contexto pavloviano clássico

Caracteriza-se por uma sequência temporal rígida na qual o estímulo condicionado (uma campainha, por exemplo) sempre precede o estímulo não condicionado (carne desidratada em pó, por exemplo) em um intervalo de tempo fixo. Essa sequência rígida de eventos não é alterada por nada que o animal faça. Nesse contexto, o animal aprende a responder ao estímulo condicionado com comportamentos (salivação, por exemplo) que antes eram evocados apenas pelo estímulo não condicionado.

2. Contexto de recompensa instrumental ou fuga

Caracteriza-se por uma sequência que depende do comportamento do animal. Os estímulos não condicionados são vagos (por exemplo, a soma total das circunstâncias em que o animal é colocado, a caixa-problema) e podem ser internos ao animal (fome, por exemplo). Se e quando, em tais circunstâncias, o animal realiza uma ação de seu repertório comportamental que foi escolhida previamente pelo pesquisador (por exemplo, erguer a perna), o animal é imediatamente recompensado.

3. Contexto de evitação instrumental

Esse contexto também se caracteriza por uma sequência condicionada. O estímulo não condicionado é definido (por exemplo, uma

---

6   Diversas classificações foram concebidas para fins de exposição. Aqui, sigo a de Ernest R. Hilgard e Donald G. Marquis (*Conditioning and Learning*. New York: Appleton Century Co., 1940). Esses autores submetem sua classificação a uma análise crítica brilhante, e devo a essa análise uma das ideias formadoras sobre as quais se baseia este trabalho. Eles insistem que qualquer contexto de aprendizagem pode ser descrito em termos de qualquer teoria de aprendizagem, se estivermos dispostos a estender e exagerar certos aspectos do contexto para fazê-lo caber na cama procusteana da teoria. Usei essa noção como alicerce do meu pensamento, substituindo "teorias de aprendizagem" por "hábitos perceptivos" e argumentando que quase toda sequência de eventos pode ser estendida, distorcida e pontuada para encaixar em qualquer tipo de hábito perceptivo. (*Podemos supor que neurose experimental é o que acontece quando o sujeito experimental não logra essa assimilação.*) Estou em débito também com a análise topológica dos contextos de recompensa e castigo de Kurt Lewin (*A teoria dinâmica da personalidade* [1936], trad. Álvaro Cabral. São Paulo: Cultrix, 1975).

campainha de alerta) e seguido de uma experiência desagradável (por exemplo, um choque elétrico), *a não ser que*, entre um e outro, o animal realize uma ação selecionada (por exemplo, levante a perna).

4. Contexto de aprendizagem por memorização repetitiva e em série

Caracteriza-se pelo fato de o estímulo condicionado predominante ser uma ação do sujeito do experimento. Ele aprende, por exemplo, a dar a resposta condicionada (a sílaba desconexa B) depois de ele mesmo ter dito o estímulo condicionado (a sílaba desconexa A).

Essa pequena classificação inicial[7] será suficiente para ilustrarmos os princípios dos quais estamos falando aqui. Agora podemos prosseguir, examinando a ocorrência de hábitos perceptivos adequados entre

---

7 Muita gente acha que os contextos de aprendizagem experimental são tão simplificados que perdem qualquer relação com os fenômenos do mundo real. Na realidade, a ampliação dessa classificação fornecerá meios para definirmos sistematicamente centenas e centenas de possíveis contextos de aprendizagem com seus respectivos hábitos perceptivos. O esquema pode ser ampliado das seguintes maneiras:

a. Inclusão de contextos de aprendizagem negativa (inibição);

b. Inclusão de tipos mistos (por exemplo, a salivação, com sua pertinência fisiológica para a carne em pó, é instrumental também para obter a carne em pó).

c. Inclusão dos casos em que o sujeito é capaz de deduzir algum tipo de pertinência (que não a fisiológica) entre dois ou mais elementos da sequência. Para que isso seja verdadeiro, o sujeito deve ter experiência de contextos em que um e outro sejam sistematicamente diferentes, por exemplo, contextos em que um certo tipo de mudança em um elemento seja acompanhada de um certo tipo constante de mudança em outro elemento. Tais casos podem ser distribuídos em uma matriz de possibilidades, de acordo com qual par de elementos o sujeito percebe como correlacionados. Há apenas cinco elementos (estímulo condicionado, resposta condicionada, recompensa ou castigo, e dois intervalos de tempo), mas qualquer um desses pares pode ser correlacionado e, no par correlacionado, qualquer um dos elementos pode ser entendido pelo sujeito como determinante do outro. Essas possibilidades, multiplicadas por nossos quatro contextos básicos, dão 48 tipos.

d. Podemos estender a lista de tipos básicos incluindo casos (ainda não investigados em experiências de aprendizagem, mas comuns em relações interpessoais) nos quais os papéis de sujeito e pesquisador são invertidos. Nesses casos, quem está aprendendo fornece os elementos inicial e final, enquanto outra pessoa (ou circunstância) fornece o termo intermediário. Nesses tipos, entendemos a campainha e a carne em pó como o comportamento de uma pessoa e nos perguntamos: "O que essa pessoa está aprendendo?". Grande parte do conjunto de hábitos de percepção associados à autoridade e à paternidade baseia-se em contextos desse tipo.

pessoas de diversas culturas. Do maior interesse – por serem menos familiares – são os padrões pavlovianos e os padrões de memorização. É um pouco difícil para nós, da civilização ocidental, acreditar que sistemas de comportamento completos podem ser construídos sobre premissas diferentes da nossa mistura de recompensa e evitação instrumental. Os nativos das ilhas Trobriand, no entanto, parecem viver uma vida cuja coerência e sentido derivam da interpretação dos acontecimentos em sentido pavloviano, apenas ligeiramente colorida pela esperança de recompensa instrumental, enquanto a vida dos balineses é compreensível quando aceitemos premissas baseadas na combinação de padrões repetitivos e evitação instrumental.

É claro que, para o pavloviano "puro", somente um fatalismo muito limitado é possível. Ele considera que todos os acontecimentos são predeterminados e que está fadado a buscar profecias, sendo incapaz de influenciar o curso dos acontecimentos – a partir da leitura dessas profecias, é capaz no máximo de se colocar no estado mais receptivo possível (por exemplo, salivar), antes que ocorra o inevitável. A cultura dos trobriandeses não é puramente pavloviana, mas a dra. Lee,[8] ao analisar as ricas observações do professor Malinowski, mostrou que as expressões linguísticas dos trobriandeses sobre objetivo, causa e efeito são profundamente diferentes das nossas; e embora a dra. Lee não empregue a classificação aqui proposta, transparece, na magia dos trobriandeses, que eles têm um hábito de pensamento segundo o qual agir como se algo fosse de tal jeito tornará esse algo desse tal jeito. Nesse sentido, podemos descrevê-los como semipavlovianos que decidiram que "salivar" é instrumental para obter "carne em pó". Malinowski, por exemplo, faz uma descrição dramática da raiva extrema,[9] quase fisiológica, com que o feiticeiro trobriandês executa sua magia negra e isso pode ser interpretado como um exemplo de disposição

---

8 Dorothy Lee, "A Primitive System of Values". *Journal Philosophy of Science*, v. 7, n. 3, 1940.

9 É possível que as enunciações semipavlovianos sobre o fluxo de acontecimentos tendam, tal como os experimentos que lhes servem de protótipo, a depender particularmente de reações autônomas – e que quem enxerga os acontecimentos nesses termos tenda a enxergar tais reações, que são apenas parcialmente sujeitas a controle voluntário, como causas peculiarmente eficazes e poderosas de eventos externos. Pode ser que haja uma lógica irônica no fatalismo pavloviano que nos predispõe a acreditar que *somente* podemos alterar o fluxo de acontecimentos por meio dos comportamentos que somos menos capazes de controlar.

mental semipavloviana, em contraste com os procedimentos de magia muito diversos que encontramos no mundo, nos quais a eficácia de uma magia, por exemplo, pode estar ligada não à intensidade, mas à extrema precisão da enunciação.

Entre os balineses,[10] encontramos outro padrão que contrasta fortemente com o nosso e com o dos trobriandeses. As crianças são tratadas de tal modo que elas aprendem a ver a vida não como uma série de sequências conativas terminadas em satisfação, mas sim como uma série de sequências repetitivas inerentemente satisfatórias em si mesmas – um padrão que, até certo ponto, tem relação com o padrão que a dra. Mead recomenda: buscar valor no ato em si, em vez de considerar o ato um meio para obter um fim. Existe, porém, uma importante diferença entre o padrão balinês e aquele recomendado pela dra. Mead. O padrão balinês deriva essencialmente de contextos de evitação instrumental; os balineses consideram o mundo perigoso e eles próprios evitam, pelo comportamento repetitivo do ritual e da cortesia, o risco sempre iminente do passo em falso. A vida baseia-se no medo, embora em geral os balineses sintam prazer no medo. O valor positivo do qual imbuem seus atos imediatos, sem buscar uma meta, está associado, de certa forma, a esse desfrutar do medo. É o prazer do acrobata tanto com a sensação de risco quanto com o virtuosismo de evitar o desastre.

Após uma excursão técnica e um tanto longa por laboratórios de psicologia e culturas estrangeiras, estamos bem posicionados para examinar a proposta da dra. Mead em termos mais concretos. Ela nos aconselha, na aplicação das ciências sociais, a buscarmos "direção" e "valor" em nossos atos, ao invés de nos orientarmos por um objetivo definido de antemão. Ela não está dizendo que deveríamos imitar os balineses, e seria a primeira a desacreditar qualquer sugestão de que o medo (mesmo o medo desfrutado com prazer) deve servir de base para atribuirmos valor aos nossos atos. Da forma como a compreendo, essa base deve ser uma espécie de esperança – não fixada num futuro distante, mas ainda assim uma esperança ou otimismo. Na verdade, podemos resumir a atitude recomendada dizendo que ela deve estar formalmente relacionada à recompensa instrumental, assim como a atitude balinesa está relacionada à evitação instrumental.

---

10   O material balinês coletado pela dra. Mead e por mim ainda não foi publicado *in extenso*, porém uma breve exposição da teoria aqui sugerida está disponível – ver G. Bateson, "The Frustration-Aggression Hypothesis and Culture". *Psychological Review*, v. 48, 1941.

Tal atitude é, creio eu, exequível. A atitude balinesa pode ser definida como um hábito de sequências repetitivas inspiradas por uma antecipação vibrante de um perigo iminente, mas não definido, e creio que aquilo que a dra. Mead defende pode ser definido em termos semelhantes: um hábito de sequências repetitivas inspiradas por uma sensação vibrante de recompensa sempre iminente, mas não definida.

Quanto ao componente repetitivo, que é quase com certeza um acessório necessário à orientação temporal peculiar defendida pela dra. Mead, eu, pessoalmente, o abraçaria com prazer, e creio que seria infinitamente preferível à precisão compulsiva que buscamos. O cuidado ansioso e a cautela automática e repetitiva são hábitos alternativos que cumprem a mesma função. Podemos ter o hábito de olhar automaticamente para os dois lados da rua antes de atravessar ou ter o hábito de lembrar de olhar. Desses dois, prefiro o automático, e acho que, se a recomendação da dra. Mead implica aumentar o automatismo repetitivo, devemos aceitá-lo. De fato, nossas escolas já estão ensinando cada vez mais o automatismo nos processos de leitura, escrita, aritmética e idiomas.

Quanto ao componente recompensa, ele também não deve estar fora do nosso alcance. Se os balineses se mantêm ocupados e felizes em nome de um medo sem nome, sem forma, sem local determinado no tempo ou no espaço, nós podemos nos manter de pé em nome de uma esperança de grandes conquistas sem nome, forma ou lugar. Para que essa esperança seja efetiva, a conquista nem precisa ser definida. Só precisamos ter certeza de que a conquista pode estar ali adiante e, verdadeiro ou falso, isso nunca pode ser testado. Temos de ser como aqueles poucos artistas e cientistas que trabalham com aquele tipo urgente de inspiração, a urgência que vem do sentimento de que a grande descoberta, a resposta a todos os nossos problemas, ou a grande criação, o soneto perfeito, está sempre um pouco além do nosso alcance, ou como a mãe que sente que, se der atenção constante e suficiente ao filho, existe esperança real de que ele seja um fenômeno infinitamente raro: uma pessoa boa e feliz.

Uma teoria da brincadeira e da fantasia

Esta pesquisa foi planejada e se iniciou com uma hipótese que orientou nossas investigações.[1] A tarefa dos pesquisadores era coletar dados relevantes e, enquanto faziam suas coletas e observações, ampliar e modificar essa hipótese.

A hipótese será descrita neste trabalho da mesma forma gradual como se desenvolveu em nosso pensamento.

As obras fundamentais de Whitehead e Russell, Wittgenstein, Carnap, Whorf[2] etc., bem como minha própria tentativa[3] de usar esse pensamento como base epistemológica para a teoria psiquiátrica, levaram a uma série de generalizações:

1. De que a comunicação verbal humana pode operar e de fato opera em níveis contrastantes de abstração. Eles variam em duas direções a partir de um nível denotativo aparentemente simples ("O gato está no mato"). A coleção ou conjunto de níveis mais abstratos abrange as mensagens explícitas ou implícitas cujo tema é a linguagem. Nós as chamaremos de metalinguísticas (por exemplo: "O som 'gato' representa qualquer membro de tal e tal classe de objetos", ou: "A palavra 'gato' não tem pelos nem pode se coçar"). Ao outro conjunto de níveis de abstração chamaremos de metacomunicativo (por exemplo: "*Eu* dizer a você onde achar o gato foi um gesto de amizade", ou: "É brincadeira"). Nesse conjunto, o tema do discurso é a relação entre os falantes.

---

1 Este ensaio foi lido (por Jay Haley) na A. P. A. Regional Research Conference, realizada na Cidade do México em 11 de março de 1954. Ver *APA Psychiatric Research Reports*, v. 2, 1955.

2 Alfred N. Whitehead & Bertrand Russell, *Principia Mathematica* [1910–13] (trad. Augusto de Oliveira. São Paulo: Ed. Livraria da Física, 2020); Ludwig Wittgenstein, *Tractatus logico-philosophicus* [1922] (trad. Luiz dos Santos. São Paulo: Edusp, 2010); Rudolf Carnap, *The Logical Syntax of Language* (New York: Harcourt Brace, 1937); Benjamin L. Whorf, "Science and Linguistics". *Technology Review*, v. 42, 1940.

3 Jurgen Ruesch & Gregory Bateson, *Communication: The Social Matrix of Psychiatry*. New York: Norton, 1951.

Percebe-se que a grande maioria das mensagens metalinguísticas e metacomunicativas permanece implícita; e também que, especialmente na entrevista psiquiátrica, existe ainda outra classe de mensagens implícitas sobre a forma como as mensagens metacomunicativas de amizade e hostilidade devem ser interpretadas.

2. Se especularmos sobre a evolução da comunicação, é evidente que um estágio muito importante dessa evolução é quando o organismo cessa gradualmente de responder "automaticamente" aos signos do humor do outro e torna-se capaz de reconhecer o signo como um sinal, ou seja, ele reconhece que os sinais do outro e os seus próprios são apenas sinais em que se pode confiar, desconfiar, falsear, negar, ampliar, corrigir etc.

Claramente, a compreensão de que sinais são sinais está longe de ser completa, mesmo entre a espécie humana. Muitas vezes respondemos automaticamente às manchetes de jornal como se esses estímulos fossem indicações objetivas e diretas de acontecimentos em nosso ambiente, e não sinais concebidos e transmitidos por criaturas tão complexamente motivadas quanto nós. O mamífero não humano é automaticamente excitado pelos feromônios sexuais; e com todo o direito, porque essa secreção é um signo de humor "involuntária", ou seja, um evento externo perceptível que faz parte do processo fisiológico que denominamos humor ou ânimo. Na espécie humana, um estado de coisas mais complexo vem se tornando a norma. Os desodorantes mascaram os signos olfativos involuntários e, no lugar destes, a indústria cosmética oferece ao indivíduo perfumes que não são signos involuntários, mas sim sinais voluntários, reconhecíveis como tal. Mais de um homem já perdeu a cabeça por uma lufada de perfume e, se acreditarmos nas propagandas, parece que esses sinais, voluntariamente aplicados, têm um efeito automático e autossugestivo às vezes até mesmo sobre o usuário voluntário.

Seja como for, essa breve digressão servirá para ilustrar certo estágio da evolução – o drama precipitado pelos organismos que, tendo comido o fruto da Árvore do Conhecimento, descobrem que sinais são sinais. Assim, pôde se realizar não somente a invenção caracteristicamente humana da linguagem, como também todas as complexidades que chamamos de empatia, identificação, projeção e assim por diante. E, com tudo isso, nasce a possibilidade de comunicação nos múltiplos níveis de abstração já mencionados.

3. O primeiro passo definido na formulação da hipótese que orientou nossa pesquisa foi dado em janeiro de 1952, quando fui ao zoológico

Fleishhacker, em São Francisco, para buscar critérios comportamentais que indicassem se um organismo em particular é ou não capaz de reconhecer que os signos emitidos por ele e outros membros de sua espécie são sinais. Em teoria, eu havia pensado como se apresentariam tais critérios – a ocorrência de signos (ou sinais) metacomunicativos no fluxo de interação entre os animais indicaria que os animais possuem pelo menos alguma percepção (consciente ou inconsciente) de que os signos sobre os quais eles se metacomunicam são sinais.

Eu sabia, é claro, que não existia probabilidade de encontrar mensagens denotativas entre mamíferos não humanos, mas ainda não tinha ciência de que os dados dos animais exigiriam uma revisão quase total do que eu havia pensado. O que encontrei no zoológico foi um fenômeno bastante conhecido: vi dois macacos jovens *brincando*, ou seja, envolvidos em uma sequência interativa cujas ações unitárias ou sinais eram semelhantes, mas não idênticos aos do combate. Era evidente, mesmo para o observador humano, que a sequência como um todo não era um combate, e também era evidente para o observador humano que, para os dois macacos, aquilo era um "não combate".

Agora, esse fenômeno, a brincadeira, só poderia ocorrer se os organismos participantes fossem capazes de algum grau de metacomunicação, ou seja, trocar sinais que transmitissem a mensagem de que "isso é brincadeira".

4. O próximo passo era examinar a mensagem "isso é brincadeira" e entender que essa mensagem contém elementos que geram necessariamente um paradoxo de Russell ou Epimênides – uma afirmação negativa que contém uma meta-afirmação negativa implícita. Se expandirmos a afirmação "isso é brincadeira", ela será algo como: "As ações que vamos realizar agora não denotam o que denotariam as ações *que elas representam*".

Vejamos agora as palavras em itálico *"que elas representam"*. Dissemos que a palavra "gato" vale para qualquer membro de certa classe. Ou seja, "representar" é quase sinônimo de "denotar". Se substituirmos "que elas representam" por "que elas denotam" na definição expandida de brincadeira, o resultado é: "As ações que vamos realizar agora não denotam o que denotariam as ações que essas ações denotam". O beliscão de brincadeira denota um beliscão, mas não denota o que denotaria o beliscão.

Segundo a teoria dos tipos lógicos, essa mensagem é evidentemente inadmissível, porque a palavra "denotar" está sendo usada em dois graus de abstração diferentes, e esses dois usos são tratados como sinônimos. Mas o que aprendemos com essa crítica é que seria uma falha em matéria de história natural esperar que os processos mentais e os hábitos comunicacionais dos mamíferos se encaixem no ideal do lógico. De fato, se o pensamento e a comunicação humana obedecessem sempre ao ideal, Russell não teria – na verdade, não conseguiria ter – formulado o ideal.

5. Um problema relacionado a esse na evolução da comunicação concerne à origem do que Korzybski[4] chamou de relação mapa-território: o fato de que uma mensagem, seja de tipo que for, não consiste dos objetos que ela denota ("A palavra 'gato' não pode nos arranhar"). A linguagem tem com os objetos que ela denota uma relação comparável à que um mapa tem com um território. A comunicação denotativa, do modo que ocorre no nível humano, só é possível *depois* da evolução de um complexo conjunto de regras metalinguísticas (mas não verbalizadas)[5] que governa quais palavras e frases serão relacionadas aos objetos e acontecimentos. Portanto, convém procurar a evolução dessas regras metalinguísticas e/ou metacomunicativas em um nível pré-humano e pré-verbal.

Parece, pelo que foi dito, que a brincadeira é um fenômeno no qual as ações da "brincadeira" estão relacionadas ou denotam ações de "não brincadeira". Encontramos na brincadeira, portanto, uma instância de sinais que representam outros acontecimentos e, portanto, parece que a evolução da brincadeira pode ter sido um passo importante na evolução da comunicação.

6. A *ameaça* é outro fenômeno que se assemelha à brincadeira pelo fato de que as ações denotam outras ações, mas são diferentes delas. O punho cerrado da ameaça é diferente do soco, mas refere-se a um soco possível no futuro (que no momento, porém, é inexistente). E a ameaça é frequentemente reconhecível entre mamíferos não humanos. Na verdade, tem-se discutido que grande parte do que parece ser um combate entre indivíduos de uma mesma espécie deveria ser visto, na realidade, como uma ameaça (Tinbergen, Lorenz).[6]

---

4   Alfred Korzybski, *Science and Sanity*. New York: Science, 1941.

5   A verbalização dessas regras metalinguísticas é uma conquista muito posterior, que só pôde ocorrer após a evolução de uma metametalinguística não verbalizada.

6   Nikolaas Tinbergen, *Social Behavior in Animals with Special Reference to Vertebrates*. London: Methuen, 1953; Konrad Z. Lorenz, *King Solomon's Ring*. New York: Crowell, 1952.

7. O comportamento histriônico e o engodo são outro exemplo da ocorrência primitiva de diferenciação mapa-território. E há evidência de que existe dramatização entre as aves: a gralha pode imitar seus próprios signos de humor (Lorenz),[7] e observou-se engodo entre os bugios (Carpenter).[8]

8. Podemos esperar que ameaças, brincadeiras e histrionices sejam fenômenos independentes que contribuem para a evolução da discriminação entre mapa e território. Mas isso parece equivocado, pelo menos no que concerne à comunicação mamífera. Uma análise muito breve do comportamento infantil mostra que combinações como brincadeiras histriônicas, blefes, ameaças de brincadeira, brincadeiras irritantes em resposta a ameaças, ameaças histriônicas e outros formam um só complexo de fenômenos. E fenômenos adultos como jogos de azar e brincadeiras arriscadas advêm da combinação de ameaça com brincadeira. É evidente também que não só a ameaça como também a recíproca da ameaça – o comportamento do indivíduo ameaçado – fazem parte desse complexo. É provável que não apenas a histrionice como também a contemplação devem ser incluídas nesse campo. Também convém mencionar a autopiedade.

9. Um passo além nessa linha de pensamento nos leva a incluir o ritual nesse campo geral em que se discrimina, mas não completamente, a ação denotativa daquilo que deve ser denotado. Os estudos antropológicos das cerimônias de pacificação, para citar apenas um exemplo, sustentam essa conclusão.

Nas ilhas Andamão, a paz é selada depois que cada lado teve a liberdade cerimonial de atacar o outro. Esse exemplo, porém, ilustra também a natureza instável do âmbito do: "Isso é brincadeira", ou: "Isso é ritual". A discriminação entre mapa e território é sempre passível de rompimento, e os ataques rituais de pacificação são sempre passíveis de confusão com os ataques "reais" do combate. Nesse caso, a cerimônia de pacificação torna-se uma batalha (Radcliffe-Brown).[9]

10. Mas isso nos leva a reconhecer uma forma de brincadeira mais complexa: o jogo construído não sobre a premissa de que "isso é brin-

---

7   Ibid.

8   Clarence Ray Carpenter, "A Field Study of the Behavior and Social Relations of Howling Monkeys". *Comparative Psychology Monographs*, v. 10, 1934.

9   Alfred R. Radcliffe-Brown, *The Andaman Islanders*. Cambridge: Cambridge University Press, 1922.

cadeira", mas ao redor da pergunta: "Isso é brincadeira?". E esse tipo de interação também possui formas rituais, por exemplo, no trote iniciático.

11. O paradoxo está duplamente presente nos sinais que são trocados no contexto da brincadeira, da fantasia, da ameaça etc. Não só o beliscão de brincadeira não denota o que denotaria o beliscão que ele representa, como o próprio beliscão é ficcional. Não só os animais que estão brincando não dizem a sério o que estão dizendo, como em geral estão comunicando algo que não existe. No nível humano, isso leva a uma série de complicações e inversões nos campos da brincadeira, da fantasia e da arte. Mágicos e pintores que praticam o *trompe l'oeil* se dedicam a adquirir um virtuosismo cuja única recompensa é o espectador perceber que foi enganado e ser obrigado a sorrir ou se maravilhar com a habilidade de quem o enganou. Cineastas hollywoodianos gastam milhões de dólares para tornar uma sombra mais realista. Talvez mais realisticamente, outros insistem que a arte deve ser não representativa; e jogadores de pôquer alcançam um estranho realismo viciante ao igualar as fichas ao dinheiro real. Porém, ainda insistem que o perdedor aceite a derrota como parte do jogo.

Por fim, na região de penumbra onde arte, magia e religião se encontram e se sobrepõem, os seres humanos desenvolveram a "metáfora levada a sério": a bandeira que os homens morreriam para salvar e o sacramento que eles sentem que é mais do que "um sinal visível, instituído para nossa justificação". Podemos reconhecer aqui uma tentativa de negar a diferença entre mapa e território e retornar à inocência da comunicação absoluta por meio de puros sinais de humor.

12. Portanto, encontramos aqui duas peculiaridades da brincadeira: (a) as mensagens ou sinais trocados nas brincadeiras são, em certo sentido, inverdades ou não são levados a sério; e (b) o que esses sinais denotam não existe. Essas duas peculiaridades às vezes se combinam estranhamente para ir de encontro a uma das conclusões acima. Afirmamos em (4) que o beliscão de brincadeira denota um beliscão, mas não denota o que o beliscão denotaria. Mas há instâncias em que ocorre o fenômeno oposto. Um homem experimenta toda a intensidade do terror subjetivo quando uma lança é arremessada de uma tela 3D contra ele ou quando ele cai num precipício criado por sua própria mente durante um pesadelo. No momento de terror, não havia um questionamento da "realidade", mas também não havia uma lança no cinema nem um precipício no quarto. As imagens não denotavam o que pareciam denotar, mas evocaram o mesmo terror que uma lança ou um precipício real evocariam. Com um truque similar de autocontradição, os cineastas

hollywoodianos são livres para oferecer a um público puritano uma gama de fantasias pseudossexuais que, se fossem retratadas diferentemente, jamais seriam toleradas. Em *David e Betsabá* (1951), Betsabá pode servir como um vínculo troilista entre Davi e Urias. E em *Hans Christian Andersen* (1952), o filme começa com o herói em companhia de um menino. Ele tenta conquistar uma mulher, mas quando a tentativa malogra, ele volta para o menino. Em todos esses casos, não há homossexualidade, é claro, mas a escolha desses simbolismos está associada nessas fantasias a determinadas ideias características: por exemplo, a desesperança da posição heterossexual masculina diante de certos tipos de mulher ou certos tipos de autoridade masculina. Em suma, a pseudo- -homossexualidade da fantasia não representa a homossexualidade real, mas representa e expressa atitudes que podem acompanhar a homossexualidade real ou alimentar as raízes etiológicas da homossexualidade. Os símbolos não denotam homossexualidade, mas ideias para as quais a homossexualidade é um símbolo adequado. Evidentemente, é necessário examinar a validade semântica precisa das interpretações que o psiquiatra fornece a um paciente e, preliminarmente, será necessário examinar a natureza do quadro no qual tais interpretações são dadas.

13. O que já foi dito aqui sobre as brincadeiras pode servir de exemplo para discutirmos enquadramentos e contextos. Em suma, nossa hipótese é que a mensagem: "Isso é brincadeira" estabelece um enquadramento paradoxal comparável ao paradoxo de Epimênides. Podemos esquematizar esse quadro da seguinte maneira:

> Todas as afirmações deste quadro são falsas.
> Eu te amo.
> Eu te odeio.

A primeira afirmação do quadro é uma proposição contraditória. Se é verdadeira, então tem de ser falsa. Se é falsa, tem de ser verdadeira. Mas essa primeira afirmação carrega consigo todas as outras afirmações do quadro. Logo, se a primeira afirmação é verdadeira, todas as outras têm de ser falsas; e vice-versa, se a primeira afirmação é falsa, todas as outras têm de ser verdadeiras.

14. Quem leva jeito para a lógica notará um *non sequitur*. Pode-se argumentar que, mesmo que a primeira afirmação seja falsa, resta uma possibilidade lógica de que uma das outras seja falsa. No entanto, é característico do pensamento inconsciente ou do "processo primário" que aquele que pensa seja incapaz de diferenciar entre "alguns" e

"todos", e também incapaz de diferenciar entre "nem todos" e "nenhum". Parece que realizar essas distinções é tarefa de processos mentais mais elevados ou conscientes que servem, no indivíduo não psicótico, para corrigir o pensamento em preto e branco dos níveis inferiores. Supomos, e parece ser uma suposição ortodoxa, que o processo primário opera continuamente e que a validade psicológica do enquadramento paradoxal da brincadeira depende dessa parte da mente.

15. Mas, inversamente, enquanto é necessário invocar o processo primário como princípio explicativo para eliminar a noção de "alguns" entre "todos" e "nenhum", isso não significa que a brincadeira é simplesmente um fenômeno do processo primário. A discriminação entre "brincadeira" e "não brincadeira", assim como a separação entre fantasia e não fantasia, é com certeza uma função do processo secundário, ou "ego". No sonho, aquele que sonha geralmente não está ciente de que está sonhando e, na "brincadeira", ele precisa muitas vezes ser lembrado de que "é brincadeira".

Da mesma forma, dentro do sonho ou da fantasia quem sonha não opera com o conceito de "inverdade". Ele opera com todos os tipos de afirmações, mas com uma curiosa incapacidade de chegar a meta-afirmações. Ele não consegue sonhar, a não ser que esteja para despertar, com uma afirmação que se refira a (ou seja, que emoldure) seu sonho.

A consequência, portanto, é que o enquadramento da brincadeira como utilizado neste trabalho, ou seja, como princípio explicativo, implica uma combinação especial de processos primário e secundário. Isso, porém, está relacionado com o que foi dito antes, quando argumentamos que a brincadeira é um passo adiante na evolução da comunicação – o passo crucial para a descoberta das relações mapa-território. No processo primário, mapa e território são igualados; no processo secundário, eles podem ser discriminados. Na brincadeira, eles são tanto igualados quanto discriminados.

16. Devemos mencionar ainda outra anomalia lógica nesse sistema: a relação entre duas proposições, que é comumente designada com a palavra "premissa", tornou-se intransitiva. Em geral, todas as relações assimétricas são transitivas. Nesse quesito, a relação "maior que" é típica; convencionou-se dizer que se A é maior que B e B é maior que C, então A é maior que C. Em processos psicológicos, porém, não se observa a transitividade das relações assimétricas. A proposição P pode ser premissa de Q; Q pode ser premissa de R; e R pode ser premissa de P. Especificamente no sistema que estamos analisando, o círculo é ainda mais reduzido. A mensagem: "Todas as afirmações desse quadro são falsas" deve ser tomada ela mesma como premissa para avaliar sua veracidade

ou falsidade. (Ver a intransitividade da preferência psicológica discutida por McCulloch.[10] O paradigma de todos esses paradoxos é em geral o paradoxo de Russell: "a classe das classes que não possuem a si próprias como elemento".[11] Em sua obra, Russell demonstra que o paradoxo surge quando a relação "ser elemento de" é tratada como intransitiva.) Com essa advertência, ou seja, a de que a relação de "premissa" na psicologia pode ser intransitiva, empregaremos a palavra "premissa" para designar a dependência de uma ideia ou mensagem em relação a outra comparável à dependência de uma proposição em relação a outra, algo que é tratado em lógica dizendo-se que a proposição P é premissa de Q.

17. Mas isso não esclarece o que queremos dizer com "enquadramento" e a noção relacionada de "contexto". Para esclarecer essas noções, é necessário primeiro frisar que se trata de conceitos psicológicos. Usamos dois tipos de analogia para discuti-las: a analogia física com a moldura de um quadro e a analogia mais abstrata, mas ainda não psicológica, do conjunto matemático. Na teoria dos conjuntos, os matemáticos desenvolveram axiomas e teoremas para discutir com rigor as implicações lógicas de pertencer a categorias ou "conjuntos" sobrepostos. As relações entre conjuntos são ilustradas em geral por diagramas nos quais os elementos ou membros de um universo mais amplo são representados por pontos, e os conjuntos menores são delimitados por linhas imaginárias que circundam os membros de cada conjunto. Esses diagramas ilustram, portanto, uma abordagem topológica à lógica da classificação. O primeiro passo na definição de um enquadramento psicológico talvez seja dizer que ele é (ou delimita) uma classe ou conjunto de mensagens (ou ações significativas). A brincadeira de dois indivíduos em determinada ocasião seria, então, definida como o conjunto de todas as mensagens por eles trocadas dentro de um período limitado e modificadas pelo sistema de premissas paradoxal que já descrevemos. Na teoria dos conjuntos, essas mensagens poderiam ser representadas por pontos e o "conjunto" desses pontos seria delimitado por uma linha que os separaria dos pontos que representam mensagens que não são sobre a brincadeira. Contudo, a analogia matemática não se sustenta, porque o enquadramento psicológico não é satisfatoriamente representado por uma linha imaginária. Presumimos que o quadro psicológico tem certo grau de existência real. Em muitas instâncias, o enquadramento é cons-

---

10   Warren S. McCulloch, "A Heterarchy of Values Determined by the Topology of Nervous Nets". *Bulletin of Mathematical Biophysics*, v. 7, n. 2, 1945.

11   A. Whitehead & B. Russell, *Principia Mathematica*, op. cit.

cientemente reconhecido e até representado no vocabulário ("brinca-deira", "filme", "entrevista", "emprego", "linguagem" etc.). Noutros casos, porém, pode não haver referência verbal explícita ao enquadramento e o sujeito em questão pode não ter consciência dele. O analista, no entanto, descobre que seu próprio pensamento é simplificado quando ele utiliza a noção de um enquadramento inconsciente como princípio explicativo; geralmente ele vai além e deduz a existência desse quadro no inconsciente do sujeito experimental.

Contudo, por mais que a analogia com o conjunto matemático seja talvez abstrata demais, a analogia com o enquadramento é concreta demais. O conceito psicológico que estamos tentando definir não é nem físico nem lógico. Na verdade, acreditamos que a moldura física real é adicionada pelos seres humanos aos quadros físicos porque esses seres humanos funcionam com mais facilidade em um universo no qual algumas de suas características psicológicas são externalizadas. São essas características que estamos tentando discutir, usando a exter-nalização como um dispositivo ilustrativo.

18. Agora podemos listar e ilustrar as funções e usos comuns dos enquadramentos psicológicos tendo como referência as analogias cujas limitações indicamos no parágrafo anterior:

a) Os enquadramentos psicológicos são exclusivos, ou seja, quando determinadas mensagens (ou ações significativas) são incluídas em um quadro, determinadas outras são excluídas.

b) Os enquadramentos psicológicos são inclusivos, ou seja, quando certas mensagens são excluídas, certas outras são incluídas. Do ponto de vista da teoria dos conjuntos, essas duas funções são sinônimas, mas do ponto de vista psicológico elas devem ser listadas separadamente. A moldura em volta de um quadro, caso a consideremos uma mensagem cuja intenção é ordenar ou organizar a percepção de seu visualizador, diz: "Atente para o que está dentro e não atente para o que está fora". Figura e fundo, como são usados pelos psicólogos gestaltianos, não são simetricamente relacionados como conjunto e não conjunto na teoria dos conjuntos. A percepção do fundo deve ser positivamente inibida e a percepção da figura (nesse caso, a imagem do quadro) deve ser positivamente realçada.

c) Os enquadramentos psicológicos estão relacionados ao que cha-mamos de "premissas". A moldura do quadro diz àquele que o con-templa que, para interpretar o quadro, ele não deve usar o mesmo tipo de pensamento que usaria para interpretar o papel de parede atrás do quadro. Ou, nos termos da analogia da teoria dos conjuntos, as mensagens encerradas pela linha imaginária são definidas como elementos de uma classe porque compartilham premissas em comum ou pertinência mútua. A moldura em si torna-se, portanto, parte do sistema de premissas. Como no caso do enquadramento da brincadeira, o enquadramento ou está envolvido na avaliação das mensagens que ele contém ou está simplesmente ajudando a mente a compreender as mensagens ali contidas, recordando ao pensador que essas mensagens são mutuamente pertinentes e que, fora do quadro, elas podem ser ignoradas.

d) No sentido do parágrafo anterior, um enquadramento é metacomunicativo. Qualquer mensagem, que define explícita ou implicitamente um quadro, *ipso facto* dá instruções ao receptor ou o ajuda na tentativa de compreender as mensagens incluídas naquele quadro.

e) O inverso do item (d) também é verdadeiro. Toda mensagem metacomunicativa ou metalinguística define, seja explícita ou implicitamente, o conjunto de mensagens sobre o qual ela está se comunicando, ou seja, toda mensagem metacomunicativa ou é ou define uma moldura psicológica. Isso é evidente, por exemplo, no que se refere a sinais metacomunicativos tão minúsculos quanto as marcas de pontuação de uma mensagem impressa, mas aplica-se igualmente a mensagens metacomunicativas tão complexas quanto a definição do psiquiatra de seu papel de cura nos termos da qual suas contribuições para o corpo de mensagens da psiquiatria devem ser compreendidas.

f) A relação entre enquadramento psicológico e Gestalt perceptual merece consideração, e eis mais um ponto no qual a analogia da moldura de quadro será útil. Em um quadro de Roualt ou de Blake, as figuras humanas e demais objetos representados possuem contornos. "O sábio vê o contorno, por isso é que o desenha". Mas, fora dessas linhas que delimitam a Gestalt perceptual ou a "figura", há um "fundo" ou *background* que, por sua vez, é limitado pela moldura. De forma similar, na teoria dos conjuntos, o universo maior dentro do qual os conjuntos menores são identificados também é encerrado por uma moldura. Cremos que esse duplo enquadramento não é simplesmente uma questão de "enquadramentos dentro de enquadramentos", mas uma indicação de que processos mentais se assemelham à lógica pela *necessidade* de uma moldura mais externa que delimite o fundo contra o qual as figuras devem ser percebidas. Essa necessidade muitas vezes não é satisfeita, como quando vemos uma escultura na vitrine de uma loja de antiguidades, mas é desconfortável. O que queremos sugerir é que a necessidade dessa delimitação externa de um fundo está relacionada com a preferência por evitar os paradoxos da abstração.

Quando definimos uma classe ou conjunto lógico de elementos – por exemplo, a classe das caixas de fósforo –, devemos delimitar o conjunto de elementos que serão excluídos, nesse caso tudo o que não for caixa de fósforo. Mas os elementos que serão incluídos no fundo devem ter o mesmo nível de abstração, isto é, o mesmo "tipo lógico" que aqueles elementos que se encontram nesse fundo. Especificamente, se queremos evitar o paradoxo, a "classe das caixas de fósforo" e a "classe das não caixas de fósforo" (embora ambas sejam claramente não caixas de fósforos) não podem ser vistas como elementos da classe de não caixas de fósforos. Nenhuma classe pode possuir a si própria como elemento. A moldura do quadro, portanto, por delimitar um fundo, é vista aqui como uma representação externa de um enquadramento psicológico muito especial e importante – quer dizer, um enquadramento cuja função é delimitar um tipo lógico. Na verdade, foi o que assinalamos anteriormente quando dissemos que a moldura do quadro é uma instrução para o apreciador não estender as premissas que prevalecem entre as figuras do quadro ao papel de parede que está atrás dele.

Mas é precisamente esse tipo de enquadramento que precipita o paradoxo. A regra para evitar paradoxos diz que os elementos fora de qualquer linha delimitadora devem ser do mesmo tipo lógico que os elementos dentro dela, mas a moldura do quadro, como analisada acima, é uma linha que divide elementos de um tipo lógico dos de outro. De passagem, é interessante assinalar que é impossível enunciar a regra de Russell sem desrespeitá-la. Russell insiste que todos os elementos de tipo lógico diferente sejam excluídos (por uma linha imaginária) do fundo de qualquer classe, ou seja, ele insiste no desenho de uma linha imaginária precisamente do tipo que ele proíbe.

19. Toda essa questão de enquadramentos e paradoxos pode ser ilustrada em termos de comportamento animal, no qual três tipos de mensagem podem ser reconhecidos ou deduzidos: (a) mensagens do gênero que chamamos aqui de signos de humor; (b) mensagens que simulam signos de humor (em brincadeiras, ameaças, histrionices etc.); e (c) mensagens que permitem ao receptor discriminar entre signos de humor e outros signos semelhantes a eles. A mensagem de que "isso é brincadeira" é desse terceiro tipo. Ela informa ao receptor que certas mordidinhas e outras ações significativas não são mensagens do primeiro tipo.

A mensagem de que "isso é brincadeira", portanto, traça um tipo de moldura capaz de suscitar o paradoxo: trata-se de uma tentativa de discriminar – ou desenhar uma linha – entre categorias de tipos lógicos diferentes.

20. Essa discussão sobre brincadeiras e enquadramentos psicológicos estabelece uma espécie de constelação triádica (ou sistema de relações) entre mensagens. Um exemplo dessa constelação é analisado no parágrafo 19, mas é evidente que constelações desse tipo ocorrem não apenas no nível não humano, como também na comunicação bem mais complexa entre seres humanos. Uma fantasia ou mito pode esconder uma narrativa denotativa e, para discriminar entre esses dois tipos de discurso, as pessoas utilizam mensagens do tipo que estrutura molduras e assim por diante.

21. Para concluir, é hora da complicada tarefa de aplicar essa abordagem teórica ao fenômeno específico da psicoterapia. Aqui as linhas de raciocínio que seguimos vão ser muito brevemente resumidas com a apresentação e resposta parcial às perguntas:

a) Há alguma indicação de que certas formas de psicopatologia são especificamente caracterizadas por anomalias no manuseio dos enquadramentos e paradoxos pelo paciente?

b) Há alguma indicação de que as técnicas psicoterapêuticas dependem necessariamente da manipulação de enquadramentos e paradoxos?

c) É possível descrever o processo de determinada psicoterapia em termos de interação entre o uso anormal de enquadramentos por parte do paciente e a manipulação desses enquadramentos por parte do terapeuta?

22. Em resposta à primeira pergunta, parece que a "salada de palavras" da esquizofrenia pode ser descrita como uma impossibilidade do paciente de reconhecer a natureza metafórica das fantasias. Naquilo que deveriam ser as constelações triádicas de mensagens, é omitida a mensagem emolduradora (por exemplo, a expressão "como se"), e a metáfora ou a fantasia é narrada ou encenada de uma maneira que seria adequada caso a fantasia fosse uma mensagem direta. A ausência de enquadramento metacomunicativo assinalada no caso dos sonhos (parágrafo 15) é característica da comunicação dos esquizofrênicos durante a vigília. Além da perda da capacidade de estabelecer molduras metacomunicativas, há também uma perda da capacidade de chegar à mensagem mais primária ou primitiva. A metáfora é tratada diretamente como uma mensagem do tipo mais primário. (Essa questão é discutida mais extensamente no trabalho apresentado por Jay Haley nesta conferência.)

23. A dependência da psicoterapia em relação à manipulação de enquadramentos decorre do fato de que a terapia é uma tentativa de modificar os hábitos metacomunicativos do paciente. Antes da terapia, o paciente pensa e funciona nos termos de um certo conjunto de regras

para criar e compreender mensagens. Se a terapia tem êxito, ele passa a funcionar nos termos de um conjunto diferente de regras. (Regras desse tipo são em geral não verbalizadas e inconscientes, antes e depois.) Decorre disso que, no processo terapêutico, houve comunicação em um nível *meta* em relação a essas regras. Houve comunicação sobre uma *mudança* nas regras.

Mas a comunicação sobre essa mudança não poderia ocorrer em mensagens do tipo permitido pelas regras metacomunicativas do paciente tal como essas regras existiam antes ou depois da terapia.

Já sugerimos antes que os paradoxos da brincadeira são característicos de uma etapa evolucionária. Agora sugerimos que paradoxos similares são um ingrediente necessário no processo de mudança que chamamos de psicoterapia.

A semelhança entre o processo de terapia e o fenômeno da brincadeira é, na realidade, profunda. Ambos ocorrem dentro de um enquadramento psicológico delimitado, dentro de um limite espacial e temporal de um conjunto de mensagens interativas. Tanto na brincadeira quanto na terapia, as mensagens possuem uma relação especial e peculiar com uma realidade mais concreta ou básica. Assim como o pseudocombate da brincadeira não é um combate de verdade, o pseudoamor e o pseudo-ódio da terapia não são o amor e o ódio reais. A "transferência" é discriminada do amor real e do ódio real por sinais que evocam o enquadramento psicológico; e, de fato, é esse enquadramento que permite que a transferência adquira plena intensidade e seja discutida entre paciente e terapeuta.

As características formais do processo terapêutico podem ser ilustradas pela construção de um modelo em estágios. Imaginemos primeiro dois jogadores que jogam canastra segundo um conjunto de regras padrão. Desde que essas regras continuem a vigorar e não sejam questionadas pelos jogadores, o jogo não se altera, ou seja, não haverá nenhuma mudança terapêutica. (Na verdade, muitas tentativas de psicoterapia fracassam por esse motivo.) Podemos imaginar, no entanto, que em certo momento os dois jogadores de canastra parem de jogar e comecem a discutir as regras. Agora o discurso é de um tipo lógico diferente do tipo lógico do jogo. Ao fim da discussão, podemos imaginar que eles voltem a jogar, mas com outras regras.

Essa sequência de eventos, no entanto, é ainda um modelo imperfeito da interação terapêutica, embora ilustre nosso ponto de vista de que a terapia envolve necessariamente uma combinação de tipos lógicos de discurso discrepantes. Nossos jogadores imaginários evitaram o paradoxo separando a discussão das regras e o jogo, e é precisamente essa separação que é impossível na psicoterapia. Do nosso ponto de vista, o processo psicoterapêutico é uma interação emoldurada entre duas pessoas na qual as regras são implícitas, porém sujeitas a mudanças. Essas mudanças só podem ser propostas por meio de ações experimentais, mas toda ação experimental na qual está implícita uma proposta de mudança das regras é, em si, parte do jogo em curso. É essa combinação de tipos lógicos dentro de um único ato significativo que confere à terapia o caráter não de um jogo rígido como a canastra, mas antes um caráter de sistema de interação evolutivo. A brincadeira dos gatinhos e das lontras possui esse caráter.

24. No que diz respeito à relação específica entre a forma como o paciente trata as molduras e a forma como o terapeuta as manipula, não há muito o que dizer no momento. Mas é útil observar que a moldura psicológica da terapia é análoga à mensagem de moldura que o esquizofrênico é incapaz de captar. Falar uma "salada de palavras" dentro do enquadramento psicológico da terapia não é, em certo sentido, patológico. De fato, o neurótico é estimulado a fazer justamente isso, narrando seus sonhos e realizando livres associações para que paciente e terapeuta possam compreender esse material. Pelo processo de interpretação, o neurótico é levado a inserir um "como se" nas produções do seu processo de pensamento primário, produções essas que ele censurava ou reprimia. Ele precisa aprender que a fantasia contém verdades.

Para o esquizofrênico, o problema é um tanto diferente. Seu erro está em tratar as metáforas do processo primário com toda a intensidade da verdade literal. Ao descobrir o que representam essas metáforas, ele entende que elas são apenas metáforas.

25. Do ponto de vista do projeto, no entanto, a psicoterapia constitui apenas um dos muitos campos que estamos tentando investigar. Nossa tese central pode ser resumida como a afirmação da necessidade dos paradoxos da abstração. Não é simplesmente um equívoco em matéria de história natural sugerir que as pessoas poderiam ou deveriam obedecer à teoria dos tipos lógicos em suas comunicações; o fato de não o fazerem não é mera desatenção ou ignorância. Acreditamos, ao contrário, que os paradoxos da abstração precisam estar presentes em toda comunicação mais complexa que a dos signos de humor e que, sem esses paradoxos, a evolução da comunicação chegaria ao fim. A vida seria, então, uma eterna troca de mensagens estilizadas, um jogo de regras rígidas, sem mudança nem humor.

A epidemiologia de uma esquizofrenia

Se pretendemos discutir a epidemiologia das condições mentais, ou seja, as condições em parte induzidas pela experiência, nosso primeiro passo é detectar com precisão suficiente um defeito de um sistema ideacional para que possamos, a partir daí, postular que tipos de contextos de aprendizagem podem induzir esse defeito formal.[1]

Convencionou-se dizer que esquizofrênicos sofrem de "fraqueza do ego". Defino fraqueza do ego como uma dificuldade de identificar e interpretar os sinais que deveriam informar ao indivíduo de que tipo é uma mensagem, ou seja, uma dificuldade com os sinais de mesmo tipo lógico que o sinal: "Isso é brincadeira". Por exemplo, um paciente entra na cantina do hospital e a atendente lhe diz: "O que posso fazer por você?". O paciente fica em dúvida sobre que tipo de mensagem seria aquele. Seria uma mensagem de que ela vai matá-lo? Uma indicação de que ela gostaria de ir para a cama com ele? Ou será que ela está lhe oferecendo café? Ele ouve a frase e não sabe de que tipo ou ordem é a mensagem. Ele é incapaz de captar as etiquetas mais abstratas que a maior parte de nós é capaz de usar convencionalmente, mas é incapaz de identificar – no sentido de que não sabemos o que nos informou que tipo de mensagem era. É como se nós, de certo modo, arriscássemos um palpite e acertássemos. Somos, na verdade, bastante inconscientes da recepção dessas mensagens que nos informam que tipo de mensagem estamos recebendo.

A dificuldade desses sinais parece ser o cerne de uma síndrome característica de certo grupo de esquizofrênicos, de forma que temos fundamentos para procurar uma etiologia que parta dessa sintomatologia como ela é formalmente definida.

---

1   Esta é a versão editada de uma palestra intitulada "How the Deviant Sees His Society", realizada em maio de 1955 no quadro de uma conferência sobre a epidemiologia da saúde mental, realizada em Brighton (Utah) por iniciativa do Departamento de Psiquiatria e Psicologia da Universidade de Utah e do Veterans Administration Hospital, Fort Douglas Division, de Salt Lake City (Utah). Uma transcrição rudimentar das palestras proferidas foi mimeografada e distribuída pelos organizadores.

Quando começamos a pensar dessa forma, boa parte do que diz o esquizofrênico revela-se simplesmente como uma descrição de sua experiência. Ou seja, temos aí um segundo indício da teoria da etiologia ou transmissão. O primeiro indício vem do sintoma. Pensamos: "Como um indivíduo humano adquire uma capacidade imperfeita de discriminar esses sinais específicos?" e, quando observamos seus discursos, descobrimos que, com aquela linguagem peculiar que é a salada verbal do esquizofrênico, ele está descrevendo uma situação traumática que envolve um emaranhado metacomunicativo.

Um paciente, por exemplo, tinha a ideia central de que "algo se mexeu no espaço" e que por isso ele teve um colapso mental. De certo modo, pela maneira como ele falava do "espaço", me veio a ideia de que o espaço era sua mãe e eu lhe disse isso. Ele me respondeu: "Não, o espaço *é* a mãe". Sugeri que ela poderia, de certa forma, ser a causa de seus problemas. Ele disse: "Eu nunca a condenei". Em certo ponto, ele ficou com raiva e disse *ipsis litteris*: "Se dissermos que ela tinha um movimento nela por causa do que ela causou, só estamos nos condenando". Algo se mexeu no espaço que provocou nele um colapso mental. O espaço não era a sua mãe, era a mãe. Mas a partir dali nós nos concentramos em sua mãe, que ele dizia nunca ter condenado. Agora ele dizia: "Se dissermos que ela tinha um movimento nela por causa do que ela causou, só estamos nos condenando".

Observemos cuidadosamente a estrutura lógica dessa última citação. Ela é circular. Implica uma forma tal de interação e contradições crônicas com a mãe que a criança era proibida até de tomar atitudes que pudessem desfazer o mal-entendido.

Em outra ocasião, ele faltou à sessão de terapia matinal e eu fui ao refeitório no horário do jantar para vê-lo e assegurá-lo de que ele me veria no dia seguinte. Ele se recusou a olhar para mim. Olhava para o outro lado. Fiz um comentário a respeito das 9h30 do dia seguinte – sem resposta. Então, com muita dificuldade, ele disse: "O juiz não aprova". Antes de ir embora, falei: "Você precisa de um advogado de defesa". No dia seguinte, quando o encontrei no jardim, eu lhe disse: "Eis seu advogado de defesa", e entramos juntos na sala de terapia. Comecei dizendo: "Estou certo presumindo que o juiz não só desaprova que você fale comigo, mas também desaprova que você me diga que ele desaprova?". Ele disse: "Sim!". Quer dizer, estávamos lidando com dois níveis. O "juiz" desaprova a tentativa de desfazer o mal-entendido e desaprova até mesmo a comunicação do fato de sua desaprovação (a do juiz).

Temos de procurar uma etiologia que envolva múltiplos níveis de trauma.

Não é minha intenção discorrer sobre o teor dessas sequências traumáticas, sejam sexuais, sejam orais. Tampouco falar da idade do protagonista no momento do trauma ou qual dos pais estava envolvido. Tudo isso, na minha opinião, é causal. Estou apenas fundamentando a afirmação de que o trauma devia ter uma estrutura *formal*, no sentido de que múltiplos tipos lógicos se opunham uns aos outros para gerar aquela patologia específica naquele indivíduo.

Agora, se olharmos para a comunicação convencional que temos uns com os outros, o que descobrimos é que tecemos esses tipos lógicos com uma incrível complexidade e com uma facilidade surpreendente. Fazemos até mesmo piadas, e pode ser difícil para um estrangeiro compreendê-las. A maioria das piadas, tanto as padronizadas quanto as espontâneas, e em quase toda a parte, são tramas de diversos tipos lógicos. Da mesma forma, a brincadeira e o trote dependem da questão não resolvida de o objeto da brincadeira saber identificar que aquilo é uma brincadeira. Em qualquer cultura, os indivíduos adquirem uma capacidade extraordinária para lidar não apenas com a identificação básica do tipo da mensagem, mas também com as múltiplas identificações do tipo da mensagem. Quando descobrimos essas múltiplas identificações, rimos e fazemos novas descobertas psicológicas sobre o que acontece dentro de nós, o que é talvez a recompensa do verdadeiro humor.

Mas existem pessoas que têm uma grande dificuldade com essa questão dos níveis múltiplos, e me parece que essa distribuição desigual de capacidade é um fenômeno que podemos abordar com as questões e os termos da epidemiologia. O que é preciso para uma criança adquirir, ou não, a capacidade de interpretar esses sinais?

Não se trata apenas do milagre de qualquer criança adquirir essa capacidade – e muitas de fato a adquirem; há também o outro lado: o de que muitas têm dificuldade para adquiri-la. Por exemplo, há pessoas que, quando a irmã mais velha da radionovela se resfria, enviam aspirinas para a rádio ou recomenda um remédio, apesar de a irmã mais velha ser uma personagem fictícia de uma radionovela. Esse público peculiar parece fazer uma identificação um pouquinho distorcida do tipo de comunicação emitido pela rádio.

Todos cometemos erros dessa natureza, e mais de uma vez. Creio que jamais conheci alguém que não sofresse algum grau de "esquizofrenia P". Todos temos dificuldade, de vez em quando, para decidir se determinado sonho foi ou não um sonho, e não seria muito fácil para a maioria de nós afirmar *como* sabemos que nossas fantasias são fantasias e não experiências. A capacidade de situar uma experiência no tempo é um indício importante, e a de correlacioná-la a um órgão sensorial é outro.

Quando olhamos para as mães e os pais dos pacientes em busca de uma resposta a essa pergunta etiológica, encontramos diversos tipos de respostas.

Em primeiro lugar, há respostas ligadas ao que podemos chamar de fatores intensificadores. Qualquer doença piora ou é mais provável sob determinadas circunstâncias, como fadiga, frio, dias de combate, presença de outras doenças etc. Essas circunstâncias parecem ter um efeito quantitativo sobre a incidência de quase todas as patologias. E há ainda os fatores que já mencionei – as características e potencialidades hereditárias. Para se enganar sobre os tipos lógicos, presumivelmente é preciso ser inteligente o bastante para saber que algo está errado e não tão inteligente para ser capaz de perceber o que está errado. Presumo que essas características sejam determinadas hereditariamente.

Mas o *x* do problema, a meu ver, é identificar quais circunstâncias reais levaram àquela patologia específica. Reconheço que as bactérias não são o único fator determinante de uma doença bacteriana, e reconheço igualmente, portanto, que a ocorrência dessas sequências ou contextos traumáticos não é o único fator determinante de uma doença mental. Mas ainda assim me parece que a identificação desses contextos é o cerne da compreensão da doença, da mesma forma que a identificação da bactéria é essencial para a compreensão de uma doença bacteriana.

Conheci a mãe do paciente que mencionei. A família não estava mal financeiramente. Morava numa bela casa idêntica às outras do bairro. Fui até lá com o paciente e, quando chegamos, não havia ninguém em casa. O entregador de jornais havia jogado a edição vespertina no meio do gramado, e meu paciente queria pegar o jornal no meio daquele gramado perfeito. Ele chegou na beirada e começou a tremer.

A casa parecia uma "casa decorada" – uma casa mobiliada pela construtora para vender outras para o público. Não uma casa mobiliada para morar, mas para parecer uma casa mobiliada.

Certo dia falei com ele sobre a mãe e sugeri que talvez ela fosse uma pessoa bastante medrosa. Ele disse: "Sim". Perguntei: "Do que ela tem medo?". Ele respondeu: "Da segurança da aparência".

Havia um belo maço de plantas artificiais perfeitamente centralizado na lareira. Um faisão de louça aqui e um faisão de louça acolá, simetricamente colocados. O carpete que cobria todo o piso estava em perfeitas condições.

Depois da chegada da mãe, senti um certo desconforto, como se fosse um intruso na casa. Ele não visitava os pais havia cerca de cinco anos, mas as coisas pareciam bem, então resolvi deixá-los sozinhos e voltar quando fosse hora de retornar ao hospital. Eu tinha uma hora na rua sem absolutamente nada para fazer, então comecei a pensar no que gostaria de fazer naquele cenário. O que comunicar e como? Resolvi que gostaria de acrescentar ao cenário algo que fosse tão belo quanto indisciplinado. Tentando pôr em prática minha decisão, achei que a resposta eram flores, então comprei um buquê de gladíolos. Peguei os gladíolos e, quando fui buscar o paciente, dei-os à mãe dizendo que queria que ela tivesse em casa algo que fosse "lindo e indisciplinado". "Ah", disse ela, "essas flores não são indisciplinadas. À medida que vão murchando, você pode aparar uma a uma."

Ora, do meu ponto de vista, o que é interessante não é tanto a afirmação castradora do discurso, mas o fato de ela me colocar na posição de alguém que estava se desculpando, quando na verdade eu não estava. Quer dizer, ela pegou a minha mensagem e reclassificou-a. Ela mudou a etiqueta que dizia que tipo de mensagem era e isso, creio eu, é seu *modus operandi* habitual. Um apoderar-se sem fim da mensagem do outro para responder como se fosse uma declaração de fraqueza da parte de quem fala ou um ataque contra ela que tivesse de ser transformado em fraqueza de quem fala e assim por diante.

O que o paciente enfrenta hoje – e enfrentava na infância – é a falsa interpretação de suas mensagens. Se ele diz: "O gato está na mesa", ela responde com uma resposta que dá a entender que a mensagem dele não é o tipo de mensagem que ele pensou que era quando a emitiu. O identificador de mensagens dele é obscurecido ou distorcido por ela quando a mensagem retorna para ele. E ela contradiz continuamente o próprio identificador de mensagens dela. Ela ri quando diz o que parece menos engraçado para ela e assim por diante.

Sim, há um cenário de dominação materna constante nessa família, mas neste momento não estou preocupado em afirmar que o trauma tem necessariamente essa forma. Estou preocupado apenas com os aspectos puramente formais dessa constelação traumática; e presumo que a constelação poderia ser constituída pelo pai assumindo certas partes, a mãe assumindo certas outras e assim por diante.

Estou tentando enfatizar um único ponto: existe aqui uma probabilidade de que o trauma em questão contenha certas características formais. Que propague uma síndrome específica no paciente, porque o trauma em si tem impacto sobre determinado elemento do processo comunicacional. O que é atacado é o uso do que chamo de "sinais identificadores de mensagem" – os sinais sem os quais o "ego" não ousa discriminar a realidade da fantasia ou o literal do metafórico.

O que tentei fazer aqui foi identificar com precisão um grupo de síndromes, a saber, as síndromes ligadas à incapacidade de saber de que tipo é uma mensagem. Numa das extremidades dessa classificação, haverá indivíduos mais ou menos hebefrênicos para os quais nenhuma mensagem é de um tipo específico e definido, mas que vivem numa perpétua história sem pé nem cabeça. Na outra extremidade estão aqueles que tentam superidentificar, identificar de maneira rígida demais de que tipo de mensagem é cada mensagem. Isso renderá um tipo bem mais paranoico de imagem. O retraimento é outra possibilidade.

Por fim, me parece que, com essa hipótese, podemos procurar determinantes em uma população que podem levar à ocorrência desse tipo de constelação. Isso me parece uma questão apropriada para um estudo epidemiológico.

Em busca de uma teoria da esquizofrenia

> A esquizofrenia – natureza, etiologia e tipo de terapia que deve ser usada – ainda é uma das doenças mentais mais intrigantes.[1] A teoria da esquizofrenia apresentada aqui baseia-se na análise da comunicação, mais especificamente na teoria dos tipos lógicos. Dessa teoria, e da observação de pacientes esquizofrênicos, decorre a descrição e as condições necessárias para uma situação que denominamos "duplo vínculo" – uma situação na qual uma pessoa "não pode vencer", faça ela o que fizer. Supomos que uma pessoa enredada num duplo vínculo pode desenvolver sintomas esquizofrênicos. Discutimos como e por que o duplo vínculo pode surgir em uma situação familiar e apresentamos exemplos ilustrativos de dados clínicos e experimentais.

Este artigo é um relatório[2] de um projeto de pesquisa que vem formulando e testando uma visão ampla e sistemática da natureza, da etiologia e da terapia da esquizofrenia. Nossa pesquisa nesse campo desenvolveu-se com a discussão de um corpo variado de dados e ideias para a qual todos contribuímos segundo nossa experiência variada em antropologia, análise da comunicação, psicoterapia, psi-

---

[1] Este artigo de Gregory Bateson, Don D. Jackson, Jay Haley & John H. Weakland foi originalmente publicado em *Behavioral Science*, v. 1, n. 4, 1956.

[2] Este trabalho deriva de hipóteses inicialmente elaboradas em um projeto de pesquisa financiado pela Rockefeller Foundation de 1952–54 e administrado pelo Departamento de Sociologia e Antropologia na Universidade de Stanford, sob a coordenação de Gregory Bateson. Desde 1954, o projeto é financiado pela Josiah Macy Jr. Foundation. A Jay Haley cabe o devido crédito por ter reconhecido que os sintomas da esquizofrenia sugerem uma incapacidade de discriminar os tipos lógicos, e isso foi ampliado por Bateson, com a ideia de que os sintomas e a etiologia poderiam ser descritos formalmente em termos de uma hipótese de duplo vínculo. A hipótese foi comunicada a D. D. Jackson e descobriu-se que ela se encaixava bem com sua teoria da homeostase familiar. Desde então, o dr. Jackson tornou-se um colaborador próximo do projeto. O estudo das analogias formais entre hipnose e esquizofrenia foi fruto do trabalho de John H. Weakland e Jay Haley.

quiatria e psicanálise. Por fim, chegamos a um acordo sobre as características básicas de uma teoria comunicacional sobre a origem e a natureza da esquizofrenia; este trabalho é um relatório preliminar da pesquisa que ainda está em curso.

A base em teoria da comunicação

Nossa abordagem baseia-se no campo da teoria da comunicação que Russell chamou de teoria dos tipos lógicos.[3] A tese central dessa teoria é que existe uma descontinuidade entre uma classe e seus elementos. A classe não pode ter a si própria como elemento nem um elemento pode *ser* a classe, porque o termo usado para a classe é de *um nível de abstração diferente* – um tipo lógico diferente – dos termos usados para os elementos. Embora na lógica formal exista uma tentativa de manter essa descontinuidade entre uma classe e seus elementos, defendemos que, na psicologia da comunicação real, essa descontinuidade é continuamente e inevitavelmente violada,[4] e que *a priori* devemos esperar que surja uma patologia no organismo humano quando certos padrões formais dessa violação ocorrem na comunicação entre mãe e filho. Defendemos que essa patologia, quando extrema, terá sintomas cujas características formais levam a patologia a ser classificada como esquizofrenia.

Exemplos da maneira como os seres humanos lidam com a comunicação de diversos tipos lógicos podem ser retirados dos seguintes campos:

1. *O emprego de diversos modos comunicacionais na comunicação humana.* Exemplos: jogo, não jogo, fantasia, sacramento, metáfora etc. Mesmo entre os mamíferos inferiores parece haver uma troca de sinais que identificam certos comportamentos significativos como "brincadeira" etc.[5] Esses sinais são evidentemente de tipo lógico mais elevado que as mensagens que eles classificam. Entre os seres humanos, esse emolduramento e essa etiquetagem das mensagens e ações importantes alcançam uma complexidade considerável, com a peculiaridade de que o vocabulário que usamos para essa discriminação é

---

3   Alfred N. Whitehead & Bertrand Russell, *Principia Mathematica* [1910–13], trad. Augusto de Oliveira. São Paulo: Ed. Livraria da Física, 2020.
4   Ver *supra* "Uma teoria da brincadeira e da fantasia", p. 197.
5   Este projeto produziu o filme *The Nature of Play*, Part I: *River Otters*, dir. Gregory Bateson e Weldon Kees, 23 min, 1954.

ainda muito pouco desenvolvido e nos fiamos preponderantemente nos meios não verbais (postura, gesto, expressão facial, entonação) e no contexto para comunicar essas etiquetas altamente abstratas, mas vitalmente importantes.

2. *Humor*. Parece ser um método de exploração de temas implícitos em pensamentos ou relações. Esse método envolve o uso de mensagens caracterizadas por uma condensação de tipos lógicos ou modos comunicacionais. Há descoberta, por exemplo, quando repentinamente se torna claro que uma mensagem não foi só metafórica, mas também literal, ou vice-versa. Vale dizer que o momento explosivo no humor é o momento em que a etiqueta do modo sofre dissolução e ressíntese. Muitas vezes, a frase de efeito ao fim da piada obriga a pessoa a reavaliar os sinais anteriores que atribuíam a determinadas mensagens um modo particular (por exemplo, a literalidade ou a fantasia). Isso tem o efeito peculiar de atribuir *modo* aos sinais que antes tinham o *status* daquele tipo lógico superior que classifica os modos.

3. *A falsificação dos sinais identificadores de modo*. Entre seres humanos, os identificadores de modo podem ser falseados, daí as risadas artificiais, a simulação manipuladora de amizade, o conto do vigário, a caçoada etc. Falseamentos similares já foram registrados em mamíferos.[6] Entre seres humanos, encontramos um estranho fenômeno: o falseamento inconsciente desses sinais. Isso pode ocorrer no eu – o indivíduo esconde de si próprio, sob a aparência de jogo metafórico, a hostilidade real que sente –, ou pode ocorrer como um falseamento inconsciente da compreensão do indivíduo dos sinais identificadores de modo emitidos por outra pessoa. Ele pode interpretar erroneamente timidez como desprezo etc. De fato, a maior parte dos erros de autorreferência pertence a essa categoria.

4. *Aprendizagem*. O nível mais simples desse fenômeno é exemplificado por uma situação na qual um indivíduo recebe uma mensagem e reage de maneira adequada: "Ouvi o relógio dar as horas e soube que era hora de almoçar. Então, me encaminhei à mesa". Em experimentos de aprendizagem, o análogo dessa sequência de acontecimentos é observado pelo pesquisador e tratado geralmente como uma mensagem única de tipo mais elevado. Quando o cão saliva entre o momento em que ouve a campainha e o momento de receber a carne

---

6   Clarence Ray Carpenter, "A Field Study of the Behavior and Social Relations of Howling Monkeys". *Comparative Psychology Monographs*, v. 10, n. 2, 1934; ver também Konrad Z. Lorenz, *King Solomon's Ring*. New York: Crowell, 1952.

desidratada, essa sequência é aceita pelo pesquisador como uma mensagem indicando que: "O cão *aprendeu* que campainha significa carne desidratada". Mas a hierarquia de tipos envolvidos não acaba aqui. Ele pode *aprender a aprender*,[7] e não é inconcebível que ocorram ordens de aprendizagem ainda mais elevadas nos seres humanos.

5. *Níveis múltiplos de aprendizagem e a tipificação lógica dos sinais.* São dois conjuntos inseparáveis de fenômenos – inseparáveis porque a capacidade de lidar com os múltiplos sinais é, em si, uma habilidade aprendida e, portanto, função dos múltiplos níveis de aprendizagem.

Segundo a nossa hipótese, o termo "função de ego" (quando empregado para descrever um esquizofrênico como alguém que sofre de uma "fraqueza na função de ego") é precisamente *o processo de discriminação de modos comunicacionais, estejam eles no ser ou entre o ser e outro.* O esquizofrênico apresenta fraqueza em três áreas dessa função: (a) tem dificuldade de atribuir o modo comunicacional correto às mensagens que ele recebe de outras pessoas; (b) tem dificuldade de atribuir o modo comunicacional correto às mensagens que ele mesmo emite verbalmente ou não; (c) tem dificuldade de atribuir o modo comunicacional correto aos seus próprios pensamentos, sensações e percepções.

Neste ponto, é apropriado comparar com o que dissemos no parágrafo anterior com a abordagem de Eilhard von Domarus[8] da descrição sistemática do discurso esquizofrênico. Ele sugere que as mensagens (e pensamentos) do esquizofrênico são desviantes em estrutura silogística. Em lugar das estruturas que se derivam do silogismo "Barbara", o esquizofrênico, segundo essa teoria, emprega estruturas que identificam predicados. Um exemplo de silogismo distorcido é:

Homens morrem.
Grama morre.
Homens são grama.

---

7   Ver *supra* "Planejamento social e o conceito de deuteroaprendizagem", p. 181. Ver também Harry F. Harlow, "The Formation of Learning Sets". *Psychological Review*, v. 56, n. 1, 1949; C. L. Hull et al., *Mathematico-deductive Theory of Rote Learning.* New Haven: Yale University Press, 1940.

8   Eilhard von Domarus, "The Specific Laws of Logic in Schizophrenia", in Jacob S. Kasanin (org.), *Language and Thought in Schizophrenia.* Berkeley: University of California Press, 1944.

Mas, do nosso ponto de vista, a formulação de Von Domarus é apenas uma forma mais precisa – e, portanto, valiosa – de dizer que o discurso esquizofrênico é repleto de metáforas. Com essa generalização, nós concordamos. Mas a metáfora é uma ferramenta indispensável ao raciocínio e à expressão – é característico de toda comunicação humana, até mesmo do cientista. Os modelos conceituais da cibernética e as teorias da energia da psicanálise não passam de metáforas etiquetadas. A peculiaridade do esquizofrênico não é empregar metáforas, e sim empregar metáforas *sem etiquetas*. Ele tem uma dificuldade particular de lidar com os sinais dessa classe, cujos elementos atribuem tipos lógicos a outros sinais.

Caso nosso resumo formal da sintomatologia esteja correto, e caso a esquizofrenia de nossas hipóteses seja essencialmente resultado da interação familiar, *a priori* deve ser possível chegar a uma descrição formal das sequências de experiências que induziriam essa sintomatologia. O que se sabe da teoria da aprendizagem se conjuga com o fato evidente de que os seres humanos usam o *contexto* como guia para discriminar os modos. Devemos, portanto, procurar não uma experiência traumática específica na etiologia infantil, mas sim padrões sequenciais característicos. A especificidade que buscamos deve estar em nível abstrato ou formal. As sequências devem ser caracterizadas pelo fato de que o paciente, a partir delas, adquire hábitos mentais que são exemplificados pela comunicação esquizofrênica. Ou seja, *ele deve viver em um universo no qual a sequência de acontecimentos seja tal que seus hábitos comunicacionais não convencionais são em certo sentido adequados*. A hipótese que oferecemos é que sequências desse tipo na experiência externa do paciente são responsáveis pelos conflitos internos em matéria de tipificação lógica. Para essas sequências de experiências não solucionáveis, usaremos o termo "duplo vínculo".

O DUPLO VÍNCULO

Os ingredientes necessários a uma situação de duplo vínculo, segundo nosso modo de ver, são:

1. *Duas ou mais pessoas*. Destas, designamos uma como "vítima" para os propósitos da nossa definição. Não presumimos que o duplo vínculo seja infligido pela mãe apenas, mas pela mãe ou por uma combinação de mãe, pai e/ou irmãos.

2. *Experiência repetida*. Presumimos que o duplo vínculo é um tema recorrente na experiência da vítima. Nossa hipótese não evoca uma experiência traumática única, mas sim experiências repetidas até que a estrutura de duplo vínculo se torne uma expectativa habitual.

3. *Uma injunção negativa primária*. Pode assumir uma das duas formas seguintes: (a) "Não faça tal coisa, ou vou castigar você"; (b) "Se você não fizer tal coisa, vou castigar você". Aqui, selecionamos um contexto de aprendizagem baseado na evitação de castigos, ao invés de um contexto de busca de gratificação. Talvez não haja motivo formal para essa escolha. Presumimos que o castigo pode ser subtração de amor ou expressão de ódio/ira, ou ainda – e mais devastador – uma espécie de abandono que resulta da expressão de uma extrema impotência da parte de um dos pais.[9]

4. *Uma injunção secundária conflitante com a primeira em nível mais abstrato e, como a primeira, levada a cabo mediante castigos ou sinais de ameaça à sobrevivência*. Essa injunção secundária é mais difícil de descrever por dois motivos. Primeiro, a injunção secundária é comumente comunicada à criança por meios não verbais: atitude, gestos, tom de voz, ação significativa e implicações escondidas em comentário verbal podem ser usados para transmitir essa mensagem mais abstrata. Segundo, a injunção secundária pode colidir com qualquer um dos elementos da proibição primária. A verbalização da injunção secundária pode incluir, portanto, uma ampla variedade de formas possíveis; por exemplo, "Não veja isso como castigo"; "Não me veja como o agente do castigo"; "Não se submeta às minhas proibições"; "Não pense naquilo que você não deve fazer"; "Não questione meu amor, a proibição primária é (ou não é) um exemplo do meu amor" e assim por diante. Outros exemplos se tornam possíveis quando o duplo vínculo é infligido não por um indivíduo, mas por dois; por exemplo, um dos pais pode negar, em nível mais abstrato, as injunções do outro.

5. *Uma injunção negativa terciária que proíbe a vítima de escapar do campo*. Em sentido formal, talvez seja desnecessário apresentar essa injunção como um elemento separado, já que o reforço nos outros dois níveis envolve uma ameaça à sobrevivência e, se os duplos vínculos são impostos na infância, a fuga é, naturalmente, impossível. No entanto, parece que, em alguns casos, a fuga do campo é impossibilitada por

---

9   No momento, estamos refinando nosso conceito de castigo. Aparentemente envolve uma forma de experiência perceptual que não é abrangida pela noção de "trauma".

certos dispositivos que não são puramente negativos, por exemplo, promessas caprichosas de amor e afins.

6. Por fim, o conjunto completo de ingredientes não é mais necessário quando a vítima já aprendeu a perceber seu universo sob a forma de duplo vínculo. Quase todas as partes de uma sequência de duplo vínculo podem bastar para precipitar pânico ou raiva. O padrão das injunções em conflito pode ser assumido até mesmo por vozes alucinatórias.[10]

O EFEITO DO DUPLO VÍNCULO

No zen-budismo, a meta é a iluminação. O mestre zen tenta conduzir o discípulo à iluminação por diversos métodos. Um deles é segurar uma vareta sobre a cabeça do discípulo e dizer veementemente: "Se você disser que essa vareta é real, eu vou bater com ela em você. Se você disser que essa vareta não é real, eu vou bater com ela em você. Se você não disser nada, eu vou bater com ela em você". Temos a sensação de que o esquizofrênico se encontra na mesma situação do discípulo, mas o que ele alcança é a desorientação, em vez da iluminação. O discípulo pode levantar a mão e tomar a vareta do mestre – que pode aceitar essa resposta, mas o esquizofrênico não tem essa escolha, já que no seu caso não existe não se importar com a relação, e os objetivos e a consciência da mãe não são como os do mestre.

Nossa hipótese é que haverá um colapso da capacidade do indivíduo de discernir entre os tipos lógicos sempre que ocorrer uma situação de duplo vínculo. As características gerais dessa situação são as seguintes:

1. Quando o indivíduo está envolvido em uma relação intensa, ou seja, uma relação na qual ele sente que é de importância vital que ele discrimine com precisão que tipo de mensagem está sendo comunicado para que ele possa responder de modo adequado.

2. E o indivíduo está em uma situação na qual a outra pessoa da relação exprime duas ordens de mensagem e uma nega a outra.

3. E o indivíduo é incapaz de comentar as mensagens expressas para corrigir a discriminação do tipo de mensagem ao qual ele deve responder, ou seja, ele não consegue fazer uma afirmação metacomunicativa.

---

10 John Perceval, *A Narrative of the Treatment Experienced by a Gentleman During a State of Mental Derangement, Designed to Explain the Causes and Nature of Insanity, etc.* London: Effingham Wilson, 1836/40.

Sugerimos que essa situação é típica entre o pré-esquizofrênico e sua mãe, mas ocorre também em relacionamentos normais. Quando uma pessoa está em uma situação de duplo vínculo, ela tem uma reação defensiva similar à do esquizofrênico. Um indivíduo toma uma afirmação metafórica ao pé da letra quando está em uma situação na qual precisa responder, na qual é confrontado com mensagens contraditórias, e quando é incapaz de comentar essas contradições. Por exemplo, certo dia um funcionário vai para casa durante o horário de trabalho. Um colega de trabalho lhe telefona e diz sem pensar: "Ué, como você foi parar *aí*?". O funcionário responde: "De carro". Ele responde literalmente porque é confrontado com uma mensagem que lhe pergunta o que ele está fazendo em casa, se era horário de trabalho, mas nega que a pergunta esteja sendo feita em virtude da maneira como é formulada. (Como no fundo o interlocutor acredita que não é da sua conta, ele fala por metáfora.) A relação é intensa o suficiente para que a vítima tenha dúvidas do uso que essa informação terá e, portanto, ela responde literalmente. Isso é característico de qualquer pessoa que se sinta "na berlinda", acuada, como demonstram as cuidadosas respostas literais de uma testemunha durante um julgamento. O esquizofrênico se sente tão terrivelmente na berlinda que se habitua a responder com ênfase defensiva no nível literal quando é bastante inadequado fazê-lo – por exemplo, quando alguém está brincando.

Os esquizofrênicos também confundem literal e metafórico em seu próprio discurso quando se sentem presos em um duplo vínculo. Por exemplo, um paciente quer criticar o terapeuta pelo atraso para a consulta, mas pode se sentir inseguro em relação ao tipo de mensagem que é ele ter se atrasado – especialmente se o terapeuta prevê a reação do paciente e se desculpa pelo acontecido. O paciente é incapaz de dizer: "Por que você está atrasado? É porque não quer me ver hoje?". Isso seria uma acusação, de forma que ele muda para uma afirmação metafórica. Ele pode dizer: "Uma vez conheci uma pessoa que perdeu a hora do barco, o nome dele era Sam, e o barco quase afundou... etc.". Ele elabora uma história metafórica e o terapeuta pode ou não descobrir nela um comentário sobre seu atraso. As metáforas são convenientes porque deixam a cargo do terapeuta (ou da mãe) ver uma acusação na afirmação, se assim preferir, ou ignorá-la, se assim preferir. Se o terapeuta aceita a acusação contida na metáfora, o paciente pode aceitar a afirmação que fez sobre Sam como metafórica. Se o terapeuta aponta que a afirmação a respeito de Sam não parece verdadeira para evitar a acusação, o paciente pode argumentar que conheceu mesmo um homem chamado Sam. Como resposta à situação de duplo vínculo, a mudança para a afirmação metafórica aumenta a sensação de segurança. Mas também impede que o paciente faça a acusação que deseja fazer. Mas, em vez de voltar atrás na acusação, apontando que o que disse é uma metáfora, o paciente esquizofrênico parece tentar voltar atrás no fato de que o que disse é uma metáfora tornando a metáfora mais fantástica. Se o terapeuta ignora a acusação na história sobre Sam, o esquizofrênico pode contar que foi a Marte em um foguete para reforçar a acusação. A indicação de que essa afirmação é metafórica reside no aspecto fantástico da metáfora, não nos sinais que geralmente acompanham as metáforas para informar a quem ouve que se trata de uma metáfora.

Não apenas é mais seguro para a vítima do duplo vínculo mudar para uma ordem de mensagem metafórica, como em uma situação impossível é melhor mudar e ser outra pessoa, ou mudar e insistir que está em outro lugar. Assim, o duplo vínculo não pode operar na vítima, porque ela não é ela e, além disso, está em outro lugar. Noutras palavras, as afirmações que mostram que um paciente está desorientado podem ser interpretadas como formas de se defender da situação em que ele está. A patologia começa quando a vítima não se dá conta de que suas respostas são metafóricas ou não consegue dizê-lo. Para reconhecer que está falando por metáforas, ela precisa ter consciência de que está se defendendo e, portanto, que tem medo da outra pessoa. Para ela, dar-se conta é uma acusação contra o outro e isso pode provocar um desastre.

Se um indivíduo viveu a vida inteira em uma relação de duplo vínculo como a descrita aqui, sua maneira de se comunicar com as pessoas após um surto psicótico segue um padrão sistemático. Em primeiro lugar, ele não tem em comum com as pessoas normais os sinais que acompanham as mensagens para indicar o que se está querendo dizer. Seu sistema metacomunicativo – de comunicação sobre a comunicação – está em pane e ele não sabe identificar o tipo de determinada mensagem. Se uma pessoa lhe pergunta: "O que você quer fazer hoje?", ele é incapaz de julgar corretamente, pelo contexto, pelo tom de voz ou pelos gestos, se ele está sendo condenado pelo que fez no dia anterior, se está recebendo uma proposta de sexo ou o quê. Dadas a incapacidade de julgar corretamente o que o outro quer dizer de fato e a preocupação excessiva com o que realmente está sendo dito, o indivíduo pode se defender escolhendo uma ou mais alternativas. Pode presumir, por exemplo, que por trás de cada frase há um sentido oculto prejudicial ao seu bem-estar. Nesse caso, ele fica excessivamente preocupado com esse sentido oculto e decide mostrar que não será enganado – como foi durante toda a sua vida. Se escolhe essa alternativa, busca incessantemente significados ocultos por trás do que as pessoas lhe dizem e dos eventos fortuitos que ocorrem no seu ambiente e demonstra desconfiança e hostilidade.

Ele pode escolher outra alternativa e tender a aceitar literalmente tudo o que lhe dizem; quando seu tom de voz ou seus gestos ou o contexto contradizem o que lhe dizem, ele pode estabelecer como padrão rir desses sinais metacomunicativos. Desiste de tentar discriminar entre os vários níveis de mensagem e trata todas as mensagens como sem importância ou risíveis.

Se não se tornar desconfiado das mensagens metacomunicativas nem tentar rir delas, pode tentar ignorá-las. Nesse caso, teria de ver e ouvir cada vez menos o que se passa ao seu redor e fazer o máximo de esforço para não provocar uma resposta em seu ambiente. Tentaria dissociar seu interesse do mundo exterior e se concentrar em seus próprios processos internos, dando a impressão de ser um indivíduo introvertido, talvez mudo.

Isso é outra forma de dizer que, se um indivíduo não sabe o tipo de uma mensagem, ele pode se defender adotando modos que foram descritos como paranoicos, hebefrênicos ou catatônicos. Essas três alternativas não são as únicas. O x da questão é que ele não pode optar pela única alternativa que o ajudaria a descobrir o que as pessoas querem dizer; sem ajuda, ele não consegue discutir as mensagens dos outros. Sendo incapaz de discuti-las, o ser humano é como qualquer sistema autocorretivo que perdeu a capacidade de autorregulação; seus movimentos são cada vez mais distorcidos, de maneira incessante, mas sistemática.

Descrição da situação familiar

A possibilidade teórica de situações de duplo vínculo nos estimulou a procurar tais sequências comunicacionais no paciente esquizofrênico e em sua situação familiar. Com esse intuito, estudamos os relatórios escritos e orais de psicoterapeutas que trataram intensivamente de pacientes nessa condição; estudamos gravações em fita de entrevistas psicoterapêuticas, tanto de pacientes nossos como de outros; fizemos entrevistas gravadas com pais de esquizofrênicos; tivemos duas mães e um pai participando de psicoterapias intensivas; e realizamos entrevistas gravadas com pais e pacientes atendidos em conjunto.

Com base nesses dados, elaboramos uma hipótese sobre situações familiares que levam o indivíduo a sofrer de esquizofrenia. Essa hipótese não passou por testes estatísticos; ela seleciona e enfatiza um conjunto muito simples de fenômenos interacionais e não pretende descrever de forma abrangente a extraordinária complexidade de um relacionamento familiar.

Avançamos a hipótese de que a situação familiar do esquizofrênico possui as seguintes características gerais:

1. Uma criança cuja mãe fica ansiosa e se retrai se a criança responde a ela como a uma mãe amorosa. Ou seja, a própria existência da criança tem um sentido particular para a mãe que incita ansiedade e hostilidade quando ela corre o risco de ter um contato íntimo com a criança.

2. Uma mãe para quem os sentimentos de ansiedade e hostilidade com relação à criança não são aceitáveis e cuja forma de negá-los é manifestar abertamente um comportamento amoroso para persuadir a criança a responder a ela como a uma mãe amorosa e afastar-se dela caso ela não responda dessa forma. "Comportamento amoroso" não implica necessariamente "afeição"; pode, por exemplo, estar fundado na ideia de fazer a coisa certa, inculcar "bondade" etc.

3. A ausência de pessoas na família, como um pai forte e compreensivo, que possa intervir na relação entre a mãe e a criança e apoiar a criança diante das contradições.

Como essa é uma descrição formal, não estamos preocupados especificamente com o motivo de a mãe se sentir dessa maneira a respeito do filho, mas sugerimos que ela pode se sentir assim por diversos motivos. Pode ser que o mero fato de ter um filho suscite ansiedade em relação a si própria e à sua família; ou pode ser importante para ela que a criança seja um menino ou uma menina; ou que a criança tenha nascido no aniversário de um de seus irmãos;[11] ou que a criança esteja na mesma posição que ela em relação aos irmãos; ou a criança pode ser especial para ela por motivos relacionados aos seus próprios problemas emocionais.

Dada uma situação com essas características, avançamos a hipótese de que a mãe do esquizofrênico exprime simultaneamente pelo menos duas ordens de mensagens. (Em nome da simplicidade, vamos nos restringir a duas ordens.) Essas ordens podem ser caracterizadas

---

11   Josephine R. Hilgard, "Anniversary Reactions in Parents Precipitated by Children". *Psychiatry*, v. 16, n. 1, 1953.

em linhas gerais como: (a) comportamento hostil ou distanciamento que é despertado sempre que a criança se aproxima dela; e (b) comportamento simulado de amor ou aproximação, despertado quando a criança responde à sua hostilidade e distanciamento para negar que esteja se distanciando. O problema da mãe é controlar a ansiedade controlando a proximidade e a distância entre ela e o filho. Em outras palavras, se a mãe sente que tem afeição e intimidade com o filho, ela se sente em perigo e precisa se distanciar; mas ela não consegue aceitar esse ato hostil e, para negá-lo, precisa simular afeição e intimidade com a criança. O que é importante é que o comportamento amoroso da mãe é um comentário sobre o seu comportamento hostil (já que é compensatório) e, consequentemente, é uma mensagem de *ordem* diferente da do comportamento hostil – é uma mensagem a respeito de uma sequência de mensagens. Ainda assim, por sua natureza, ela nega a existência das mensagens às quais se refere, isto é, o distanciamento hostil.

A mãe usa as respostas da criança para afirmar que seu comportamento é amoroso e, como o seu comportamento amoroso é simulado, a criança fica em uma posição em que ela não deve interpretar com exatidão a comunicação da mãe, se quiser manter a relação com ela. Noutras palavras, a criança não deve discriminar precisamente entre ordens de mensagem – nesse caso, a diferença entre a expressão de sentimentos simulados (um tipo lógico) e a de sentimentos reais (outro tipo lógico). O resultado é que a criança deve distorcer sistematicamente a sua percepção dos sinais metacomunicativos. Por exemplo, se a mãe começa a se sentir hostil (ou afetuosa) com relação ao filho e com vontade de se distanciar, ela pode dizer: "Vá para a cama, você está muito cansado e eu quero que você durma bem". Essa afirmação manifestamente amorosa visa a negar um sentimento que poderia ser verbalizado como: "Saia da minha vista, estou cansada de você". Se a criança discriminar corretamente os sinais metacomunicativos, tem de enfrentar tanto o fato de que a mãe não a quer ali como o de que ela a está enganando com um comportamento afetuoso. O filho é "castigado" por aprender a discriminar ordens de mensagens com exatidão. Assim, ele tende a aceitar a ideia de que está cansado, em vez de reconhecer o engodo da mãe. Para sobreviver ao lado dela, precisa discriminar falsamente suas próprias mensagens internas, além de discriminar falsamente as mensagens dos outros.

O problema aumenta de forma exponencial no caso do filho porque a mãe define "benevolamente" para ele a forma como ele se sente; ela exprime abertamente uma preocupação materna com o fato de que ele está cansado. Em outras palavras, a mãe controla as definições que o filho dá às suas próprias mensagens, bem como a definição de suas respostas a ela (por exemplo, dizendo: "Você não quis realmente dizer isso", caso ele a critique), insistindo que ela não está preocupada com ela mesma, mas apenas com ele. Consequentemente, o caminho mais fácil para a criança é aceitar como real o amor simulado da mãe, e seu desejo de interpretar o que está acontecendo é solapado. Ainda assim, o resultado é que a mãe se afasta do filho e define esse afastamento como a forma que deve ter uma relação afetuosa.

Porém, aceitar como real o amor simulado da mãe nada resolve para a criança. Se ela fizer essa falsa discriminação, ele se aproxima da mãe; esse movimento de aproximação provoca nela sensações de medo e desamparo, e o impulso dela é se afastar. Mas se a criança se afasta, a mãe interpreta esse afastamento como uma declaração de que ela não é uma mãe amorosa e castiga a criança, afastando-se, ou se aproxima dela em busca de intimidade. Se a criança se aproxima, a mãe responde com distância entre ambas. *A criança é punida por discriminar corretamente e punida por discriminar incorretamente o que a mãe expressa – ela é vítima de um duplo vínculo.*

A criança pode tentar diversas maneiras de fugir dessa situação. Ela pode, por exemplo, buscar apoio no pai ou em outro membro da família. Todavia, a partir de observações preliminares, nos parece provável que os pais dos esquizofrênicos não têm força suficiente para servir de apoio. Também se encontram na posição desconfortável de, concordando com a criança sobre a natureza dos engodos da mãe, ter de reconhecer a natureza da sua própria relação com a mãe, o que não poderiam fazer e permanecer ligados a ela segundo o *modus operandi* que desenvolveram.

A necessidade da mãe de ser querida e amada também impede a criança de obter apoio de outra pessoa de seu ambiente – uma professora, por exemplo. Uma mãe com essas características se sentiria ameaçada por qualquer outro laço emocional da criança e tentaria rompê-lo, trazendo-a para perto de si, mas sentindo a consequente ansiedade assim que a criança se tornasse dependente dela.

A única forma de a criança escapar de fato dessa situação é comentar a posição contraditória em que a mãe a colocou. No entanto, se a criança fizer isso, a mãe tomará o comentário como uma acusação de que ela não é afetuosa e não só a castigará, como também insistirá que sua percepção é distorcida. Impedindo a criança de falar sobre a situação, a mãe a proíbe de usar o nível metacomunicativo – o nível que usamos para corrigir nossa percepção do comportamento comunicacional. A capacidade de se comunicar a respeito da comunicação, de comentar as ações importantes de si próprio e das demais pessoas, é essencial para um intercâmbio social saudável. Em qualquer relação normal, há uma troca constante de mensagens metacomunicativas como: "O que você quer dizer?", ou: "Por que você fez isso?", ou: "Você está de brincadeira comigo?" e assim por diante. Para discriminar exatamente o que as pessoas estão de fato exprimindo, devemos ser capazes de comentar direta ou indiretamente tal expressão. O esquizofrênico parece incapaz de empregar adequadamente esse nível metacomunicativo.[12] Dadas as características da mãe, é evidente por quê. Se ela nega uma ordem de mensagem, qualquer afirmação sobre suas afirmações a coloca em perigo e ela deve proibi-las. A criança cresce sem treinar a sua habilidade de se comunicar sobre a comunicação e, portanto, incapaz de determinar o que as pessoas querem realmente dizer, incapaz de exprimir o que ela própria quer realmente dizer, o que é essencial para as relações normais.

Em suma, sugerimos que a natureza do duplo vínculo na situação familiar de um esquizofrênico coloca o filho numa posição em que, caso ele responda à afeição simulada da mãe, ela se sentirá ansiosa e o castigará (ou, para se proteger, insistirá que os gestos *dele* são simulados, confundindo-o quanto à natureza de suas próprias mensagens) para se defender de qualquer intimidade com ele. Assim, a criança é impedida de criar associações íntimas e seguras com a mãe. Caso, porém, o filho não demonstre afeição, ela considerará que isso significa que ela não é uma mãe amorosa e se sentirá ansiosa. Portanto, ou ela castigará o filho porque ele se afastou ou tentará se aproximar dele para fazê-lo demonstrar que a ama. Se ele responder e demonstrar afeição por ela, ela não só se sentirá em perigo novamente, como poderá sentir rancor por ter tido de obrigá-lo a responder. Seja qual for o caso, na relação, a mais importante de sua vida e o modelo para todas as demais, o filho é castigado se demonstrar amor e afeição e castigado se não demonstrá-los; e as rotas de fuga, tais como obter o apoio de outras pessoas, são bloqueadas. Eis a natureza básica da relação de duplo vínculo entre mãe e filho. Essa descrição não ilustrou, é claro, o Gestalt interconexo mais complicado que é a "família" da qual a "mãe" é parte importante.[13]

---

12 Ver *supra* "Uma teoria da brincadeira e da fantasia", p. 197.

13 Don D. Jackson, "The Question of Family Homeostasis", apresentado no American Psychiatric Association Meeting, em St. Louis, em 7 mai. 1954; e

Exemplos de casos clínicos

A análise de um incidente entre um paciente esquizofrênico e sua mãe ilustra a situação de duplo vínculo. Um jovem que havia se recuperado razoavelmente bem de um episódio de esquizofrenia aguda recebeu a visita da mãe no hospital. Ele ficou feliz em vê-la e impulsivamente passou o braço por cima do ombro dela; nesse momento, ela enrijeceu. Ele retirou o braço e ela perguntou: "Você não me ama mais?". Ele ficou vermelho de vergonha e ela disse: "Querido, você não pode ter tanta vergonha e medo dos seus sentimentos". O paciente foi capaz de ficar apenas mais alguns minutos com a mãe e, assim que ela partiu, ele atacou um enfermeiro e foi mandado para a banheira.

Obviamente, esse resultado poderia ter sido evitado, se o rapaz tivesse conseguido dizer: "Mãe, é óbvio que você não ficou à vontade quando abracei você, e que você tem dificuldade de aceitar um gesto de afeto da minha parte". Mas o paciente esquizofrênico não tem essa possibilidade. A dependência e o treinamento intensos o impedem de comentar o comportamento comunicacional de sua mãe, embora ela comente o dele e o force a aceitar e tentar lidar com a complicada sequência. Possíveis complicações para o paciente são:

1. A reação da mãe de não aceitar o gesto de afeto do filho é magistralmente dissimulada pela acusação que ela lhe faz quando ele se afasta e o paciente nega sua percepção da situação aceitando a condenação.

2. A afirmação: "Você não me ama mais" nesse contexto parece implicar:

a) "Eu sou digna de ser amada".

b) "Você deveria me amar e, se não ama, é mau ou tem culpa".

c) "Mesmo que tenha me amado, você não me ama mais", e assim o foco é afastado da expressão de afeição do filho para a incapacidade dele de ser afetuoso. Como o paciente também já a odiou, ela encontra bases sólidas para seu argumento e ele responde de maneira adequada, sentindo culpa – ponto que ela ataca em seguida.

d) "O que você acabou de demonstrar *não é* afeição" e, para aceitar essa afirmação, o paciente precisa negar o que ela e a cultura lhe ensinaram sobre as demonstrações de afeto. Ele também precisa questionar os momentos que passou com ela e com outras pessoas e pensou que

---

também "Some Factors Influencing the Oedipus Complex". *Psychoanalytic Quarterly*, v. 23, n. 4, 1954.

estava sentindo afeição, e elas *pareciam* tratar a situação como se isso fosse verdade. Ele experimenta o fenômeno da perda de esteio e duvida da confiabilidade de suas experiências passadas.

3. A afirmação "Você não pode ter tanta vergonha e medo dos seus sentimentos" parece implicar:

a) "Você não é igual a mim, você é diferente das pessoas boas ou normais, porque nós expressamos os nossos sentimentos".

b) "Está tudo bem com os sentimentos que você expressa, o problema é que *você* não consegue aceitá-los." No entanto, se o enrijecimento físico que ela demonstra indica que: "Esses sentimentos são inaceitáveis", o rapaz ouve que ele não deve ter vergonha dos sentimentos inaceitáveis. Como ele já passou por um longo treinamento sobre o que é e não é aceitável tanto para ela quanto para a sociedade, ele novamente entra em conflito com o passado. Se ele não tem medo dos próprios sentimentos (o que a mãe deixa implícito que é bom), ele não deveria temer sua afeição e então notaria que é ela quem tem medo, mas ele não pode perceber isso porque toda a abordagem da mãe é voltada para encobrir sua própria limitação nesse aspecto.

Então o dilema impossível passa a ser: "Se eu pretendo manter o laço com a minha mãe, não devo demonstrar que a amo; mas se eu não demonstrar que a amo, eu a perco".

A importância que tem para a mãe seu método especial de controle é ilustrada de maneira marcante pela situação intrafamiliar de uma moça esquizofrênica que na primeira sessão cumprimentou o terapeuta dizendo: "Mamãe teve de se casar e agora estou aqui". Essa afirmativa significou para o terapeuta que:

1. A paciente era fruto de uma gravidez ilegítima.

2. Esse fato se relacionava com a sua psicose (na opinião dela).

3. "Aqui" se referia ao consultório do psiquiatra e à presença da paciente no mundo e, em razão desse fato, ela tinha de estar eternamente em dívida com a mãe, especialmente porque a mãe havia pecado e sofrido para trazê-la ao mundo.

4. "Teve de se casar" referia-se à natureza obrigatória do casamento e à resposta da mãe à pressão para se casar, e inversamente, o rancor que esta sentia por ter sido obrigada a se casar e a culpa que imputava à paciente por isso.

De fato, todas essas suposições acabaram se comprovando e foram confirmadas pela mãe durante uma tentativa malsucedida de psicoterapia. O tom das trocas de palavras da mãe com a paciente era essencialmente: "Eu sou digna de ser amada, sou amorosa e estou satisfeita comigo mesma. Você é digna de ser amada quando se parece comigo e faz o que eu digo". Ao mesmo tempo, a mãe indicava à filha tanto por palavras como por seu comportamento: "Você é fisicamente frágil, não é inteligente e é diferente de mim ('não normal'). Por causa dessas deficiências, você precisa de mim e de mim apenas, e eu vou tomar conta de você e amá-la". Assim, a vida da paciente era uma série de recomeços, de tentativas de experiências que resultavam em fracasso e novos retornos ao lar e ao seio materno em razão da colusão entre ela e a mãe.

Percebeu-se durante a terapia colaborativa que certas áreas importantes para a autoestima da mãe eram situações especialmente conflituosas para a paciente. Por exemplo, a mãe necessitava da ficção de que ela era próxima da família e que existia muito amor entre ela e sua mãe. Por analogia, o relacionamento com a avó servia como protótipo para o relacionamento da mãe com sua própria filha. Em certa ocasião, quando a filha tinha sete ou oito anos, a avó, em fúria, arremessou uma faca que por pouco não acertou a menina. A mãe nada disse à avó, mas tirou a menina às pressas do cômodo dizendo: "A vovó ama muito você". É significativo que a avó tenha assumido em relação à paciente uma atitude de quem julga que ela não era controlada o suficiente e costumasse repreender a filha por ser muito "mole" com a neta. A avó morava com a filha e a neta num dos episódios psicóticos da paciente, no qual esta, com grande deleite, arremessou os mais diversos objetos contra a mãe e a avó, vendo-as se encolher de medo.

A mãe se via como muito atraente na juventude e achava que a filha se parecia imensamente com ela, mas pelos elogios pouco convictos que fazia era óbvio que a filha ficava em segundo lugar. Uma das primeiras atitudes da filha num surto psicótico foi anunciar à mãe que iria cortar o cabelo. E ela fez isso enquanto a mãe implorava para ela parar. Daí em diante, a mãe mostrava uma foto *dela* na juventude e explicava às pessoas como seria a paciente, se ainda tivesse sua linda cabeleira.

A mãe, aparentemente sem noção da importância de seus atos, associava a doença da filha à falta de inteligência e a problemas orgânicos no cérebro dela. Invariavelmente opunha a falta de inteligência da filha à sua própria inteligência, como demonstravam *seus* boletins escolares. Ela tratava a filha de forma completamente condescendente e conciliadora, mas falsa. Por exemplo, na presença do psicólogo, ela prometia à filha que não a deixaria passar por novos tratamentos de choque e, assim que a moça saía do consultório, ela perguntava ao médico se ele não sentia que ela deveria ser hospitalizada e receber tratamento a base de eletrochoques. Um indício desse comportamento enganador surgiu durante a terapia da mãe. Embora a filha já tivesse tido três hospitalizações, a mãe nunca havia dito aos médicos que ela mesma havia tido um episódio psicótico quando descobriu que estava grávida. A família a confinou discretamente num pequeno sanatório de uma cidadezinha próxima e ela ficou, segundo suas próprias palavras, amarrada a uma cama por seis semanas. A família não a visitou durante esse período e ninguém, a não ser seus pais e sua irmã, soube que ela esteve hospitalizada.

Em dois momentos durante a terapia, a mãe demonstrou intensa emoção. Um foi ao relatar sua própria experiência psicótica; o outro foi por ocasião de sua última visita, quando acusou o terapeuta de tentar enlouquecê-la, forçando-a a escolher entre a filha e o marido. Contrariando o parecer médico, ela retirou a filha da terapia.

O pai estava tão envolvido nos aspectos homeostáticos da situação intrafamiliar quanto a mãe. Por exemplo, ele afirmou ter tido de abandonar um emprego importante como advogado para se mudar com a filha para um local onde houvesse atendimento psicológico adequado. Posteriormente, instado por indícios dados pela paciente (por exemplo, ela frequentemente se referia a um personagem chamado "Ned Nervoso"), o terapeuta conseguiu extrair do pai que ele odiava seu emprego e passara anos tentando "largar aquela vida". No entanto, a filha foi levada a sentir que a mudança foi por causa dela.

Com base em nosso exame dos dados clínicos, ficamos convencidos da validade de uma série de observações, inclusive:

1. A impotência, o medo, a exasperação e a raiva que uma situação de duplo vínculo provoca na paciente, mas dos quais a mãe pode passar ao largo serenamente, sem compreendê-los. Percebemos reações no pai que tanto criam situações de duplo vínculo como prolongam e amplificam as criadas pela mãe, e vimos o pai, passivo e indignado, mas impotente, ser enredado na trama de maneira semelhante à paciente.

2. A psicose parece ser, em parte, uma forma de lidar com situações de duplo vínculo para superar seu efeito inibidor e controlador. O paciente psicótico pode fazer comentários astutos, incisivos, muitas vezes metafóricos, que revelam um *insight* sobre as forças que o amarram. Inversamente, ele pode se tornar um verdadeiro perito em armar situações de duplo vínculo.

3. Segundo a nossa teoria, a situação comunicativa descrita é essencial para a segurança da mãe e, por inferência, à homeostase da família. Se é esse o caso, quando a psicoterapia do paciente o ajuda a ficar

menos vulnerável às tentativas de controle da parte da mãe, isso acarreta ansiedade na mãe. Da mesma forma, se o terapeuta interpreta para a mãe a dinâmica da situação que ela arma com o paciente, isso produz nela uma resposta de forte ansiedade. Nossa impressão é que, quando há um contato duradouro entre paciente e família (especialmente quando o paciente mora com a família durante a psicoterapia), isso leva a perturbações (muitas vezes severas) na mãe e, às vezes, tanto na mãe e no pai como nos irmãos.[14]

Posição atual e perspectivas futuras

Muitos autores têm tratado a esquizofrenia em termos de extremo contraste com qualquer outra forma de pensamento e comportamento humanos. Se, por um lado, trata-se, sim, de um fenômeno isolável, a ênfase excessiva nas diferenças em relação ao normal – tanto quanto a temerária segregação física dos psicóticos – não ajuda a compreender o problema. Em nossa abordagem, presumimos que a esquizofrenia envolve princípios gerais que são importantes para toda comunicação e, portanto, é possível encontrar muitas similaridades informativas em situações de comunicação "normais".

Temos nos interessado especialmente por vários tipos de comunicação que incluem tanto expressão emocional quanto a necessidade de discriminação entre ordens de mensagem. Essas situações incluem brincadeira, humor, ritual, poesia e ficção. A brincadeira, especialmente entre os animais, já foi por nós extensamente estudada.[15] É uma situação que ilustra de maneira notável a ocorrência de metamensagens cuja discriminação correta é vital para a cooperação dos indivíduos envolvidos; por exemplo, a discriminação em falso pode facilmente degenerar em combate. Vizinho próximo da brincadeira, o humor é objeto permanente da nossa pesquisa. Ele envolve mudanças bruscas nos Tipos Lógicos, bem como a discriminação dessas mudanças. O ritual é um campo em que imputações de Tipos Lógicos incomumente reais ou literais são feitas e defendidas com tanto vigor quanto o esquizofrênico defende a "realidade" de seus delírios. A poesia ilustra o poder

---

14   Id., "An Episode of Sleepwalking". *Journal of the American Psychoanalytic Association*, v. 2, 1954; e também D. D. Jackson, "Some Factors Influencing the Oedipus Complex". *Psychoanalytic Quarterly*, v. 23, n. 4, 1954.

15   Ver *supra* "Uma teoria da brincadeira e da fantasia", p. 197.

comunicativo da metáfora – até mesmo da metáfora mais excêntrica – quando é rotulada dessa forma por diversos signos, em contraste com a obscuridade da metáfora esquizofrênica que não é rotulada como tal. O campo inteiro da comunicação ficcional, definido como narração ou ilustração de uma série de acontecimentos rotulados mais ou menos como realidade, é de extrema relevância para a investigação da esquizofrenia. Estamos menos preocupados com a interpretação do conteúdo da ficção – embora a análise de temas orais e destrutivos seja iluminadora para quem estuda a esquizofrenia – do que com os problemas formais envolvidos na existência simultânea de diversos níveis de mensagem na apresentação ficcional da "realidade". O teatro é especialmente interessante nesse aspecto, pois tanto os atores como os espectadores respondem a mensagens sobre a realidade real como sobre a realidade teatral.

Temos dado especial atenção à hipnose. Um grande grupo de fenômenos que ocorrem como sintomas esquizofrênicos – alucinações, delírios, alterações de personalidade, amnésias e assim por diante – pode ser induzido temporariamente em indivíduos normais através da hipnose. Não é necessário que eles sejam sugeridos diretamente como fenômenos específicos, mas podem ser o resultado "espontâneo" de uma sequência comunicativa organizada. Por exemplo, Erickson[16] pode produzir uma alucinação induzindo catalepsia na mão de um sujeito experimental e em seguida dizer: "Não há forma concebível de a sua mão se mexer, mas, quando eu der o sinal, ela deve se mexer". Ou seja, ele diz ao indivíduo que a mão dele ficará parada, mas ainda assim se mexerá, e de forma alguma o sujeito experimental pode concebê-lo de forma consciente. Quando Erickson dá o sinal, o sujeito alucina que a sua mão se mexeu, ou alucina que está em outro lugar e que, dessa forma, a sua mão teria se mexido. Esse uso da alucinação para resolver um problema proposto por demandas contraditórias, que não podem ser debatidas, nos parece ilustrar a solução para uma situação de duplo vínculo por meio de uma mudança nos tipos lógicos. As respostas hipnóticas a sugestões ou afirmações diretas também costumam envolver mudanças de tipo, como quando o paciente aceita as palavras: "Eis um copo de água", ou: "Você está cansado", como realidade externa ou interna, ou em resposta literal a afirmações metafóricas, como fariam os esquizofrênicos. Esperamos que novos estudos sobre a indução, os

---

16   Milton H. Erickson, comunicação pessoal, 1955.

fenômenos e o despertar da hipnose possam, em situação controlável, ajudar a tornar mais nítida nossa visão das sequências comunicacionais essenciais que produzem fenômenos como os da esquizofrenia.

Outro experimento de Erickson parece isolar uma sequência comunicacional de duplo vínculo sem o uso específico da hipnose. Erickson organizou um seminário de forma que um jovem fumante compulsivo ficasse sentado ao seu lado, sem cigarros; outros participantes foram previamente informados do que deveriam fazer. Tudo foi preparado para que Erickson fizesse várias vezes menção de oferecer um cigarro ao rapaz, mas fosse sempre interrompido por uma pergunta de alguém, de forma que se virasse "inadvertidamente" para outro lado, tirando os cigarros do alcance do rapaz. Depois, um participante perguntou ao rapaz se ele acabara recebendo o cigarro do dr. Erickson. Ele replicou: "Que cigarro?", demonstrando claramente que esquecera o acontecido, e até recusou um cigarro oferecido por outro participante, dizendo que estava muito interessado na discussão para fumar. Esse rapaz nos parece em situação experimental semelhante à do duplo vínculo do esquizofrênico com a mãe: um relacionamento importante, mensagens contraditórias (nesse caso, dar e receber) e impedido de comentar – pois havia um seminário em curso e, de qualquer modo, tudo acontecia "inadvertidamente". E percebam o resultado similar: amnésia quanto à sequência de duplo vínculo e inversão do "ele não me dá" para "eu não quero".

Embora tenhamos sido levados a esses campos colaterais, nosso campo de observação principal é a esquizofrenia em si. Todos estamos trabalhando diretamente com pacientes esquizofrênicos e boa parte desse material está sendo registrada em fita para estudos mais detalhados. Além disso, estamos gravando entrevistas simultâneas com os pacientes e suas famílias e estamos filmando mães e filhos problemáticos, presumivelmente pré-esquizofrênicos. Nossa esperança é que essas operações forneçam um registro claro e evidente da dupla vinculação contínua e repetitiva que, de acordo com a nossa hipótese, começa desde os primórdios da infância e se mantém na relação familiar dos indivíduos que se tornam esquizofrênicos. Essa situação familiar básica e as características nitidamente comunicacionais da esquizofrenia são os principais focos desse trabalho. No entanto, esperamos que nossos conceitos e alguns desses dados também venham a ser úteis em futuros trabalhos sobre outros problemas relacionados à esquizofrenia, como a variedade de sintomas, o "estado ajustado" antes da manifestação da esquizofrenia, a natureza e as circunstâncias do surto psicótico.

Implicações terapêuticas dessa hipótese

A psicoterapia é em si um contexto de comunicação multinível em que exploramos as fronteiras ambíguas entre o literal e o metafórico, ou entre a realidade e a fantasia, e, de fato, diversas formas de brincadeira, teatro e hipnose foram amplamente utilizadas em terapia. Nosso interesse maior é a terapia, e além dos nossos próprios dados, temos coletado e examinado registros, transcrições literais e relatos de sessões de outros terapeutas. Para isso, preferimos registros precisos, pois acreditamos que a forma como um esquizofrênico fala depende muito, embora com frequência de maneira sutil, do modo como a outra pessoa conversa com ele; é dificílimo avaliar o que está de fato acontecendo em uma entrevista terapêutica se temos apenas uma descrição dela, e especialmente se a descrição é em termos teóricos.

Todavia, salvo observações gerais e especulações, ainda não temos condições de comentar a relação entre o duplo vínculo e a psicoterapia. No momento, podemos somente observar que:

1. As situações de duplo vínculo são criadas por e no ambiente psicoterapêutico e hospitalar. Do ponto de vista dessa hipótese, tivemos a curiosidade de estudar o efeito da "benevolência" médica em relação ao paciente esquizofrênico. Como os hospitais existem para o benefício dos seus funcionários, bem como – ou tanto quanto ou mais do que – para o benefício do paciente, às vezes haverá contradições em sequências em que se tomam medidas "benevolamente" em favor do paciente, mas na verdade a intenção é aumentar o conforto dos funcionários. Presumimos que sempre que o sistema é organizado em proveito do hospital e se anuncia ao paciente que as medidas são para o *seu* benefício, a situação esquizofrenógena é perpetuada. Esse tipo de logro fará o paciente responder como numa situação de duplo vínculo e sua resposta será "esquizofrênica", na medida em que será indireta e o paciente será incapaz de dizer que está se sentindo enganado. Uma anedota, felizmente engraçada, ilustra essa resposta. Em uma enfermaria dirigida por um médico dedicado e "benevolente", uma placa na porta do seu gabinete dizia: "Consultório médico. Favor bater". O médico foi levado à loucura – e por fim à capitulação – por um paciente obediente que batia à sua porta toda vez que passava pelo corredor.

2. A compreensão do duplo vínculo e de seus aspectos comunicacionais pode levar a inovações na técnica terapêutica. É difícil dizer com certeza que inovações serão essas, mas com base em nossa investigação presumimos que situações de duplo vínculo ocorrem sistematicamente

na psicoterapia. Às vezes elas acontecem inadvertidamente, quando o terapeuta impõe uma situação de duplo vínculo similar à que existe no histórico do paciente, ou o paciente impõe uma situação de duplo vínculo ao terapeuta. Em outras ocasiões, o terapeuta parece impor duplos vínculos, seja deliberadamente, seja intuitivamente, que forçam o paciente a responder de maneira diferente de como respondeu anteriormente.

Um incidente por qual passou uma talentosa psicoterapeuta ilustra a compreensão intuitiva de uma sequência comunicacional de duplo vínculo. A dra. Frieda Fromm-Reichmann estava tratando uma moça que desde os sete anos vinha construindo uma religião própria altamente complexa, repleta de deuses poderosos. Ela era profundamente esquizofrênica e hesitava muito em participar de situações terapêuticas. No começo do tratamento, ela disse: "O deus R disse que eu não devo conversar com você". A dra. Fromm-Reichmann respondeu: "Olha, vamos deixar uma coisa clara. Para mim, o deus R não existe, todo esse seu mundo não existe. Para você, ele existe e longe de mim achar que posso tirá-lo de você, eu não tenho ideia do que ele significa. Então estou disposta a conversar com você nos termos desse mundo, mas quero que você saiba que estou fazendo isso para nós duas compreendermos que esse mundo não existe para mim. Agora vá até o deus R e diga a ele que precisamos conversar e que ele deve dar sua permissão. Diga a ele também que sou médica e que você viveu com ele, no reino dele, dos sete aos dezesseis anos – isso dá nove anos – e ele não ajudou você. Agora ele precisa deixar eu tentar ver se você e eu podemos assumir essa missão. Diga a ele que sou médica e que é isso que eu quero tentar".

A terapeuta colocou a paciente em um "duplo vínculo terapêutico". Se a paciente duvida da sua crença no deus, ela concorda com a dra. Fromm-Reichmann e admite seu compromisso com a terapia. Se insiste que o deus R é real, ela precisa dizer a ele que a dra. Fromm-Reichmann é "mais poderosa" do que ele – e de novo admite seu envolvimento com a terapeuta.

A diferença entre o vínculo terapêutico e a situação de duplo vínculo original reside, em parte, no fato de que o terapeuta não está em uma luta de vida ou morte. Ele pode, portanto, estabelecer vínculos relativamente benevolentes e aos poucos ajudar o paciente a se libertar deles. Muitos dos estratagemas terapêuticos singularmente adequados desenvolvidos pelos terapeutas parecem ser intuitivos. Compartilhamos os objetivos da maioria dos psicoterapeutas que se esforçam para que um dia esses golpes de gênio sejam suficientemente compreendidos para se tornarem sistemáticos e corriqueiros.

Referências bibliográficas complementares

Haley, Jay. "Paradoxes in Play, Fantasy, and Psychotherapy". *Psychiatric Research Reports*, v. 2, 1955.

Ruesch, Jurgen & Bateson, Gregory, *Communication: The Social Matrix of Psychiatry*. New York: Norton, 1951.

A dinâmica de grupo
da esquizofrenia

Em primeiro lugar, quero atribuir um significado muito específico ao título deste trabalho.[1] Uma noção essencial vinculada à palavra "grupo", conforme pretendo usá-la, é a ideia de que os membros são relacionados entre si. Não estamos interessados no tipo de fenômeno que ocorre quando grupos são criados para experiências, com grupos de mestrandos e doutorandos que não possuem hábitos de comunicação previamente determinados – nenhuma diferenciação de papéis habitual. O grupo a que me refiro primeiramente é a família, em geral famílias em que os pais são ajustados ao mundo ao seu redor e não são reconhecidos como manifestamente desviantes, enquanto ao menos um dos filhos difere visivelmente da população normal pela frequência e natureza óbvia de suas respostas. Também tenho em mente outros grupos análogos, ou seja, organizações hospitalares que funcionam de maneira a promover comportamentos esquizofrênicos ou esquizofrenoides em alguns de seus membros.

A palavra "dinâmica" é utilizada de maneira frouxa e convencional em todos os estudos de interação social, especialmente quando enfatizam a mudança ou o aprendizado demonstrados pelos sujeitos experimentais. Apesar de seguirmos a convenção, a designação é incorreta. Ela evoca analogias totalmente equivocadas com a física.

A "dinâmica" é essencialmente uma linguagem concebida por físicos e matemáticos para descrever certas ocorrências. Nesse sentido estrito, o impacto de uma bola de bilhar contra outra é um assunto para a dinâmica, mas seria um erro de linguagem dizer que as bolas "se comportam" dessa forma. A dinâmica descreve de maneira adequada eventos cuja verificação é feita indagando se eles contrariam a Primeira Lei da Termo-

---

1   As ideias desta palestra representam o ideário da equipe do *Project for the Study of Schizophrenic Communication*. A equipe era composta por Gregory Bateson, Jay Haley, John H. Weakland e os médicos Don D. Jackson e William F. Fry. Este artigo é reproduzido aqui segundo Lawrence Appleby, Jordan M. Scher & John Cumming (orgs.), *Chronic Schizophrenia: Explorations in Theory and Treatment*. Glencoe: The Free Press, 1960.

dinâmica, a Lei de Conservação de Energia. Quando uma bola de bilhar bate em outra, o movimento da segunda é induzido pela energia transferida pelo impacto da primeira, essas transferências são o tema central da dinâmica. Nós, no entanto, não estamos lidando com sequências de eventos com essas características. Se chuto uma pedra, o movimento da pedra é induzido pela transferência de energia do meu ato, mas se eu chutar um cachorro, o comportamento do cachorro pode ser em parte conservativo – ele pode realizar uma trajetória newtoniana, caso o chute seja forte o suficiente, mas isso não passa de física. O que importa é que ele pode exibir respostas que sejam induzidas não pelo chute, mas por seu metabolismo: ele pode se voltar contra mim e me morder.

Isso, creio eu, é o que as pessoas querem dizer com magia. O reino dos fenômenos que nos interessam é sempre caracterizado pelo fato de que "ideias" podem influenciar acontecimentos. Para o físico, essa hipótese é manifestamente mágica. Ela não pode ser testada com perguntas relativas à conservação de energia.

Tudo isso, porém, foi explicado de maneira mais clara e mais rigorosa por Bertalanffy, o que me permite explorar mais a fundo esse reino de fenômenos onde ocorre a *comunicação*. Decidimo-nos pelo termo convencional "dinâmica", desde que fique claro e bem entendido que não estamos falando da dinâmica em sentido físico.

Robert Louis Stevenson, em "The Poor Thing" ["O pobrezinho"],[2] conseguiu talvez a caracterização mais vívida desse reino mágico: "Em meu pensamento, uma coisa vale por outra nesse mundo; e uma ferradura de cavalo há de servir". A palavra "sim", toda uma apresentação de *Hamlet* ou uma injeção de epinefrina no ponto certo do cérebro podem ser intercambiáveis. Qualquer um deles pode ser, de acordo com as convenções de comunicação estabelecidas naquele momento, uma resposta afirmativa (ou negativa) a qualquer pergunta. Na famosa mensagem: "um se por terra; dois se por mar", os objetos em questão eram lampiões, mas, do ponto de vista da teoria da comunicação, poderia ser qualquer coisa, desde orictéropos até arcos zigomáticos.

Já é suficientemente confuso ouvir que, segundo as convenções de comunicação em uso em dado momento, qualquer coisa pode representar qualquer outra coisa. Mas esse reino mágico não é tão simples assim. Uma ferradura não só pode valer por qualquer outra coisa, segundo as

---

2   Robert Louis Stevenson, "The Poor Thing", in *Novels and Tales of Robert Louis Stevenson*, v. 20. New York: Scribners, 1918.

convenções da comunicação, como também pode ser, simultaneamente, um sinal que alterará as convenções da comunicação. Meus dedos cruzados nas minhas costas podem alterar o tom e as implicações de tudo. Lembro-me de um paciente esquizofrênico que, como muitos outros esquizofrênicos, tinha dificuldade com o pronome de primeira pessoa; em especial, ele não gostava de assinar o próprio nome. Ele tinha uma série de identidades alternativas, aspectos pessoais com nomes alternativos. A organização hospitalar da qual ele fazia parte requeria que ele assinasse seu nome para conseguir um passe, e um ou dois fins de semana ele ficou sem passe porque insistia em assinar um de seus pseudônimos. Um dia, ele me disse que iria sair no próximo fim de semana. Eu disse: "Ah, você assinou?". E ele respondeu: "Sim", com um estranho sorriso. Digamos que seu nome verdadeiro fosse Edward W. Jones. Ele havia assinado, na verdade, "W. Edward Jones". Os responsáveis pela enfermaria não perceberam a alteração. Eles acharam que haviam ganho uma batalha, obrigando-o a agir com sanidade. Mas, para ele, a mensagem era: "Ele (o eu de verdade) não assinou". Ele havia vencido a batalha. Foi como se tivesse cruzado os dedos atrás das costas.

Toda comunicação possui esta característica: ela pode ser magicamente modificada pela comunicação que a acompanha. Nesta conferência, estamos discutindo várias formas de interagir com os pacientes, descrevendo o que fazemos e que estratégias parecemos usar. Seria mais difícil debater nossas ações do ponto de vista dos pacientes. Como qualificamos nossa comunicação com os pacientes para que eles tenham uma experiência terapêutica?

Lawrence Appleby, por exemplo, descreveu uma série de procedimentos e, se eu fosse um esquizofrênico, ficaria tentado a dizer: "Para mim isso tudo soa como terapia ocupacional". Ele diz, de maneira convincente e com números, que o programa teve êxito e, ao documentar esse êxito, sem dúvida ele está dizendo a verdade. Se é realmente o caso, então sua descrição do programa só pode estar incompleta. As experiências que o programa fornece aos pacientes devem ser muito mais vívidas do que os ossos secos do programa que ele descreveu. A série de procedimentos terapêuticos deve ter sido associada, talvez com entusiasmo e bom humor, a um conjunto de sinais que alterava o sinal matemático – positivo ou negativo – do que estava sendo feito. Appleby falou apenas da ferradura, e não das inúmeras realidades que determinavam o que a ferradura representava.

É como se ele dissesse que certa composição musical é em dó maior e pedisse para acreditarmos que essa afirmação esquálida é suficiente para nos fazer entender por que essa composição específica alterou o humor do ouvinte de uma certa maneira. O que todas as descrições desse gênero omitem é a enorme complexidade da modulação da comunicação. É essa modulação que faz a música.

Se me permitem, vou passar de uma analogia musical para uma biológica para examinar mais a fundo esse mundo mágico da comunicação. Todo organismo é em parte determinado pela genética, ou seja, por complexas constelações de mensagens veiculadas principalmente pelos cromossomos. Somos produtos de um processo comunicacional, modificados e treinados de diversas formas pelo impacto ambiental. Disso decorre, portanto, que as diferenças entre organismos relacionados, digamos, siris e lagostas, ou ervilhas pequenas e grandes, são sempre diferenças que podem ser criadas por mudanças e modulações em uma constelação de mensagens. Às vezes, essas mudanças no sistema de mensagens são relativamente concretas – uma mudança de "sim" para "não" na resposta a uma pergunta que governa um detalhe relativamente superficial da anatomia. A feição inteira do animal pode ser mudada por um ponto insignificante no conjunto de meios-tons, ou a mudança pode ser tal que mude ou module o sistema inteiro de mensagens genéticas e toda mensagem no sistema tome uma aparência diferente, mas mantenha a relação anterior com as mensagens próximas. Creio que essa estabilidade da relação entre as mensagens sob o impacto da mudança numa parte da constelação é a base do aforismo francês: "*Plus ça change, plus c'est la même chose*" ["Quanto mais as coisas mudam, mais continuam as mesmas"]. É fato conhecido que o crânio dos antropoides pode ser desenhado de acordo com coordenadas diferentemente deformadas para mostrar a semelhança fundamental das relações e a natureza sistemática das transformações de uma espécie para a outra.[3]

Meu pai era geneticista, e ele costumava dizer: "É tudo questão de vibração",[4] e, para ilustrar essa afirmação, mostrava que as listras da zebra comum são uma oitava acima das listras da zebra-de-grevy. Se é verdade que, nesse caso em especial, a "frequência" de fato dobra, não creio que seja inteiramente uma questão de vibração, como diz a explicação dele. O que ele estava tentando dizer é que é tudo uma questão de modificações que podem ser esperadas em sistemas cujos

---

3   D'Arcy W. Thompson, *On Growth and Form*, v. 2. Oxford: Oxford University Press, 1952.

4   Beatrice C. Bateson, *William Bateson, Naturalist*. Cambridge: Cambridge University Press, 1928.

determinantes não são uma questão de física em sentido estrito, mas uma questão de mensagens e de sistemas modulados de mensagens.

É útil notar também que as formas orgânicas talvez sejam belas para nós e o biólogo sistemático encontre prazer estético nas *diferenças* entre organismos relacionados, simplesmente porque as diferenças se devem a modulações de comunicação, enquanto nós próprios somos organismos comunicantes cujas formas são determinadas por conste-lações de mensagens genéticas. Não é essa a ocasião, porém, de revisar a teoria estética tão a fundo. Um matemático especialista em teoria dos grupos poderia contribuir muito para esse campo.

Todas as mensagens e partes de mensagens são como expressões ou segmentos de equações que um matemático coloca entre parêntesis. Fora dos parêntesis pode haver um qualificador ou multiplicador que alterará o teor da expressão. Por outro lado, esses qualificadores podem ser acrescentados a qualquer momento, até mesmo anos depois. Eles não têm de preceder a expressão entre parêntesis. Senão, não existi-ria psicoterapia. E o paciente teria o direito e até mesmo o dever de dizer: "Minha mãe me batia de tais e tais formas, por isso sou uma pessoa doente; e porque esses traumas estão no meu passado, eles não podem ser alterados. Logo, eu não tenho como me curar". No reino da comunicação, os *acontecimentos* do passado constituem uma série de ferraduras velhas e o significado dessa série pode ser modificado e está continuamente sendo modificado. O que existe hoje são apenas mensa-gens sobre o passado que denominamos memórias, e essas mensagens podem ser enquadradas e moduladas de um momento para outro.

Até esse ponto, o mundo da comunicação nos parecia cada vez mais complexo, mais flexível e menos acessível à análise. Ora, a introdução do conceito de grupo – ou seja, levar em consideração muitas pessoas ao mesmo tempo – simplifica de súbito esse mundo confuso de senti-dos instáveis e escorregadios. Se sacudirmos uma certa quantidade de pedras irregulares em uma sacola, ou se as submetermos ao movimento quase aleatório das ondas batendo na praia, haverá uma simplificação gradual do sistema, até mesmo no nível físico mais básico – as pedras acabarão parecidas umas com as outras. No fim das contas, todas se tornarão esféricas, mas na prática geralmente elas são seixos parcial-mente rolados. Certas formas de homogeneização resultam de impactos múltiplos, mesmo no nível físico básico, e quando os entes que sofrem o impacto são organismos capazes de aprendizagem e comunicação complexas, o sistema todo funciona ora para a uniformidade, ora para a diferenciação sistemática – ou seja, um aumento na simplicidade – que chamamos de organização. Caso haja diferenças entre os entes impactados, essas diferenças sofrerão mudanças, ou para reduzir as diferenças, ou para obter um encaixe ou uma complementaridade mútua. Em um grupo de pessoas, quer a mudança seja em direção à homogeneidade, quer em direção à complementaridade, o que se obtém são premissas compartilhadas sobre o sentido e a adequação das mensagens e outros atos no contexto da relação.

Não vou entrar nos complexos problemas de aprendizagem envolvidos nesse processo. Vou passar direto para a questão da esquizofrenia. Um indivíduo, ou seja, o paciente identificado, existe dentro de um ambiente familiar, mas quando o vemos isoladamente, certas peculiaridades de seus hábitos comunicacionais são notadas.

Essas peculiaridades podem ser determinadas em parte pela genética ou por um acidente fisiológico, mas ainda é razoável nos indagar sobre a função dessas peculiaridades dentro do sistema comunicacional do qual elas que fazem parte – a família. Alguns seres vivos são sacudidos, em certo sentido, e um parece sair diferente do demais; temos de averiguar não apenas as diferenças no material do qual é feito esse indivíduo, mas também como suas características particulares se desenvolveram nesse sistema familiar. Será que as peculiaridades do paciente identificado podem ser consideradas *adequadas*, ou seja, elas são homogêneas ou complementares com as características dos demais membros do grupo? Não duvidamos de que grande parte da sintomatologia esquizofrênica é, em certo sentido, aprendida ou determinada pela experiência, mas um organismo só pode aprender aquilo que lhe ensinam as circunstâncias da vida e as experiências de troca de mensagens com quem é próximo dele. Ele não pode aprender ao acaso; ele só pode ser parecido ou diferente daqueles ao seu redor. Portanto, temos necessariamente de observar o ambiente experiencial da esquizofrenia.

Vamos delinear rapidamente o que temos chamado de hipótese do duplo vínculo, que foi descrita com mais detalhes em outros textos.[5]

---

5   Ver *supra* "Em busca de uma teoria da esquizofrenia", p. 218; G. Bateson, "Language and Psychotherapy, Frieda Fromm-Reichmann's Last Project". *Psychiatry*, v. 21, n. 1, 1958; "Schizophrenic Distortions of Communication", in Carl A. Whitaker (org.), *Psychotherapy of Chronic Schizophrenic Patients*. Boston / Toronto: Little, Brown & Co., 1958); "Analysis of Group Therapy in an Admission Ward, United States Naval Hospital, Oakland, California", in Harry A. Wilmer, *Social Psychiatry in Action*. Springfield: Charles C. Thomas, 1958; também Jay Haley, "The Art of Psychoanalysis". *Review of General Semantics*, v. 15, 1958; "An Interactional Explanation of Hypno-

Essa hipótese contém duas partes: uma descrição formal dos hábitos comunicacionais do esquizofrênico e outra, também formal, das sequências de experiência que compreensivelmente treinaram o indivíduo para suas distorções de comunicação específicas. Descobrimos empiricamente que uma descrição dos sintomas é, no todo, satisfatória e que as famílias de esquizofrênicos são caracterizadas pelas sequências comportamentais previstas pela hipótese.

O esquizofrênico típico elimina de suas mensagens tudo aquilo que se refira de forma explícita ou implícita à relação entre ele e a pessoa a quem ele se dirige. É comum que esquizofrênicos evitem os pronomes pessoais de primeira e segunda pessoa. Eles evitam informar que tipo de mensagem estão transmitindo – se é literal ou metafórica, irônica ou direta – e provavelmente terão dificuldade com toda mensagem e ato significativo que implique contato entre o eu e os outros. Aceitar comida pode ser quase impossível, mas repudiá-la também.

Quando eu estava de partida para o congresso da APA [American Psychological Association] em Honolulu, informei ao meu paciente que iria viajar e para onde. Ele olhou pela janela e disse: "Aquele avião voa tão devagar". Ele não conseguiu dizer: "Vou sentir a sua falta", porque assim estaria identificando a si mesmo em uma relação comigo, ou me identificando em uma relação com ele. Dizer: "Vou sentir a sua falta" seria estabelecer uma premissa básica sobre nossa relação mútua definindo o tipo de mensagem que deveria ser característico dessa relação.

Visivelmente o esquizofrênico evita ou distorce qualquer coisa que possa parecer identificar a ele ou à pessoa a quem ele está se dirigindo. Ele pode eliminar qualquer coisa que implique que sua mensagem se refere a, e faz parte de, uma relação entre duas pessoas identificáveis, com certos estilos e premissas que governam seu comportamento nessa relação. Ele pode evitar qualquer coisa que possibilite ao outro interpretar o que ele diz. Ele pode escamotear o fato de que está falando por metáforas ou em um código especial, e é provável que distorça ou omita qualquer referência a tempo e lugar. Se usarmos um formulário de telegrama como analogia, podemos dizer que ele omite o que deve ser colocado nas partes processuais do formulário e modifica o texto da mensagem para distorcer ou omitir qualquer indicação desses elemen-

---

sis". *American Journal of Clinical Hypnosis*, v. 1, n. 2, 1958; também John H. Weakland e Don D. Jackson, "Patient and Therapist Observations on the Circumstances of a Schizophrenic Episode". *AMA Archives of Neurological Psychiatry*, v. 79, n. 5, 1958.

tos metacomunicativos no todo da mensagem normal. Provavelmente vai restar apenas uma declaração metafórica sem qualquer etiqueta de contexto. Ou, em casos extremos, pode não sobrar nada além da encenação impassível da mensagem: "Não existe nenhuma relação entre nós".

Isso é visível e pode ser resumido no seguinte: o esquizofrênico se comunica *como se* esperasse ser castigado toda vez que indica que está certo em sua compreensão sobre o contexto de sua própria mensagem.

Podemos resumir agora o "duplo vínculo", que é central para a parte etiológica de nossa hipótese, dizendo simplesmente que é a experiência de ser castigado justamente por ter a visão correta sobre um contexto. Nossa hipótese presume que a experiência repetida do castigo em sequências desse tipo levará o indivíduo a se comportar habitualmente como se esperasse esse castigo.

A mãe de um de nossos pacientes culpava o marido por ele ter se recusado a lhe passar o controle das finanças da família durante quinze anos. O pai do paciente disse: "Admito que foi um grande erro da minha parte não ter deixado você cuidar disso. Isso eu admito. Já corrigi esse erro. Meus motivos para achar que errei são completamente diferentes dos seus, mas admito que foi um erro muito grande".

> [MÃE] Ora, deixa de ser sonso.
> [PAI] Não estou sendo sonso.
> [MÃE] Bem, de todo modo não me interessa, porque o *x* da questão são as dívidas que você fez. Não há motivo para não informar o outro. Eu acho que a mulher tem de ser informada.
> [PAI] Pode ser pelo mesmo motivo por que Joe [o filho psicótico do casal] volta da escola e não lhe conta que teve um problema.
> [MÃE] Mas que bela maneira de mudar de assunto.

O padrão dessa sequência é simplesmente a desqualificação sucessiva de cada uma das contribuições do pai à relação. Ele é continuamente informado de que as mensagens não são válidas. Elas são recebidas como se fossem diferentes daquilo que ele pensava que elas significavam. Podemos dizer que ele é castigado ou porque a visão que ele tem de suas próprias intenções está correta, ou porque as respostas que ele dá são adequadas ao que ela disse. Inversamente, do ponto de vista da mãe, parece que ele sempre a interpreta mal, e essa é uma das características mais peculiares do sistema dinâmico que cerca – ou *é* – a esquizofrenia. Todo terapeuta que já tratou de esquizofrênicos reconhecerá a armadilha. O paciente tenta colocar o terapeuta em erro, interpretando o que o terapeuta disse, e o paciente faz isso porque espera que o terapeuta interprete errado o que ele (o paciente) disse. O vínculo se torna mútuo. Eles atingem um estágio na relação em que nenhum dos dois consegue receber ou emitir mensagens metacomunicativas sem distorções.

Costuma haver, porém, uma assimetria nessas relações. Essa dupla vinculação mútua é uma espécie de batalha e, muitas vezes, ou um ou o outro está em vantagem. Deliberadamente decidimos trabalhar com famílias em que um dos filhos é o paciente identificado e, em parte por esse motivo, em nossos dados, são os pais supostamente normais que estão em vantagem em relação ao membro mais novo identificável como psicótico no grupo. Em tais casos, a assimetria adquire uma forma curiosa: o paciente identificado se sacrifica para manter a ilusão sagrada de que aquilo que o pai ou a mãe disse faz sentido. Para manter a intimidade com esse pai ou mãe, ele tem de sacrificar seu direito de apontar que enxerga incongruências metacomunicativas, até mesmo quando sua percepção está correta. Há, portanto, uma disparidade curiosa na distribuição de consciência do que está acontecendo. O paciente pode até saber, mas não deve dizer e, dessa forma, permite que o pai ou a mãe não saiba o que ele ou ela está fazendo. O paciente é cúmplice da hipocrisia inconsciente do pai ou da mãe. O resultado pode ser uma enorme infelicidade e distorções comunicativas visíveis, mas sempre sistemáticas.

Além disso, essas distorções são sempre precisamente as que seriam adequadas se as vítimas se deparassem com uma armadilha que têm de evitar, nesse caso, a destruição da natureza do self. Esse paradigma é perfeitamente ilustrado por um trecho da biografia de Samuel Butler escrita por Festing Jones[6] que merece ser citado na íntegra:

> Butler foi jantar na casa do sr. Seebohm e lá conheceu Skertchley, que lhe falou de uma ratoeira inventada pelo cocheiro do sr. Tylor.
>
> A RATOEIRA DE DUNKETT
>
> O sr. Dunkett via as suas armadilhas fracassarem uma a uma e estava tão desesperado por sempre encontrar o cereal roído que resolveu inventar uma ratoeira. Começou colocando-se o mais possível no lugar do rato.

---

6   Henry Festing Jones, *Samuel Butler: A Memoir*, v. 1. London: Macmillan, 1919.

— Será que existe alguma coisa – perguntou-se – na qual, se eu fosse um rato, eu teria tanta confiança que não poderia duvidar dela sem suspeitar de tudo no mundo e ser incapaz de correr por aí sem medo?

Ele pensou algum tempo e não chegou a uma resposta, até que certa noite o quarto pareceu se encher de luz e ele ouviu uma voz celestial dizer:

— Tubulações.

Então ele entendeu o que devia fazer. Desconfiar de uma tubulação comum seria como deixar de ser um rato. Nesse ponto, Skertchley se estendeu um pouco, explicando que uma mola ficaria escondida dentro do tubo e este seria aberto em ambas as pontas; se o tubo fosse fechado em qualquer uma das pontas, o rato naturalmente não iria querer entrar nele, pois não teria certeza se conseguiria sair de novo; nesse momento, eu [Butler] o interrompi e disse:

— Ah, foi exatamente isso que me fez não entrar na Igreja.

Quando ele [Butler] me disse isso, eu [Jones] sabia o que lhe passou pela cabeça, e se ele não estivesse acompanhado de gente tão respeitável, ele teria dito: "Foi exatamente isso que me fez não me casar".

Reparem que Dunkett só pôde inventar esse duplo vínculo para ratos porque foi uma experiência alucinatória, e que tanto Butler quanto Jones imediatamente enxergaram a ratoeira como um paradigma para as relações humanas. De fato, esse tipo de dilema não é raro e não está confinado aos contextos da esquizofrenia.

A questão que precisamos enfrentar, portanto, é por que essas sequências são especialmente frequentes ou especialmente destrutivas nas famílias de esquizofrênicos. Não possuo estatísticas para afirmar; no entanto, a partir de observações limitadas, mas intensas de uma pequena amostra de famílias, posso estabelecer uma hipótese sobre a dinâmica de grupo que determinaria um sistema de interações tal que as experiências de duplo vínculo poderiam se repetir *ad nauseam*. O problema é construir um modelo necessariamente *cíclico* que repita incessantemente as sequências padronizadas.

Esse modelo já existe na teoria dos jogos de Von Neumann e Morgenstern,[7] apresentada aqui, admitimos, não com todo o rigor matemático, mas pelo menos em termos consideravelmente técnicos.

---

7   John von Neumann & Oskar Morgenstern, *Theory of Games and Economic Behavior*. Princeton: Princeton University Press, 1944.

Von Neumann se interessava pelo estudo matemático de condições formais em que entes, com total inteligência e preferência pelo ganho, comporiam coalizões entre si para maximizar os lucros que os membros poderiam receber à custa dos não membros de determinada coalizão. Ele imaginou esses entes participando de uma espécie de jogo e começou a refletir sobre as características formais das regras que obrigariam jogadores plenamente inteligentes, mas orientados para o ganho a formar coalizões. Ele chegou a uma conclusão muito curiosa que desejo propor como modelo.

Evidentemente, só pode haver coalizão quando existem pelo menos três jogadores. Nesse caso, quaisquer dois podem se unir para explorar o terceiro, e se o jogo tem uma configuração simétrica, ele terá evidentemente três soluções que podemos representar da seguinte maneira:

AB *vs*. C

BC *vs*. A

AC *vs*. B

Para esse sistema de três pessoas, Von Neumann demonstrou que, uma vez formada, qualquer uma dessas coalizões permanecerá estável. Se A e B estiverem mancomunados, não há nada que C possa fazer. É interessante observar que A e B vão necessariamente desenvolver convenções (suplementares às regras) que vão, por exemplo, impedir que aceitem abordagens de C.

No jogo de cinco jogadores, a situação é bem diferente; haverá uma maior variedade de possibilidades. Pode ser que quatro jogadores considerem formar uma combinação contra o quinto, ilustrada pelos seguintes padrões:

A *vs*. BCDE

B *vs*. ACDE

C *vs*. ABDE

D *vs*. ABCE

E *vs*. ABCD

Mas nenhuma dessas combinações seria estável. Os quatro jogadores da coalizão farão necessariamente um subjogo em que eles manobrarão um contra o outro para obter uma divisão desigual dos ganhos que a coalizão poderia extrair do quinto jogador. Isso leva a um padrão de coalizão que podemos descrever como 2 *vs*. 2 *vs*. 1 – por exemplo, *BC vs*.

DE vs. A. Em tal situação, seria possível *A* se aproximar e se unir a um desses pares, de forma que o sistema de coalizão ficaria sendo 3 *vs.* 2.

No sistema de 3 *vs.* 2, seria vantajoso para os três trazer para o seu lado um dos dois e garantir seus ganhos. Voltamos ao sistema de 4 *vs.* 1 – não necessariamente com a mesma configuração inicial, mas de todo modo com as mesmas propriedades gerais. Esse sistema, por sua vez, deve se dividir em 2 *vs.* 2 *vs.* 1 e assim por diante.

Noutras palavras, para todo padrão de coalizão possível, há pelo menos um outro padrão que o "dominará" – segundo o termo de Von Neumann – e a relação de dominação entre as soluções é *intransitiva*. Sempre haverá uma lista circular de soluções alternativas, de modo que o sistema passará continuamente de uma solução para outra, sempre selecionando uma solução preferível à anterior. Isso significa, na verdade, que os robôs (por sua inteligência plena) serão incapazes de se decidir por uma única "partida" do jogo.

Ofereço esse modelo como reminiscência do que acontece nas famílias esquizofrênicas. Não há dois membros que consigam se unir em uma coalizão forte o bastante para ser decisiva em um dado momento. Outro membro ou vários membros da família sempre interferirão. Ou, se não houver interferência, os dois membros que consideram formar uma coalizão se sentirão culpados em relação ao que o terceiro fará ou dirá e recuarão.

Notem que são necessárias cinco entidades hipotéticas com inteligência plena para haver esse tipo específico de instabilidade ou oscilação no jogo de Von Neumann. Mas *três* seres humanos parecem bastar. Talvez não sejam plenamente inteligentes ou talvez sejam sistematicamente incoerentes em relação ao tipo de "ganho" que os motiva.

Quero enfatizar que, nesse tipo de sistema, a experiência de cada indivíduo isolado será a seguinte: todo movimento que ele faz é um movimento conforme ao senso comum na situação tal como ele a vê corretamente naquele momento, mas cada movimento seu será depois demonstrado como errado pelos movimentos que outros membros do sistema fazem em resposta ao seu movimento "correto". O indivíduo fica então preso em uma perpétua sequência daquilo que chamamos experiências de duplo vínculo.

Não sei até que ponto esse modelo é válido, mas ofereço-o por dois motivos. Em primeiro lugar, ele é proposto como uma amostra da tentativa de falar a respeito do sistema maior – a família –, em vez do indivíduo, como costumamos fazer. Se queremos entender a dinâmica da esquizofrenia, devemos conceber uma linguagem adequada aos fenômenos que emergem nesse sistema maior. Mesmo que meu modelo seja inadequado, ainda assim vale a pena tentar falar no tipo de linguagem que será necessário para descrever esses fenômenos. Em segundo lugar, modelos conceituais, mesmo quando estão incorretos, são úteis no sentido de que a crítica ao modelo pode levar a novos desenvolvimentos teóricos.

Permitam-me, portanto, apontar uma crítica a esse modelo e considerar as ideias a que ela pode levar. Não há um teorema no livro de Von Neumann que indique que os entes ou robôs envolvidos nessa dança infinita de troca de coalizões possam algum dia desenvolver esquizofrenia. Segundo a teoria abstrata, os entes simplesmente permanecem plenamente inteligentes *ad infinitum*.

Ora, a diferença mais gritante entre as pessoas e os robôs de Von Neumann advém do fato da aprendizagem. Ser infinitamente inteligente implica ser infinitamente flexível, e os jogadores na dança que descrevi jamais poderiam *experimentar* a dor que seres humanos sentiriam caso fosse continuamente provado que erraram todas as vezes que tivessem agido com sabedoria. Os seres humanos têm um compromisso com as soluções que eles descobrem, e é esse compromisso psicológico que possibilita que eles se magoem como se magoam os membros de uma família esquizofrênica.

Pela análise do modelo, portanto, parece que a hipótese de duplo vínculo, para ser capaz de explicar a esquizofrenia, tem de depender de certas suposições psicológicas sobre a natureza do indivíduo humano como um organismo em constante aprendizado. Para o indivíduo ter inclinação para a esquizofrenia, a individuação tem de compreender *dois* mecanismos psicológicos contrastantes. O primeiro é um mecanismo de adaptação a demandas do ambiente pessoal; e a segunda, um processo ou mecanismo pelo qual o indivíduo se torna breve ou duradouramente comprometido com as adaptações que o primeiro processo suscitou.

Creio que aquilo que chamo de compromisso breve com uma adaptação é o que Bertalanffy chamou de *estado de ação imanente*; e o compromisso duradouro com a adaptação é simplesmente o que costumamos chamar de "hábito".

O que é uma pessoa? O que quero dizer quando digo "eu"? Talvez o que cada um de nós quer dizer com "eu" é, na verdade, um agregado de hábitos de percepção e ações adaptativas *somado*, de momento em momento, a nossos "estados de ação imanentes". Se alguém atacar os hábitos e estados imanentes que me caracterizam no exato momento em que interajo com esse alguém – ou seja, se eles atacarem os próprios hábitos e estados imanentes que foram trazidos à existência como parte do meu relacionamento com ele naquele momento –, ele está negando a mim. Se me importo profundamente com essa outra pessoa, sua negação de mim será ainda mais dolorosa.

O que dissemos até agora basta para indicar os tipos de estratégia – ou talvez seja melhor dizer sintomas – que devem ser esperados nessa estranha instituição que é a família esquizofrênica. Mas ainda é surpreendente que essas estratégias possam ser contínua e habitualmente praticadas sem que amigos nem vizinhos notem que há algo de errado. Pelo lado teórico, podemos prever que todo integrante dessa instituição terá uma atitude defensiva em relação a seus próprios estados de ação imanentes e hábitos adaptativos duradouros, ou seja, uma atitude protetora do eu.

Ilustremos com um exemplo: um colega de profissão estava trabalhando algumas semanas com uma dessas famílias, particularmente com o pai, com a mãe e com o filho esquizofrênico adulto. As sessões eram conjuntas – com os três membros da família presentes. Isso aparentemente deixou a mãe um tanto ansiosa, pois ela pediu para ter sessões comigo. Isso foi discutido numa sessão conjunta e, dali a alguns dias, ela se apresentou para a sua primeira sessão. Ao chegar, fez alguns comentários corriqueiros, abriu a bolsa e me entregou um papel, dizendo: "Parece que meu marido escreveu isso". Quando o desdobrei, descobri que era uma folha de papel datilografada em espaço um, iniciada pelas palavras, "Meu marido e eu apreciamos muito a oportunidade de discutir nossos problemas com você" etc. O documento prosseguia com certas questões específicas que "eu gostaria de apontar".

Aparentemente, o marido tinha de fato se sentado diante da máquina de escrever na noite anterior e havia escrito a carta para *mim* como se tivesse sido escrita pela esposa, e ele havia listado as questões que ela deveria discutir comigo.

Na vida cotidiana normal, esse tipo de coisa é comum, aceitável. Quando a atenção está focada nas estratégias características, porém, essas manobras de autoproteção e autodestruição se tornam evidentes. O observador descobre de repente que, nessas famílias, tais estratégias parecem predominar. Acaba sendo pouco surpreendente que o paciente identificado tenha condutas que são praticamente uma caricatura da perda de identidade que é característica de todos os membros da família.

Creio que esse é o x da questão: a família esquizofrênica é uma organização dotada de uma grande estabilidade, com uma dinâmica e um funcionamento interno tais que cada membro está continuamente sofrendo a experiência de negação do eu.

Requisitos mínimos para uma teoria da esquizofrenia

Toda ciência, assim como toda pessoa, tem um dever para com o próximo, talvez não o de amá-lo como a si mesmo, mas ainda assim de emprestar ferramentas, tomar ferramentas emprestadas e, em geral, manter as ciências vizinhas na linha.[1] Talvez possamos aquilatar a importância de um avanço em qualquer uma das ciências em termos das mudanças que esse avanço obriga as ciências vizinhas a fazer em seus métodos e modo de pensar. Mas há sempre a regra da parcimônia. As mudanças que nós, das ciências comportamentais, podemos pedir à genética, à filosofia ou à teoria da informação devem ser sempre mínimas. A unidade da ciência como um todo é obtida por esse sistema de demandas mínimas impostas por cada ciência a seus próximos, e – não em pouca medida – pelo empréstimo de ferramentas e padrões conceituais que ocorre entre as várias ciências.

Meu objetivo nesta conferência, portanto, nem é tanto debater a teoria da esquizofrenia específica que temos desenvolvido em Palo Alto, e sim indicar que essa teoria e outras teorias afins têm impacto sobre as ideias a respeito da própria natureza da explicação. Usei o título "Requisitos mínimos para uma teoria da esquizofrenia", e o que eu tinha em mente ao escolher esse título era debater as implicações da teoria do duplo vínculo para o campo mais amplo da ciência comportamental e, além disso, até mesmo seu efeito sobre a teoria evolucionária e a epistemologia biológica. Quais mudanças mínimas essa teoria demanda nas ciências relacionadas?

Quero tratar de questões relativas ao impacto de uma teoria experiencial da esquizofrenia sobre essa tríade de ciências afins: a teoria da aprendizagem, a genética e a evolução.

---

1   II Albert D. Lasker Memorial Lecture, conferência anual realizada no Institute for Psychosomatic and Psychiatric Research do Michael Reese Hospital, Chicago, em 7 abr. 1959. Publicado originalmente na revista *AMA Archives of General Psychiatry*, v. 2, 1960.

Podemos começar descrevendo a hipótese de forma sucinta. Em essência, a ideia apela apenas para a experiência cotidiana e o senso comum mais elementar. A primeira proposição da qual deriva a hipótese é a de que a aprendizagem acontece sempre em algum contexto que possui características formais. Se quiserem, vocês podem pensar nas características formais de uma sequência de evitação instrumental, ou nas características formais de um experimento pavloviano. Aprender a levantar a pata num contexto pavloviano é diferente de aprender a mesma ação num contexto de recompensa instrumental.

Além do mais, a hipótese depende da ideia de que esse contexto estruturado também ocorre dentro de um contexto mais amplo – um metacontexto, se assim preferirem – e que essa sequência de contextos é uma série aberta e presumivelmente infinita.

A hipótese também presume que o que acontece dentro do contexto restrito (por exemplo, a evitação instrumental) vai ser afetado pelo contexto mais amplo que o circunscreve. Pode haver incongruência ou conflito entre contexto e metacontexto. Um contexto de aprendizagem pavloviana, por exemplo, pode estar dentro de um metacontexto que castiga esse tipo de aprendizagem, talvez insistindo no *insight*. O organismo enfrenta o dilema de ou estar errado no contexto primário, ou estar certo pelos motivos errados ou da forma errada. Eis o chamado duplo vínculo. Estamos investigando a hipótese de que a comunicação esquizofrênica é aprendida e se torna habitual como resultado de contínuos traumas como esse.

E isso é tudo.

Mas até mesmo essas suposições baseadas no "senso comum" são uma ruptura com as normas clássicas da epistemologia científica. Aprendemos com o paradigma do corpo em queda livre – e com diversos paradigmas similares em muitas outras ciências – a abordar problemas científicos de forma peculiar: devemos simplificar os problemas ignorando a possibilidade – ou não considerando em um primeiro momento o fato – de que o contexto mais amplo pode influenciar o mais estreito. Nossa hipótese vai a contrapelo dessa regra e concentra-se justamente nas relações determinantes entre os contextos mais amplos e os mais estreitos.

Mais chocante ainda é o fato de que nossa hipótese sugere – mas essa sugestão nem refuta nem confirma a hipótese – que talvez possa haver uma regressão infinita desses contextos relevantes.

Com tudo isso, a hipótese requer e reforça a revisão no pensamento científico que vem ocorrendo em diversos campos, da física à biologia.

O observador precisa estar incluído no foco da observação, e o que pode ser estudado é sempre uma relação ou regressão infinita de relações. Nunca uma "coisa".

Um exemplo deve esclarecer a relevância dos contextos mais amplos. Consideremos um experimento de aprendizagem no qual o sujeito experimental possa ser o esquizofrênico. Neste caso, o esquizofrênico é o que se chama de paciente, em relação a um membro de uma organização superior e malquista: a equipe hospitalar. Se o paciente fosse um newtoniano pragmático típico, conseguiria dizer a si mesmo: "Os cigarros que posso ganhar fazendo o que esse homem espera que eu faça são apenas cigarros, afinal de contas, e, como cientista aplicado que sou, vou lá e faço o que ele quer de mim. Vou resolver o problema experimental e ganhar os cigarros". Mas os seres humanos, em especial os esquizofrênicos, nem sempre veem a questão desse modo. Eles são afetados pela circunstância de que o experimento está sendo conduzido por alguém que eles preferem não agradar. Podem até sentir que é certa falta de vergonha na cara tentar agradar a alguém de quem não gostam. O que acontece, então, é que o *signo* do sinal que o pesquisador emite (dar ou negar cigarros) fica invertido. O que o pesquisador pensava ser uma recompensa acaba sendo uma mensagem de indignidade parcial, e o que o pesquisador pensava que era castigo torna-se em parte uma fonte de satisfação.

Pensem na *dor* aguda do paciente mental de um hospital grande que é momentaneamente tratado como um ser humano por um membro da equipe hospitalar.

Para explicar os fenômenos observados temos de considerar *sempre* o contexto mais amplo do experimento de aprendizagem, e *toda* transação interpessoal é um contexto de aprendizagem.

A hipótese do duplo vínculo depende, portanto, da atribuição de certas características ao processo de aprendizagem. Se essa hipótese estiver ao menos próxima da verdade, devemos abrir espaço para ela na teoria da aprendizagem. Em particular, a teoria da aprendizagem deve se tornar descontínua para poder acomodar as descontinuidades da hierarquia dos contextos de aprendizagem a que me referi.

Além do mais, essas descontinuidades têm uma natureza peculiar. Como dissemos, o contexto mais amplo pode mudar o sinal do reforço proposto por determinada mensagem e, evidentemente, o contexto mais amplo também pode mudar de modo – pode colocar a mensagem na categoria de humor, metáfora etc. O cenário pode tornar a mensagem imprópria. A mensagem pode estar fora de tom com relação ao contexto mais amplo e assim por diante. Mas há limites para essas modificações. O contexto pode dizer ao receptor qualquer coisa *sobre* a mensagem, mas não pode jamais destruí-la ou contradizê-la diretamente. A frase: "Eu estava mentindo quando disse: 'O gato está no mato'" não diz nada ao interlocutor quanto à localização do gato. Só lhe diz algo a respeito da confiabilidade da informação anterior. Há um abismo entre contexto e mensagem (ou entre metamensagem e mensagem) que é da mesma natureza que o abismo que existe entre uma coisa e a palavra ou signo que vale por essa coisa, ou entre os membros de uma classe e o nome dessa classe. O contexto (ou metamensagem) *classifica* a mensagem, mas nunca pode defrontar-se com ela em igualdade de condições.

Para introduzir tais descontinuidades na teoria da aprendizagem, é necessário alargar o âmbito do que deve ser incluído no conceito de *aprendizagem*. O que os pesquisadores têm descrito como "aprendizagem" são em geral mudanças no que um organismo faz em resposta a um dado sinal. O pesquisador observa, por exemplo, que no início a campainha não desencadeia nenhuma resposta regular, mas após soar várias vezes e vir acompanhada de carne desidratada em pó, o animal começará a salivar sempre que ouvir a campainha. Podemos dizer, *grosso modo*, que o animal começou a associar significação ou significado à campainha.

O que ocorreu foi uma mudança. Para construir uma série hierárquica, vamos nos ater à palavra "mudança". Séries como aquelas que nos interessam são construídas em geral de duas maneiras. Dentro do campo da teoria da comunicação pura, os graus de uma série hierárquica podem ser construídos mediante o uso sucessivo da palavra "sobre" ou "meta". Nossa série hierárquica irá consistir então de mensagem, metamensagem, metametamensagem e assim por diante. Quando lidamos com fenômenos marginais à teoria das comunicações, podemos construir hierarquias similares empilhando "mudança" sobre "mudança". Na física clássica, a sequência: posição, velocidade (isto é, mudança de posição), aceleração (isto é, mudança de velocidade ou mudança de posição), mudança de aceleração etc., é um exemplo desse tipo de hierarquia.

As complicações aparecem – raramente na física clássica, mas muitas vezes na comunicação humana – quando percebemos que as mensagens podem ser sobre a (ou "meta") relação entre mensagens de diferentes níveis. O cheiro da coleira utilizada no experimento pode informar ao cachorro que a campainha significará carne em pó. Nesse caso, diremos que a mensagem da coleira é meta em relação à mensagem da campainha. Mas, nas relações humanas, pode-se gerar outro tipo de complexidade; por exemplo, podemos emitir mensagens que proíbem o sujeito experimental de realizar a conexão meta. Um pai alcoólatra pode castigar o filho por este demonstrar que sabe que deve recear brigas sempre que o pai pega a garrafa na despensa. A hierarquia de mensagens e contextos torna-se, assim, uma complexa estrutura ramificada.

Sendo assim, é possível estabelecer uma classificação hierárquica similar dentro da teoria da aprendizagem, de forma substancialmente idêntica à da física. O que os pesquisadores vêm investigando é a *mudança* na recepção de um sinal. Mas, claramente, receber um sinal já denota *mudança* – uma mudança de ordem mais simples ou inferior àquela que os pesquisadores estavam investigando. Isso nos dá as duas primeiras etapas de uma hierarquia da aprendizagem e, acima delas, podemos imaginar uma série infinita. Essa hierarquia,[2] portanto, pode ser estruturada da seguinte maneira:

1. *Recebimento de sinal.* Estou trabalhando em minha escrivaninha, onde meu almoço repousa dentro de um saco de papel. Ouço a sineta do hospital, e, com isso, sei que é meio-dia. Estendo a mão e pego o meu almoço. O sinal sonoro pode ser visto como uma resposta a uma pergunta depositada em minha mente por uma aprendizagem prévia de segunda ordem; mas o acontecimento específico – o recebimento da unidade de informação – é uma unidade de aprendizagem, e isso é demonstrado pelo fato de que, ao recebê-la, eu mudei e respondi de forma específica ao saco de papel.

2. *Aprendizagens que são mudanças em* (1). Estas são exemplificadas por diversos tipos de experimentos clássicos de aprendizagem: pavloviano, recompensa instrumental, evitação instrumental, aprendizagem por memorização e assim por diante.

3. *Aprendizagens que constituem mudanças na aprendizagem de segunda ordem.* Em textos passados, infelizmente, chamei esses fenômenos de "deuteroaprendizagem", traduzindo esse conceito por "aprender a aprender". Teria sido mais correto cunhar o termo tritoaprendizagem e traduzi-lo por "aprender a aprender a receber sinais". Esses

---

2   [Nota de 1971] Em minha versão final dessa hierarquia de ordens de aprendizagem, publicada neste volume como "As categorias lógicas da aprendizagem e da comunicação" (ver *infra* p. 289), usei um sistema de numeração diferente. O recebimento de um sinal é chamado de "aprendizagem zero"; mudanças na aprendizagem zero são chamadas de aprendizagem I; "deuteroaprendizagem" é chamada de aprendizagem II etc.

fenômenos são aqueles em que o psiquiatra está predominantemente interessado – a saber, as mudanças mediante as quais um indivíduo passa a esperar que seu mundo seja estruturado de certa forma, em vez de outra. Esses fenômenos são os que subjazem à "transferência", isto é, a expectativa do paciente de que a relação com o terapeuta terá os mesmos tipos de contextos de aprendizagem que ele já encontrou antes, ao lidar com os próprios pais.

4. *Alterações nos processos de mudança a que nos referimos em (3).* Se a aprendizagem de quarta ordem acontece nos seres humanos, não se sabe. O que o psicoterapeuta tenta produzir em seu paciente é geralmente uma aprendizagem de terceira ordem, mas é possível, e certamente concebível, que algumas das alterações que acontecem de forma lenta e inconsciente possam ser mudanças de signo em um derivado superior no processo de aprendizagem.

Nesse ponto é necessário comparar três tipos de hierarquia com os quais nos deparamos: (a) a hierarquia das ordens de aprendizagem; (b) a hierarquia dos contextos de aprendizagem; e (c) as hierarquias de estrutura de circuitos que podemos – e devemos, na verdade – esperar encontrar em um cérebro telencefálico.

Defendo o ponto de vista de que (a) e (b) são sinônimos no sentido de que toda afirmação feita em termos de contextos de aprendizagem pode ser traduzida (sem perda nem ganho) em afirmações em termos de ordens de aprendizagem e que, além disso, a classificação ou hierarquia dos contextos deve ser isomórfica à classificação ou hierarquia das ordens de aprendizagem. Para além disso, creio que devemos esperar uma classificação ou hierarquia de estruturas neurofisiológicas que seja isomórfica às outras duas classificações.

Essa sinonímia entre afirmações sobre contexto e afirmações sobre ordens de aprendizagem me parece evidente, mas a experiência mostra que ela deve ser explicada em termos claros. "A verdade jamais será dita de modo compreensível sem que nela se creia",[3] mas, inversamente, só se crerá nela *no momento* que for dita de forma compreensível.

Primeiro é necessário frisar que, no mundo da comunicação, as únicas entidades ou "realidades" relevantes são as mensagens, incluídas as partes de mensagens, as relações entre as mensagens, as pausas significativas entre as mensagens e assim por diante. A *percepção* de um

---

3 William Blake, *Visões: poesia completa* [1789–95], ed. bilíngue, trad. José Antônio Arantes. São Paulo: Iluminuras, 2020. [N. T.]

acontecimento, objeto ou relação é real. É uma mensagem neurofisiológica. Mas o acontecimento em si ou o objeto em si não podem ingressar nesse mundo e são, portanto, irrelevantes e, nesse sentido, irreais. Por outro lado, na mesma linha, uma mensagem não possui realidade ou relevância na qualidade de mensagem no mundo newtoniano: ali, ela é reduzida a ondas sonoras ou tinta tipográfica.

Na mesma linha, os "contextos" e "contextos de contextos" sobre os quais venho insistindo só são reais ou relevantes na medida em que são comunicacionalmente efetivos, ou seja, se funcionarem como mensagens ou modificadores de mensagens.

A diferença entre o mundo newtoniano e o mundo da comunicação é simplesmente que o mundo newtoniano atribui realidade aos objetos e alcança a simplicidade descartando o contexto do contexto – na verdade, excluindo todas as metarrelações –, excluindo *a fortiori* uma regressão infinita de tais relações. Em contraste, o teórico da comunicação insiste em examinar as metarrelações e alcança sua simplicidade excluindo todos os objetos.

O mundo da comunicação é um mundo berkeleyiano, mas, verdade seja dita: o bom bispo foi comedido em suas declarações. A relevância ou a realidade devem ser negadas não apenas ao barulho da árvore tombando sem ser ouvida no meio da floresta, mas também a esta cadeira que estou vendo e na qual estou sentado. Minha percepção dela é comunicacionalmente real, e aquilo em que me sento é apenas uma ideia para mim, uma mensagem na qual deposito minha confiança.

"Em meu *pensamento*, uma coisa vale por outra nesse mundo; e uma ferradura de cavalo há de servir", porque no pensamento e na experiência não existem coisas, mas somente mensagens e afins.

Nesse mundo, de fato, eu, enquanto objeto material, não tenho relevância e, nesse sentido, não tenho realidade. "Eu", porém, existo no mundo comunicacional como um elemento essencial na sintaxe da minha experiência e na experiência dos outros, e as comunicações dos outros podem causar dano à minha identidade, a ponto de destruir a organização da minha experiência.

Talvez um dia cheguemos a uma síntese final entre os mundos newtoniano e comunicacional. Mas não é esse o propósito desta discussão. Aqui, minha preocupação é esclarecer a relação entre os contextos e as ordens de aprendizagem e, para isso, primeiro era necessário colocar em foco a diferença entre o discurso newtoniano e o comunicacional.

Com essa afirmação introdutória, porém, fica claro que a separação entre contextos e ordens de aprendizagem é somente um artefato de comparação entre esses dois tipos de discurso. A separação somente se sustenta quando dizemos que os contextos se localizam fora do indivíduo físico, enquanto as ordens de aprendizagem se localizam dentro dele. Mas no mundo comunicacional, essa dicotomia é irrelevante e sem sentido. Os contextos só têm realidade comunicacional na medida em que são efetivos enquanto mensagens, ou seja, na medida em que são representados ou refletidos (corretamente ou com distorções) em *múltiplas* partes do sistema comunicacional que estamos estudando; e esse sistema não é o indivíduo físico, mas uma ampla rede de vias de mensagens. Algumas dessas vias *por acaso* se localizam fora do indivíduo físico, outras dentro dele; mas as características do *sistema* não são de forma alguma dependentes de qualquer linha de demarcação que se possa riscar sobre o mapa comunicacional. Não há sentido comunicacional em perguntar se a bengala do cego ou o microscópio do cientista "fazem parte" do homem que os utiliza. Tanto bengala como microscópio são vias de comunicação importantes e, como tais, são partes da rede que nos interessa; mas nenhuma fronteira ou delimitação – por exemplo, até a metade da bengala – pode ter relevância em uma descrição da topologia dessa rede.

Porém, ao descartar esse limite do indivíduo físico, não queremos sugerir (como alguns poderiam temer) que o discurso comunicacional é necessariamente caótico. Pelo contrário, a classificação hierárquica proposta para aprendizagens e/ou contextos é uma organização do que, para o newtoniano, parece um caos, e é justamente essa organização que é requerida pela hipótese do duplo vínculo.

O homem deve ser um tipo de animal cujo aprendizado caracteriza-se por descontinuidades hierárquicas desse gênero, do contrário não poderia desenvolver esquizofrenia após as frustrações do duplo vínculo.

Quanto às evidências, começamos a ter um corpo de experimentos que demonstra a realidade do aprendizado de terceira ordem[4] mas quanto à questão específica da *descontinuidade* entre essas ordens de aprendizagem, até onde sei existem pouquíssimas evidências. Vale citar aqui os experimentos de John Stroud. Eram experimentos sobre rastreamento. O sujeito experimental vê uma tela na qual um ponto que representa um alvo móvel se move. Um segundo ponto, que representa

---

4   C. L. Hull et al., *Mathematico-deductive Theory of Rote Learning: A Study in Scientific Methodology*. New Haven: Yale University Press, 1940; ver também Harry F. Harlow, "The Formation of Learning Sets". *Psychological Review*, v. 56, n. 1, 1949.

a mira de uma arma, pode ser monitorado pelo sujeito experimental por meio de dois controles giratórios. O sujeito experimental é desafiado a manter a coincidência entre o ponto-alvo e o ponto sobre o qual ele tem controle. Nesse tipo de experimento, o alvo pode ter diversos tipos de movimento, caracterizados por derivadas de segunda e terceira ordem, ou até de ordens maiores. Stroud mostrou que, assim como há descontinuidade nas ordens das equações que um matemático pode utilizar para descrever os movimentos do ponto-alvo, existe descontinuidade na aprendizagem do sujeito experimental. Neste sentido, é como se um novo processo de aprendizagem estivesse em jogo a cada aumento na ordem de complexidade no movimento do alvo.

Para mim, é fascinante descobrir que o que supúnhamos ser puramente um artefato de descrição matemática também é, ao que parece, uma característica intrínseca do cérebro humano, a despeito do fato de esse cérebro certamente não utilizar equações matemáticas para cumprir essa tarefa.

Também há evidências de natureza mais geral que podem sustentar a noção de descontinuidade entre as ordens de aprendizagem. Por exemplo, há o fato curioso de que os psicólogos geralmente não têm o hábito de considerar o que chamo de aprendizagem de primeira ordem, ou seja, o recebimento de um sinal significativo, como um tipo de aprendizagem; outro fato curioso é que os psicólogos têm demonstrado pouco interesse, pelo menos até recentemente, pela aprendizagem de terceira ordem, na qual o psiquiatra está particularmente interessado. Há um abismo impressionante entre o pensamento do psicólogo experimental e o pensamento do psiquiatra ou antropólogo. Esse abismo, creio eu, deve-se à descontinuidade na estrutura hierárquica.

Aprendizagem, genética e evolução

Antes de considerarmos o impacto da hipótese do duplo vínculo sobre a genética e a teoria evolucionária, é preciso examinar a relação entre teorias de aprendizagem e esses dois outros *corpora* de conhecimento. Anteriormente, me referi às três matérias como uma tríade. Precisamos pensar agora sobre a estrutura dessa tríade.

A genética, que abarca os fenômenos comunicacionais de variação, diferenciação, crescimento e hereditariedade, é geralmente reconhecida como aquilo que constitui a própria essência da teoria evolucionária. A teoria darwiniana, quando expurgada das ideias lamarckianas, consiste em uma genética na qual a variação era presumida aleatória, conjugada com uma teoria da seleção natural que imprimiria uma direção adaptativa à acumulação de mudanças. Mas a relação entre a aprendizagem e essa teoria tem sido objeto de violenta controvérsia que se alastrou para a chamada "herança de características adquiridas".

A posição de Darwin foi severamente questionada por Samuel Butler, que argumentava que a hereditariedade deveria ser comparada – e até mesmo identificada – com a memória. Butler partiu dessa premissa para afirmar que os processos de mudança evolucionária, e em especial a adaptação, devem ser vistos como uma conquista da profunda astúcia do fluxo contínuo da vida, não como dividendos fortuitos, obtidos por pura sorte. Ele fez uma analogia estreita entre os fenômenos da invenção e os fenômenos da adaptação evolucionária e foi talvez o primeiro a chamar a atenção para a existência de órgãos residuais em máquinas. A curiosa homologia do motor, que fica na parte dianteira do veículo, onde costumava ficar o cavalo, o teria deliciado. Ele também argumentava de maneira muito convincente que existe um processo pelo qual as invenções mais novas do comportamento adaptativo são depositadas mais profundamente no sistema biológico do organismo. De ações planejadas e conscientes, elas passam a hábitos que se tornam cada vez menos conscientes e cada vez menos sujeitos aos controles voluntários. Ele presumia, sem provas, que essa habituação, ou processo de afundamento, poderia ser tão profunda que contribuiria para o conjunto de memórias, que chamaríamos de genótipo, e que determina as características da geração seguinte.

A controvérsia sobre a herança de características adquiridas tem duas facetas. Por um lado, parece ser uma discussão que poderia ser decidida com material factual. Um bom argumento a favor desse tipo de herança já daria razão ao partido lamarckiano. Mas o argumento contra essa herança, por ser negativo, jamais poderá ser comprovado com provas concretas e, por isso, precisa se apoiar na teoria. Geralmente, a argumentação dos partidários da visão negativa parte da separação entre germoplasma e tecido somático, insistindo em que não pode haver comunicação sistemática entre o soma e o germoplasma à luz da qual o genótipo possa se revisar.

A dificuldade é a seguinte: é concebível que um músculo bíceps modificado pelo uso ou pela falta de uso possa secretar metabólitos específicos na circulação e que estes possam servir de mensageiros químicos do músculo para a gônada. Mas (a) é difícil acreditar que a química do bíceps seja tão diferente, digamos, da do tríceps que a mensagem seja específica; e (b) é difícil acreditar que o tecido da gônada possa ser equipado para ser afetado de maneira adequada por essas mensagens. Afinal, o receptor de uma mensagem precisa conhecer o código do remetente, de modo que, se as células germinativas são capazes de receber mensagens do tecido somático, elas devem conter previamente uma versão do código somático. As instruções que a mudança evolutiva poderia receber com a ajuda das mensagens do soma teriam de estar *pre*figuradas no germoplasma.

Portanto o argumento contra a herança de características adquiridas baseia-se em uma separação, e a diferença entre as escolas de pensamento cristaliza-se nas reações filosóficas a essa separação. Quem estiver disposto a pensar que o mundo é organizado segundo princípios múltiplos e separáveis aceitará a ideia de que as mudanças somáticas induzidas pelo meio ambiente podem ser explicadas por um argumento que pode ser totalmente separado da explicação da mudança evolutiva. Mas aqueles que preferem ver uma unidade na natureza esperam inter-relacionar de algum modo esses *corpora* de explicações.

Além disso, desde que Butler defendeu que a evolução estava relacionada à astúcia e não à sorte, toda relação entre aprendizagem e evolução passou por uma curiosa mudança que nem Darwin nem Butler poderiam ter previsto. O que aconteceu foi que muitos teóricos presumem hoje que a aprendizagem é fundamentalmente uma ocorrência estocástica ou probabilística e, de fato, salvo teorias nada parcimoniosas que querem postular uma enteléquia no console mental, a abordagem estocástica é talvez a única teoria organizada sobre a natureza da aprendizagem. A ideia é que mudanças aleatórias ocorrem, seja no cérebro, seja em outra parte qualquer, e os resultados dessa mudança aleatória são selecionados por processos de reforço e extinção para a sobrevivência. Na teoria básica, o pensamento criativo acabou ficando parecido com o processo evolutivo em sua natureza fundamentalmente estocástica. O reforço é visto como algo que confere direção à acumulação de mudanças aleatórias do sistema neural, assim como a seleção natural é algo que confere direção à acumulação de mudanças/modulações de variação aleatórias.

Tanto na teoria da evolução como na teoria da aprendizagem, porém, a palavra "aleatório" é manifestamente indefinida e não é nada fácil de definir. Em ambos os campos, presume-se que, enquanto a mudança pode depender de fenômenos probabilísticos, a probabilidade de uma dada mudança é determinada por algo diferente da probabilidade. Subjazem à teoria estocástica da evolução e à do aprendizado teorias não declaradas sobre os determinantes das probabilidades em questão.[5] Se, porém, perguntarmos sobre mudanças nesses determinantes, novamente receberemos respostas estocásticas, de forma que a palavra "aleatório", para a qual todas essas explicações se voltam, parece ser uma palavra cujo significado é hierarquicamente estruturado, como o significado da palavra "aprendizagem", que foi discutido na primeira parte desta palestra.

Por último, a questão da função evolucionária das características adquiridas foi reaberta pelo trabalho de Waddington sobre as fenocópias na *Drosophila*. No mínimo, esse trabalho indica que as mudanças de fenótipo que o organismo pode apresentar por pressão do meio ambiente são uma parte muito importante do maquinário pelo qual a espécie ou linha hereditária mantém seu lugar em um ambiente cheio de pressão e concorrência, até o aparecimento posterior de uma mutação ou outra mudança genética que possa tornar a espécie ou linha hereditária mais capaz de lidar com a pressão contínua. Pelo menos nesse sentido, as características adquiridas possuem uma função evolucionária importante. Porém, o histórico experimental real indica algo mais, algo que vale a pena recordar sucintamente.

Waddington trabalha com uma fenocópia do fenótipo produzido pelo gene bitórax. Esse gene afeta muito profundamente o fenótipo adulto. Em sua presença, o terceiro segmento do tórax é modificado para se parecer com o segundo, e os pequenos órgãos de equilíbrio desse terceiro segmento, chamados halteres, tornam-se asas. O resultado é uma mosca de quatro asas. Essa característica pode ser produzida artificialmente em moscas que não possuem o gene bitórax, sujeitando as pupas a um período de intoxicação por éter etílico. Waddington trabalha com amplas populações de moscas *Drosophila* derivadas de uma cepa natural que, acredita-se, não possui o gene bitórax. Ele sujeita as pupas dessas populações ao tratamento com éter por gerações sucessivas e, dos adultos resultantes, seleciona para procriação os que mostram a melhor aproximação do bitórax. Ele prossegue o experimento com várias gerações e, na altura da vigésima sétima geração, ele descobre que a aparência bitórax só é obtida por um número limitado de moscas cujas pupas não foram submetidas ao tratamento experimental e não foram expostas a éter. Quando essas moscas procriaram, ficou

---

5 Nesse sentido, é claro, todas as teorias *de* mudança presumem que a *próxima* mudança está prefigurada em algum grau no sistema que deve passar por essa mudança.

claro que sua aparência bitórax não se deve à presença do gene bitórax específico, mas sim a uma constelação de genes que trabalham juntos para produzir esse efeito.

Esses resultados impressionantes podem ser interpretados de mais de uma maneira. Podemos dizer que, ao selecionar as melhores fenocópias, Waddington estava, na verdade, em busca da potencialidade genética desse fenótipo. Ou podemos dizer que ele estava selecionando as moscas para reduzir o limite de pressão de éter necessário à produção desse resultado.

Vou sugerir um possível modelo para a descrição desses fenômenos. Suponhamos que a característica adquirida seja obtida por meio de um processo de natureza fundamentalmente estocástica – talvez um tipo de aprendizagem somática – e o mero fato de Waddington poder selecionar as "melhores" fenocópias ajudaria a sustentar essa suposição. Ora, é evidente que todo processo desse tipo é, por natureza, um desperdício. Resultados obtidos por tentativa e erro que pudessem ser obtidos por meios mais diretos consomem necessariamente tempo e empenho em algum sentido dos termos. Quando pensamos na adaptabilidade como algo alcançado por processos estocásticos, abrimos a porta para a ideia de uma economia da adaptabilidade.

No campo dos processos mentais, nós estamos bastante familiarizados com esse tipo de economia e, na verdade, obtemos uma grande e necessária economia com o processo de formação de hábitos. Podemos, num primeiro momento, resolver um dado problema por tentativa e erro; mas posteriormente, quando problemas semelhantes aparecem, tendemos a lidar com eles de maneira cada vez mais econômica, tirando-os do âmbito da operação estocástica e confiando as soluções a um mecanismo mais profundo e menos flexível, que chamamos de "hábito". Portanto, é perfeitamente concebível que um fenômeno análogo possa ocorrer no que diz respeito à produção das características bitórax. Pode ser mais econômico produzi-las pelo rígido mecanismo da determinação genética do que pelo método da mudança somática, mais flexível e passível de desperdício (e talvez menos previsível).

Isso significaria que, na população de moscas de Waddington, haveria uma vantagem seletiva para toda a linha hereditária de moscas que contivesse genes apropriados para a totalidade – ou parte – do fenótipo bitórax. Também é possível que essas moscas tenham uma vantagem a mais por seu maquinário somático adaptativo estar disponível para lidar com outros tipos de pressão. Parece que, na aprendizagem, quando a solução de um problema já foi transferida para o hábito, os mecanismos estocásticos ou exploratórios são liberados para solucionar outros problemas, e é perfeitamente concebível que se obtenha uma vantagem semelhante quando se transfere para a sequência de genes a determinação de uma característica somática.[6]

Pode-se notar que esse modelo seria caracterizado por *dois* mecanismos estocásticos: primeiro, o mecanismo mais superficial, pelo qual as mudanças são obtidas no nível somático; e, segundo, o mecanismo estocástico de mutação (ou o embaralhamento das constelações de genes) no nível cromossômico. Esses dois sistemas estocásticos, a longo prazo e *sob condições seletivas*, serão obrigados a trabalhar juntos, embora as mensagens não possam passar do sistema somático superficial para o germoplasma. O palpite de Samuel Butler de que algo semelhante ao "hábito" seja essencial para a evolução talvez não tenha passado tão longe assim do alvo.

Com essa introdução, podemos passar à observação dos problemas que uma teoria de duplo vínculo da esquizofrenia significaria para o geneticista.

Problemas genéticos apresentados pela teoria do duplo vínculo

Se a esquizofrenia é uma modificação ou distorção do processo de aprendizagem, quando indagamos sobre a genética da esquizofrenia, não podemos nos contentar apenas com genealogias nas quais discriminamos indivíduos que estiveram internados de indivíduos que não estiveram. Não há expectativa a priori de que essas distorções do processo de aprendizagem, que são altamente formais e abstratas por natureza, aparecerão necessariamente com o conteúdo apropriado que resultaria em internação hospitalar. Nossa tarefa enquanto geneticistas não será tão simples como a dos mendelianos, presumindo

---

6   Essas considerações alteram, até certo ponto, o velho problema do efeito evolucionário do uso e do desuso. A teoria ortodoxa era capaz somente de sugerir que uma mutação que reduzia o tamanho (potencial) de um órgão em desuso tinha valor de sobrevivência em termos da economia de tecido resultante. A teoria aqui apresentada sugere que a atrofia de um órgão, ocorrida no nível somático, pode constituir uma perda na adaptabilidade total disponível de um organismo, e que esse desperdício de adaptabilidade poderia ser evitado caso a redução do órgão pudesse ser obtida mais diretamente por meio de determinantes genéticos.

uma relação de um para um entre fenótipo e genótipo. Não podemos simplesmente presumir que os hospitalizados são portadores de um gene da esquizofrenia e os demais não. Ao contrário, o que temos de esperar é que diversos genes ou constelações de genes alterem os padrões e potencialidades do processo de aprendizagem, e que alguns dos padrões resultantes, caso venham a enfrentar pressões ambientais adequadas, levarão à esquizofrenia aguda.

Nos termos mais genéricos, qualquer aprendizagem, seja a assimilação de um *bit* de informação, seja uma mudança básica na estrutura característica do organismo inteiro, é, do ponto de vista da genética, aquisição de uma "característica adquirida". É uma mudança no fenótipo que este foi capaz de fazer graças a toda uma cadeia de processos fisiológicos e embriológicos que remontam ao genótipo. Cada etapa dessa série retro-orientada pode (presumivelmente) ser modificada ou interrompida por impactos ambientais; mas, é claro, diversas etapas serão rígidas, no sentido de que o impacto ambiental poderia destruir o organismo naquele ponto. Somente nos interessam os pontos na hierarquia sobre os quais o meio ambiente pode agir e o organismo ainda resultar viável. Quantos pontos desses existem? – ainda estamos longe de saber. E, por fim, quando chegamos ao genótipo, o que nos preocupa é saber se os elementos genotípicos nos quais estamos interessados são ou não variáveis. Será que existem diferenças de genótipo para genótipo que afetam a modificabilidade dos processos que levam aos comportamentos fenotípicos que observamos?

No caso da esquizofrenia, trata-se evidentemente de uma hierarquia relativamente longa e complexa; e a história natural da doença indica que essa hierarquia não é simplesmente uma cadeia de causas e efeitos que vai da sequência genética ao fenótipo e, em certos pontos, é condicionada por fatores ambientais. Ao contrário, ao que parece, na esquizofrenia os próprios fatores ambientais são modificados pelo comportamento do indivíduo sempre que começa a aparecer uma conduta relacionada à esquizofrenia.

Para ilustrar essas complexidades, talvez valha a pena considerarmos um instante os problemas genéticos apresentados por outras formas de comportamento comunicacional – humor, habilidades matemáticas ou composição musical. Talvez, em todos esses casos, existam diferenças genéticas consideráveis entre os indivíduos no que diz respeito aos fatores que compõem a capacidade de adquirir técnicas adequadas. Mas as técnicas em si e sua expressão específica também dependem largamente das circunstâncias ambientais e até mesmo de um treinamento específico. Além desses dois componentes da situação, existe o fato de que o indivíduo que demonstra aptidões – por exemplo, para a composição musical – provavelmente moldará seu ambiente para favorecer o desenvolvimento delas e criará para os outros um ambiente que favorecerá o desenvolvimento destes na mesma direção.

No caso do humor, a situação pode ter um grau a mais de complicação. Não está claro se, nesse caso, a relação entre o humorista e seu ambiente humano é necessariamente simétrica. Admitindo-se que, em alguns casos, o humorista promove bom humor nos outros, em muitos outros casos ocorre a conhecida relação complementar entre o humorista e o homem "normal". De fato, o humorista, na medida em que se assenhora do palco, pode reduzir os outros à posição de receptores do humor, sem contribuírem para ele.

Essas considerações podem ser aplicadas sem grandes mudanças ao problema da esquizofrenia. Qualquer pessoa que observe as transações que acontecem entre os membros de uma família na qual há um esquizofrênico identificado perceberá imediatamente que o comportamento sintomático do paciente identificado se encaixa nesse ambiente e, de fato, promove nos demais características que evocam o comportamento esquizofrênico. Assim, além dos dois mecanismos estocásticos apresentados na seção anterior, agora enfrentamos um terceiro, a saber, o mecanismo de mudanças pelas quais a família, talvez gradualmente, se organiza (ou seja, limita os comportamentos dos indivíduos que a compõem) de forma que seja complementar à esquizofrenia.

A pergunta que mais ouço é a seguinte: "Se a família é esquizofrenógena, como é possível os filhos não serem todos diagnosticáveis como pacientes esquizofrênicos?". Aqui, é necessário frisar que a família, como qualquer outra organização, cria e depende das diferenciações entre seus membros. Como em muitas organizações, só há lugar para um chefe, independentemente do fato de o funcionamento da organização basear-se em premissas que induziriam técnicas e ambições administrativas em seus membros; ou seja, na família esquizofrenógena também só há lugar para um esquizofrênico. O caso do humorista é semelhante. A organização da família Marx, que conseguiu criar quatro humoristas profissionais, é excepcional. O mais comum é que um indivíduo baste para reduzir os outros a papéis comportamentais mais tradicionais. A genética pode ter certa influência na decisão de qual filho será o esquizofrênico – ou qual será o "palhaço" –, mas não está claro quais fatores hereditários poderiam determinar completamente a evolução ou os papéis dentro da organização familiar.

Uma segunda pergunta – para a qual não temos uma resposta definitiva – diz respeito ao grau de esquizofrenia (genética e/ou adquirida) que deve ser atribuído à mãe ou ao pai esquizofrenógeno. Para os fins desta investigação, definirei dois graus de sintomatologia esquizofrênica, e observem que o chamado "surto psicótico" às vezes divide esses dois graus.

O grau mais sério e evidente de sintomatologia é o que convencionalmente chamamos de esquizofrenia. Chamarei de "esquizofrenia aguda". As pessoas que sofrem de esquizofrenia aguda se comportam de formas que se desviam muito do ambiente cultural. Especificamente, seu comportamento parece se caracterizar por erros e distorções evidentes ou exagerados quanto à natureza e classificação de suas próprias mensagens (internas e externas) e das mensagens que eles recebem das outras pessoas. Eles parecem confundir imaginação e percepção. O literal é confundido com o metafórico. As mensagens internas são confundidas com as externas. O trivial é confundido com o vital. O gerador da mensagem é confundido com o receptor, o perceptor com a coisa percebida, e assim por diante. Em geral, essas distorções podem ser resumidas da seguinte maneira: o paciente se comporta de forma a não ser responsável por nenhum aspecto metacomunicativo de sua mensagem. Ele faz isso, além do mais, de forma a tornar patente seu estado de saúde mental: em alguns casos, chega a inundar o ambiente com mensagens cuja tipificação lógica ou é totalmente obscura, ou induz ao erro; noutros casos, retrai-se tão abertamente que não se compromete com nenhuma mensagem franca.

No caso "latente", o comportamento do paciente identificado é caracterizado de forma semelhante, porém menos nítida, por uma mudança constante da tipificação lógica de suas mensagens e pela tendência a responder às mensagens dos outros (especialmente dos familiares) como se elas fossem de um tipo lógico diferente do que o pretendido pelo falante. Nesse sistema de comportamento, as mensagens do interlocutor são constantemente desqualificadas, seja pela indicação de que são respostas inapropriadas ao que o esquizofrênico latente disse, seja pela indicação de que são fruto de uma falha de caráter ou motivação do falante. Além do mais, esse comportamento destrutivo é feito em geral para não ser detectado. Desde que o esquizofrênico latente consiga responsabilizar o outro, sua patologia é escamoteada e a culpa sobra para outra coisa ou pessoa. Existem certas evidências de que essas pessoas têm medo de cair na esquizofrenia aguda quando se deparam com circunstâncias que as obrigam a reconhecer o padrão de suas operações. Elas chegam a usar de ameaça ("Você está me deixando maluco") como defesa para sua posição.

O que estou chamando aqui de esquizofrenia latente é característico dos pais das famílias que estudamos. Esse comportamento, quando ocorre na mãe, já foi apresentado extensivamente; assim, vou dar um exemplo em que a figura central é o pai. O sr. e a sra. P. são casados há cerca de dezoito anos e têm um filho de dezesseis anos praticamente hebefrênico. O casamento é difícil e caracteriza-se por uma hostilidade quase constante. Por acaso ela é amante da jardinagem e, certo domingo à tarde, os dois passaram alguns momentos juntos, plantando rosas em seu futuro roseiral. Ela se recorda dessa ocasião como um momento atipicamente agradável. Segunda-feira, pela manhã, o marido saiu para trabalhar como sempre, e, durante sua ausência, a sra. P. recebeu um telefonema de um completo desconhecido que lhe perguntou, quase como se pedisse desculpas, quando a sra. P. deixaria a casa. Foi uma ingrata surpresa. Ela não sabia que, do ponto de vista de seu marido, as mensagens do trabalho conjunto no roseiral estavam enquadradas no contexto maior de ele ter negociado a venda da casa na semana anterior.

Em certos casos, o esquizofrênico agudo parece ser quase uma caricatura do latente.

Se presumirmos que tanto os sintomas francamente esquizofrênicos do paciente quanto a "esquizofrenia latente" dos pais são em parte determinados por fatores genéticos, ou seja, havendo um ambiente experimental apropriado, a genética torna o paciente em certo grau mais passível ao desenvolvimento desses padrões de comportamento específicos, então devemos indagar como esses dois graus de patologia podem estar relacionados em termos de teoria genética.

Fato é que não há resposta atualmente disponível para essa pergunta, mas, sem dúvida, é possível que estejamos enfrentando aqui dois problemas muito diferentes. No caso do esquizofrênico agudo, o geneticista terá de identificar as características formais do paciente que o tornarão mais passível ao surto psicótico induzido pelo comportamento dissimuladamente inconsistente de seus pais (ou em conjunto e contraste com o comportamento mais coerente das pessoas de fora da família). É cedo demais para arriscar um palpite específico sobre essas características, mas é razoável presumirmos que elas incluem certa rigidez. Talvez a pessoa com tendência para a esquizofrenia aguda caracterize-se por um grau a mais de intensidade de comprometimento psicológico com o status quo como ela o vê naquele momento, comprometimento esse que seria prejudicado ou frustrado pelas rápidas mudanças de enquadramento e contexto por parte dos pais. Ou talvez o paciente se caracterize pelo alto valor que dá a um parâmetro determinante da relação entre resolução de problemas e formação de hábitos. Talvez seja alguém que entrega muito fácil as soluções ao hábito e fica magoado com as mudanças de contexto que invalidam suas soluções, justamente no momento em que ele as incorpora à sua estrutura de hábitos.

Em casos de esquizofrenia latente, o geneticista enfrenta um problema diferente. Ele terá de identificar as características formais que observamos nos pais do esquizofrênico. O que se requer aqui parece ser flexibilidade, ao invés de rigidez. Mas, tendo alguma experiência no trato com essas pessoas, devo confessar a impressão de que elas estão rigidamente comprometidas com seus padrões de inconsistência.

Só não sei dizer se as duas perguntas que o geneticista deve responder podem ser simplesmente agrupadas, considerando os padrões latentes simplesmente uma versão mais branda dos agudos, ou se podem atender por um único nome, sugerindo que, em certo sentido, existe a mesma rigidez nos dois casos, mas em níveis diferentes.

Seja como for, as dificuldades que enfrentamos aqui são inteiramente características de qualquer tentativa de encontrar uma base genética para uma característica comportamental. Notoriamente, o *signo* de qualquer mensagem ou comportamento está sujeito à inversão e, a nosso ver, essa generalização é uma das contribuições mais importantes da psicanálise. Se descobrirmos que o exibicionista sexual é filho de pai pudico, temos justificativa para pedir ao geneticista que investigue a genética de uma característica básica que encontrará sua expressão fenotípica tanto na pudicícia do genitor como no exibicionismo do filho? Os fenômenos de supressão e supercompensação levam continuamente à dificuldade de que um excesso de alguma coisa em um nível (por exemplo, no genótipo) talvez possa levar a uma deficiência na expressão direta dessa coisa em um nível mais superficial (por exemplo, no fenótipo). E vice-versa.

Estamos muito longe, portanto, de poder fazer perguntas específicas ao geneticista; mas acredito que as implicações mais amplas do que acabo de dizer signifiquem mudanças importantes na filosofia da genética. Nossa abordagem dos problemas da esquizofrenia por meio de uma teoria dos níveis ou dos tipos lógicos revelou, primeiro, que os problemas de adaptação e aprendizagem e suas patologias devem ser considerados em termos de sistema hierárquico, no qual a mudança estocástica ocorre nos pontos limítrofes entre os segmentos da hierarquia. Analisamos três dessas regiões de mudança estocástica: o nível de mutação genética, o nível de aprendizagem e o nível de mudança na organização familiar. Revelamos a possibilidade de uma relação entre esses níveis que a genética ortodoxa negaria, e revelamos que, ao menos nas sociedades humanas, o sistema evolucionário não consiste apenas na seleção de ambientes adequados, mas também na modificação do ambiente familiar para que possa aguçar as características fenotípicas e genotípicas de cada membro.

O que é o homem?

Caso me tivessem perguntado há quinze anos o que eu entendia por materialismo, acho que teria respondido que materialismo é uma teoria sobre a natureza do universo e teria aceitado como normal a ideia de que essa teoria é não moral, em certo sentido. Teria concordado que o cientista é um especialista que pode ter *insights* e desenvolver técnicas para si e para os outros, mas que a ciência não poderia determinar se essas técnicas *devem* ser usadas. Defendendo isso, eu estaria acompanhando a tendência geral na filosofia científica associada a nomes como Demócrito, Galileu, Newton,[7] Lavoisier e Darwin. Eu estaria descartando visões menos respeitáveis de homens como Heráclito, os alquimistas, William Blake, Lamarck e Samuel Butler. Para estes, a motivação da investigação científica era o desejo de construir uma visão abrangente do universo que deveria demonstrar o que é o Homem e como ele se relaciona com o resto do universo. O quadro que esses homens estavam tentando pintar era ético e estético.

Há certamente esse tanto de conexão entre a verdade científica, de um lado, e a beleza e a moralidade, de outro: que se um homem mantiver opiniões falsas quanto a sua própria natureza, ele será levado por elas a praticar ações que serão, em sentido profundo, imorais ou feias.

---

7   O *nome* de Newton certamente faz parte dessa lista. Mas o homem em si era de outro temperamento. Sua preocupação mística com a alquimia e os escritos apocalípticos, seu monismo teológico secreto indicam que ele não foi o primeiro cientista objetivo, mas sim "o último dos mágicos" (ver John M. Keynes, "Newton, the Man", in *The Royal Society Newton Tercentenary Celebrations*. London: Cambridge University Press, 1947). Newton e Blake pareciam-se pelo fato de devotarem muito tempo e pensamentos às obras místicas de Jacob Boehme.

Hoje, caso me fizessem a mesma pergunta sobre o significado de materialismo, eu responderia que essa palavra equivale, no meu modo de pensar, a uma coleção de regras sobre quais perguntas deveriam ser feitas a respeito da natureza do universo. Mas eu não suporia que esse conjunto de regras tenha qualquer pretensão de ser o único certo.

O místico "vê o mundo em um grão de areia", e o mundo que ele vê é ou só moral, ou só estético, ou ambos. O cientista newtoniano vê uma regularidade nos comportamentos dos corpos em queda e afirma que, a partir dessa regularidade, não tira qualquer conclusão normativa. Mas sua afirmação deixa de ser verdade caso ele pregue que sua visão é a maneira correta de ver o universo. Pregar só é possível em termos de conclusões normativas.

Passei por diversos assuntos no decorrer desta palestra que foram focos de controvérsia na longa batalha entre um materialismo não moral e uma visão mais romântica do universo. A batalha entre Darwin e Samuel Butler talvez deva parte de seu amargor às afrontas pessoais, mas, por trás disso, o argumento tratava de uma pergunta que tinha status religioso. A batalha, na verdade, era sobre o "vitalismo". Era uma questão de quanta *vida* e que ordem de vida poderia ser atribuída aos organismos; e a vitória de Darwin se resumiu ao seguinte: se, por um lado, ele não conseguiu depreciar a vivacidade misteriosa do organismo individual, pelo menos demonstrou que o panorama evolucionário podia ser reduzido a uma "lei" natural.

Portanto, era muito importante demonstrar que aquele território ainda não conquistado – a vida do organismo individual – não podia conter nada que recapturasse o território evolucionário. Ainda era um mistério que organismos vivos lograssem mudanças adaptativas no decorrer de sua vida individual e, custasse o que custasse, essas mudanças adaptativas, as famosas características adquiridas, não podiam ter influência sobre a árvore evolutiva. A todo instante a "herança de características adquiridas" ameaçava recapturar o campo da evolução para o time vitalista. Uma parte da biologia deve permanecer separada da outra. Os cientistas objetivos diziam, é claro, que acreditavam em uma unidade da natureza – que, no fim das contas, o conjunto dos fenômenos naturais se revelaria suscetível à análise, mas por cerca de cem anos foi conveniente erguer uma divisão estanque entre a biologia do indivíduo e a teoria da evolução. A "memória adquirida" de Samuel Butler foi um ataque a essa divisão.

A pergunta que me preocupa nesta conclusão da palestra pode ser formulada de diversas maneiras. Será que a batalha entre o materialismo não moral e a visão mais mística do universo é afetada por uma mudança na função atribuída às "características adquiridas"? Será que a velha tese materialista depende mesmo da premissa de que contextos são isoláveis? Ou será que nossa visão de mundo muda quando admitimos uma regressão infinita de contextos, um vinculado a outro numa complexa rede de metarrelações? A possibilidade de que os diferentes níveis de mudança estocástica (no fenótipo e no genótipo) estejam conectados no contexto mais amplo do sistema ecológico altera nosso lado na batalha?

Ao romper com a premissa de que os contextos são sempre isoláveis conceitualmente, permiti a entrada em campo da ideia de um universo muito mais unificado – e, nesse sentido, muito mais místico – do que o universo convencional do materialismo não moral. Será que essa nova posição nos dá novas bases para ter esperança de que a ciência possa responder perguntas morais ou estéticas?

Creio que a posição mudou de forma significativa, e talvez a melhor maneira de tornar isso claro seja ponderando uma questão sobre a qual vocês, como psiquiatras, já pensaram muitas vezes. Estou falando do "controle" e de todo o complexo relacionado que sugerem palavras como manipulação, espontaneidade, livre-arbítrio e técnica. Creio que os senhores concordarão comigo que não existe área em que premissas falsas a respeito da natureza do eu e sua relação com os outros possam com tanta certeza trazer destruição e feiura como nesse campo – o das ideias sobre o controle. Um ser humano em relação com outro tem controle muito limitado do que acontece nessa relação. Ele *faz parte* de uma unidade de duas pessoas, e o controle que qualquer parte pode ter sobre a outra é estritamente limitado.

A regressão infinita de contextos de que falei é apenas mais um exemplo do mesmo fenômeno. Minha contribuição para essa discussão é a ideia de que o contraste entre parte e todo, sempre que esse contraste aparece no mundo da comunicação, é simplesmente um contraste de tipificação lógica. O todo sempre está em metarrelação com suas partes. Assim como na lógica a proposição jamais pode determinar a metaproposição, nas questões de controle vale o mesmo: o contexto menor nunca pode determinar o maior. Já observei (por exemplo, ao discutir os fenômenos da compensação fenotípica) que, em hierarquias de tipos lógicos, há muitas vezes uma mudança de signo em cada nível, quando os níveis estão relacionados um com o outro para criar um sistema autocorretivo. Isso aparece em forma diagramática simples na hierarquia iniciatória que estudei em uma tribo da Nova Guiné. Os iniciadores são os inimigos naturais dos iniciados, pois é de sua competência implicar com eles para que "virem gente". Os homens que iniciaram os iniciadores têm o papel de criticar o que está sendo feito nas cerimônias de iniciação, e isso faz deles os aliados naturais dos atuais novatos. E assim por diante. Algo do mesmo gênero acontece nas fraternidades das universidades norte-americanas, onde os alunos de terceiro ano tendem a se aliar aos calouros, enquanto os veteranos de quarto ano se alinham aos alunos de segundo ano, que aplicam o trote.

Isso nos dá uma visão de mundo que ainda é pouco explorada. Mas algumas de suas complexidades podem ser sugeridas por meio de uma analogia muito crua e imperfeita. Creio que o funcionamento dessas hierarquias pode ser comparado com a tentativa de dar ré em uma caminhonete com dois ou três trailers a reboque. Cada segmentação desse sistema representa uma inversão de signo, e cada segmento acrescentado representa uma drástica diminuição no controle que o motorista da caminhonete pode exercer sobre o sistema. Se o sistema está na faixa da direita da estrada e o motorista quer que o trailer imediatamente atrás dele venha mais para a direita, ele precisa virar as rodas dianteiras da caminhonete para a esquerda. Isso fará a traseira do veículo se afastar do lado direita da estrada e o trailer será puxado para a esquerda. Isso fará a frente do trailer apontar para a direita. E assim sucessivamente.

Qualquer um que já tenha tentado fazer isso sabe que o controle disponível decresce rapidamente. Dar ré em um veículo com apenas um trailer a reboque já é difícil, pois o leque de ângulos dentro do qual se tem controle é limitado. Se o trailer estiver alinhado, ou quase alinhado, com a caminhonete, o controle é fácil, mas, à medida que o ângulo entre o trailer e a caminhonete diminui, perde-se o controle e qualquer tentativa de controlar o trailer tem apenas um efeito de "navalha" (em que o sistema se dobra sobre si próprio). Quando ponderamos o problema do controle sobre um segundo trailer, o limite do efeito de "navalha" é bem menor e o controle se torna quase insignificante.

A meu ver, o mundo é formado por uma rede (e não por uma cadeia) muito complexa de entes com esse tipo de relação uns com os outros, mas com a diferença de que muitos desses entes têm estoques próprios de energia e talvez até mesmo ideias próprias do lugar para onde querem ir.

Nesse mundo, os problemas de controle estão mais próximos da arte do que da ciência, não só porque tendemos a pensar no difícil e no imprevisível como contextos para a arte, mas também porque os resultados do erro têm grandes chances de serem feios.

Concluo, portanto, com um alerta para nós, cientistas sociais: faríamos bem em conter nosso ávido entusiasmo pelo controle deste mundo que compreendemos tão imperfeitamente. Não podemos permitir que o fato de nosso entendimento ser imperfeito alimente nossa ansiedade e, assim, aumente nossa necessidade de controle. Nossos estudos poderiam antes se inspirar em uma motivação mais antiga e menos glorificada nos dias atuais: a curiosidade pelo mundo do qual fazemos parte. As recompensas desse trabalho não têm a ver com poder, e sim com beleza.

É curioso como todo grande avanço científico obtido até hoje – especialmente os avanços alcançados por Newton – foi elegante.

Referências bibliográficas complementares

Ashby, W. Ross. *Design for a Brain*. New York: John Wiley & Sons, Inc., 1952.
_____. *Introduction to Cybernetics*. New York: John Wiley & Sons, Inc., 1956.
Bateson, Gregory. "Cultural Problems Posed by a Study of Schizophrenic Process", in American Psychiatric Association, *Symposium on Schizophrenia, an Integrated Approach*. Org. Alfred Auerback, Symposium of the Hawaiian Divisional Meeting, 1958. New York: Ronald, 1959.
_____. *Naven: um esboço dos problemas sugerido por um retrato compósito* [1936]. São Paulo: Edusp, 2008.
_____. "Social Planning and the Concept of Deutero-Learning", in Conference on Science, Philosophy and Religion, Second Symposium. *Relation to the Democratic Way of Life*. Org. Lyman Bryson e Louis Finkelstein. New York: Harper & Bros., 1942.
_____. "The Group Dynamics of Schizophrenia", in Lawrence Appleby, Jordan M. Scher, e John H. Cummings (orgs.). *Chronic Schizophrenia*. Glencoe: The Free Press, 1960.
_____. "The New Conceptual Frames for Behavioral Research". *Proceedings of the Sixth Annual Psychiatric Conference at the New Jersey Neuro-Psychiatric Institute*. Princeton, 1958, pp. 54–71.
_____ et al. "Toward a Theory of Schizophrenia". *Behavioral Science*, v. 1, n. 4, 1956, pp. 251–64.
Butler, Samuel. *Luck or Cunning as the Main Means of Organic Modification*. London: Trubner, 1887.
_____. *Thought and Language (The Shrewsbury Edition of the works of Samuel Butler)*. Orgs. Henry Festing Jones e A. J. Bartholomew. London: J. Cape, [1890] 1925.

Darlington, Cyril D. "The Origins of Darwinism". *Scientific American*, v. 200, 1959.

Darwin, Charles. *A origem das espécies por meio de seleção natural: ou A preservação das raças favorecidas na luta pela vida* [1859], trad. Pedro Paulo Pimenta. São Paulo: Ubu Editora, 2018.

Gillespie, Charles C. "Lamarck and Darwin in the History of Science". *American Scientist*, v. 46, 1958.

Stroud, John. "Psychological Moment in Perception-Discussion", in Heinz von Foerster et al. (org.). *Cybernetics: Circular Causal and Feedback Mechanisms in Biological and Social Systems*. New York: Josiah Macy, Jr. Foundation, 1949.

Waddington, Conrad H. "Genetic Assimilation of an Acquired Character". *Evolution*, v. 7, n. 2, 1953.

_____. "The Integration of Gene-Controlled Processes and Its Bearing on Evolution". *Caryologia*, Suplemento, 1954, pp. 232–45.

_____. *The Strategy of the Genes*. London: George Allen & Unwin Ltd., 1957.

Weismann, August. *Essays upon Heredity*. Oxford: Clarendon, 1889.

Duplo vínculo

Para mim, a teoria do duplo vínculo foi uma exemplificação do modo de pensar a respeito de assuntos afins e, pelo menos nesse aspecto, toda a sua história merece ser reexaminada.[1]

Às vezes – muitas na ciência e sempre na arte – não se sabe quais são os problemas até tê-los resolvido. Então talvez seja útil mencionar, retrospectivamente, quais problemas resolvi pela teoria do duplo vínculo.

Primeiro, o problema da reificação.

Está claro que, em nossa mente, não existem objetos ou acontecimentos – porcos, coqueiros ou mães. A mente contém apenas conversões, percepções, imagens etc. e regras para realizar essas conversões, percepções etc. Como essas regras existem nós não sabemos, mas presumivelmente estão incorporadas ao próprio maquinário que cria as conversões. Com certeza as regras não costumam estar explícitas como os "pensamentos" conscientes.

Em todo caso, é um disparate dizer que um homem se assustou com um leão, porque um leão não é uma ideia. O homem constrói uma *ideia* do leão.

O mundo explicativo da *substância* não é capaz de invocar uma diferença ou ideia, apenas forças e impactos. E, por sua vez, o mundo da *forma* e da comunicação não invoca nem coisas, nem forças, nem impactos – somente diferenças e ideias. (Uma diferença que faz diferença é uma ideia. É um *bit*, uma unidade de informação.)

Mas essas coisas eu só aprendi depois – pude aprendê-las pela teoria do duplo vínculo. E, no entanto, é claro, elas estão implícitas na teoria que dificilmente poderia ser criada sem elas.

Nosso trabalho original sobre o duplo vínculo contém diversos erros que se devem simplesmente ao fato de não termos examinado ainda, de forma articulada, o problema da reificação. Falamos, naquele trabalho, como se o duplo vínculo fosse uma coisa e essa coisa pudesse ser contada.

---

[1] Apresentado em agosto de 1969 em um simpósio sobre o duplo vínculo, presidido pelo dr. Robert Ryder, com apoio da American Psychological Association. Teve o auxílio do Career Development Award (MH-21.931), do National Institute of Mental Health.

É claro que isso é um disparate. É impossível contar morcegos em uma mancha de tinta, porque não há nenhum ali. E, ainda assim, um homem – se ele estiver inclinado a tal – "verá" vários morcegos na mancha.

Mas será que existem duplos vínculos na mente? Essa não é uma pergunta trivial. Assim como não existem cocos na minha mente, mas apenas percepções e conversões de cocos, da mesma forma, quando percebo (de forma consciente ou inconsciente) um duplo vínculo no comportamento do meu chefe, não crio um duplo vínculo na minha mente, mas apenas uma percepção ou conversão de um duplo vínculo. E não é *disso* que a teoria trata.

Estamos falando de uma espécie de emaranhamento nas regras de construção das conversões e da aquisição ou cultivo desses emaranhamentos. A teoria do duplo vínculo afirma que existe um componente experiencial na determinação ou etiologia dos sintomas esquizofrênicos e dos padrões comportamentais relacionados a ele, tais como o humor, a arte, a poesia etc. Notavelmente, a teoria não faz distinção entre essas subespécies. Em seus termos, não existe nada que determine se um indivíduo em particular vai se tornar palhaço, poeta, esquizofrênico ou uma combinação destes. Não estamos lidando com uma síndrome única, mas com uma classe de síndromes, das quais boa parte não é convencionalmente vista como patológica.

Peço licença para cunhar a palavra "transcontextual" como um termo geral para essa classe de síndrome.

Tanto aqueles cuja vida é enriquecida por dons transcontextuais como aqueles que são empobrecidos por confusões dessa ordem parecem se assemelhar em um aspecto: para eles, sempre ou quase sempre há uma "dupla interpretação". Uma folha caindo, o bom-dia de um amigo ou uma "prímula na beira do rio" nunca é "apenas isso e nada mais".[2] A experiência exógena pode ser enquadrada nos contextos do sonho, e o pensamento interior pode ser projetado nos contextos do mundo exterior. E assim por diante. Para tudo isso, buscamos uma explicação parcial no aprendizado e na experiência.

É claro que também deve haver componentes genéticos na etiologia das síndromes transcontextuais. Verossimilmente eles devem operar em níveis mais abstratos do que o experiencial. Por exemplo, componentes genéticos podem determinar a capacidade de aprender a ser

---

2   "*A primrose by a river's brim/ A yellow primrose was to him,/ And it was nothing more*", poema de William Wordsworth, *Peter Bell: A Tale in Verse*. London: Longman, Hurst, Rees, Orme, and Brown, 1819. [N. T.]

transcontextual ou (mais abstratamente) a potencialidade de adquirir essa capacidade. Ou, inversamente, o genoma pode determinar a capacidade de resistir aos caminhos transcontextuais ou a potencialidade de adquirir essa capacidade de resistência. (Os geneticistas deram até o momento *pouquíssima* atenção à necessidade de definir a tipificação lógica das mensagens contidas no DNA.)

Em todo caso, o ponto de encontro entre a determinação genética e a experiencial é seguramente muito abstrato, e isso deve ser verdadeiro, muito embora a encarnação da mensagem genética seja um único gene. (Um único *bit* de informação – uma única diferença – pode ser a resposta positiva ou negativa para uma pergunta, tenha ela o grau de complexidade que for e qualquer que seja seu nível de abstração.)

As atuais teorias que propõem (para a "esquizofrenia") um único gene dominante de "baixa penetração" parecem deixar o campo aberto para qualquer teoria experiencial que indique qual tipo de experiência pode provocar o aparecimento da potencialidade latente no fenótipo.

Devo confessar, porém, que essas teorias me parecem de pouco interesse, até seus proponentes tentarem especificar que componentes do complexo processo de determinação da "esquizofrenia" são fornecidos pelo tal gene hipotético. Identificar esses componentes deve ser um processo *subtrativo*. Quando a contribuição do meio ambiente é grande, a genética não pode ser investigada até que o efeito ambiental seja identificado e possa ser controlado.

Mas o que é justo para um, é justo para o outro, e o que eu disse sobre os geneticistas me coloca na obrigação de esclarecer quais componentes do processo transcontextual poderiam ser fornecidos pela experiência do duplo vínculo. É adequado, portanto, reexaminar a teoria da deuteroaprendizagem sobre a qual se baseia a teoria do duplo vínculo.

Todo sistema biológico (organismos e organizações de organismos sociais ou ecológicos) é capaz de mudanças adaptativas. Mas as mudanças adaptativas existem sob muitas formas, como resposta, aprendizagem, sucessão ecológica, evolução biológica, evolução cultural etc., conforme o tamanho e a complexidade do sistema que escolhemos estudar.

Qualquer que seja o sistema, a mudança adaptativa depende de *loops de retroalimentação*, seja aqueles fornecidos pela seleção natural, seja os de reforço individual. Em todos os casos, portanto, deve haver um processo de *tentativa e erro* e um mecanismo de *comparação*.

Mas tentativa e erro sempre envolvem erro, e o erro é sempre biológica e/ou psiquicamente caro. Disso decorre, portanto, que a mudança adaptativa é sempre *hierárquica*.

É necessário que ocorra não apenas a mudança de primeira ordem que responde à demanda ambiental (ou fisiológica) imediata, mas também as mudanças de segunda ordem que reduzem a quantidade de tentativas e erros necessários para obter a mudança de primeira ordem. E assim por diante. Sobrepondo e interconectando muitos *loops* de retroalimentação, nós (e todos os demais sistemas biológicos) não somente resolvemos problemas particulares, como também criamos *hábitos* que aplicamos à solução de *classes* de problemas.

Agimos como se toda uma classe de problemas pudesse ser resolvida em termos de suposições ou premissas menos numerosas do que os membros dessa classe de problemas. Noutras palavras, nós (organismos) *aprendemos a aprender* ou, numa formulação mais técnica, nós deuteroaprendemos.

Mas hábitos são famosos por sua rigidez, e essa rigidez é um corolário necessário para seu status na hierarquia da adaptação. A economia de tentativas e erros que se consegue pela criação de hábitos só é possível porque os hábitos são comparativamente *"hard programmed"* ["rigidamente programados"], segundo o jargão dos engenheiros. A economia consiste precisamente em *não* reexaminar ou redescobrir as premissas do hábito toda vez que o hábito é usado. Podemos dizer que essas premissas são parcialmente "inconscientes" ou – se preferirem – desenvolvemos o *hábito* de não as examinar.

Além disso, é importante observar que as premissas do hábito são quase necessariamente abstratas. Todo problema é, em algum grau, diferente de todos os demais e, portanto, a descrição ou representação desse problema na mente conterá proposições singulares. Está claro que reduzir essas proposições singulares ao nível das premissas habituais seria um erro. O hábito lida corretamente apenas com proposições que contenham verdades gerais ou repetitivas, e estas costumam ter um nível de abstração relativamente alto.[3]

---

3 O que interessa, porém, é que a proposição seja constantemente verdadeira, mais do que abstrata. Acontece que – coincidentemente – as abstrações, quando são bem escolhidas, possuem uma constância de veracidade. Para os seres humanos, é em geral constantemente verdadeiro que haja ar ao redor do nariz; os reflexos que controlam a respiração podem, portanto, ser rigidamente programados na medula. Para as toninhas (Focenídeos), a proposição "ar ao redor do espiráculo" só é intermitentemente verdadeira e, portanto, a respiração deve ser controlada de forma mais flexível, a partir de um centro superior.

Ora, as proposições específicas que creio serem importantes para determinar as síndromes transcontextuais são as abstrações formais que descrevem e determinam o relacionamento interpessoal.

Digo "descrevem e determinam", mas até mesmo isso é inadequado. Seria melhor dizer que a relação é a troca dessas mensagens; ou que a relação é imanente a essas mensagens.

Os psicólogos costumam se referir às abstrações das relações ("dependência", "hostilidade", "amor" etc.) se como fossem coisas reais que podem ser descritas ou "expressas" por mensagens. Isso é epistemologia às avessas: na verdade, as mensagens constituem a relação, e palavras como "dependência" são descrições verbalmente codificadas de padrões imanentes à combinação de mensagens trocadas.

Como já mencionamos, não existem "coisas" na nossa mente – nem mesmo "dependência".

Deixamo-nos confundir tanto pela linguagem, que não conseguimos pensar direito e, às vezes, é conveniente recordar que, na verdade, somos mamíferos. A epistemologia do "coração" é aquela de qualquer mamífero não humano. A gata não diz "leite"; ela simplesmente encena (ou *é*) sua intenção em um intercâmbio, cujo padrão se chama "dependência" em nossa linguagem.

Mas encenar ou ser a intenção de um padrão de interação é propor a outra intenção. Coloca-se um *contexto* para uma determinada classe de resposta.

Esse entrelaçamento de contextos e mensagens que propõem contexto – mas que, como todas as mensagens, sejam quais forem, só têm "significado" em virtude do contexto – é o tema da chamada teoria do duplo vínculo.

A questão pode ser ilustrada por uma famosa analogia botânica formalmente correta.[4] Goethe assinalou, 150 anos atrás, que existe uma espécie de sintaxe ou gramática na anatomia das plantas floríferas. A "haste" é aquilo que dá "folhas"; a "folha" é aquilo que possui um botão em sua axila; o botão é uma haste que cresce da axila de uma folha etc. A natureza formal (ou seja, comunicacional) de cada órgão é determinada por seu status contextual – o contexto no qual ele ocorre e o contexto que ele estipula para as outras partes.

---

4 Formalmente correta porque a morfogênese, assim como o comportamento, é com certeza uma questão de mensagens em contextos. (Ver *infra* "Reexaminando a 'regra de Bateson'", p. 381.)

Eu disse anteriormente que a teoria do duplo vínculo trata do componente experiencial na gênese dos emaranhamentos nas regras ou premissas do hábito. Agora afirmo que rompimentos que sejam experimentados na trama da estrutura contextual são, na verdade, "duplos vínculos" e devem necessariamente (se contribuírem em alguma coisa para os processos hierárquicos de aprendizagem e adaptação) promover o que estou chamando de síndromes transcontextuais.

Pensem num paradigma muito simples: um golfinho-de-dentes-rugosos fêmea (*Steno bredanensis*) é treinado para aceitar o som do apito do treinador como um "reforço secundário". O apito é normalmente seguido de comida e, caso depois ela repita o que estava fazendo no momento que o apito soou, ela esperará ouvir novamente o apito e ganhar comida.

Esse golfinho é usado agora pelos treinadores para demonstrar "condicionamento operante" para o público. Quando entra no tanque de exibição, ela levanta a cabeça acima da superfície, ouve o apito e é alimentada. Depois, ela faz o movimento novamente e outra vez recebe o reforço. Três repetições dessa sequência bastam para a demonstração e o golfinho volta aos bastidores para esperar o próximo show, dali a duas horas. Ela aprendeu algumas regras simples que relacionam suas ações, o apito, o tanque de exibição e o treinador dentro de um padrão – uma estrutura contextual, uma série de regras sobre a maneira de organizar a informação.

Mas esse padrão se aplica somente a um episódio no tanque de exibição. O golfinho tem de romper esse padrão para lidar com a *classe* desses episódios. Há um *contexto de contextos* mais amplo que irá enquadrá-lo no erro.

Em show seguinte, o treinador quer demonstrar novamente o "condicionamento operante", mas, para isso, o golfinho tem de aprender um outro comportamento facilmente observável.

Quando entra em cena, o golfinho levanta novamente a cabeça, mas não ouve o apito. O treinador espera o próximo comportamento observável – como uma batida de cauda, que é uma expressão comum de irritação. Esse comportamento é então reforçado e repetido.

Mas a batida de cauda não foi, obviamente, recompensada na terceira apresentação.

Por fim, o golfinho aprendeu a lidar com um contexto de contextos – mostrando um comportamento observável diferente ou *novo* sempre que entra em cena.

Tudo isso aconteceu na história natural simples da relação entre golfinho, treinador e público. A sequência foi então repetida experimentalmente com um novo golfinho fêmea e cuidadosamente registrada.[5]

Devo acrescentar dois pontos a partir dessa repetição experimental da sequência:

Primeiro, foi necessário (para atender ao treinador) desrespeitar várias vezes as regras do experimento. A experiência de errar foi tão perturbadora para o golfinho que, para preservar a relação entre golfinho e treinador (ou seja, o contexto do contexto do contexto), foi necessário conceder vários reforços aos quais o golfinho não tinha direito;

Segundo, as quatorze primeiras sessões foram caracterizadas por diversas repetições inúteis do comportamento arbitrário que havia sido reforçado na sessão anterior. Aparentemente, o animal apresentava comportamentos diferentes apenas por "acidente". No repouso entre a décima quarta e a décima quinta sessões, o golfinho pareceu agitado e, quando entrou para a décima quinta sessão, fez uma performance elaborada incluindo oito comportamentos observáveis dos quais quatro eram completamente novos – jamais tinham sido vistos naquela espécie.

Creio que essa história ilustra dois aspectos da gênese de uma síndrome transcontextual:

Primeiro, é possível causar grande dor e desajuste em um mamífero quando este é colocado em erro com relação a suas regras de compreensão de uma relação importante com outro mamífero.

E, segundo, quando é possível repelir ou resistir à patologia, a experiência como um todo pode promover *criatividade*.

Referências bibliográficas

Bateson, Gregory. "Social Planning and the Concept of Deutero-Learning". *Science, Philosophy and Religion: Second Symposium*. Org. Lyman Bryson e Louis Finkelstein. New York, Conference on Science, Philosophy and Religion in their Relation to the Democratic Way of Life, Inc., 1942.

---

5   Karen Pryor, Richard Haag & Joseph O'Rielly, "Deutero-Learning in a Roughtooth Porpoise (*Steno bredanensis*)". US Naval Ordinance Test Station, China Lake, NOTS TP 4270.

_____. "Minimal Requirements for a Theory of Schizophrenia". *AMA Archives of General Psychiatry*, v. 2, n. 5, 1960, pp. 477–91.

_____. (org. e intro.) *Perceval's Narrative: A Patient's Account of his Psychosis (1830–1832)*. Palo Alto: Stanford University Press, 1961.

_____. "Exchange of Information about Patterns of Human Behavior". *Information Storage and Neural Control: Tenth Annual Scientific Meeting of the Houston Neurological Society*. Org. William S. Fields e Walter Abbott. Springfield: Charles C. Thomas, 1963.

_____. "The Role of Somatic Change in Evolution". *Evolution*, v. 17, n. 4, 1963, pp. 529–39.

As categorias lógicas da aprendizagem e da comunicação

Todos os cientistas comportamentais trabalham com "aprendizagem", em um ou outro sentido da palavra.[1] Além do mais, como a "aprendizagem" é um fenômeno comunicacional, todos são afetados pela revolução cibernética do pensamento que ocorreu nos últimos 25 anos. Essa revolução foi iniciada pelos engenheiros e teóricos da comunicação, mas tem raízes mais antigas na obra fisiológica de Cannon e Claude Bernard, na física de Clerk Maxwell e na filosofia da matemática de Russell e Whitehead. Enquanto os cientistas comportamentais ignorarem os problemas do *Principia Mathematica*,[2] eles podem se considerar cerca de sessenta anos atrasados.

Parece, no entanto, que as barreiras de incompreensão que dividem as várias espécies de cientistas comportamentais podem ser iluminadas (porém não eliminadas) pela aplicação da teoria dos tipos lógicos de Russell ao conceito de "aprendizagem" com a qual todos estão trabalhando. O presente ensaio procura levar a cabo essa iluminação.

A teoria dos tipos lógicos

Inicialmente, seria apropriado relembrar a questão central da teoria dos tipos lógicos: a teoria afirma que, no discurso lógico formal ou matemático, nenhuma classe pode pertencer a si própria; que uma

---

1 Ensaio escrito em 1964, quando o autor trabalhava no Communications Research Institute, recebendo uma bolsa Career Development Award (K3-NH-21, 931) do National Institute of Mental Health. Foi apresentado como trabalho opinativo na "Conference on World Views", patrocinada pela Wenner-Gren Foundation (2 a 11 ago. 1968). A seção "Aprendizagem III" foi acrescentada em 1971.

2 Alfred N. Whitehead & Bertrand Russell, *Principia Mathematica* [1910–13], trad. Augusto de Oliveira. São Paulo: Ed. Livraria da Física, 2020.

classe de classes não pode ser uma das classes que pertencem a ela; que um nome não é a coisa nomeada; que "John Bateson" é a classe cujo único membro é esse menino e assim por diante. Essas afirmações podem parecer triviais e até mesmo óbvias, mas veremos adiante que não é incomum os teóricos da ciência comportamental cometerem erros análogos justamente ao erro de classificar o nome com a coisa nomeada, ou comer o cardápio, em vez do jantar – ou seja, um erro de *tipificação lógica*.

Bem menos óbvia é a seguinte afirmação da teoria: uma classe não pode ser uma das coisas que estão corretamente classificadas como não pertencentes a ela. Se classificarmos cadeiras conjuntamente para que constituam a classe das cadeiras, podemos ir mais longe e assinalar que mesas e abajures são membros de uma classe maior de "não cadeiras", mas cometeremos um erro de discurso formal se contarmos a *classe das cadeiras* como um dos itens da classe das não cadeiras.

Dado que nenhuma classe pode pertencer a si mesma, a classe das não cadeiras claramente não pode ser uma não cadeira. Simples considerações de simetria bastam para convencer o leitor não inclinado à matemática: (a) a classe das cadeiras é da mesma ordem de abstração (ou seja, do mesmo tipo lógico) que a classe das não cadeiras; além disso, (b) se a classe das cadeiras não é uma cadeira, então, de forma correspondente, a classe das não cadeiras não é uma não cadeira.

Por último, a teoria afirma que, com essas regras simples do discurso formal sendo transgredidas, um paradoxo será gerado e o discurso será viciado.

A teoria, portanto, trata de questões altamente abstratas e deriva originalmente do mundo abstrato da lógica. Nesse mundo, quando se demonstra que uma série de proposições gera um paradoxo, toda a estrutura de axiomas, teoremas etc. envolvida na geração desse paradoxo é negada e desaparece. É como se nunca tivesse existido. Mas no mundo real (ou pelo menos nas descrições que fazemos dele), existe o *tempo*, e nada do que foi pode jamais ser totalmente negado dessa forma. O computador que encontra um paradoxo (devido a erros na programação) não desaparece de vez.

O "se... então..." da lógica não contém tempo. Mas, no computador, causa e efeito são usados para *simular* o "se... então..." da lógica; e todas as sequências de causa e efeito envolvem necessariamente o tempo. (De forma complementar, podemos dizer que, em explicações científicas, o "se... então..." da lógica é usado pra simular o "se... então..." da causa e efeito.)

O computador nunca encontra um paradoxo lógico de verdade, apenas a simulação do paradoxo em cadeias de causas e efeitos. Portanto, o computador nunca desaparece de vez. Apenas oscila.

Na verdade, há diferenças importantes entre o mundo da lógica e o mundo dos fenômenos, e essas diferenças devem ser levadas em conta sempre que basearmos nossos argumentos na analogia parcial – mas importante – que existe entre eles.

A tese do presente ensaio é que essa analogia parcial pode ser um guia importante para os cientistas comportamentais classificarem fenômenos relacionados à aprendizagem. É precisamente no campo da comunicação animal e mecânica que algo semelhante à teoria dos tipos deve encontrar aplicação.

Questões como essa, porém, nem sempre são debatidas nos laboratórios de zoologia, no trabalho de campo da antropologia, nos simpósios de psiquiatria, e é necessário, portanto, mostrar que essas considerações abstratas são importantes para os cientistas comportamentais.

Considere-se o silogismo a seguir:

a) É possível descrever e prever mudanças nas frequências de determinados elementos do comportamento mamífero em termos de várias "leis" de reforço.

b) A "exploração" observada em ratos é uma categoria, ou classe, do comportamento mamífero.

c) Portanto, mudanças na frequência na "exploração" devem poder ser descritas por essas mesmas "leis" de reforço.

Diga-se de uma vez: primeiro, os dados empíricos mostram que a conclusão (c) é falsa; e, segundo, se a conclusão (c) fosse demonstravelmente verdadeira, então ou (a) ou (b) seriam falsas.[3]

A lógica e a história natural estariam mais bem servidas por uma versão ampliada e corrigida da conclusão (c) mais ou menos assim:

---

3   É concebível que as mesmas *palavras* possam ser utilizadas para descrever tanto uma classe quanto seus membros e serem verdadeiras em ambos os casos. A palavra "onda" é o nome de uma classe de movimentos de partículas. Também podemos dizer que a própria onda "se move", mas nesse caso estamos nos referindo a um movimento de uma classe de movimentos. Sob fricção, esse metamovimento não perderá velocidade como o movimento de uma partícula perderia.

c) Se, conforme afirmamos em (b), a "exploração" não é um *elemento* do comportamento mamífero e sim uma *categoria* de elementos do comportamento mamífero, então nenhuma afirmação descritiva verdadeira para *elementos* do comportamento pode ser verdadeira em se tratando de "exploração". Se, porém, as afirmações descritivas que são verdadeiras para elementos do comportamento são também verdadeiras para a "exploração", então a "exploração" é um elemento e não uma categoria de elementos.

Toda a questão é saber se a distinção entre uma *classe* e seus *membros* é um princípio organizador nos fenômenos comportamentais que estudamos.

Em linguagem menos formal: você pode reforçar um rato (positiva ou negativamente) quando ele investiga um objeto estranho específico e ele aprenderá a se aproximar ou evitar esse objeto de acordo com o reforço. Mas o propósito da exploração é obter informações sobre quais objetos devem ser abordados e quais devem ser evitados. A descoberta de que um dado objeto é perigoso é, portanto, um *sucesso* no quesito obtenção de informações. O sucesso não desestimulará o rato a explorar outros objetos estranhos que venha a encontrar.

A priori, é possível argumentar que toda percepção e toda resposta, todo comportamento e toda classe de comportamento, todo aprendizado e toda genética, toda neurofisiologia e toda endocrinologia, toda organização e toda evolução – um só e grande tema – devem ser considerados de natureza comunicacional e, portanto, sujeitos às grandes generalizações ou "leis" que se aplicam aos fenômenos comunicativos. Portanto, fiquemos alertas para a possibilidade de encontrar em nossos dados os princípios de ordem propostos pela teoria da comunicação fundamental. A teoria dos tipos lógicos, a teoria da informação e as teorias afins podem nos servir de guias nessa jornada.

A "aprendizagem" dos computadores, dos ratos e dos homens

A palavra "aprendizagem" denota, sem dúvida alguma, *mudança* de algum tipo. Dizer qual o *tipo* de mudança seria uma questão delicada.

Contudo, a partir do grosseiro denominador comum "mudança", podemos deduzir que as descrições que fazemos da "aprendizagem" terão de levar em conta as mesmas variedades de tipo lógico que são rotineiras na ciência física desde a época de Newton. A forma mais simples e familiar de mudança é o *movimento* e, mesmo trabalhando nesse nível físico tão simples, temos de estruturar nossas descrições em termos de "posição ou movimento zero", "velocidade constante", "aceleração", "taxa de mudança na aceleração" e assim por diante.[4]

Mudança denota processo. Mas os próprios processos estão sujeitos a "mudanças". O processo pode acelerar, desacelerar ou passar por outros tipos de mudanças, a ponto de dizermos que agora é um processo "diferente".

Tais considerações sugerem que deveríamos começar a organizar nossas ideias sobre a "aprendizagem" pelo nível mais simples de todos.

Pensemos no caso da especificidade da resposta, ou da *aprendizagem zero*. É o caso no qual um ente demonstra uma mudança mínima em sua resposta a um elemento repetido de *input* sensorial. Os fenômenos que se aproximam desse grau de simplicidade ocorrem em diversos contextos.

a) Em contextos experimentais, quando a "aprendizagem" é completa e o animal dá respostas quase 100% corretas ao estímulo repetido.

b) Em casos de habituação, quando o animal para de exibir respostas visíveis ao que já foi para ele um estímulo perturbador.

c) Em casos em que o padrão da resposta é minimamente determinado pela experiência e maximamente determinado por fatores genéticos.

d) Em casos em que a resposta passou a ser altamente estereotipada.

e) Em circuitos eletrônicos simples, quando *a estrutura do circuito não é sujeita à mudança resultante da passagem de impulsos dentro do circuito* – ou seja, quando os vínculos causais entre "estímulo" e "resposta" são, como dizem no jargão de engenharia, "soldados" um no outro.

Na linguagem cotidiana, e não técnica, a palavra "aprender" é muitas vezes aplicada ao que chamamos aqui de "aprendizagem zero", ou seja, a mera recepção de informação transmitida por um evento externo, de forma que um evento similar em momento posterior (e

---

4   As equações newtonianas que descrevem os movimentos de uma "partícula" param no nível da "aceleração". A *mudança na aceleração* só pode acontecer com deformação progressiva do corpo em movimento, mas a "partícula" newtoniana não é feita de "partes" e, portanto, é (logicamente) incapaz de se deformar ou sofrer qualquer mudança interna. Portanto, não é sujeita a nenhum grau de mudança de aceleração.

adequado) transmitirá a mesma informação: eu "aprendo" pelo apito da fábrica que é meio-dia.

Também é interessante assinalar que, no âmbito de nossa definição, muitos mecanismos simplíssimos apresentam no mínimo o fenômeno de aprendizagem zero. A pergunta não é: "Uma máquina é capaz de aprender?", mas: "Que nível ou ordem de aprendizagem uma determinada máquina pode alcançar?". Vale a pena examinarmos um caso extremo, ainda que hipotético.

O "jogador" de um jogo von-neumanniano é uma ficção matemática, como a linha reta euclidiana na geometria ou a partícula newtoniana na física. Por definição, o "jogador" é capaz de todos os cálculos necessários para resolver qualquer problema que os eventos do jogo possam apresentar; ele é incapaz de não realizar esses cálculos sempre que forem adequados; ele sempre obedece ao resultado de seus cálculos. Esse "jogador" recebe informações dos eventos do jogo e age de maneira adequada, baseando-se nessa informação. Mas sua aprendizagem limita-se ao que chamamos aqui de aprendizagem zero.

Um exame dessa ficção formal contribuirá para nossa definição de aprendizagem zero.

O "jogador" pode receber dos eventos do jogo informações de tipo lógico superior ou inferior e pode usar essas informações para tomar decisões de tipo lógico superior ou inferior. Ou seja, suas decisões podem ser estratégicas ou táticas, e ele pode identificar e responder às indicações da tática ou da estratégia de seu oponente. Mas é verdade que, na definição formal de Von Neumann de um "jogo", todos os problemas que o jogo possa apresentar são concebidos como computáveis, ou seja, se por um lado o jogo pode conter problemas e informações de diversos tipos lógicos diferentes, por outro a hierarquia desses tipos é estritamente finita.

Ao que parece, portanto, uma definição de aprendizagem zero não dependerá da tipificação lógica da informação recebida pelo organismo nem da tipificação lógica das decisões adaptativas que ele é capaz de tomar. O comportamento adaptativo baseado meramente na aprendizagem zero (não baseado em níveis acima dele) talvez possa ser caracterizado por uma ordem de complexidade muito alta (porém finita).

1. O "jogador" pode computar o valor da informação que o beneficiaria e pode computar que será vantajoso para ele adquirir essa informação realizando movimentos "exploratórios". Ou então pode realizar movimentos procrastinadores ou experimentais enquanto espera pela informação necessária.

Disso decorre que um rato que apresenta comportamento exploratório pode estar fazendo tal coisa com base na aprendizagem zero.

2. O "jogador" pode calcular que será vantajoso para ele fazer movimentos aleatórios. No jogo de cara ou coroa, calculará que, escolhendo aleatoriamente "cara" ou "coroa", terá 50% de chance de ganhar. Se ele emprega um plano ou padrão, isso aparecerá como um padrão ou redundância na sequência de movimentos e o adversário receberá informações. Portanto, o "jogador" preferirá jogar aleatoriamente.

3. O "jogador" é incapaz de "erro". Ele pode decidir fazer movimentos aleatórios ou exploratórios por bons motivos, mas é, por definição, incapaz de "aprender por tentativa e erro".

Caso presumamos que, em nome desse processo de aprendizagem, a palavra "erro" significa o que entendemos quando dizemos que o "jogador" é incapaz de errar, então "tentativa e erro" está fora do repertório do jogador von-neumanniano. De fato, o "jogador" von-neumanniano nos força a examinar com grande cuidado o que queremos dizer com aprendizagem por "tentativa e erro" – e certamente o que se quer dizer com "aprendizagem" de qualquer gênero. A suposição quanto ao sentido da palavra "erro" não é trivial e precisa ser examinada.

O "jogador" pode errar em um sentido. Por exemplo, ele pode tomar uma decisão baseado em ponderações probabilísticas e fazer um movimento que, à luz das informações limitadas disponíveis, é provavelmente o correto. Quando há mais informações disponíveis, ele pode descobrir que o movimento era o errado. Mas *essa descoberta pode não contribuir em nada para suas habilidades futuras*. Por definição, o jogador usou corretamente todas as informações *disponíveis*. Estimou corretamente as probabilidades e fez o movimento que era provavelmente o correto. A descoberta de que estava errado naquela circunstância em particular pode não ter nenhum impacto sobre circunstâncias futuras. Quando o mesmo problema se apresentar novamente, ele realizará *corretamente* os mesmos cálculos mentais e chegará à mesma decisão. Além do mais, o conjunto de alternativas dentre as quais ele fará sua escolha será o mesmo – e corretamente.

Em contraste, um organismo pode errar de maneiras pelas quais o "jogador" é incapaz de errar. As escolhas erradas são chamadas corretamente de "erro" quando são do tipo que fornece informações que podem contribuir para as futuras habilidades do organismo. Nesses casos, parte da informação disponível foi ignorada ou mal usada. É possível classificar diversas espécies de erros aproveitáveis.

Suponhamos que o sistema de eventos externos contenha detalhes que poderiam indicar ao organismo: (a) de qual conjunto de alternativas ele deve escolher seu próximo movimento; e (b) que elementos desse conjunto ele deve escolher. Tal situação permite duas *ordens* de erro:

1. o organismo pode usar corretamente a informação que indica em que conjunto de alternativas ele deve escolher, mas escolher a alternativa errada dentro desse conjunto; ou

2. ele pode fazer sua escolha no conjunto de alternativas errado. (Também existe uma categoria interessante em que os conjuntos de alternativas contêm elementos em comum. Portanto, é possível que o organismo esteja "certo", mas pelos motivos errados. Essa forma de erro é inevitavelmente autorreforçadora.)

Se agora aceitamos a ideia geral de que toda aprendizagem (salvo a aprendizagem zero) é estocástica em certo grau (ou seja, contém componentes de "tentativa e erro"), disso decorre que é possível ordenar os processos de aprendizagem com base em uma classificação hierárquica dos tipos de erro que devem ser corrigidos nos diversos processos de aprendizagem. A aprendizagem zero será, portanto, o rótulo para a base imediata de todos esses atos (simples e complexos) que não estão sujeitos a correção por meio de tentativa e erro. Aprendizagem I será um rótulo apropriado para a revisão da escolha dentro de um conjunto de alternativas inalterado; Aprendizagem II será o rótulo para a revisão do *conjunto* no qual se deve fazer a escolha e assim por diante.

Aprendizagem I

Seguindo a analogia formal proporcionada pelas "leis" do movimento (ou seja, as "regras" de descrição do movimento), procuraremos a classe de fenômenos que são corretamente descritos como *mudanças* na aprendizagem zero (assim como "movimento" descreve uma mudança de posição). Eis os casos em que um ente dá uma resposta diferente no Tempo 2 do que deu no Tempo 1 – e novamente nos deparamos com uma série de casos variegadamente relacionados à experiência, fisiologia, genética e processos mecânicos:

a) Há o fenômeno da habituação, ou seja, a mudança de responder a cada ocorrência de um evento repetido para não responder abertamente. Também há a extinção ou perda do hábito, que pode ocorrer em consequência de um intervalo ou interrupção mais ou menos longa na sequência de repetições do evento-estímulo. (A habituação é de especial interesse. A especificidade da resposta, o que estamos chamando de aprendizagem zero, é característica de todo protoplasma, mas é interessante assinalar que a "habituação" talvez seja a única forma de Aprendizagem I que os seres vivos podem alcançar sem um circuito neural.)

b) O caso mais familiar e talvez mais estudado seja o do condicionamento pavloviano clássico. No Tempo 2, o cão produz saliva em resposta à campainha; ele não fazia isso no Tempo 1.

c) Há a "aprendizagem" que ocorre em contextos de recompensa instrumental e evitação instrumental.

d) Há o fenômeno da aprendizagem por memorização, no qual um elemento do comportamento do organismo torna-se um estímulo para outro elemento do comportamento.

e) Há a interrupção, extinção ou inibição da aprendizagem "completa" que pode suceder à mudança ou falta de reforço.

Numa palavra, a lista da Aprendizagem I contém tudo aquilo que costuma ser chamado de "aprendizagem" nos laboratórios de psicologia.

Observe-se que, em todos os casos de Aprendizagem I, há uma assunção sobre o "contexto" em nossa descrição. Essa assunção precisa ser explicitada. A definição de Aprendizagem I presume que a campainha (o estímulo) é a "mesma" no Tempo 1 e no Tempo 2. E essa assunção de similaridade também deve ser vista como delimitadora do "contexto", que (em teoria) deve ser o mesmo para ambos os tempos. Disso decorre que, na nossa descrição, os eventos que ocorrem no Tempo 1 não estão incluídos na nossa definição do contexto do Tempo 2, porque isso criaria imediatamente uma enorme diferença entre "contexto no Tempo 1" e "contexto no Tempo 2". (Parafraseando Heráclito: "Um homem pode se deitar duas vezes com a mesma moça pela primeira vez".)

A assunção convencional de que o contexto pode ser repetido, pelo menos em alguns casos, é a que o autor adota neste ensaio como pedra fundamental da tese de que o estudo do comportamento deve ser organizado de acordo com a teoria dos tipos lógicos. *Sem* a assunção de contextos repetíveis (e a hipótese de que *para os organismos* que estudamos a sequência da experiência é de fato pontuada dessa maneira), sucederia que toda "aprendizagem" seria de um único tipo, a saber, aprendizagem zero. Do experimento pavloviano, diríamos simplesmente que estão "soldadas" nos circuitos neurais do cão as características de não salivar no Contexto A no Tempo 1 e salivar no Contexto B no Tempo 2, que é totalmente diferente do primeiro contexto. O que antes chamávamos de "aprendizagem", agora diríamos que é "discriminação" entre os eventos do Tempo 1 e os eventos do Tempo 1 *mais* o Tempo 2. A consequência lógica disso é que todas as perguntas do tipo: "Esse aprendizado é 'adquirido' ou 'inato'?" deveriam ser respondidas em favor da genética.

Argumentamos que sem a assunção do contexto repetível, nossa tese cai por terra, juntamente com todo o conceito geral de "aprendizagem". Se, por outro lado, a assunção do contexto repetível é aceita como verdadeira para os organismos com os quais estamos trabalhando, há necessariamente uma base sólida para a tipificação lógica dos fenômenos de aprendizagem, porque a própria noção de "contexto" está sujeita à tipificação lógica.

Ou devemos descartar a noção de "contexto", ou a conservamos e, com ela, aceitamos a série hierárquica – estímulo, contexto de estímulo, contexto de contexto de estímulo etc. Essa série pode ser colocada em uma hierarquia de tipos lógicos:

- O estímulo é um sinal elementar, interno ou externo.
- O contexto do estímulo é uma *meta*mensagem que *classifica* o sinal elementar.
- O contexto do contexto do estímulo é uma metametamensagem que classifica a metamensagem.

E assim por diante.

A mesma hierarquia poderia ser construída para a noção de "resposta" ou "reforço".

Ou então, seguindo a classificação hierárquica dos erros que devem ser corrigidos por processo estocástico ou "tentativa e erro", podemos considerar que "contexto" é um termo coletivo para todas as ocorrências que dizem ao organismo em qual *conjunto* de alternativas ele deve fazer sua próxima escolha.

Neste ponto, convém apresentar o termo "marcador de contexto". Um organismo responde ao "mesmo" estímulo diferentemente em diferentes contextos e, portanto, devemos indagar a fonte de informação do organismo. Por qual percepção ele sabe que o Contexto A é diferente do Contexto B?

Em diversas circunstâncias, pode não haver *sinal* ou rótulo específico classificando e diferenciando um contexto do outro, e o organismo será obrigado a obter informação em aglomerados de eventos reais que formam o contexto em cada caso. Mas, certamente na vida humana e, provavelmente, na de muitos outros organismos, há sinais cuja função maior é *classificar* contextos. É razoável supor que, quando se coloca a coleira no cachorro, que já passou por um longo treinamento no laboratório, ele sabe que está para embarcar em uma série de contextos de determinado tipo. Chamaremos essa fonte de informação de "marcador de contexto", e observamos de imediato que, pelo menos no nível humano, também há "marcadores de contextos de contextos". Por exemplo: a plateia assiste à apresentação de *Hamlet* e ouve o herói falar sobre suicídio no contexto de sua relação com o pai morto, Ofélia e outros. A plateia não telefona para a polícia porque recebeu informações sobre o contexto do contexto de Hamlet. Sabe que se trata de uma "peça" e recebeu tal informação de diversos "marcadores de contexto de contexto" – os cartazes da peça, os assentos numerados, a cortina etc. etc. O "Rei", por outro lado, quando permite que sua consciência seja incomodada pela peça dentro da peça, ignora diversos "marcadores de contexto de contexto".

No nível humano, uma série muito diversa de eventos entra na categoria de "marcadores de contexto". Eis alguns exemplos:

a) O trono no qual o papa faz seus pronunciamentos *ex cathedra*, que por causa disso são investidos de especial validade.

b) O placebo, pelo qual o médico monta o cenário para a mudança na experiência subjetiva no paciente.

c) O objeto brilhante usado por alguns hipnotizadores para "induzir transe".

d) O alarme de ataque aéreo e o de "tudo limpo".

e) O aperto de mão entre os boxeadores antes da luta.

f) O respeito às etiquetas.

Esses, porém, são exemplos da vida social de um organismo altamente complexo e, neste estágio, é mais produtivo indagar fenômenos análogos que existem no nível pré-verbal.

Um cachorro pode ver a coleira na mão do dono e agir como se soubesse que isso quer dizer passeio; ou talvez obtenha a informação sobre o tipo de contexto ou sequência que está por vir a partir do som da palavra "passeio".

Quando um rato começa uma sequência de atividades exploratórias, ele a começa em resposta a um "estímulo"? Ou em resposta a um contexto? Ou em resposta a um marcador de contexto?

Essas perguntas trazem à tona problemas formais a respeito da teoria dos tipos lógicos que precisam ser debatidos. A teoria, em sua forma original, trata apenas da comunicação estritamente digital, e é duvidoso que possa ser aplicada a sistemas analógicos ou icônicos. O que estamos chamando aqui de "marcadores de contexto" pode ser digital (ou seja, a palavra "passeio") ou pode se tratar de sinais analógicos – uma pressa nos movimentos do dono pode indicar um passeio iminente; ou uma *parte* do contexto ulterior pode servir de marcador (a coleira como parte do passeio); ou, em caso extremo, o próprio passeio, com toda a sua complexidade, pode significar a si mesmo, sem nenhum rótulo ou marcador entre o cão e a experiência. O próprio evento percebido pode comunicar sua ocorrência. Nesse caso, é claro, não há possibilidade do erro de "comer o cardápio". Ademais, não há paradoxo, porque, na comunicação puramente analógica ou icônica, não existe sinal para "não".

Na verdade, praticamente não existe teoria formal sobre a comunicação analógica e, em especial, não há equivalentes à teoria da informação ou dos tipos lógicos. Essa falha no conhecimento formal é inconveniente quando saímos do reino rarefeito da lógica e da matemática para o cara a cara com os fenômenos da história natural. No reino natural, a comunicação, seja digital ou analógica, raramente é pura. Muitas vezes, pontos digitais discretos se combinam para formar figuras analógicas, como o bloco de meio-tom das impressoras; e às vezes, como no caso dos marcadores de contexto, há uma gradação contínua desde o ostensivo até o puramente digital, passando pelo icônico. Na ponta digital dessa escala, todos os teoremas da teoria da informação têm validade total, mas na ponta ostensiva e analógica eles não têm sentido nenhum.

Parece também que, se por um lado boa parte da comunicação comportamental, até a dos mamíferos superiores, permanece ostensiva ou analógica, por outro, o mecanismo interno dessas criaturas se tornou digitalizado no nível neuronal, pelo menos. Aparentemente, a comunicação analógica é, em certo sentido, mais primitiva do que a digital e há uma ampla tendência evolucionária para a substituição dos mecanismos analógicos pelos digitais. Essa tendência parece operar mais rápido na evolução dos mecanismos internos do que na evolução do comportamento externo.

Recapitulando e ampliando o que dissemos:

a) A noção de contexto repetível é uma premissa necessária para qualquer teoria que defina "aprendizagem" como *mudança*.

b) Essa noção não é uma simples ferramenta descritiva, mas contém a hipótese implícita de que, para os organismos que estudamos, a sequência da experiência de vida, da ação etc. é de alguma forma segmentada ou pontuada em subsequências ou "contextos" que podem ser igualados ou diferenciados pelo organismo.

c) A distinção que é comumente feita entre percepção e ação, aferente e eferente, *input* e *output*, não é válida para organismos superiores em situações complexas. Por um lado, quase todo elemento de ação pode ser reportado ao sistema nervoso central ou pelos sentidos externos ou pelos mecanismos endoceptivos e, nesse caso, a informação sobre esse elemento torna-se um *input*. E, por outro lado, a percepção nos organismos superiores não é de forma alguma um processo de mera receptividade passiva, mas sim parcialmente determinada pelo controle eferente de centros superiores. A percepção, como sabemos, pode ser modificada pela experiência. Em princípio, devemos considerar tanto a possibilidade de que todo elemento de ação ou *output* crie um elemento de *input* quanto a possibilidade de que, em alguns casos, as percepções possam fazer parte da natureza do *output*. Não é por acaso que quase todos os órgãos sensoriais sejam usados para emitir sinais entre os organismos. As formigas se comunicam por suas antenas; os cães, pelo movimento das orelhas, e assim por diante.

d) Em princípio, até mesmo na aprendizagem zero, qualquer elemento de experiência ou comportamento pode ser visto como "estímulo" ou "resposta" ou ambos, de acordo com a maneira como é pontuada a sequência completa. Quando o cientista afirma que a campainha é o "estímulo" em dada sequência, sua afirmação comporta implicitamente uma hipótese a respeito da maneira como o organismo pontua essa sequência. Na Aprendizagem I, todo elemento de percepção ou comportamento pode ser estímulo ou resposta ou *reforço*, de acordo com o modo como é pontuada a sequência de interação completa.

Aprendizagem II

O que dissemos até agora preparou o terreno para começarmos a pensar sobre o nível seguinte ou tipo lógico de "aprendizagem" que chamaremos aqui de Aprendizagem II. A literatura acadêmica já propôs diversos termos para diversos fenômenos dessa ordem. Podemos mencionar: "deuteroaprendizagem",[5] "aprendizagem em conjuntos",[6] "aprender a aprender" e "transferência de conhecimento".

---

5   Ver supra "Planejamento social e o conceito de deuteroaprendizagem", p. 181.

6   H. F. Harlow, "The Formation of Learning Sets". *Psychological Review*, v. 56, n. 1, 1949.

Vamos recapitular e ampliar as definições já citadas.

– A *aprendizagem zero* é caracterizada pela *especificidade da resposta*, que – certa ou errada – não está sujeita a correções.
– A *Aprendizagem I* é uma *mudança na especificidade da resposta* por correção dos erros de escolha dentro de um conjunto de alternativas.
– A *Aprendizagem II* é uma *mudança no processo de Aprendizagem I*: por exemplo, uma mudança corretiva no conjunto de alternativas em que é feita a escolha, ou uma mudança na forma como é pontuada a sequência de experiências.
– A *Aprendizagem III* é uma *mudança no processo de Aprendizagem II*: por exemplo, uma mudança corretiva no sistema de *conjuntos* de alternativas nos quais é feita a escolha. (Veremos mais adiante que exigir esse nível de desempenho de certas pessoas e certos mamíferos é, por vezes, patogênico.)
– A *Aprendizagem IV* seria uma *mudança na Aprendizagem III*, mas é provável que não ocorra em nenhum organismo vivo adulto neste mundo. O processo evolucionário, porém, criou organismos cuja ontogenia os leva ao Nível III. A combinação de filogênese com ontogênese, na verdade, nos leva ao Nível IV.

Nossa tarefa imediata é conferir substância à definição de Aprendizagem II enquanto "mudança na Aprendizagem I" e foi para isso que preparamos o terreno. Em poucas palavras, creio que todos os fenômenos de Aprendizagem II podem ser incluídos na rubrica das mudanças na segmentação ou pontuação do fluxo de ação e experiência em contextos, junto com as mudanças no uso dos marcadores de contexto.

A lista de fenômenos classificados como Aprendizagem I inclui um conjunto considerável (mas não completo) de contextos diferentemente estruturados. Nos contextos pavlovianos clássicos, o padrão de contingência que descreve a relação entre "estímulo" (estímulo condicionado), ação do animal (resposta condicionada) e reforço (estímulo não condicionado) é profundamente diferente do padrão de contingência característico de contextos de aprendizado instrumental.

No caso pavloviano: *se* estímulo e certo lapso de tempo, *então* reforço.

No caso da recompensa instrumental: *se* estímulo e certo elemento de comportamento, *então* reforço.

No caso pavloviano, o reforço não é contingente no comportamento do animal, mas o é no caso instrumental. Usando esse contraste como exemplo, dizemos que ocorreu Aprendizagem II se for demonstrado que a experiência de um ou mais contextos do tipo pavloviano resulta no fato de o animal atuar em um contexto posterior como se este também tivesse o padrão de contingência pavloviano. Da mesma forma, se a experiência anterior das sequências instrumentais levar um animal a agir em um contexto posterior como se também esperasse que este fosse um contexto instrumental, diremos novamente que ocorreu Aprendizagem II.

Definida assim, a Aprendizagem II só é adaptativa caso esteja correta a expectativa do animal em relação a determinado padrão de contingência e, nesse caso, esperaremos ver um *aprender a aprender* mensurável. Devem ser necessárias menos tentativas no novo contexto para estabelecer o comportamento "correto". Se, por outro lado, o animal errar a identificação do padrão de contingência posterior, então é de se esperar um atraso na Aprendizagem I, no novo contexto. O animal que teve uma experiência prolongada dos contextos pavlovianos pode jamais alcançar o tipo específico de comportamento por tentativa e erro necessário à descoberta de uma resposta instrumental correta.

Há pelo menos quatro campos de experimentação em que a Aprendizagem II foi cuidadosamente registrada:

a) Na aprendizagem humana por memorização. Hull[7] realizou estudos quantitativos muito cuidadosos que revelaram esse fenômeno e construiu um modelo matemático que simula ou explica as curvas da Aprendizagem I que ele registrou. Ele também observou um fenômeno de segunda ordem que podemos chamar de "aprender a aprender por memorização" e apresentou as curvas desse fenômeno no apêndice de seu livro. Essas curvas ficaram separadas do texto principal porque, conforme ele mesmo afirma, seu modelo matemático (Aprendizagem I por Memorização) não contemplava esse aspecto dos dados.

O corolário da posição teórica que adotamos aqui é que, por mais rigoroso que seja, nenhum discurso de um tipo lógico pode "explicar" fenômenos de um tipo lógico superior. O modelo de Hull funciona como uma pedra de toque da tipificação lógica, excluindo automaticamente da explicação fenômenos que ultrapassem seu âmbito lógico. Que isso tenha acontecido – e que Hull o tenha percebido – é um testemunho tanto do seu rigor quanto de sua perspicácia.

O que os dados mostram é que, para qualquer sujeito experimental dado, existe melhora na aprendizagem por memorização com sessões

---

7   C. L. Hull et al., *Mathematico-deductive Theory of Rote Learning*. New Haven: Yale University, 1940.

sucessivas, aproximando-se assintoticamente de um grau de habilidade que varia de indivíduo para indivíduo.

O contexto da aprendizagem por memorização era bastante complexo e, sem dúvida, parecia subjetivamente diferente para cada sujeito experimental. A motivação de alguns pode ter sido o medo de errar, enquanto a de outros pode ter sido a busca da satisfação de acertar. Alguns podem ter sido influenciados pela perspectiva de se sair melhor do que os demais; outros teriam ficado fascinados com a competição com seu próprio desempenho anterior; e assim por diante. Todos devem ter tido ideias (corretas ou incorretas) sobre a natureza do ambiente experimental; todos devem ter tido "níveis de aspiração"; e todos devem ter tido experiências anteriores com memorização de materiais diversos. Seria impossível que algum dos sujeitos experimentais de Hull entrasse no contexto de aprendizagem sem influência de uma Aprendizagem II anterior.

Apesar de toda essa Aprendizagem II anterior, e apesar das diferenças genéticas que podem operar nesse nível, todos demonstraram melhora após várias sessões. Essa melhora não pode ser atribuída à Aprendizagem I, porque a rememoração da sequência específica de sílabas aprendida numa sessão não serviria de nada para aprender a nova sequência na sessão seguinte. Essa rememoração seria provavelmente um obstáculo. Defendo, portanto, que a melhoria de sessão para sessão só pode ser explicada por alguma adaptação ao *contexto* que Hull providenciou para a aprendizagem por memorização.

Também vale assinalar que os educadores têm opiniões fortes quanto ao valor (positivo ou negativo) da aprendizagem por memorização. Educadores "progressistas" insistem no "*insight*", enquanto os mais conservadores insistem na memorização e na repetição.

(b) O segundo tipo de Aprendizagem II que foi estudado experimentalmente é denominado "aprendizagem em conjuntos". O conceito e o termo derivam de Harlow e aplicam-se a um caso muito especial de Aprendizagem II. De modo geral, o que Harlow fez foi apresentar *gestalten* ou "problemas" mais ou menos complexos a macacos-rhesus. O macaco tinha de resolver os problemas para receber comida como recompensa. Harlow mostrou que, se esses problemas pertencessem a um "conjunto" similar, ou seja, tivessem complexidades lógicas semelhantes, havia um aporte de conhecimento de um problema para outro. De fato, havia duas ordens de padrões de contingência nos experimentos de Harlow: primeiro, o padrão geral do instrumentalismo (*se* o macaco resolve o problema, *então* reforço); e, segundo, os padrões de contingência de lógica dentro de problemas específicos.

c) Bitterman e outros inauguraram recentemente uma vaga de experimentos com a "aprendizagem de reversão". Geralmente, nesses casos, a cobaia é primeiro ensinada a fazer uma discriminação binária. Quando esse critério é aprendido a contento, a significação do estímulo é invertida. Se X "significava" inicialmente R_1 e Y significava inicialmente R_2, depois da reversão X significará R_2 e Y passará a significar R_1. Novamente os testes são executados para satisfazer o critério, então as significações são invertidas mais uma vez. Nesses experimentos, a questão crucial é: o sujeito experimental aprende que há reversão? Isto é, após uma série de reversões, o sujeito satisfaz o critério em menos tentativas do que no começo da série?

Fica claro e evidente que o tipo lógico da pergunta é superior àquele da questão sobre a aprendizagem simples. Se a aprendizagem simples se baseia em um *conjunto* de tentativas, a de reversão se baseia no conjunto desses conjuntos. O paralelismo dessa relação com a relação de Russell entre "classe" e "classe de classes" é direto.

d) A Aprendizagem II também é exemplificada pelo fenômeno bem conhecido da "neurose experimental". Geralmente, um animal é treinado, seja em um contexto de aprendizagem pavloviano, seja instrumental, para discriminar X de Y: por exemplo, uma elipse de um círculo. Quando essa discriminação é aprendida, a tarefa é dificultada: a elipse se torna progressivamente mais larga e o círculo, mais achatado. Por fim, chega-se a um estágio em que a discriminação é impossível. Nesse ponto, o animal começa a exibir sintomas de grande perturbação.

Perceptivelmente, (a) um animal ingênuo, ao se deparar com uma situação em que X pode (baseado em algo aleatório) significar A ou B, não demonstra perturbação; e (b) a perturbação não ocorre na ausência dos diversos marcadores de contexto característicos da situação em laboratório.[8]

Parece, então, que a Aprendizagem II é uma preparação necessária para a perturbação comportamental. A informação: "Este é um contexto de discriminação" é comunicada no começo da sequência e *sublinhada* na série de etapas em que a discriminação se torna cada vez mais difícil. Mas quando a discriminação se torna impossível, a estrutura do contexto é totalmente modificada. Os marcadores de contexto (por exemplo, o cheiro do laboratório e a coleira usada durante o experi-

---

8   Howard S. Liddell, "Reflex Method and Experimental Neurosis". *Personality and Behavior Disorders*. New York: Ronald, 1944.

mento) se tornam enganosos, porque o animal está numa situação que exige adivinhação ou aposta às cegas, *e não* discriminação. Toda a sequência experimental é, na verdade, um procedimento para pôr o animal em erro no nível da Aprendizagem II.

Em minha formulação, o animal é obrigado a um típico "duplo vínculo", que é, como seria de se esperar, esquizofrenógeno.[9]

No estranho mundo fora do laboratório de psicologia, fenômenos que pertencem à categoria de Aprendizagem II são uma grande preocupação para antropólogos, educadores, psiquiatras, treinadores de animais, pais e filhos. Todos os que pensam sobre os processos que determinam o caráter do indivíduo ou os processos de mudança na relação humana (ou animal) devem empregar uma série de assunções sobre a Aprendizagem II. Ocasionalmente, essas pessoas consultam o psicólogo de laboratório e se deparam com uma barreira linguística. Essas barreiras aparecem sempre que, por exemplo, o psiquiatra está falando de Aprendizagem II, o psicólogo está falando de Aprendizagem I, e nem um nem outro reconhece a estrutura lógica da diferença.

Das numerosas formas como a Aprendizagem II surge no trato humano, somente três serão aqui debatidas:

a) Ao descrever seres humanos individuais, tanto o cientista quanto o leigo costumam recorrer a adjetivos de "caráter". Dizem que o sr. Jones é dependente, agressivo, caprichoso, enjoado, ansioso, exibicionista, narcisista, passivo, competitivo, energético, ousado, covarde, fatalista, bem-humorado, brincalhão, perspicaz, otimista, perfeccionista, descuidado, cuidadoso, descontraído etc. À luz do que já foi dito, o leitor será capaz de classificar todos esses adjetivos em seu tipo lógico mais adequado. Todos eles descrevem (possíveis) resultados da Aprendizagem II, e, se tivéssemos de definir essas palavras com mais cuidado, estabeleceríamos o padrão de contingência do contexto de Aprendizagem I que, como esperado, suscitaria a Aprendizagem II que tornaria o adjetivo aplicável.

Poderíamos dizer que o padrão das transações do homem "fatalista" com o ambiente é tal que ele poderia tê-lo adquirido por experiência prolongada ou repetida como cobaia de um experimento pavloviano; e assinale-se que essa definição de "fatalismo" é específica e precisa. Existem muitas outras formas de "fatalismo", além daquela que é definida de acordo com esse contexto de aprendizagem específico. Existe,

---

9   G. Bateson et al., ver *supra* "Em busca de uma teoria da esquizofrenia", p. 218.

por exemplo, o tipo mais complexo, característico da tragédia clássica grega, em que se sente que a própria ação do homem contribui para os inevitáveis desígnios do destino.

b) Na pontuação da interação humana. O leitor crítico terá observado que os adjetivos acima, que supostamente descrevem o caráter do indivíduo, não são estritamente aplicáveis ao indivíduo, mas antes descrevem *transações* entre o indivíduo e seu ambiente material e humano. Nenhum homem é "desembaraçado" nem "dependente" nem "fatalista" no vácuo. Suas características, sejam quais forem, não são dele, mas sim do que acontece entre ele e algo (ou alguém) mais.

Sendo assim, é natural observar o que acontece entre as pessoas para aí encontrar contextos de Aprendizagem I que possam dar forma a processos de Aprendizagem II. Nesses sistemas, que envolvem duas ou mais pessoas e em que a maioria dos acontecimentos importantes são atitudes, ações ou emissões vocais, percebemos imediatamente que, em contextos de aprendizagem, o fluxo dos acontecimentos costuma ser marcado por um acordo tácito entre os envolvidos quanto à natureza de sua relação – ou por marcadores de contexto e acordos tácitos de que esses marcadores de contexto "significarão" o mesmo para ambas as partes. É instrutivo tentar analisar um intercâmbio em curso entre A e B. Fazemos perguntas sobre um elemento específico do comportamento de A: esse elemento é um estímulo para B? Ou é uma resposta de A a algo dito por B? Ou é um reforço de um elemento fornecido por B? Ou será que A, nesse elemento, consuma um reforço para si próprio? Etc.

Perguntas como essas revelarão de imediato que, para muitos elementos do comportamento de A, a resposta é muitas vezes bastante obscura. Ou, se houver uma resposta clara, a clareza se deve a um acordo tácito (e raramente explícito) entre A e B quanto à natureza de seus papéis mútuos, ou seja, quanto à natureza da estrutura contextual que eles esperam um do outro.

Se observarmos essa troca em abstrato: $a_1 b_1 a_2 b_2 a_3 b_3 a_4 b_4 a_5 b_5$, em que *a* se refere a elementos do comportamento de A e *b* a elementos do comportamento de B, podemos tomar qualquer a_i e construir a seu redor três contextos simples de aprendizagem:

1. $(a_i\, b_i\, a_{i+1})$, em que a_i é o estímulo para b_i.
2. $(b_{i-1}\, a_i\, b_i)$, em que a_i é a resposta a b_{i-1}, cuja resposta B reforça com b_i.
3. $(a_{i-1}\, b_{i-1}\, a_i)$, em que a_i é agora o reforço de A de b_{i-1} de B, que era a resposta a a_{i-1}.

Disso decorrer que a_i pode ser um estímulo para B, ou pode ser a resposta de A a B, ou pode ser o reforço de A para B.

Todavia, para além disso, se considerarmos a ambiguidade das noções "estímulo" e "resposta", "aferente" e "eferente" – como discutimos antes –, percebemos que todo a_i também pode ser um estímulo para A; pode ser o reforço de A para si próprio; ou talvez seja uma resposta de A a um comportamento prévio seu, como é o caso em sequências de comportamento memorizado.

Essa ambiguidade geral significa, na verdade, que a sequência de intercâmbio em curso entre duas pessoas é estruturada apenas pela percepção de cada uma delas da sequência como série de contextos, cada contexto levando ao próximo. A forma particular como a sequência é estruturada por uma pessoa específica será determinada pela Aprendizagem II anterior dessa pessoa (ou, possivelmente, por sua genética).

Em tal sistema, palavras como "dominante" e "submisso", "prestativo" e "dependente" adquirirão um sentido que pode ser definido como descrições de segmentos de intercâmbio. Diremos que "A domina B" se A e B demonstram por seu comportamento que veem sua relação como caracterizada por sequências do tipo $a_1b_1a_2$, em que a_1 é visto (por A e B) como um sinal que define as condições de recompensa ou castigo instrumental; b_1 como um sinal ou ato que obedece a essas condições; e a_2 como um sinal que reforça b_1.

Da mesma forma, poderemos dizer que "A é dependente de B" caso a relação seja caracterizada por sequências $a_1b_1a_2$, em que a_1 é visto como um sinal de fraqueza; b_1 como um auxílio; e a_2 como um reconhecimento de b_1.

Mas compete a A e B distinguir (consciente ou inconscientemente, ou de maneira alguma) entre "dominação" e "dependência". Um "comando" pode ser muito parecido com um pedido de "ajuda".

c) Em psicoterapia, a Aprendizagem II é exemplificada de maneira mais evidente pelos fenômenos de "transferência". A teoria freudiana ortodoxa afirma que o paciente introduzirá inevitavelmente na sessão terapêutica ideias equivocadas de sua relação com o terapeuta. Essas ideias (conscientes ou inconscientes) serão tais que o paciente agirá e falará de maneira a fazer o terapeuta responder de uma forma que se parecerá com a imagem que ele (o paciente) tem da maneira como uma pessoa importante para ele (em geral um dos pais) o tratou num passado recente ou distante. Na linguagem empregada neste artigo, o paciente tentará moldar o intercâmbio com o terapeuta de acordo com as premissas de sua (do paciente) antiga Aprendizagem II.

É comum que boa parte da Aprendizagem II que determina os padrões de transferência do paciente – na verdade, boa parte da vida relacional dos seres humanos – (a) *data da primeira infância* e (b) *é inconsciente*. Essas duas generalizações parecem corretas e exigem explicação.

Parece verossímil que essas generalizações sejam verdadeiras em razão da própria natureza dos fenômenos que estamos debatendo. Sugerimos que *o que* é aprendido na Aprendizagem II é uma forma de *pontuar os eventos*. Mas a *forma de pontuar* não é verdadeira nem falsa. Não há nada nas proposições desse aprendizado que possa ser testado em comparação com a realidade. É como a imagem de uma mancha de tinta; não há nela nem correção nem incorreção. É apenas uma *forma* de ver a mancha de tinta.

Pensemos na visão instrumental da vida. Em uma situação nova, um organismo com essa visão da vida iniciará comportamentos de tentativa e erro para obter um reforço positivo da situação. Mesmo que ele não receba esse reforço, seu propósito de vida não será negado por causa isso. Ele manterá simplesmente seu comportamento de tentativa e erro. As premissas do "propósito" simplesmente não são do mesmo tipo lógico dos fatos materiais da vida e, portanto, não podem ser facilmente contrariadas por eles.

Quem pratica magia não desaprende sua visão mágica dos acontecimentos quando a magia não funciona. Na verdade, as proposições que governam as pontuações possuem a característica geral de serem autovalidantes.[10] O que chamamos de "contexto" abrange o comportamento do sujeito experimental, bem como os eventos externos. Mas esse comportamento é controlado por uma Aprendizagem II prévia e, portanto, será de um tipo que moldará o contexto geral para se encaixar na pontuação esperada. Em resumo, essa característica autovalidante do conteúdo da Aprendizagem II faz que essa aprendizagem seja quase inerradicável. Disso decorre que a Aprendizagem II adquirida na infância persistirá possivelmente pela vida inteira. Na mesma linha, presume-se que muitas das principais características da pontuação de um adulto tenham suas raízes na primeira infância.

Com relação à inconsciência desses hábitos de pontuação, observamos que o "inconsciente" abrange não apenas o material reprimido, mas também boa parte dos processos e *hábitos* da percepção gestáltica.

---

10   J. Ruesch e G. Bateson, *Communication: The Social Matrix of Psychiatry.* New York: Norton, 1951.

Subjetivamente, temos ciência de nossa "dependência", mas somos incapazes de dizer claramente como esse padrão foi construído ou que elementos foram aproveitados para sua criação.

Aprendizagem III

O que foi dito aqui sobre o caráter autovalidante das premissas que se adquirem pela Aprendizagem II indica que possivelmente a Aprendizagem III é difícil e rara até mesmo entre os seres humanos. Presume-se que descrever esse processo também é difícil para os cientistas, que não passam de seres humanos. Mas afirma-se que ocorre algo desse gênero, de tempos em tempos, na psicoterapia, na conversão religiosa e em outras sequências nas quais há uma profunda reorganização do caráter.

Os zen budistas, os místicos ocidentais e alguns psiquiatras afirmam que esses problemas estão totalmente fora do alcance da linguagem. Mas, apesar desse alerta, farei algumas especulações sobre qual seria (logicamente falando) o caso.

Primeiro, devemos fazer uma distinção: dissemos antes que os experimentos com aprendizagem de reversão demonstram Aprendizagem II sempre que existe aprendizagem mensurável *sobre* o fato da reversão. É possível aprender (Aprendizagem I) uma dada premissa em um dado momento e aprender a premissa contrária em um momento posterior sem pegar o jeito da aprendizagem de reversão. Nesse caso, não haverá melhora de uma reversão para outra. Um elemento da Aprendizagem I substituiu simplesmente outro elemento da Aprendizagem I sem nenhum avanço na Aprendizagem II. Se, por outro lado, há melhora após reversões sucessivas, isso evidencia Aprendizagem II.

Se aplicarmos a mesma lógica à relação entre Aprendizagem II e Aprendizagem III, somos levados a presumir que haverá substituição das premissas no nível da Aprendizagem II *sem* nenhuma conquista na Aprendizagem III.

Portanto, antes de qualquer discussão sobre Aprendizagem III, é necessário discriminar entre a mera substituição sem Aprendizagem III e a facilitação da substituição que seria a verdadeira Aprendizagem III.

Já é um grande feito que os psicoterapeutas consigam ajudar seus pacientes na mera substituição das premissas que estes adquirem pela Aprendizagem II, quando pensamos no caráter autovalidante dessas premissas e em sua natureza mais ou menos inconsciente. Mas que é possível realizar esse feito, não há dúvida.

No ambiente controlado e protegido da relação terapêutica, o terapeuta pode tentar pelo menos uma das seguintes manobras:

a) confrontar as premissas do paciente e as do terapeuta – que foi cuidadosamente treinado para não cair na armadilha da validação das premissas antigas;

b) fazer que o paciente aja de forma a confrontar suas próprias premissas, seja no ambiente terapêutico, seja no mundo exterior;

c) mostrar a contradição entre as premissas que controlam o comportamento do paciente;

d) induzir no paciente um *exagero ou caricatura* (por exemplo, no sonho ou na hipnose) da experiência baseada nas suas premissas antigas.

Como William Blake observou há muito tempo, "sem contrários não existe progresso".[11] (Em outros textos, chamei essas contradições no nível II de "duplos vínculos".)

Mas sempre há brechas pelas quais se pode reduzir o impacto da contradição. É lugar-comum na psicologia da aprendizagem que, mesmo que o sujeito experimental aprenda mais rápido (Aprendizagem I) se receber um reforço toda vez que responder corretamente, essa aprendizagem desaparecerá rapidamente se o reforço cessar. Se, por outro lado, o reforço é apenas ocasional, o sujeito experimental aprenderá mais devagar, porém a aprendizagem resultante não desaparecerá tão facilmente quando o reforço cessar completamente. Noutras palavras, o sujeito experimental pode aprender (Aprendizagem II) que, naquele contexto, a ausência de reforço não indica que sua resposta foi errada ou inadequada. Na verdade, sua visão do contexto estava correta até o pesquisador mudar de tática.

O terapeuta deve sustentar ou resguardar os contrários pelos quais o paciente é conduzido para que brechas desse e de outros tipos sejam evitadas. O discípulo zen que tem de resolver o paradoxo (*koan*) deve se dedicar à tarefa "como um mosquito picando uma barra de ferro".

Argumentei em outro texto ("Estilo, graça e informação na arte primitiva", ver *supra* p. 153) que uma função essencial e necessária a toda formação de hábito e Aprendizagem II é uma *economia* dos processos de pensamento (ou vias neurais) que são usados para resolução de problemas ou Aprendizagem I. As premissas do que geralmente chamamos de "caráter" – as definições do "eu" – poupam o indivíduo do trabalho

---

11   William Blake, *O casamento do céu e do inferno* [1790], trad. Ivo Barroso. São Paulo: Hedra, 2011. [N. E.]

de examinar aspectos abstratos, filosóficos, estéticos e éticos de muitas sequências da vida. "Não sei se essa música é boa; só sei se gosto dela."

Mas a Aprendizagem III abre essas premissas não examinadas para o questionamento e a mudança.

Assim como fizemos na Aprendizagem I e II, listaremos algumas das mudanças que pretendemos chamar de Aprendizagem III.

a) O indivíduo poderia aprender a criar mais rapidamente os hábitos de formação que chamamos de Aprendizagem II.

b) Poderia aprender a fechar por si mesmo as "brechas" que lhe permitiriam evitar a Aprendizagem III.

c) Poderia aprender a modificar os hábitos que ele adquiriu na Aprendizagem II.

d) Poderia aprender que ele é uma criatura que pode e consegue alcançar inconscientemente a Aprendizagem II.

e) Poderia aprender a limitar ou direcionar sua Aprendizagem II.

f) Caso a Aprendizagem II seja uma aprendizagem dos contextos da Aprendizagem I, então a Aprendizagem III deve ser uma aprendizagem dos contextos desses contextos.

Mas há um paradoxo nessa lista. A Aprendizagem III (ou seja, a aprendizagem *sobre* a Aprendizagem II) pode levar a um incremento ou a uma limitação, e talvez até a uma redução, da Aprendizagem II. Com certeza, deve levar a uma maior flexibilidade nas premissas adquiridas no processo de Aprendizagem II – uma *libertação* do cativeiro.

Certa vez ouvi um mestre zen afirmar categoricamente: "Acostumar-se a qualquer coisa é terrível".

Mas libertar-se do cativeiro do hábito também denota uma profunda redefinição do eu. Se eu parar no nível da Aprendizagem II, "eu" sou o agregado das características que chamo de meu "caráter". "Eu" sou meus hábitos de atuação no contexto, de modelação e percepção dos contextos nos quais atuo. A identidade individual é um produto ou agregado da Aprendizagem II. Na medida em que o indivíduo alcança a Aprendizagem III e aprende a perceber e agir nos termos dos contextos dos contextos, seu "eu" adquire uma espécie de irrelevância. O conceito de "eu" não mais funcionará como um argumento nodal na pontuação da experiência.

Essa questão precisa ser examinada. Na discussão sobre a Aprendizagem II, afirmamos que palavras como "dependência", "orgulho" e "fatalismo" se referem a características do eu que são aprendidas (Aprendizagem II) em sequências de relação. Essas palavras, na verdade, são termos para "papéis" em relações e referem-se a algo artificialmente recortado de sequências interativas. Também sugerimos que a forma correta de atribuir um significado rigoroso a qualquer palavra desse tipo seria mostrar o passo a passo da estrutura formal da sequência na qual a característica nomeada poderia ter sido aprendida. Assim, propomos a sequência interativa de aprendizado pavloviano como um paradigma para um certo tipo de "fatalismo" etc.

Mas agora estamos indagando os contextos desses contextos de aprendizagem, ou seja, as sequências mais longas nas quais tais paradigmas estão incrustados.

Considere-se o pequeno elemento de Aprendizagem II que mencionamos acima como aquele que fornece uma "brecha" para escapar da Aprendizagem III. Uma certa característica do eu – que chamaremos de "persistência" – é gerada pela experiência em múltiplas sequências nas quais o reforço é esporádico. Agora devemos indagar o contexto mais amplo por trás dessas sequências. Como essas sequências são geradas?

A questão é explosiva. A simples sequência experimental de interação estilizada no laboratório é gerada por, e em parte determina, uma rede de contingências que se espalha em centenas de direções, extrapolando o laboratório para entrar nos processos de planejamento da pesquisa psicológica, nas interações entre os psicólogos, na economia das verbas de pesquisa etc. etc.

Ou se considere a mesma sequência formal em um ambiente mais "natural". Um organismo procura um objeto necessário ou perdido. Um porco busca bolotas de carvalho, um jogador põe moedas num caça-níqueis esperando ganhar o grande prêmio ou um homem precisa encontrar a chave de seu carro. Há milhares de situações em que seres vivos têm de persistir em certos comportamentos precisamente *porque* o reforço é esporádico ou improvável. A Aprendizagem II simplificará o universo, tratando essas instâncias como uma categoria única. Mas se a Aprendizagem II se ocupar dos contextos dessas instâncias, então as categorias de Aprendizagem II se despedaçarão em mil pedaços.

Ou se considere o que significa a palavra "reforço" nos diversos níveis. Um golfinho ganha um peixe quando faz o que seu treinador quer. No nível I, o fato do peixe está ligado à "correção" daquela ação em particular. No nível II, o fato do peixe confirma a compreensão do golfinho de sua relação com o treinador (possivelmente instrumental ou dependente). E observe-se que, nesse nível, se o golfinho odeia ou tem medo do treinador, a dor causada por este último pode ser um reforço positivo que confirma esse ódio ("Se não for do meu jeito, vou sentir isso").

Mas e o "reforço" do nível III (para o golfinho ou para o homem)?

Se, como sugeri antes, a criatura é conduzida ao nível III por "contrários" gerados no nível II, então podemos presumir que a resolução desses contrários constituirá o reforço positivo no nível III. Essa resolução pode assumir diversas formas.

Mesmo uma tentativa no nível III pode ser perigosa, e algumas pessoas ficam pelo caminho. Estas são muitas vezes rotuladas como psicóticas pela psiquiatria e muitas se veem impedidas de usar o pronome de primeira pessoa.

Para as que se saíram melhor, a resolução dos contrários pode significar a ruína de muita coisa que foi aprendida no nível II e revelar uma simplicidade na qual sentir fome leva diretamente a consumir alimento, e o eu identificado não está mais a cargo da organização do comportamento. São os inocentes incorruptíveis do mundo.

Para as mais criativas, a resolução dos contrários revela um mundo no qual a identidade pessoal se mistura a todos os processos de relação em uma vasta ecologia ou estética de interação cósmica. Que essas pessoas consigam sobreviver parece quase um milagre, mas algumas talvez sejam salvas do arrebatamento do sentimento oceânico pela capacidade de se concentrar nas minúcias da vida. Cada detalhe do universo é visto como uma proposta de visão do todo. Foi para essas pessoas que Blake dirigiu o famoso conselho nos "Augúrios da inocência":

> Ver todo um Mundo num grão
> E um Céu em ramo que enflora
> É ter o infinito na palma da mão
> E a Eternidade numa hora.[12]

O papel da genética na psicologia

O que quer que se diga sobre a aprendizagem ou a inabilidade de um animal para aprender será embasado em sua constituição genética. E o que dissemos aqui sobre os níveis de aprendizado é embasado em toda a interação entre a constituição genética e as mudanças que esse indivíduo pode e precisa conseguir realizar.

---

12 Id., *Poesia e prosa selecionadas*, ed. bilíngue, trad. Paulo Vizioli. São Paulo: Nova Alexandria, 1993, p. 77. [N. T.]

Para qualquer organismo específico, existe um limite máximo para além do qual tudo é determinado pela genética. As planárias provavelmente não conseguem passar da Aprendizagem I. Os mamíferos, salvo o homem, provavelmente são capazes de Aprendizagem II, mas incapazes de Aprendizagem III. Às vezes o homem pode conseguir alcançar a Aprendizagem III.

Esse limite máximo para qualquer organismo é (lógica e presumivelmente) estipulado por fenômenos genéticos, talvez não por genes individuais ou combinações de genes, mas por fatores que controlam o desenvolvimento das características filéticas básicas.

Para cada mudança que um organismo é capaz de realizar, existe o *fato* dessa capacidade. Esse fato pode ser geneticamente determinado ou a capacidade pode ter sido aprendida. Se é aprendida, então a genética pode ter determinado a capacidade de aprender essa capacidade. E assim por diante.

Isso, em geral, vale para todas as mudanças somáticas, bem como para as comportamentais que chamamos de aprendizagem. A pele de um homem fica bronzeada se exposta ao Sol. Mas onde entra a genética nesse caso? A genética determina completamente a *capacidade* de se bronzear? Ou será que algumas pessoas podem melhorar sua capacidade de se bronzear? Se sim, os fatores genéticos têm evidentemente um efeito em um nível lógico superior.

Claramente o problema com relação a qualquer comportamento não é: "Será que é aprendido ou inato?", e sim: "Até qual nível lógico o aprender é eficaz e até qual nível a genética tem um papel determinante ou parcialmente eficaz?".

A história geral da evolução do aprendizado parece ter sido um lento empurrar do determinismo genético para níveis de tipo lógico mais alto.

Uma observação sobre hierarquias

O modelo discutido neste trabalho assume, tacitamente, que os tipos lógicos podem ser ordenados em uma escala simples, não ramificada. Creio que foi sensato tratar primeiro dos problemas levantados por um modelo simples.

Mas o mundo da ação, da experiência, da organização e da aprendizagem não pode ser completamente mapeado por um modelo que exclui proposições sobre a relação *entre* classes de diferentes tipos lógicos.

Se c_1 é uma classe de proposições, se c_2 é uma classe de proposições sobre os membros de c_1 e se c_3 é uma classe de proposições sobre os membros de c_2, como classificaremos as proposições sobre a relação *entre* essas classes? Por exemplo, a proposição: "Os membros de c_1 estão para os membros de c_2, assim como os membros de c_2 estão para os membros de c_3" não pode ser classificada na escala não ramificada de tipos.

Todo este ensaio baseia-se na premissa de que a relação entre c_2 e c_3 pode ser comparada à relação entre c_1 e c_2. Tenho repetidamente tomado posição ao lado da minha escala de tipos lógicos para discutir a estrutura dessa escala. O ensaio em si é, portanto, um exemplo do fato de que essa escala só pode ser ramificada.

Disso decorre que nossa próxima tarefa é procurar exemplos de aprendizagem que não podem ser classificados em minha hierarquia de aprendizagem, mas pertencem a essa hierarquia enquanto aprendizagem sobre a relação entre os estágios dessa hierarquia. Sugeri em outro texto ("Estilo, graça e informação na arte primitiva", ver *supra* p. 153) que a arte está comumente interessada nesse tipo de aprendizagem, qual seja, construir uma ponte sobre o abismo entre as premissas mais ou menos inconscientes que são adquiridas na Aprendizagem II e o conteúdo mais episódico da consciência e da ação imediata.

Devemos observar também que a estrutura deste ensaio é *indutiva* no sentido de que a hierarquia das ordens de aprendizagem é apresentada ao leitor do nível inferior para o superior, do nível zero para o nível III. Mas não entendemos que as explicações do mundo dos fenômenos que esse modelo proporciona são unidirecionais. Para explicar o modelo ao leitor, recorremos a uma abordagem unidirecional, mas, dentro do modelo, assumimos que os níveis superiores explicam os níveis inferiores e vice-versa. Também assumimos que existe uma relação reflexiva similar – tanto indutiva quanto dedutiva – entre as ideias e os elementos de aprendizagem tal como eles existem na vida das criaturas que estudamos.

Por fim, o modelo permanece ambíguo no sentido de que, ainda que se afirme que existem relações explicativas ou determinantes entre ideias de níveis adjacentes, tanto na direção dos níveis superiores quando dos inferiores, não está claro se existem relações explicativas diretas entre níveis separados, por exemplo, entre o nível III e o nível I ou entre o nível zero e o nível II.

Essa questão e a questão do status das proposições e ideias colaterais à hierarquia dos tipos permanecem sem resposta.

A cibernética do eu: uma teoria do alcoolismo

A "lógica" da adicção em álcool intriga os psiquiatras tanto como a "lógica" do árduo regime espiritual que os Alcoólicos Anônimos (AA) utilizam para enfrentar a dependência.[1] Neste ensaio sugere-se: (1) que uma epistemologia inteiramente nova deve emergir da cibernética e da teoria dos sistemas, envolvendo uma nova compreensão da mente, do eu, do relacionamento humano e do poder; (2) que o alcoólatra dependente, quando está sóbrio, opera segundo uma epistemologia que é convencional na cultura ocidental, mas é inaceitável na teoria dos sistemas; (3) que ceder ao álcool é um atalho parcial e subjetivo a um estado mental mais correto; e (4) que a teologia dos Alcoólicos Anônimos coincide estreitamente com uma epistemologia da cibernética.

O presente ensaio baseia-se em ideias que são todas, talvez, familiares aos psiquiatras que trataram de alcoólatras ou aos filósofos que pensaram sobre as implicações da cibernética e da teoria dos sistemas. A única inovação que pode ser reclamada para a tese aqui proposta deriva do tratamento rigoroso dessas ideias como premissas para a argumentação e da aproximação de ideias correntes em duas áreas de pensamento muito distantes uma da outra.

Em sua concepção inicial, este ensaio era para ser um estudo teórico-sistêmico da dependência do álcool no qual eu utilizaria dados das publicações do AA, que é o único com um histórico de sucesso no tratamento de alcoólatras. Logo se tornou evidente, no entanto, que a visão religiosa e a estrutura organizacional do AA continham pontos de grande interesse para a teoria dos sistemas e que o escopo correto do estudo deveria incluir não apenas as premissas do alcoolismo, mas também as premissas do sistema do AA para tratá-lo e as da organização do AA.

---

1   Publicado pela William Alanson White Psychiatric Foundation em *Psychiatry*, v. 34, n. 1, 1971.

Minha dívida para com o AA ficará evidente no decorrer do texto – e também, assim espero, meu respeito por essa organização e especialmente pela sabedoria extraordinária de seus cofundadores, Bill W. e dr. Bob.

Além disso, preciso agradecer a um pequeno núcleo de pacientes alcoólatras com quem trabalhei intensivamente por cerca de dois anos (1949–52) no Veterans Administration Hospital, em Palo Alto, na Califórnia. Devo assinalar que essas pessoas tinham outros diagnósticos – a maioria, "esquizofrenia" – além do problema com o alcoolismo. Muitos eram membros do AA. Creio que, infelizmente, não consegui ajudá-los em grande coisa.

O problema

Acredita-se, em geral, que é necessário procurar "causas" ou "motivos" para o alcoolismo na vida sóbria do alcoólatra. Os alcoólatras, em suas manifestações sóbrias, costumam ser tachados de "imaturos", "fixados na figura materna", "orais", "homossexuais", "passivo-agressivos", "receosos do sucesso", "hipersensíveis", "orgulhosos", "benévolos" ou simplesmente "fracos". Mas em geral as implicações lógicas dessa crença não são examinadas.

1. Se a vida sóbria do alcoólatra o leva de alguma forma a beber ou propõe o primeiro passo para a embriaguez, não se deve esperar que um procedimento que reforça seu estilo de sobriedade específico vá reduzir ou controlar seu alcoolismo.

2. Se seu estilo de sobriedade o leva a beber, esse estilo deve conter um erro ou patologia; e a embriaguez deve oferecer uma correção – subjetiva que seja – desse erro. Noutras palavras, comparada à sobriedade, que está de certo modo "errada", a embriaguez deve de certo modo estar "correta". O velho ditado *in vino veritas* talvez contenha uma verdade mais profunda do que a que geralmente lhe é atribuída.

3. Uma hipótese alternativa sugere que, em estado de sobriedade, o alcoólatra seria mais são de espírito que as pessoas à sua volta, e que essa situação lhe seria intolerável. Já ouvi alcoólicos defenderem essa possibilidade, mas vou ignorá-la neste ensaio. Creio que Bernard Smith, o representante legal do AA, acertou em cheio quando disse que "o membro [do AA] nunca foi escravo do álcool. O álcool simplesmente era uma fuga de uma situação de escravidão *pessoal* aos falsos ideais

de uma sociedade materialista".[2] Não é uma questão de revolta contra os ideais insanos que os rodeiam, mas de fuga das próprias premissas insanas, que são continuamente reforçadas pela sociedade. É possível, no entanto, que o alcoólatra seja mais vulnerável ou sensível do que o normal ao fato de que suas premissas insanas (mas convencionais) conduzam a resultados insatisfatórios.

4. A presente teoria do alcoolismo fará, portanto, *um ajuste inverso* entre sobriedade e embriaguez para que a embriaguez seja vista como uma correção subjetiva adequada da sobriedade.

5. Existem, é claro, muitas circunstâncias em que as pessoas recorrem ao álcool e até mesmo à embriaguez extrema para anestesiar o luto, o rancor ou as dores físicas corriqueiras. Pode-se argumentar que a ação anestésica do álcool é um ajuste inverso suficiente para nossos propósitos teóricos. Mas vou excluir especificamente esses casos, pois são irrelevantes para o problema do alcoolismo viciante ou repetitivo, a despeito do fato inquestionável de que o "luto", o "rancor" e a "frustração" são comumente usados pelos alcoólatras como *desculpas* para beber.

Vou procurar, portanto, um ajuste inverso entre sobriedade e embriaguez mais específico do que aquele dado pela mera anestesia.

Sobriedade

Amigos e parentes de alcoólatras muitas vezes os incitam a ser "fortes" e "resistir à tentação". Não está muito claro o que querem dizer com isso, mas é significativo que o próprio alcoólatra – em estado de sobriedade – concorde com essa visão sobre seu "problema". Ele acredita que poderia ser, ou pelo menos deveria ser, o "capitão de sua alma".[3] Mas a motivação para parar de beber ser zero depois "do primeiro gole" é um clichê do alcoolismo. Geralmente o problema é

---

2   [Alcoólicos Anônimos], *Alcoholics Anonymous Comes of Age*. New York: Harper, 1957, p. 279; itálicos nossos.

3   Essa expressão é usada pelo AA para ironizar o alcoólatra que tenta usar a força de vontade contra a garrafa. A citação do verso "minha cabeça sangra, mas não baixa" vem do poema "Invictus", de William Ernest Henley, que era deficiente físico, mas não alcoólatra. O uso da força de vontade para superar a dor e a deficiência física não é comparável ao uso da força de vontade pelo alcoólatra.

enunciado como uma batalha entre o "eu" e "a pinga". Dissimuladamente, o alcoólatra pode estar planejando ou até mesmo estocando escondido material para a próxima bebedeira, mas é quase impossível (no ambiente hospitalar) fazer um alcoólatra sóbrio planejar abertamente sua próxima bebedeira. Aparentemente, ele não consegue "capitanear" sua alma e influenciar ou ordenar abertamente sua própria embriaguez. O "capitão" só consegue ordenar a sobriedade – para depois ser desobedecido.

Bill W., alcoólatra e o cofundador do AA, derrubou esse mito do conflito no primeiro dos doze famosos passos do AA. O primeiro passo exige que o alcoólatra reconheça que é impotente diante do álcool. Ele é visto em geral como uma "rendição", e muitos alcoólatras são incapazes de cumpri-lo ou o cumprem apenas pelo curto período de remorso após a bebedeira. O AA não vê o caso desses alcoólatras como promissores: eles ainda não "chegaram ao fundo do poço"; seu desespero é inadequado e, depois de um período mais ou menos breve de sobriedade, eles tentarão usar novamente o "autocontrole" para lutar contra a "tentação". Eles não querem ou não conseguem aceitar a premissa de que, bêbados ou sóbrios, a personalidade total do alcoólico é uma personalidade alcoólatra que não consegue lutar contra o alcoolismo. Como diz um dos panfletos do AA: "tentar usar sua força de vontade é como tentar se levantar no ar puxando os cordões das suas botas".

Os dois primeiros passos do AA são os seguintes:

1. Admitimos que éramos impotentes perante o álcool – que tínhamos perdido o domínio sobre nossas vidas.
2. Viemos a acreditar que um Poder superior a nós mesmos poderia devolver-nos à sanidade.[4]

Está implícita na combinação desses dois passos a ideia extraordinária – e, creio, correta – de que a experiência da derrota não apenas serve para convencer o alcoólatra de que a mudança é necessária, mas também *é* o primeiro passo dessa mudança. Ser derrotado pela garrafa e saber disso é a primeira "experiência espiritual". O mito do autocontrole, portanto, é destruído pela demonstração de um poder maior.

---

4   [Alcoólicos Anônimos], *Alcoholics Anonymous*. New York: Works Publishing, 1939 [N. T.: ver "Os doze passos", disponível on-line].

Em suma, argumentarei aqui que a "sobriedade" do alcoólatra caracteriza-se por ser uma variante atipicamente desastrosa do dualismo cartesiano, a divisão entre Mente e Corpo, ou, nesse caso, entre desejo consciente, ou do "eu", e o restante da personalidade. A genialidade de Bill W. foi destruir, com o primeiro "passo", a estrutura desse dualismo.

Sob um olhar filosófico, esse primeiro passo *não* é uma rendição; é simplesmente uma mudança na epistemologia, uma mudança na maneira de conhecer a personalidade no mundo. E, notavelmente, a mudança é de uma epistemologia incorreta para uma epistemologia mais correta.

Epistemologia e ontologia

Os filósofos reconheceram e separaram dois tipos de problemas. Existe, em primeiro lugar, o problema do ser das coisas: o que é uma pessoa, que mundo é esse. É o problema da ontologia. Existe, em segundo lugar, o problema do saber das coisas ou, mais especificamente, como sabemos que mundo é esse e que criaturas somos nós que podemos saber algo (ou talvez nada) sobre essa questão. É o problema da epistemologia. Para essas questões ontológicas e epistemológicas, os filósofos procuram encontrar respostas verdadeiras.

Mas o naturalista, observando o comportamento humano, fará perguntas muito diferentes. Se é relativista cultural, poderá concordar com os filósofos que afirmam que uma ontologia "verdadeira" é concebível, mas não se perguntará se a ontologia das pessoas que ele observa é "verdadeira". Ele esperará que essa epistemologia seja culturalmente determinada ou idiossincrática, e que a cultura como um todo faça sentido nos termos da epistemologia e da ontologia particular dessas pessoas.

Se, por outro lado, está claro que a epistemologia local está *errada*, o naturalista deve ficar atento à possibilidade de que a cultura como um todo jamais tenha verdadeiramente "sentido", ou tenha sentido apenas em circunstâncias restritas, o que o contato com outras culturas e novas tecnologias pode prejudicar.

Na história natural do ser humano, a ontologia e a epistemologia não podem ser separadas. Suas crenças (geralmente inconscientes) sobre que tipo de mundo o mundo é determinarão como ele vê o mundo e como atua nele, e suas formas de perceber e atuar determinarão suas crenças sobre a natureza do mundo. Assim, o homem está atado em uma rede de premissas epistemológicas e ontológicas que – independentemente de serem verdadeiras ou falsas – se tornam parcialmente autovalidantes para ele.[5]

É complicado referir-se constantemente à epistemologia e à ontologia e é incorreto sugerir que elas são separáveis na história natural humana. Não parece haver palavra conveniente para abarcar a junção desses dois conceitos. As melhores opções são "estrutura cognitiva" ou "estrutura do caráter", mas esses termos não conseguem sugerir que o que importa é o grupo de suposições habituais ou premissas implícitas na relação entre o homem e o meio ambiente, e que essas premissas podem ser verdadeiras ou falsas. Assim, usarei o termo único "epistemologia" neste ensaio para abarcar ambos os aspectos da rede de premissas que regem a adaptação (ou inadaptação) ao ambiente humano e físico. No vocabulário de George Kelly, são essas as regras com as quais um indivíduo "constrói" sua experiência.

Trataremos principalmente do grupo de premissas no qual os conceitos ocidentais do "eu" se fundamentam e, inversamente, das premissas que corrigem os erros mais crassos associados a esse conceito.

A epistemologia da cibernética

O que é novo e surpreendente é que agora temos respostas parciais para algumas dessas perguntas. Nos últimos 25 anos, houve avanços extraordinários no conhecimento do que é o meio ambiente, do que é um organismo e, especialmente, do que é uma *mente*. Esses avanços vieram da cibernética, da teoria dos sistemas, da teoria da informação e das ciências afins.

Agora sabemos com quase toda a certeza que o problema antiquíssimo da imanência ou da transcendência da mente pode ser respondido a favor da imanência, e que essa resposta é mais econômica em entidades explicativas do que qualquer resposta transcendente: tem no mínimo o apoio negativo da Navalha de Ockham.

Pelo lado positivo, podemos afirmar que *todo* conjunto de eventos e objetos que possua complexidade adequada de circuitos causais e relações energéticas adequadas certamente demonstrará características mentais. O conjunto vai *comparar*, ou seja, será responsivo à *diferença*

---

[5]   Jurgen Ruesch & Gregory Bateson, *Communications: The Social Matrix of Psychiatry*. New York: Norton, 1951.

(além disso, será afetado por "causas" físicas comuns, como impacto ou força). Vai "processar informação" e será inevitavelmente autocorretivo na direção da otimização homeostática ou na direção da maximização de determinadas variáveis.

É possível definir um *bit* de informação como uma diferença que faz diferença. Tal diferença, à medida que percorre e passa por transformações sucessivas em um sistema, é uma ideia elementar.

Todavia o mais relevante no presente contexto é que sabemos que nenhuma parte desse sistema internamente interativo pode ter controle unilateral sobre as demais ou sobre qualquer outra parte. As características mentais são inerentes ou imanentes ao conjunto como um *todo*.

Até mesmo em sistemas autocorretivos muito simples, esse caráter holístico é evidente. No motor a vapor equipado com um "regulador", a própria palavra "regulador" é um termo ruim, se entendemos que essa parte do sistema tem controle unilateral. O regulador é essencialmente um órgão sensorial ou transdutor que recebe uma conversão da *diferença* entre a verdadeira velocidade do motor e a velocidade ideal ou preferível. Esse órgão sensorial transforma essas diferenças de diferenças em uma mensagem eferente: por exemplo, fornecer combustível ou acionar o freio. O comportamento do regulador é determinado, em outras palavras, pelo comportamento das demais partes do sistema e, indiretamente, por seu próprio comportamento prévio.

O caráter holístico e mental do sistema é mais claramente demonstrado pelo fato de que o comportamento do regulador (e, de fato, de toda parte do circuito causal) é parcialmente determinado por seu comportamento prévio. O conteúdo da mensagem (isto é, as conversões sucessivas da diferença) precisa dar a volta em todo o circuito e o *tempo* necessário para o conteúdo da mensagem retornar ao ponto de onde partiu é uma característica básica do sistema total. Assim, o comportamento do regulador (ou de qualquer outra parte do circuito) é determinado em certo grau não apenas por seu passado imediato, mas pelo que ele fez no momento que antecedeu o presente pelo intervalo necessário para a mensagem percorrer todo o circuito. Portanto, há uma espécie de *memória* determinante até mesmo no circuito cibernético mais simples.

A estabilidade do sistema (ou seja, se atuará autocorretivamente, oscilará ou se desgovernará) depende da relação entre o produto operacional de todas as conversões de diferença na volta do circuito e no tempo característico dessa volta. O "regulador" não tem nenhum controle sobre esses fatores. Mesmo um "regulador" humano em um sistema social está sujeito a essas limitações. Ele é controlado pela informação do sistema e precisa adaptar suas ações às características temporais do sistema e aos efeitos de suas próprias ações passadas.

Assim, em nenhum sistema que demonstre características mentais pode haver controle unilateral de uma parte sobre o todo. Noutras palavras, *as características mentais do sistema são imanentes não a uma parte, mas ao sistema como um todo.*

A importância dessa conclusão aparece quando perguntamos: "Um computador é capaz de pensar?", ou então: "A mente está no cérebro?". E a resposta a ambas as perguntas será negativa, a menos que a pergunta se concentre em uma das poucas características mentais que estão contidas no computador ou no cérebro. O computador é autocorretivo com relação a algumas de suas variáveis internas. Por exemplo, ele pode ter termômetros ou outros componentes sensoriais que sejam afetados por diferenças em sua temperatura de funcionamento, e a resposta do componente sensorial a essa diferença de temperatura pode acionar uma ventoinha que, por sua vez, a corrigirá. Podemos dizer, portanto, que o sistema demonstra características mentais com relação à sua temperatura interna. Mas seria incorreto afirmar que a principal ocupação do computador – a transformação de diferenças de *input* em diferenças de *output* – é "um processo mental". O computador é somente uma parte de um circuito maior que compreende sempre um homem e um ambiente do qual a informação é proveniente e sobre o qual as mensagens eferentes que partem do computador têm um efeito. Pode-se dizer legitimamente que esse sistema total ou conjunto demonstra características mentais. Ele opera por tentativa e erro e tem caráter criativo.

Da mesma maneira, podemos dizer que a "mente" é imanente aos circuitos cerebrais que são completos dentro do cérebro. Ou que a mente é imanente aos circuitos que são completos dentro do sistema de cérebro *mais* corpo. Ou, por fim, que a mente é imanente ao sistema mais amplo de homem *mais* meio ambiente.

Em princípio, se queremos explicar ou entender o aspecto mental de qualquer evento biológico, podemos levar em conta o sistema – isto é, a rede de circuitos *fechados* dentro da qual o evento biológico é determinado. Mas quando tentamos explicar o comportamento de um homem ou de qualquer outro organismo, em geral esse "sistema" *não* terá os mesmos limites que o "eu" – como esse termo costuma ser (de diversas formas) compreendido.

Pense-se num homem derrubando uma árvore com um machado. Cada machadada é modificada ou corrigida em função do formato do corte que a machadada anterior deixou na árvore. Esse processo autocorretivo (ou seja, mental) acontece por obra de um sistema total, árvore-olhos-cérebro-músculos-machado-machadada-árvore; e é esse sistema total que possui as características da mente imanente.

Mais especificamente, o correto seria dizer que a diferença é: (diferenças na árvore) - (diferenças na retina) - (diferenças no cérebro) - (diferenças nos músculos) - (diferenças no movimento do machado) - (diferenças na árvore) etc. O que é transmitido no percurso do circuito são conversões de diferenças. E, como dissemos, uma diferença que faz diferença é uma *ideia* ou unidade de informação.

Mas *não* é dessa forma que o ocidental médio enxerga a sequência de eventos na derrubada da árvore. Ele diz: "*Eu* cortei a árvore" e acredita que existe um agente delimitado, o "eu", que realizou uma ação delimitada "propositada" sobre um objeto delimitado.

Não é errado dizer que "a bola de bilhar A bateu na bola B e mandou a bola B para a caçapa"; e talvez não seja errado (se fosse factível) fazer um relatório científico completo dos eventos que ocorrem em toda a volta do circuito que contém homem e árvore. Mas no linguajar popular, quando se fala em *mente*, invoca-se em geral o pronome pessoal e chega-se a uma mistura de mentalismo e fisicalismo restringindo a mente aos limites do homem e reificando a árvore. Por fim, a própria mente é reificada pela ideia de que, como o "eu" agiu sobre o machado que agiu sobre a árvore, o "eu" deve ser uma "coisa" também. O paralelismo sintático entre "*eu* bati na bola" e "a bola bateu na outra bola" é totalmente enganoso.

Se perguntarmos a qualquer pessoa a localização e os limites do eu, essas confusões são imediatamente patentes. Ou um cego com sua bengala. Onde começa o eu do cego? Na ponta da bengala? Na alça da bengala? Ou em algum ponto no meio? Essas perguntas não têm sentido, porque a bengala é uma via ao longo da qual diferenças são transmitidas após conversões, de forma que traçar uma linha delimitadora *cortando* essa via é interromper uma parte do circuito sistêmico que determina a locomoção do cego.

Da mesma forma, seus órgãos sensoriais são transdutores ou vias para a passagem da informação, como são também seus axônios etc. Do ponto de vista da teoria dos sistemas, é uma metáfora enganosa dizer que o que é transportado pelo axônio é um "impulso". Seria mais correto dizer que é uma diferença ou uma conversão de uma diferença que é transportada. A metáfora de "impulso" sugere uma linha de pensamento científico que pode facilmente degringolar em bobagens como "energia psíquica", e quem fala esse tipo de disparate deixará de considerar o conteúdo informativo de *quiescência*. A quiescência de um axônio *difere* tanto da atividade quanto sua atividade difere da quiescência. Portanto, a quiescência e a atividade possuem relevância informacional idêntica. A mensagem da atividade só pode ser aceita como válida se a mensagem de quiescência também merecer confiança.

É até incorreto falar em "mensagem da atividade" e "mensagem da quiescência". Deve-se sempre atentar para o fato de que a informação é uma conversão da diferença, e que é melhor chamar uma das mensagens de "atividade – não quiescência" e a outra de "quiescência – não atividade".

Considerações semelhantes se aplicam ao alcoólatra arrependido. Ele não pode simplesmente escolher a "sobriedade". No máximo, pode escolher "sobriedade – não embriaguez", e seu universo permanecerá polarizado, tendo sempre as duas alternativas.

A unidade autocorretora total que processa a informação, ou, como digo, "pensa" e "age" e "decide", é um *sistema* cujas fronteiras não coincidem em absoluto com as fronteiras do corpo ou daquilo que comumente chamamos de "eu" ou "consciência"; e é importante observar que existem *diversas* diferenças entre o sistema de pensamento e o "eu", como concebido no imaginário popular:

1. O sistema não é uma entidade transcendente, como normalmente se presume que seja o "eu".

2. As ideias são imanentes a uma rede de vias causais ao longo das quais são transportadas conversões de diferenças. As "ideias" do sistema são em todos os casos de estrutura, no mínimo, binária. Não são "impulsos" e sim "informação".

3. Essa rede não é delimitada pela consciência e estende-se para incluir as vias de toda atividade mental inconsciente – tanto autônoma quanto reprimida, tanto neural quanto hormonal.

4. Essa rede não é delimitada pela pele, mas inclui todas as vias externas pelas quais a informação é capaz de trafegar. Também inclui as diferenças efetivas que são imanentes aos "objetos" dessa informação. Inclui as vias de som e luz pelas quais trafegam conversões de diferenças originalmente imanentes a coisas e outras pessoas – e especialmente *a nossas ações*.

É importante observar que os princípios básicos – e, creio eu, errôneos – da epistemologia popular reforçam-se mutuamente. Se, por exemplo, a premissa popular da transcendência for descartada, o substituto imediato é uma premissa de imanência no corpo. Mas essa alternativa será inaceitável, porque grandes partes das redes de pensamento estão localizadas fora do corpo. O chamado problema "Mente-Corpo" está colocado equivocadamente em termos que forçam o argumento ao paradoxo: se supomos que a mente é imanente ao corpo, então ela tem de ser transcendente. Se é transcendente, ela tem de ser imanente. E assim por diante.[6]

Da mesma forma, se excluímos os processos inconscientes do "eu" e rotulamos esses processos de "estranhos ao ego", eles assumem a coloração subjetiva de "impulsos" e "forças"; e essa característica pseudodinâmica é estendida para o "eu" consciente que tenta "resistir" às "forças" do inconsciente. O "eu", portanto, torna-se ele mesmo uma organização de falsas "forças". A noção popular de igualar o "eu" à consciência levaria, portanto, à noção de que ideias são "forças"; e essa falácia é sustentada, por sua vez, pela ideia de que o axônio transporta "impulsos". Encontrar uma maneira de sair dessa confusão não é nada fácil.

Começaremos por examinar a estrutura da polarização do alcoólatra. Na resolução epistemologicamente frouxa: "Vou lutar contra a garrafa", supostamente o que se volta contra o quê?

O "orgulho" do alcoólatra

Os alcoólatras são filósofos no sentido universal de que todos os seres humanos (e todos os mamíferos) são guiados por princípios altamente abstratos dos quais estão completamente inconscientes, ou não sabem que o princípio que domina suas percepções e ações é filosófico. Uma designação incorreta comum para esses princípios é "sentimentos".[7]

Esse termo incorreto surge naturalmente da tendência epistemológica anglo-saxônica de reificar ou atribuir ao corpo todos os fenômenos mentais que estejam na periferia da consciência. E, sem dúvida, esse termo incorreto é corroborado pelo fato de que o exercício e/ou a frustração desses princípios são acompanhados muitas vezes de sensações viscerais e corporais. Creio, porém, que Pascal tinha razão ao dizer que: "O coração tem *razões* que a própria razão desconhece".

---

6   Robin G. Collingwood, *The Idea of Nature*. Oxford: Oxford University Press, 1945.

7   G. Bateson, "A Social Scientist Views the Emotions", in Peter H. Knapp (org.), *Expression of the Emotions in Man*. Madison: International University Press, 1963.

Mas o leitor não deve esperar que o alcoólatra apresente um quadro consistente. Quando a epistemologia subjacente está repleta de erros, suas derivações serão inevitavelmente autocontraditórias ou de alcance extremamente restrito. Não é possível derivar um corpus de teoremas consistente de um corpo de axiomas inconsistente. Nesses casos, a tentativa de ser consistente leva ou à proliferação da complexidade característica da teoria psicanalítica e da teologia cristã ou à visão extremamente estreita característica do behaviorismo contemporâneo.

Examinaremos aqui o "orgulho" característico dos alcoólatras para demonstrar que esse princípio de comportamento deriva da epistemologia estranhamente dualista que é característica da civilização ocidental.

Uma forma conveniente de descrever princípios como "orgulho", "dependência", "fatalismo" e outros é examinar o princípio como se este fosse resultado do deuteroaprendizagem[8] e, com isso, indagar quais contextos de aprendizagem poderiam ser compreendidos como inculcadores desse princípio.

1. Está claro que o princípio da vida do alcoólatra que o AA chama de "orgulho" não está contextualmente estruturado ao redor das conquistas passadas. A palavra é empregada para se referir a orgulho de algo realizado. A ênfase não é "eu tive êxito", e sim "eu consigo...". É uma aceitação obsessiva de um desafio, um repúdio do "eu não consigo".

2. Depois que o alcoólatra começou a sofrer de – ou ser responsabilizado por sofrer de – alcoolismo, esse princípio do "orgulho" é mobilizado por trás da proposição "eu consigo ficar sóbrio". Mas, visivelmente, o êxito destrói o "desafio". O alcoólatra fica "convencido", como diz o AA. Ele afrouxa a determinação, arrisca um gole e acaba bebendo demais. Podemos dizer que a estrutura contextual da sobriedade muda quando ela é conquistada. Nesse ponto, a sobriedade não é mais o contexto adequado para o "orgulho". O risco da bebida passa a ser o desafio e conclama o "eu consigo..." fatal.

---

8   Esse uso da estrutura contextual formal como ferramenta descritiva não presume necessariamente que o princípio discutido seja, no todo ou em parte, realmente *aprendido* em contextos que têm estrutura formal adequada. O princípio pode ter sido determinado pela genética e, ainda assim, o princípio poderia ser mais bem descrito pelo delineamento formal dos contextos no qual ele é exemplificado. É precisamente esse encaixe de comportamento com contexto que torna difícil ou impossível determinar se um princípio de comportamento é determinado pela genética ou aprendido naquele contexto. Ver *supra* "Planejamento social e o conceito de deuteroaprendizagem", p. 181.

3. O AA faz o possível para enfatizar que essa mudança na estrutura contextual nunca deve ocorrer. Eles reestruturam todo o contexto reafirmando insistentemente que: *"Uma vez alcoólatra, sempre alcoólatra"*. Tentam fazer com que o alcoólatra situe o alcoolismo dentro dele mesmo, como o analista junguiano tenta fazer o paciente descobrir seu "tipo psicológico" e aprender a viver com os pontos fortes e fracos que constituem esse tipo. Em contraste, a estrutura contextual do "orgulho" alcoólatra situa o alcoolismo *fora* do eu: *"Eu* consigo resistir à bebida".

4. O componente desafiador do "orgulho" alcoólatra está vinculado a *correr riscos*. Esse princípio pode ser traduzido em palavras: "Eu consigo fazer algo cujo êxito é improvável e o fracasso será desastroso". Claramente, esse princípio jamais servirá para manter uma sobriedade duradoura. À medida que o sucesso se torna provável, o alcoólatra precisa desafiar o risco de tomar um gole. O elemento da "má sorte" ou da "probabilidade" de fracasso situa o fracasso para além dos limites do eu. "Se vier o fracasso, ele não é *meu*". O "orgulho" alcoólatra estreita progressivamente o conceito de "eu", situando fora de sua alçada aquilo que acontece.

5. O princípio do orgulho de arriscar é, em última análise, quase suicida. É muito bom testar se o universo está do nosso lado, mas fazer isso um sem-número de vezes, com cada vez menos provas a favor, é embarcar num projeto que só vai provar que o universo nos odeia. Mas, ainda assim, as narrativas do AA mostram que, no fundo do poço do desespero, às vezes o *orgulho* impede o suicídio. O golpe final não pode ser infligido pelo "eu".[9]

Orgulho e simetria

O chamado orgulho do alcoólatra sempre presume um "outro" real ou fictício, e sua definição contextual completa demanda, portanto, que caracterizemos a relação real ou imaginária com esse "outro". O primeiro passo nessa tarefa é classificar essa relação como "simétrica" ou "complementar".[10] Fazê-lo não é muito simples quando o "outro" é uma criação do inconsciente, mas veremos que as indicações para essa classificação são claras.

---

9   Ver a história de Bill em Alcoholics Anonymous, *AA Comes of Age*, op. cit.
10   G. Bateson, *Naven* [1936] 2018.

Antes é necessário fazermos uma digressão explicativa. O critério básico é simples:

Em uma relação binária, caso os comportamentos de A e B sejam vistos (por A e por B) como *similares* e estejam vinculados de tal modo que mais do comportamento de A estimula mais do comportamento de B, e vice-versa, então a relação é "simétrica" no que diz respeito a esses comportamentos.

Na situação contrária, caso os comportamentos de A e B sejam *diferentes*, mas encaixem-se um no outro (por exemplo, como a observação se encaixa no exibicionismo), e os comportamentos estejam vinculados de tal modo que mais do comportamento de A estimula mais do comportamento correspondente em B, então o relacionamento é "complementar" no que diz respeito a esses comportamentos.

Exemplos comuns da relação simétrica simples são: corridas armamentistas, querer ter o que o vizinho tem, emulação atlética, partidas de boxe e afins. Exemplos comuns de relações complementares são: dominação-submissão, sadismo-masoquismo, cuidado-dependência, observação-exibicionismo e afins.

Considerações mais complexas surgem quando há uma tipificação lógica superior. Por exemplo: A e B podem competir para ver quem dá mais presentes, sobrepondo aos comportamentos primariamente complementares uma moldura simétrica maior. Ou, no caso oposto, o terapeuta pode competir com o paciente em uma terapia lúdica, emoldurando com um cuidado complementar as transações primordialmente simétricas do jogo.

Diversos tipos de "duplos vínculos" são gerados quando A e B veem as premissas da relação em termos diferentes: A pode considerar o comportamento de B competitivo, enquanto B pensava que estava ajudando A. E assim por diante.

Não trataremos dessas complexidades, porque o "outro" ou contraparte imaginária no "orgulho" do alcoólatra não joga, creio eu, os jogos complexos característicos das "vozes" dos esquizofrênicos.

Tanto os relacionamentos complementares como os simétricos estão sujeitos àquelas mudanças progressivas que chamei de "cismogênese".[11] Lutas simétricas e corridas armamentistas podem "escalar"; e o padrão normal de auxílio-dependência entre pais e filho pode se tornar monstruoso. Esses desdobramentos potencialmente patológicos devem-se a

---

11   Ibid. [Ver também "Contato cultural e cismogênese", *supra*, p. 91, N.E.]

uma retroalimentação positiva irrefreada ou não corrigida no sistema e, como dissemos, pode ocorrer tanto em sistemas complementares como em simétricos. No entanto, em sistemas *mistos*, a cismogênese é necessariamente reduzida. A corrida armamentista entre duas nações desacelerará pela aceitação de temas complementares entre elas, como dominação, dependência, admiração e assim por diante. Ela acelerará pelo repúdio desses temas.

Essa relação antitética entre temas complementares e simétricos deve-se, sem dúvida, ao fato de um ser o oposto lógico do outro. Em uma corrida armamentista puramente simétrica, a nação A é motivada a fazer mais esforços porque estima *mais força* da nação B. Quando A estima que B é mais fraca, A tende a relaxar os esforços. Mas ocorrerá exatamente o contrário se a estruturação de A da relação for complementar. Observando que B é *mais fraca* do que ela, A seguirá em frente, com a esperança de conquistá-la.[12]

Essa antítese entre padrões complementares e simétricos pode ser mais do que simplesmente lógica. Notadamente, na teoria psicanalítica,[13] os padrões que são chamados de "libidinais" e que são modalidades das zonas erógenas são todos *complementares*. Intrusão, inclusão, exclusão, recepção, retenção e afins são todos classificados como "libidinais", enquanto rivalidade, competição e afins são todos classificados sob as rubricas de "ego" e "defesa".

Também é possível que os dois códigos antitéticos – simétricos e complementares – sejam psicologicamente representados por estados contrastantes do sistema nervoso central. As mudanças progressivas da cismogênese podem levar a descontinuidades ascendentes e reversões súbitas. Uma raiva simétrica pode repentinamente virar mágoa; o animal acuado com o rabo entre as pernas pode repentinamente atacar quem o ataca em uma luta desesperada por simetria até a morte. O valentão pode repentinamente se tornar o covarde quando é enfrentado, e o lobo derrotado em um conflito simétrico pode repentinamente emitir sinais de "rendição" que previnam novos ataques.

---

12 G. Bateson, "The Pattern of an Armaments Race. Part I: An Anthropological Approach". *Bulletin of Atomic Scientists*, v. 2, n. 5, 1946, pp. 10–11, ver também Lewis F. Richardson, "Generalized Foreign Politics". *British Journal of Psychology*, n. 23, 1939.

13 Erik H. Erikson, "Configurations in Play: Clinical Notes". *Psychoanalytic Quarterly*, v. 6, 1937.

Este último exemplo é de especial interesse. Se a luta entre os lobos é simétrica – ou seja, se o lobo A é estimulado a ser mais agressivo pelo comportamento agressivo do lobo B, e se B sinaliza de repente o que podemos chamar de "agressão negativa", A será incapaz de continuar a lutar, a não ser que consiga passar rapidamente para um estado mental complementar no qual a fraqueza de B seria um estímulo para sua agressividade. Na hipótese dos modos simétricos e complementares, é desnecessário postular um efeito especificamente "inibidor" para o sinal de rendição.

Os seres humanos, que possuem linguagem, podem qualificar de "agressão" toda tentativa de fazer mal ao outro, independentemente de essa tentativa ser ditada pela força ou pela fraqueza do outro; mas no nível pré-linguístico dos mamíferos, esses dois tipos de "agressão" devem aparecer de formas totalmente diferentes. Dizem que, do ponto de vista do leão, um "ataque" a uma zebra é totalmente diferente de um "ataque" a outro leão.[14]

Já dissemos o suficiente para lançar a pergunta: o orgulho do alcoólatra é contextualmente estruturado de forma simétrica ou complementar?

Primeiro, existe uma tendência muito forte à simetria nos hábitos normais de ingestão de álcool na cultura ocidental. Ao contrário do que acontece na dependência alcoólica, dois homens que bebem juntos são compelidos pelas convenções a beber o mesmo número de drinques um do outro. Nesse estágio, o "outro" ainda é real e a simetria, ou rivalidade, entre os dois é amigável.

À medida que se torna dependente e tenta resistir à bebida, o alcoólatra começa a achar difícil resistir ao contexto social no qual deve se igualar aos amigos ao beber. O AA diz: "Só Deus sabe o tanto que nos esforçamos, e por quanto tempo, para beber como as outras pessoas!".

À medida que a coisa se agrava, é possível que o alcoólatra comece a beber sem companhia e apresente todo o espectro de reações a um suposto desafio. Esposa e amigos começam a sugerir que beber como ele bebe é uma *fraqueza*, e ele pode reagir simetricamente com ressentimento ou com a reafirmação de sua força de vontade para resistir à garrafa. Mas, como é característico nas reações simétricas, um breve período de sucesso na luta enfraquece a motivação e o alcoólatra cai do cavalo. O esforço simétrico exige uma oposição contínua do oponente.

---

14 Konrad Z. Lorenz, *On Aggression*. New York: Harcourt, Brace & World, 1966.

Gradualmente, o foco da batalha muda, e o alcoólatra se descobre comprometido com um novo tipo de conflito simétrico, bem mais mortífero. Ele precisa provar que a garrafa não vai conseguir matá-lo. A "cabeça sangra, mas não baixa". E ele acredita que ainda é o "capitão de sua alma".

Enquanto isso, a relação com esposa, chefe e amigos se desgasta. Ele nunca gostou do status complementar de seu chefe como autoridade; e agora que ele está decaindo, sua esposa é cada vez mais obrigada a assumir um papel complementar. Ela pode tentar ser autoritária, protetora ou paciente, mas todos esses comportamentos só despertam nele raiva ou vergonha. Seu "orgulho" simétrico é incapaz de tolerar um papel complementar.

Em suma, a relação entre o alcoólatra e seu "outro" real ou ficcional é claramente simétrica e claramente cismogênica. E tende a escalar. Veremos que a conversão religiosa do alcoólatra, quando ele é salvo pelo AA, pode ser descrita como uma mudança dramática desse hábito simétrico, ou epistemologia, para uma visão quase puramente complementar de sua relação com os outros e com o universo ou Deus.

Orgulho ou inversão do ônus da prova?

Os alcoólatras podem até parecer altivos e teimosos, mas burros eles não são. A parte da mente em que sua política é decidida é certamente profunda demais para que a palavra "burrice" possa ser aplicada a ela. Esses níveis da mente são pré-linguísticos e a computação que acontece neles é codificada como *processo primário*.

Tanto nos sonhos como nas interações entre os mamíferos, a única forma de fazer uma proposição que contenha sua própria negação ("eu não vou morder você" ou "eu não tenho medo dele") é imaginando ou encenando de maneira elaborada a proposição a ser negada, o que leva a um *reductio ad absurdum*. "Eu não vou morder você" é expressa entre dois mamíferos por meio de um combate experimental que é um "não combate", às vezes denominado "brincadeira". É por esse motivo que comumente o comportamento "agonístico" evolui até se tornar um cumprimento amigável.

Nesse sentido, o chamado orgulho do alcoólatra é irônico, em certo grau. É um esforço determinado para testar o "autocontrole", tendo uma segunda intenção inexprimível em palavras: provar que o "autocontrole" é ineficiente e absurdo. "Simplesmente não vai dar certo." Essa proposição mais profunda, já que contém uma negação simples, não deve ser expressa no processo primário. Sua expressão final está em um ato – a ingestão de uma bebida. A batalha heroica contra a garrafa, aquele "outro" fictício, termina em um "vamos fazer as pazes" com direito a beijos.[15]

Em favor dessa hipótese, há o fato indubitável de que o teste do autocontrole leva de volta à bebida. E, como já argumentei, toda a epistemologia do autocontrole que os amigos do alcoólatra tanto lhe recomendam é monstruosa. Se esse é o caso, o alcoólatra tem razão em rejeitá-la. Ele chegou a um *reductio ad absurdum* da epistemologia convencional.

Mas essa descrição do processo até o *reductio ad absurdum* beira a teleologia. Se a proposição "não vai dar certo" não pode ser considerada na codificação do processo primário, então como os cálculos do processo primário orientam o organismo a experimentar as formas de ação que demonstrarão que "não vai dar certo"?

Problemas desse tipo são frequentes na psiquiatria e talvez só possam ser resolvidos por um modelo em que, sob certas circunstâncias, o desconforto do organismo ative um *loop* de retroalimentação positiva para *incrementar* o comportamento que precedeu o desconforto. Essa retroalimentação positiva possibilita verificar que foi mesmo aquele comportamento específico que ocasionou o desconforto, e talvez aumente o desconforto até um nível-limite no qual a mudança passaria a ser possível.

Na psicoterapia, esse *loop* de retroalimentação positiva costuma ser fornecido pelo terapeuta que empurra o paciente na direção dos seus sintomas – uma técnica que foi chamada de "duplo vínculo terapêutico". Num exemplo dessa técnica, que será citado mais adiante neste ensaio, um membro do AA desafia um alcoólatra a tentar "beber de maneira controlada" para que ele descubra por si mesmo que ele não tem nenhum controle.

Também é comum que os sintomas e as alucinações do esquizofrênico – como os sonhos – constituam uma experiência corretiva, de forma que todo episódio esquizofrênico tenha o caráter de uma autoiniciação. O relato de Barbara O'Brien sobre a sua psicose[16] é talvez o exemplo mais contundente desse fenômeno – nós o discutimos em outro texto.[17]

---

15 G. Bateson, "Metalogue: What is an Instinct?", in Thomas A. Sebeok (org.), *Approaches to Animal Communication*. Haia: Mouton, 1969.

16 Barbara O'Brien, *A vida íntima de uma esquizofrênica: operadores e coisas* [1958], trad. Maria Tereza Maldonado. Rio de Janeiro: Imago, 1972.

17 G. Bateson, "Introduction", in *Perceval's Narrative*. Palo Alto: Stanford University Press, 1961.

Note-se que a possibilidade de um *loop* de retroalimentação positiva que causará um desgoverno rumo ao desconforto crescente até um certo limite (que pode ser a morte) não é prevista pelas teorias da aprendizagem tradicionais. Mas a tendência a verificar o desagradável buscando repetidas experiências dele é um traço comum nos seres humanos. Talvez seja isso que Freud tenha chamado de "pulsão de morte".

A embriaguez

O que dissemos sobre o flagelo que é o orgulho simétrico é somente parte do quadro. É o quadro do estado de espírito do alcoólatra *em conflito* com a garrafa. Esse estado é claramente desagradável e claramente irreal. Os "outros" do alcoólatra são totalmente imaginários ou distorções grosseiras das pessoas das quais ele depende e que ele pode até amar. Sua alternativa para esse estado de desconforto é poder se embriagar. Ou, "*pelo menos*", tomar um drinque.

Com essa rendição complementar, que o alcoólatra vê muitas vezes como um ato de vingança – uma flecha de parto em uma luta simétrica –, toda a sua epistemologia muda. Ansiedades, ressentimentos e pânico desaparecem como num passe de mágica. O autocontrole diminui, mas a necessidade de se comparar aos outros diminui ainda mais. Ele sente o calor fisiológico do álcool em suas veias e, em muitos casos, um calor psicológico correspondente em relação aos outros. Ele pode ficar emotivo ou zangado, mas pelo menos voltou à convivência humana.

Dados diretos que sustentem a tese de que a passagem da sobriedade para a embriaguez é também uma passagem do desafio simétrico para a complementaridade são escassos e sempre embaralhados pelas distorções da lembrança e pela toxicidade complexa do álcool. Mas há fortes indícios em músicas e livros que indicam que a passagem é desse tipo. Nos rituais, o compartilhamento do vinho sempre representou a agregação social de pessoas em "comunhão" religiosa ou *Gemütlichkeit* secular. Em sentido muito literal, supostamente o álcool faz o individual se ver e agir como *parte* de um grupo. Ou seja, permite complementaridade nas relações que o rodeiam.

Chegando ao fundo do poço

O AA atribui grande importância a esse fenômeno e vê o alcoólatra que ainda não chegou ao fundo do poço como um mau candidato à ajuda. De forma complementar, os membros do AA tendem a explicar seu fracasso dizendo que o indivíduo que cai de novo no alcoolismo ainda não "chegou ao fundo do poço".

Com certeza, muitos tipos de desastre podem fazer o alcoólatra chegar ao fundo do poço. Acidentes, ataques de *delirium tremens*, bebedeiras das quais ele não tem nenhuma memória, rejeição da esposa, perda de emprego, um diagnóstico terminal – qualquer desastre pode ter o efeito necessário. O AA diz que o "fundo do poço" é diferente para cada pessoa e algumas podem encontrar a morte antes de chegar a ele.[18]

É possível, porém, que um indivíduo chegue muitas vezes ao "fundo do poço"; o "fundo do poço" é um momento de pânico que acaba sendo favorável à mudança, mas não quer dizer que ela é inevitável. Amigos, parentes e até mesmo terapeutas podem resgatar o alcoólatra do pânico, seja com medicação, seja com medidas que o tranquilizam, para que ele se "recomponha" e recupere o "orgulho" e o alcoolismo – apenas para chegar mais adiante a um "fundo do poço" ainda mais desastroso, quando estará novamente "no ponto" para mudar. A tentativa de mudar o alcoólatra *entre* momentos de pânico tem pouca probabilidade de sucesso.

A natureza do pânico é esclarecida pelo seguinte "teste":

> Não gostamos de declarar a nenhum indivíduo que ele é alcoólatra, mas você pode se diagnosticar rapidamente. Vá até o bar mais próximo e tente beber de maneira controlada. Tente beber e parar de repente. Tente mais de uma vez. Não vai demorar muito para você bater o martelo, se você for honesto consigo mesmo. Pode ser válido ter um ataque de tremedeira se for para você reconhecer plenamente a sua condição.[19]

Podemos comparar esse teste a pedir a um motorista que freie bruscamente em uma estrada escorregadia: ele descobrirá rapidamente que seu controle é limitado. (A metáfora da *"skid row"* ["rua escorregadia"] para se referir àquela parte da cidade cheia de bares é bastante apropriada.)

---

18   Comunicação pessoal de um membro do AA.
19   Alcoholics Anonymous, *AA Comes of Age*, op. cit., p. 43.

O pânico do alcoólatra que chegou ao fundo do poço é o pânico do homem que achava que tinha controle sobre um veículo, mas, de repente, descobre que o veículo se desgoverna com ele. De repente, pisar naquilo que ele sabe que é o freio parece fazer o veículo rodar mais rápido. É o pânico de descobrir que *aquilo* (o sistema, o eu *mais* o veículo) é maior do que ele.

Nos termos da teoria apresentada aqui, podemos dizer que chegar ao fundo do poço exemplifica a teoria dos sistemas em três níveis:

1. O alcoólatra trabalha com os desconfortos da sobriedade até o ponto em que leva à falência a epistemologia do "autocontrole". Então, ele se embriaga – porque o "sistema" é maior do que ele – e ele pode muito bem se entregar.

2. Ele trabalha sem descanso para se embriagar até provar que há um sistema ainda maior. Então ele conhece o pânico de "chegar ao fundo do poço".

3. Se amigos e terapeutas o tranquilizam, ele pode chegar a um novo ajuste instável – se viciar na ajuda – até ele mostrar que esse sistema não vai funcionar e "chegar ao fundo do poço" novamente, só que ainda mais fundo. Aqui, como em todos os sistemas cibernéticos, o sinal (positivo ou negativo) do efeito de qualquer intromissão no sistema vai depender do momento.

4. Por último, o fenômeno do fundo do poço está ligado de maneira bastante complexa à experiência do duplo vínculo.[20] Bill W. conta que chegou ao fundo do poço quando foi diagnosticado como alcoólatra inveterado pelo dr. William D. Silkworth em 1939, e esse acontecimento é visto como o começo da história do AA.[21] O dr. Silkworth também "nos deu as ferramentas para perfurar o ego alcoólatra mais resistente, as expressões esmagadoras com que descrevia a nossa doença: *a obsessão da mente* que nos obriga a beber e *a alergia do corpo* que nos condena a enlouquecer ou morrer".[22] Esse é um duplo vínculo corretamente baseado na epistemologia dicotômica do alcoólatra de mente versus corpo. Essas palavras o forçam a recuar cada vez mais, até o ponto em que apenas uma mudança involuntária na epistemologia inconsciente profunda – a experiência espiritual – tornará a descrição letal irrelevante.

---

20   Ver *supra* "Em busca de uma teoria da esquizofrenia", p. 218.
21   Alcoholics Anonymous, *AA Comes of Age*, op. cit., p. vii.
22   Ibid., p. 13, itálicos do original.

A teologia dos Alcoólicos Anônimos

Alguns pontos notáveis da teologia do AA:

1. *Há um Poder maior do que o eu.* A cibernética iria muito mais longe e reconheceria que o "eu", visto pelo senso comum, é apenas uma pequena parte de um sistema de tentativa e erro muito maior que realiza o pensar, o agir e o decidir. Esse sistema abrange todas as vias informacionais que são relevantes em qualquer momento específico para qualquer decisão específica. O "eu" é uma falsa reificação de uma parte indevidamente limitada desse campo muito mais amplo de processos entremeados. A cibernética também reconhece que duas ou mais pessoas – ou qualquer grupo de pessoas – podem formar um sistema de pensamento e ação.

2. Esse Poder é percebido como pessoal e intimamente ligado a cada pessoa. É "Deus como *você* o compreende".

Do ponto de vista cibernético, a "minha" relação com qualquer sistema maior que me rodeie e inclua outras coisas e pessoas será diferente da "sua" relação com um sistema semelhante que o rodeie. A relação "parte de" deve, necessária e logicamente, ser sempre complementar, mas o significado da expressão "parte de" vai ser diferente para cada pessoa.[23] Essa diferença será especialmente importante em sistemas que contenham mais de uma pessoa. O sistema ou "poder" parecerá necessariamente diferente visto da perspectiva de cada pessoa. Além do mais, é presumível que tais sistemas, quando se encontram, se reconhecem mutuamente como sistemas nesse sentido. A "beleza" dos bosques onde caminho é o meu reconhecimento tanto das árvores como da ecologia dos bosques enquanto *sistemas*. Esse reconhecimento estético é ainda mais contundente quando converso com outra pessoa.

3. Uma relação favorável com esse Poder é descoberta ao se "chegar ao fundo do poço" e "render-se".

4. Ao resistir a esse Poder, os homens e especialmente os alcoólatras cortejam o desastre. A filosofia materialista que vê o "homem" competindo com seu meio ambiente desmorona rapidamente, à medida que o homem tecnológico se torna cada vez mais capaz de se opor aos sistemas mais vastos. Toda batalha que ele vence traz em seu bojo uma

---

23 Essa diversidade de estilos de integração pode explicar que algumas pessoas se tornem alcoólatras e outras não.

ameaça de desastre. A unidade de sobrevivência – seja na ética, seja na evolução – não é o organismo nem a espécie, mas sim o sistema mais amplo ou "poder" dentro do qual vive a criatura. Se a criatura destruir seu ambiente, ela destrói a si própria.

5. Mas – e isso é importante – o Poder não recompensa nem castiga. Ele não possui "poder" nesse sentido. Segundo a Bíblia, "nós sabemos que Deus coopera em tudo para o bem daqueles que o amam".[24] E, inversamente, para o bem dos que não o amam. A ideia de poder no sentido de controle unilateral é estranha ao AA. Sua organização é estritamente "democrática" (termo deles), e mesmo sua divindade é limitada pelo que podemos chamar de determinismo sistêmico. A mesma limitação se aplica à relação entre o padrinho do AA e o alcoólatra que ele espera ajudar, bem como à relação entre a sede do AA e cada grupo local.

6. Os dois primeiros "passos" dos Alcoólicos Anônimos, tomados em conjunto, identificam a dependência como uma manifestação desse Poder.

7. A relação saudável entre o indivíduo e esse Poder é complementar. É o oposto exato do "orgulho" do alcoólatra, que repousa sobre uma relação simétrica com um "outro" imaginado. A cismogênese é sempre mais poderosa do que aqueles que participam dela.

8. A qualidade e o conteúdo da relação de cada indivíduo com o Poder são indicados ou refletidos pela estrutura social do AA. O aspecto secular desse sistema – sua governança – é delineado nas "Doze Tradições"[25] que complementam os "Doze Passos", os quais fazem progredir a relação do homem com o Poder. Os dois documentos se sobrepõem no Décimo Segundo Passo, que recomenda a ajuda a outros alcoólatras como um exercício espiritual necessário, sem o qual o indivíduo terá provavelmente uma recaída. O sistema como um todo é uma religião durkheimiana no sentido de que a relação entre homem e comunidade é o paralelo da relação entre o homem e Deus. "O AA é um poder maior do que qualquer um de nós."[26]

Em suma, a relação de cada indivíduo com o "Poder" é mais bem definida como "*faz parte de*".

9. Anonimato. É preciso compreender que a palavra anonimato significa muito mais no pensamento e na teologia do AA do que simplesmente proteger seus membros da exposição e da vergonha. Com

---

24   Romanos 8,28. Bíblia de Jerusalém, op. cit. [N. T.]
25   Alcoholics Anonymous, *AA Comes of Age*, op. cit.
26   Ibid., p. 288.

a crescente fama e sucesso da organização, tornou-se tentador usar o fato de ser membro como recurso político nas relações públicas, na política, na educação e em muitos outros campos. Bill W., cofundador da organização, também caiu na tentação no princípio e já debateu essa questão em um artigo.[27] Ele considera, em primeiro lugar, que qualquer tentativa de atrair os holofotes é um perigo pessoal e espiritual para os membros, que não podem se dar ao luxo de tal vaidade; além disso, seria fatal para a organização envolver-se com política, controvérsias religiosas e reformas sociais. Ele afirma claramente que os erros do alcoólatra são os mesmos das "forças que hoje estão rasgando o mundo ao meio", mas que não é da competência do AA salvar o mundo. Seu único propósito é "levar a mensagem do AA para o alcoólatra doente que a aceitar".[28] Ele conclui dizendo que o anonimato é "o maior símbolo de autossacrifício que conhecemos". A décima segunda "tradição" afirma que o "anonimato é a fundação espiritual de nossas tradições, sempre nos lembrando de colocar os princípios antes da personalidade".

Podemos acrescentar que o anonimato é também uma afirmação profunda da relação sistêmica da parte com o todo. Alguns teóricos dos sistemas iriam ainda mais longe, porque uma grande tentação da teoria dos sistemas é a reificação dos conceitos teóricos. Anatol Holt diz que gostaria de um adesivo de para-choque que dissesse (paradoxalmente): "Pelo fim dos substantivos".[29]

10. Oração. O uso da oração pelo AA afirma, de maneira similar, a complementaridade da relação da parte com o todo pela técnica muito simples de pedir essa relação. Os membros do AA pedem características pessoais, como a humildade, que, na verdade, é exercitada pelo próprio ato de rezar. Se o ato de orar é sincero (o que não é fácil), Deus não tem escolha senão conceder o pedido. E isso é peculiarmente verdadeiro para "Deus, *como você o compreende*". Essa tautologia autoafirmadora, que contém sua própria beleza, é precisamente o bálsamo necessário depois da angústia dos duplos vínculos que acompanharam a chegada ao fundo do poço.

---

27   Ibid., pp. 286–94.

28   Ibid.

29   Mary C. Bateson (org.), *Our Own Metaphor: A Personal Account of a Conference on the Effects of Conscious Purpose on Human Adaptation*. New York: Knopf, 1972.

Bem mais complexa é a famosa "Oração da Serenidade": "Deus nos dê a serenidade para aceitar as coisas que não podemos mudar, coragem para mudar as coisas que podemos, e sabedoria para conhecer a diferença".[30]

Se os duplos vínculos provocam angústia e desespero e destroem as premissas epistemológicas pessoais em nível profundo, segue-se, inversamente, que para sarar as feridas e desenvolver uma nova epistemologia convém o oposto do duplo vínculo. O duplo vínculo leva à conclusão desesperadora de que "não existem alternativas". A "Oração da Serenidade" liberta explicitamente quem reza dessas amarras enlouquecedoras.

Sob essa luz, vale a pena mencionar que o grande esquizofrênico John Perceval observou uma mudança em suas "vozes". No começo de sua psicose, elas o atormentavam com "ordens contraditórias" (ou, eu diria, duplos vínculos); ele começou a se recuperar quando elas lhe ofereceram opções distintas, claramente definidas.[31]

11. Em um ponto, o AA se distingue profundamente dos sistemas mentais naturais, como a família ou uma floresta de sequoias. Ele possui um *único* propósito – "levar a mensagem do AA para o alcoólatra doente que a aceitar" – e dedica-se a maximizar esse propósito. Nesse aspecto, o AA não é mais sofisticado do que a General Motors ou uma nação ocidental. Mas sistemas biológicos, afora aqueles que se baseiam em ideias ocidentais (em especial *dinheiro*), possuem múltiplos propósitos. Na floresta de sequoias não existe variável isolada da qual se possa dizer que todo o sistema está orientado para sua maximização e todas as demais são subordinadas a ela; e, de fato, a floresta de sequoias trabalha para chegar a um ponto ótimo, não ao máximo. Suas necessidades são saciáveis, e quantidades excessivas de uma coisa são tóxicas.

Mas há o fato de que o único propósito do AA é direcionado para fora e visa a uma relação não competitiva com o mundo que o cerca. A variável a ser maximizada é uma complementaridade cuja natureza é "servir", e não dominar.

---

30   Esse documento não veio originalmente do AA e é de autoria desconhecida. Há pequenas variações no texto. Citei a forma que pessoalmente prefiro, tirada de Alcoholics Anonymous, *AA Comes of Age*, op. cit., p. 196.

31   G. Bateson, *Perceval's Narrative*, op. cit.

O status epistemológico de premissas complementares e simétricas

Assinalamos anteriormente que, na interação humana, a simetria e a complementaridade podem se combinar de forma complexa. Portanto, é razoável indagar como é possível as considerar como tão fundamentais que sejam chamados de "epistemológicos", mesmo em um estudo de história natural com premissas culturais e interpessoais.

A resposta parece estar ligada ao que quer dizer "fundamental" em qualquer estudo sobre a história natural do homem; e a palavra parece conter dois significados diferentes.

Primeiro, chamo de *mais fundamentais* as premissas que estão mais profundamente incrustadas na mente, "codificadas de forma mais rígida" e menos suscetíveis a mudança. Nesse sentido, o orgulho simétrico ou *húbris* do alcoólatra é fundamental.

Segundo, chamo de mais fundamentais as premissas mentais que dizem respeito aos sistemas ou *gestalten* mais amplos do universo, e não aos mais estreitos. A proposição "a grama é verde" é menos fundamental do que a proposição "a diferença de cor faz diferença".

Mas se indagamos o que acontece quando as premissas são modificadas, torna-se claro que essas duas definições de "fundamental" se justapõem em grande parte. Se um homem muda ou sofre uma mudança nas premissas profundamente engastadas de sua mente, fatalmente descobrirá que os resultados dessa mudança se ramificarão por todo o seu universo. Podemos muito bem chamar tais mudanças de "epistemológicas".

Resta a questão, portanto, do que é epistemologicamente "certo" e o que é epistemologicamente "errado". Será que a mudança do "orgulho" alcoólatra simétrico para a complementaridade característica do AA é uma correção de sua epistemologia? E será que a complementaridade é, de certa forma, *sempre* melhor do que a simetria?

Para o membro do AA, pode bem ser verdadeiro que a complementaridade é sempre preferível à simetria, e que até mesmo a rivalidade corriqueira em um jogo de tênis ou de xadrez pode ser perigosa. Um episódio superficial pode desencadear a premissa simétrica profundamente incrustada. Mas isso não quer dizer que o tênis e o xadrez propõem um erro epistemológico para todos.

O problema ético-filosófico diz respeito, na verdade, apenas ao universo maior e aos níveis psicológicos mais profundos. Se acreditamos, no fundo e até inconscientemente, que nossa relação com o grande sistema que nos concerne – o "poder maior do que nós" – é simétrica e emuladora, então estamos errados.

Limitações da hipótese

Por fim, a análise acima está sujeita às seguintes limitações e implicações:

1. Não afirmamos que todos os alcoólatras operam segundo a lógica aqui exposta. É bem possível que existam outros tipos de alcoólatras e é quase certo que a dependência do álcool em outras culturas terá outras linhas gerais.

2. Não afirmamos que o caminho dos Alcoólicos Anônimos seja a *única* forma de viver corretamente ou que sua teologia seja a única derivação correta da epistemologia da cibernética e da teoria dos sistemas.

3. Não afirmamos que todas as transações entre seres humanos devem ser complementares, embora esteja claro que a relação entre o indivíduo e o grande sistema do qual ele faz parte deve necessariamente ser essa. As relações entre pessoas serão (assim espero) sempre complexas.

4. Afirmamos, porém, que o mundo não alcoólatra tem muitas lições a aprender com a epistemologia da teoria dos sistemas e com os métodos do AA. Caso continuemos a operar no dualismo cartesiano da mente contra a matéria, provavelmente continuaremos a ver o mundo em termos de Deus contra o homem, elite contra povo, raça eleita contra as não eleitas; nação contra nação e homem contra meio ambiente. É incerto que uma espécie que tenha essas *duas coisas*, tecnologia avançada *e* essa estranha forma de ver o mundo, consiga durar.

Comentário

Nos ensaios reunidos na Parte III, falo de uma ação ou enunciação como se ocorresse "em" um contexto, e essa forma convencional de falar sugere que a ação específica é uma variável "dependente", enquanto o contexto é a variável "independente" ou determinante. Mas essa visão do modo como uma ação está relacionada ao seu contexto possivelmente distrairá o leitor – como me distraiu – da ecologia das ideias que, juntas, constituem o pequeno subsistema que chamo de "contexto".

Esse erro heurístico – copiado, como tantos outros, das formas de pensar do físico e do químico – requer correção.

É importante ver a enunciação ou ação específica como *parte* do subsistema ecológico que denominamos contexto e não como produto ou efeito do que permanece do contexto depois que o pedaço que queremos explicar foi isolado dele.

O erro em questão é o mesmo erro formal que mencionamos no comentário à Parte II, em que discuto a evolução do cavalo. Não devemos pensar nesse processo apenas como um conjunto de mudanças na adaptação do animal à vida nas planícies relvadas, mas como uma *constância no relacionamento* entre os animais e o meio ambiente. É a ecologia que sobrevive e lentamente evolui. Nessa evolução, os *relata* – os animais e a relva – passam por mudanças que são de fato adaptativas de momento para momento. Mas se tudo se resumisse ao processo de adaptação, não poderia haver patologia sistêmica. O problema surge precisamente porque a "lógica" da adaptação é uma "lógica" diferente daquela da sobrevivência e da evolução do sistema ecológico.

Na expressão de Warren Brodey, a "dimensão temporal" da adaptação é diferente da ecologia.

"Sobrevivência" significa que certas afirmações descritivas sobre um sistema vivo continuam a ser verdadeiras por um período; e, da mesma forma, "evolução" se refere a mudanças na veracidade de certas afirmações descritivas sobre um sistema vivo. O truque é definir quais afirmações sobre quais sistemas continuam verdadeiras ou sofrem mudança.

Os paradoxos (e as patologias) do processo sistêmico surgem precisamente porque a constância e a sobrevivência de um sistema maior são mantidas por mudanças nos subsistemas constituintes.

A relativa constância – a sobrevivência – da relação entre animais e relva é mantida pelas mudanças em ambos os *relata*. Mas toda mudança adaptativa em qualquer um dos *relata*, caso não seja corrigida por uma mudança no outro, sempre colocará em risco a relação entre eles. Esses argumentos propõem uma nova estruturação conceitual para a hipótese do "duplo vínculo", uma nova estruturação conceitual para pensar sobre a "esquizofrenia", e uma nova forma de olhar o contexto e os níveis de aprendizado.

Em suma, esquizofrenia, deuteroaprendizagem e duplo vínculo deixam de ser questões de psicologia individual e tornam-se parte da ecologia das ideias em sistemas ou "mentes" cujas fronteiras não mais coincidem com a pele dos indivíduos participantes.

PARTE IV

Biologia e evolução

Sobre a desinteligência de certos biólogos e conselhos estaduais de educação

Meu pai, o geneticista William Bateson, costumava ler passagens da Bíblia para nós durante o café da manhã[1] – para que não virássemos ateus *descerebrados* quando crescêssemos; assim, creio que é natural indagar que enriquecimento mental pode advir da estranha decisão antievolucionária do Conselho Estadual de Educação da Califórnia.[2]

Há muito que a evolução tem sido mal ensinada. Estudantes em especial – mas também biólogos profissionais – absorvem as teorias evolutivas sem nenhuma compreensão profunda dos problemas que essas teorias procuram resolver. Eles aprendem pouco da evolução da teoria evolucionária.

O feito extraordinário dos autores do primeiro capítulo do Gênesis foi a percepção do problema: *de onde vem a ordem?* Eles observaram que a terra e a água eram de fato separadas, que as espécies eram separadas; viram que essa separação e a organização do universo propunham um problema fundamental. Em termos modernos, podemos dizer que é o problema implícito na segunda lei da termodinâmica: se eventos aleatórios levam à confusão das coisas, por quais eventos não aleatórios elas se organizaram? E o que é um evento "aleatório"?

Esse tem sido o problema central da biologia e de muitas outras ciências nos últimos 5 mil anos, e não é nada trivial.

Com que palavra devemos designar o princípio de ordem que parece ser imanente ao universo?

A decisão da Califórnia sugere que os estudantes tenham a oportunidade de conhecer outras tentativas de resolver esse velho problema. Eu mesmo coletei uma dessas tentativas entre os caçadores de cabeças da Idade da Pedra da tribo Iatmul, na Nova Guiné. Eles também

---

1   Publicado na revista *Bioscience*, v. 20, 1970, e reproduzido aqui com a permissão da revista.

2   Ver Elwood B. Ehrle, "California's Anti-Evolution Ruling". *Bioscience*, v. 20, n. 5, 1970.

viram que a terra e a água são separadas, mesmo habitando uma região pantanosa. Eles dizem que, no princípio, havia um crocodilo gigante, Kavwokmali, que patinhava com as patas da frente e com as patas de trás e assim mantinha a lama em suspensão. O herói da cultura Iatmul, Kevenbuangga, traspassou o crocodilo, que parou de patinhar, e a água e a lama se separaram. O resultado foi uma terra seca sobre a qual Kevenbuangga bateu o pé em triunfo. Podemos dizer que ele viu que "ela era boa".

A mente de nossos estudantes pode se abrir, caso analisem outras teorias da evolução e ponderem como o espírito de um homem toma formas diferentes quando ele acredita que toda ordenação do universo vem de um agente externo ou, tal qual Iatmul e os cientistas modernos, quando vê que o potencial de ordem e padrão é imanente ao mundo.

O novo sistema pode obrigar os estudantes a analisar a "Grande Cadeia do Ser", cujo topo é ocupado pela Mente Suprema e a base pelos protozoários. Eles saberão que a Mente foi usada como princípio explicativo na Idade Média e, depois, virou *problema*. A Mente se tornou o que necessitava de explicação quando Lamarck mostrou que a cadeia dos seres deveria ser invertida – para dar uma sequência evolucionária que partia dos protozoários para cima. O problema então era explicar a Mente em termos do que podia ser conhecido dessa sequência.

E o estudante, quando chegar a meados do século XIX, pode estudar pelo livro *Creation (Omphalos): an Attempt to Untie the Geological Knot* [Criação (Onfalos): uma tentativa de desatar o nó geológico], de Philip Henry Gosse. Ele aprenderá com esse livro extraordinário coisas sobre a estrutura dos animais e das plantas que são raramente mencionadas nos cursos de biologia; em especial, descobrirá que todos os animais e todas as plantas mostram uma estrutura temporal, da qual os anéis das árvores são o exemplo elementar e os ciclos da história biológica são o exemplo mais complexo. Toda planta e todo animal são construídos sobre a premissa de sua natureza cíclica.

Afinal, não há mal nenhum em ler Gosse, que era um fundamentalista devoto – da Assembleia dos Irmãos de Plymouth –, além de excelente biólogo marinho. Ele publicou seu livro em 1857, dois anos antes de *A origem das espécies*, e o escreveu para mostrar que os fatos do registro fóssil, bem como da homologia marinha, podiam se encaixar nos princípios do fundamentalismo. Para ele, era inconcebível que Deus houvesse criado um mundo onde Adão não tivesse umbigo; onde as árvores do Jardim do Éden não tivessem anéis; e as pedras não tivessem estrato. Portanto, Deus deve ter criado o mundo como se ele tivesse um passado.

Não fará mal aos estudantes debater-se com os paradoxos da "lei do procronismo" de Gosse; se ouvirem com atenção as generalizações grosseiras de Gosse sobre o mundo biológico, aprenderão uma versão precoce da hipótese do "estado estacionário".

Obviamente, todos sabem que os fenômenos biológicos são cíclicos – do ovo à galinha, de novo ao ovo e à galinha e assim sucessivamente. Mas nem todos os biólogos estudaram as implicações desse caráter cíclico para a teoria evolucionária e ecológica. A visão de Gosse do mundo biológico pode abrir sua mente.

É tolo e vulgar abordar o rico espectro do pensamento evolucionário perguntando-se somente quem acertou e quem errou. Se fosse assim, poderíamos muito bem afirmar que os anfíbios e os répteis "erraram" e os mamíferos e os pássaros "acertaram" as soluções que encontram para os problemas do viver.

Ao lutar contra os fundamentalistas, somos levados a uma desinteligência análoga à deles. A verdade é que "outros trabalharam e vós entrastes no trabalho deles",[3] e este texto é não só um lembrete de como é necessária a humildade, mas também um epítome do vasto processo evolucionário do qual nós, organismos, somos partícipes, querendo ou não.

---

3 João 4,38. Bíblia de Jerusalém, op. cit. [N. T.]

O papel da mudança somática na evolução

Todas as teorias da evolução biológica dependem de pelo menos três tipos de mudança:[1] (a) mudança de genótipo, seja pela mutação, seja pela redistribuição de genes; (b) mudanças somáticas por pressão ambiental; e (c) mudanças nas condições ambientais. O problema do evolucionista é construir uma teoria que combine essas mudanças em um processo contínuo que, sob a seleção natural, explique os fenômenos de adaptação e filogenia.

Certas premissas convencionais podem ser selecionadas para governar a construção dessa teoria:

a) *A teoria não pode depender da herança lamarckiana*. O argumento de August Weismann para essa premissa ainda é válido. Não há motivo para crer que mudanças somáticas ou mudanças no meio ambiente possam, em princípio, invocar (pela comunicação fisiológica) mudanças genotípicas adequadas. De fato, o pouco que sabemos sobre a comunicação no interior do indivíduo multicelular[2] indica que a comunicação do soma para a sequência genética provavelmente será rara e dificilmente terá efeito adaptativo. Contudo, convém tentar colocar em termos claros neste texto o que está implícito nessa premissa:

Sempre que uma característica é modificável sob impacto mensurável do meio ambiente ou da fisiologia interna, é possível escrever uma equação na qual o valor da característica em questão é expressado como função do valor da circunstância impactante. "A cor da pele humana é uma função da exposição à luz do Sol", "a velocidade da respiração é uma função da pressão atmosférica" etc. Equações como essa são interpretadas como verdadeiras para uma variedade de observações específicas e necessariamente contêm proposições subordinadas que são estáveis (ou seja, continuam a ser verdadeiras) para uma ampla gama de valores de circunstâncias e características

---

1   Ensaio publicado em *Evolution*, v. 17, 1963, e é reproduzido aqui com a permissão do editor.

2   Os problemas da genética bacteriana estão sendo deliberadamente excluídos deste texto.

somáticas impactantes. Essas proposições subsidiárias são de um tipo lógico diferente das observações originais em laboratório e, na verdade, não descrevem os dados, mas sim *nossas* equações. São afirmações sobre a forma da equação específica e sobre os valores dos parâmetros mencionados dentro dela.

Seria simples, a esta altura, traçar a linha divisória entre genótipo e fenótipo dizendo que *as formas e os parâmetros* dessas equações são fornecidos pelos genes, enquanto os impactos do meio ambiente etc. determinam o acontecimento real dentro desse quadro. Isso equivaleria a dizer, por exemplo, que a *capacidade* de se bronzear é determinada genotipicamente, enquanto o grau de bronzeamento em um caso específico depende da exposição à luz do Sol.

Nos termos dessa abordagem supersimplificada dos papéis justapostos do genótipo e do meio ambiente, a proposição que exclui a herança lamarckiana diria mais ou menos o seguinte: ao tentar explicar o processo evolucionário, não se deve supor que a obtenção de um valor particular de uma variável sob circunstâncias particulares afetará, nos gametas produzidos por aquele indivíduo, a forma ou os parâmetros da equação funcional que governa a relação entre aquela variável e suas circunstâncias ambientais.

Tal visão é supersimplificada e devemos acrescentar alguns parênteses quando lidamos com casos mais complexos e extremos. Em primeiro lugar, é importante reconhecer que o organismo, considerado enquanto sistema comunicacional, pode ele mesmo operar em múltiplos níveis de pensamento lógico, ou seja, há instâncias nas quais o que chamamos anteriormente de "parâmetros" estará sujeito a mudança. O organismo individual pode, como resultado de um "treino", modificar sua capacidade de bronzeamento após exposição ao Sol. E esse tipo de mudança é de enorme importância no campo do comportamento animal, em que nunca se pode ignorar o "aprender a aprender".

Em segundo lugar, a visão supersimplificada precisa ser elaborada de forma a incluir os efeitos *negativos*. Uma circunstância ambiental pode ter tanto impacto sobre um organismo incapaz de se adaptar a ela que o indivíduo em questão *não* produzirá gametas.

Em terceiro lugar, é presumível que alguns dos parâmetros de uma equação possam estar sujeitos a mudança quando sofrem impacto de uma circunstância ambiental ou fisiológica que não é a circunstância mencionada naquela equação.

Seja como for, tanto a objeção de Weismann à teoria lamarckiana como minha própria tentativa de esclarecer a questão têm em comum uma certa parcimônia: a suposição de que os princípios que organizam os fenômenos não devem ser eles próprios modificados pelos fenômenos que organizam. A navalha de Ockham pode ser reformulada: em qualquer explicação, os tipos lógicos não devem ser multiplicados além do necessário.

b) *A mudança somática é absolutamente necessária à sobrevivência.* Qualquer mudança no ambiente que requeira alterações adaptativas na espécie será letal, a menos que, pela mudança somática, os organismos (ou alguns deles) sejam capazes de sobreviver a um período de duração imprevisível, até que ocorra uma mudança genotípica apropriada (seja por mutação, seja por redistribuição dos genes já disponíveis na população) ou o meio ambiente retorne à normalidade anterior. A premissa é um truísmo, não obstante a magnitude de tempo de que estamos falando.

c) *A mudança somática também é necessária para lidar com quaisquer mudanças de genótipo que possam auxiliar o organismo em sua luta externa com o meio ambiente.* O organismo individual é uma organização complexa com partes interdependentes. Uma mudança mutacional ou outra mudança genotípica em qualquer uma dessas partes (não importa quão valiosa externamente ela seja em termos de sobrevivência) certamente requererá mudanças em muitas outras – mudanças essas que provavelmente não estarão especificadas nem implícitas na mudança mutacional genética original. Uma pré-girafa hipotética, que tivesse a sorte de ser portadora de um gene mutante para "pescoço comprido", teria de se ajustar a essa mudança com alterações complexas do coração e do sistema circulatório. Esses ajustes colaterais teriam de ter sido obtidos no nível somático. Somente sobreviveriam as pré-girafas que fossem capazes (genotipicamente) dessas modificações somáticas.

d) Neste ensaio, presume-se que o *corpus das mensagens genotípicas é de natureza preponderantemente digital*. Em contraste, o soma é visto como um sistema de trabalho no qual são experimentadas as receitas genotípicas. Caso se mostre que em certa medida o corpus genotípico é também analógico – uma peça-piloto do soma –, a premissa *c* (citada acima) seria negada nessa medida. Portanto, seria concebível que o gene mutante do "pescoço comprido" pudesse modificar a mensagem dos genes que afetam o desenvolvimento do coração. Sabe-se, é claro, que genes podem ter efeitos pleiotrópicos, mas esses fenômenos são relevantes no caso em questão somente se puder ser demonstrado, por exemplo, que o efeito do gene A sobre o fenótipo e seu efeito sobre a expressão fenotípica do gene B são mutuamente apropriados na integração e adaptação gerais do organismo.

Essas considerações levam a uma classificação das mudanças tanto genotípicas como ambientais em termos do *preço* que elas cobram da flexibilidade do sistema somático. Uma mudança letal no meio ambiente ou no genótipo é simplesmente uma mudança que demanda alterações somáticas que o organismo é incapaz de realizar.

Mas o preço somático de uma determinada mudança não deve depender, de forma absoluta, da mudança em questão, mas sim do âmbito de flexibilidade somática disponível ao organismo naquele momento. Esse âmbito, por sua vez, dependerá do tanto de flexibilidade somática do organismo que já vem sendo consumida no ajuste a outras mutações ou às mudanças ambientais. Deparamo-nos com uma *economia* da flexibilidade que, como qualquer outra economia, será determinante para o processo de evolução se e somente se o organismo estiver operando próximo dos limites estipulados por essa economia.

No entanto, essa economia de flexibilidade somática diferirá em um aspecto fundamental da economia de dinheiro ou energia que nos é mais familiar. Nesse caso, cada nova despesa pode simplesmente ser *adicionada* às despesas anteriores e a economia se tornará coercitiva quando o total da soma se aproximar do limite do orçamento. Diferentemente, o efeito conjunto das múltiplas mudanças, cada uma delas cobrando um preço do soma, será *multiplicativo*. Esse ponto pode ser explicado assim: S é o conjunto finito de todos os possíveis estados de vida do organismo; dentro de S, s_1 será o conjunto menor de todos os estados compatíveis com uma determinada mutação (m_1), e s_2 será o conjunto de estados compatíveis com uma segunda mutação (m_2). Segue-se disso que as duas mutações combinadas limitarão o organismo ao produto lógico de s_1 e s_2, ou seja, ao subconjunto geralmente menor de estados que é composto somente de membros comuns tanto a s_1 como a s_2. Dessa forma, cada mutação sucessiva (ou outra mudança genotípica) fracionará as possibilidades de ajuste somático do organismo. E, caso a primeira mutação requeira alguma mudança somática, o exato oposto de uma mudança requerida pela outra, as possibilidades de ajuste somático podem ser imediatamente reduzidas a zero.

O mesmo argumento deve valer certamente para mudanças ambientais múltiplas que demandem ajustes somáticos; e isso será verdade mesmo para mudanças no meio ambiente que pareçam beneficiar o organismo. Uma melhora na dieta, por exemplo, excluirá do âmbito de ajustes somáticos do organismo os padrões de crescimento que chamaríamos de "raquíticos" e que podem ser necessários para atender a outra exigência do meio ambiente.

Dessas considerações decorre que, se a evolução acontecesse de acordo com a teoria convencional, seu processo ficaria bloqueado. A natureza finita da mudança somática indica que nenhum processo de evolução contínuo pode resultar apenas de sucessivas mudanças genotípicas de adaptação ao exterior, já que estas, juntas, acabam se tornando letais, demandando combinações de ajustes somáticos internos que o soma é incapaz de atender.

Vamos considerar, portanto, outros gêneros de mudanças genotípicas. O requisito para uma teoria evolutiva balanceada é a ocorrência de mudanças genotípicas que *aumentem* o âmbito de flexibilidade somática disponível. Quando a organização interna dos organismos de uma espécie tiver sido limitada por pressão ambiental ou mutacional a um subconjunto exíguo da gama de estados de vida, o progresso evolucionário posterior demandará uma mudança genotípica que compense essa limitação.

Percebemos, em primeiro lugar, que, se por um lado os resultados da mudança genotípica são irreversíveis durante a vida do organismo individual, o oposto é válido, em geral, para as mudanças que acontecem no nível somático. Quando estas acontecem em resposta a condições ambientais especiais, um retorno do meio ambiente ao seu estado anterior é acompanhado, geralmente, de uma diminuição ou perda dessa característica. (Seria razoável que o mesmo valesse para os ajustes somáticos que acompanham uma mutação de adaptação ao exterior, mas é claro que, nesse caso, é impossível remover do indivíduo o impacto da mudança mutacional.)

Há mais um ponto relativo a essas mudanças somáticas reversíveis que é de especial interesse. Entre organismos mais complexos, não é incomum descobrirmos que existe o que podemos chamar uma "defesa em profundidade" contra demandas ambientais. Se um homem for do nível do mar para uma altitude de 3 mil metros, ele pode começar a ofegar e seu coração pode disparar. Mas essas mudanças iniciais são rapidamente reversíveis: caso desça no mesmo dia ao nível do mar, elas desaparecerão imediatamente. Se, porém, ele permanecer na altitude, uma segunda linha de defesa aparecerá. Ele se aclimatará aos poucos como resultado de mudanças fisiológicas complexas. Seu coração não disparará mais e ele não ficará ofegante, a não ser que faça um esforço fora do comum. Se então ele voltar ao nível do mar, as características da segunda linha de defesa desaparecerão muito lentamente e ele pode até sentir algum desconforto.

Do ponto de vista da economia de flexibilidade somática, o primeiro efeito da altitude é reduzir o organismo a um conjunto de estados limitado (s_1) caracterizado pela aceleração do coração e pelo ofegar. O indivíduo ainda consegue sobreviver, mas apenas como uma criatura relativamente inflexível. A aclimatação posterior tem justamente o valor de corrigir essa falta de flexibilidade. Depois que o indivíduo estiver aclimatado, ele pode usar seus mecanismos de ofegar para se ajustar a *outras* emergências que poderiam, se não fosse por suas defesas, ser letais.

Uma "defesa em profundidade" similar é claramente reconhecível no campo do comportamento. Quando nos deparamos com um problema novo, lidamos com ele por tentativa e erro ou possivelmente por intuição. Mais tarde, e de maneira mais ou menos gradual, formamos o "hábito" de agir como a experiência anterior nos ensinou. Continuar a usar a intuição ou tentativa e erro para essa classe de problemas seria um desperdício. Esses mecanismos podem ser poupados para serem usados em *outros* problemas.[3]

Tanto na aclimatação como na formação de hábitos obtemos economia da flexibilidade substituindo uma mudança superficial e mais reversível por uma mudança que seja mais profunda e mais duradoura. Nos termos que usamos acima para discutir a premissa antilamarckiana, houve uma mudança nos parâmetros da equação funcional que vincula a frequência respiratória à pressão atmosférica. Aqui, o organismo parece se comportar como se espera que qualquer sistema ultraestável se comporte. Ashby[4] demonstrou que é uma característica formal geral desses sistemas que os circuitos que controlam as variáveis que flutuam mais rapidamente ajam como mecanismos balanceadores para proteger a constância das variáveis nas quais a mudança é normalmente lenta e de pequena amplitude; e que qualquer interferência que ajuste os valores das variáveis muito inconstantes terá um efeito perturbador sobre a constância dos componentes normalmente estáveis do sistema. Para o indivíduo que precisa constantemente ofegar em grandes altitudes, a frequência respiratória não poderá mais ser usada como quantidade modificável na manutenção do equilíbrio fisiológico. No caso inverso, se a frequência respiratória precisar ficar novamente

---

3   Ver *supra* "Requisitos mínimos para uma teoria da esquizofrenia", p. 256.
4   W. Ross Ashby, "The Effect of Controls on Stability". *Nature*, v. 155, 1945, p. 242; ver também *Design for a Brain*. New York: John Wiley & Co., 1952.

disponível como variável rapidamente flutuante, será necessário que ocorra uma mudança entre os componentes mais estáveis do sistema. Tal mudança, pela natureza do caso, será relativamente vagarosa e relativamente irreversível.

Contudo, até mesmo a aclimatação e a formação de hábitos são reversíveis dentro do tempo de vida do indivíduo, e essa própria reversibilidade indica a ausência de uma economia comunicacional nesses mecanismos adaptadores. A reversibilidade implica que o valor modificado de uma variável é obtido por meio de circuitos homeostáticos ativados por erros. Deve haver um meio de detectar uma mudança indesejável ou ameaçadora em alguma variável, e deve haver uma sequência de causa e efeito pela qual a ação corretiva é iniciada. Além disso, todo esse circuito deve estar disponível em algum grau para esse propósito durante o período que durar a mudança reversível – empenhando de forma considerável as vias de comunicação disponíveis.

A questão da economia comunicacional se torna ainda mais séria quando observamos que os circuitos homeostáticos de um organismo não são separados e sim complexamente interligados: por exemplo, os mensageiros hormonais que desempenham um papel no controle homeostático do órgão A também afetarão os estados dos órgãos B, C e D. Portanto, qualquer carga adicional contínua no circuito controlador de A diminuirá a liberdade do organismo de controlar B, C e D.

Em contraste, as mudanças suscitadas por mutação ou outra mudança genotípica são, presumivelmente, de uma natureza totalmente diferente. Cada célula conterá uma cópia do novo corpus genotípico e, portanto, se comportará (quando adequado) da maneira modificada, sem qualquer mudança nas mensagens que recebe dos tecidos ou órgãos próximos. Se as hipotéticas pré-girafas portadoras do gene mutante "pescoço comprido" tivessem também o gene "coração grande", o coração das pré-girafas aumentaria sem que elas precisassem usar as vias homeostáticas do corpo para obter e manter esse crescimento. Essa mutação teria valor para a sobrevivência da pré-girafa não por permitir que esta bombeie sangue suficiente para a cabeça, porque isso já havia sido conquistado por mudança somática, mas por aumentar a flexibilidade geral do organismo, permitindo que ela sobreviva a *outras* demandas que poderiam aparecer, seja por mudanças ambientais, seja por mudanças genotípicas.

Parece, portanto, que o processo de evolução biológica poderia ser contínuo caso houvesse uma classe de mutações ou outras mudanças genotípicas que simulassem a herança lamarckiana. A função dessas mudanças seria obter por imposições genotípicas as características que o organismo, em dado momento, já obtém pelo método pouco econômico da mudança somática.

Essa hipótese, creio eu, não causa nenhum conflito com as teorias convencionais da genética e da seleção natural. Todavia, ela altera a imagem convencional da evolução como um todo de maneira considerável, embora ideias conexas tenham sido propostas há mais de sessenta anos. Baldwin[5] sugeriu que considerássemos não apenas a atuação do ambiente externo na seleção natural, mas também o que ele chamou de "seleção orgânica", na qual o destino de determinada variação dependeria de sua viabilidade fisiológica. No mesmo artigo, Baldwin atribui a Lloyd Morgan a ideia de que existam "variações coincidentes" que simulariam a herança lamarckiana (o chamado "efeito Baldwin").

Segundo essa hipótese, a mudança genotípica em um organismo é comparável à mudança legislativa em uma sociedade. O legislador sábio só raramente introduzirá uma nova regra de comportamento; mais comumente, ele se limitará a afirmar na lei o que já se tornou costume do povo. Uma nova regra só pode ser introduzida ao preço de ativar e talvez sobrecarregar um grande número de circuitos homeostáticos na sociedade.

É interessante nos indagarmos como um processo hipotético de evolução funcionaria *se* a herança lamarckiana fosse a norma, ou seja, se as características obtidas pela homeostase somática fossem herdadas. A resposta é simples: *não funcionaria*, e pelas seguintes razões:

1. A questão gira em torno do conceito de economia no uso dos circuitos homeostáticos e não seria nada econômico mudar por meio de mudança genotípica *todas* as variáveis que acompanham uma determinada característica desejável e adquirida homeostaticamente. Cada uma dessas características é obtida por meio de mudanças homeostáticas auxiliares em todas as partes dos circuitos e é altamente indesejável que essas mudanças auxiliares sejam mudadas por herança, como logicamente aconteceria segundo qualquer teoria que implique uma herança lamarckiana indiscriminada. Quem defende uma teoria lamarckiana precisa estar preparado para mostrar como pode ocorrer uma seleção adequada no genótipo. Sem a seleção adequada, a herança das características simplesmente aumentaria a proporção de mudanças genotípicas inviáveis.

---

5   J. Mark Baldwin, "Organic Selection". *Science*, v. 5, 1897, p. 634.

2. Segundo a presente hipótese, a herança lamarckiana perturbaria a temporalidade relativa dos processos dos quais depende necessariamente a evolução. É essencial que haja um intervalo de tempo entre a conquista somática pouco econômica – porém reversível – de determinada característica e as alterações econômicas – porém mais duradouras – do genótipo. Se enxergarmos cada soma como uma peça-piloto que pode ser alterada na oficina, fica claro que essas experiências devem ter um tempo suficiente, mas não infinito, para ocorrerem, antes que seus resultados sejam incorporados à peça final para a produção em massa. Esse tempo é dado pela falta de controle do processo estocástico. Ele seria indevidamente encurtado pela herança lamarckiana.

O princípio envolvido aqui é geral e de modo algum trivial. É aplicável a todos os sistemas homeostáticos nos quais um dado efeito pode ser produzido mediante um circuito homeostático que, por sua vez, pode ser modificado em suas características por um sistema de controle superior. Em todos esses sistemas (desde termostatos caseiros até sistemas governamentais e administrativos), é importante que o sistema de controle superior *seja defasado* em relação às sequências de acontecimentos no circuito homeostático periférico.

Na evolução, há dois sistemas de controle: as homeostases do corpo que lidam com as pressões internas toleráveis e a ação da seleção natural sobre os elementos (geneticamente) inviáveis da população. Do ponto de vista do engenheiro, o problema é *limitar* a comunicação entre o sistema somático inferior e reversível e o sistema genotípico superior e irreversível.

Outro aspecto da hipótese proposta, e sobre o qual só podemos especular, é a provável frequência relativa das duas classes de mudança genotípica: as que iniciam algo novo e as que afirmam uma característica homeostaticamente adquirida. Nos metazoários e nas plantas multicelulares, encontramos redes complexas de circuitos homeostáticos múltiplos entrelaçados, e qualquer mutação ou recombinação de genes específica que inicie uma mudança exigirá provavelmente que variadíssimas e múltiplas características somáticas sejam obtidas por homeostase. A hipotética pré-girafa portadora do gene mutante "pescoço comprido" precisará modificar não apenas seu coração e seu sistema circulatório, mas talvez também seus canais semicirculares, seus discos intervertebrais, seus reflexos posturais, a correlação entre comprimento e espessura de diversos músculos, táticas de fuga de predadores etc. Isso sugere que, em organismos complexos, as mudanças genotípicas meramente afirmativas devem ser muito mais numerosas que aquelas que iniciam as mudanças, se a espécie pretende evitar aquele impasse em que a flexibilidade do soma tende a zero.

Por outro lado, essa imagem sugere que a maioria dos organismos, em um dado momento, encontra-se provavelmente em um estado tal que existem múltiplas possibilidades de mudança genotípica afirmativa. Se, como parece provável, tanto a mutação como a redistribuição dos genes são em certo sentido fenômenos aleatórios, pelo menos há chances consideráveis de que uma ou outra dessas múltiplas possibilidades venha a se concretizar.

Por fim, é adequado discutirmos que indícios temos ou poderíamos buscar para sustentar a hipótese ou provar que ela está errada. As mutações afirmativas nas quais se apoia a hipótese serão geralmente *invisíveis*. Dentre os numerosos membros de uma população que estejam conseguindo uma determinada adaptação às circunstâncias ambientais por meio de mudanças somáticas, não será possível distinguir de imediato os poucos em que a mesma adaptação está sendo obtida pelo método genotípico. Nesse caso, os indivíduos genotipicamente modificados terão de ser identificados por procriação, seguida da criação da prole em condições mais normais.

Há uma dificuldade ainda maior quando queremos investigar as características que são homeostaticamente adquiridas em resposta a uma mudança genotípica inovadora. Muitas vezes será impossível, por mero exame do organismo, saber quais de suas características são resultado primário de mudanças genotípicas e quais são adaptações somáticas secundárias. No caso imaginário da pré-girafa de pescoço comprido e coração maior que o normal, podemos *adivinhar* que a modificação do pescoço é genotípica, enquanto a do coração é somática. Mas todo "chute" dependerá do conhecimento, atualmente muito imperfeito, do que um organismo pode conseguir em termos de ajuste somático.

É uma grande tragédia que a atenção dos geneticistas tenha sido desviada do fenômeno da adaptabilidade somática pela controvérsia lamarckiana. Afinal, certamente os mecanismos, as barreiras e os pontos máximos de mudança individual fenotípica sob pressão devem ser determinados genotipicamente.

Outra dificuldade, de natureza bastante semelhante, apresenta-se no nível populacional, no qual há uma outra "economia" da mudança potencial, teoricamente distinguível daquela que opera no indivíduo. A população de uma espécie selvagem é vista de maneira convencional como genotipicamente heterogênea, apesar do alto grau de semelhança superficial entre os fenótipos individuais. Essa população, como se haveria de esperar, funciona como um armazém de possibilidades genotípicas. O aspecto econômico dele foi enfatizado por Simmonds,[6] entre outros. Ele assinala que fazendeiros e criadores que demandam 100% de uniformidade fenotípica em uma plantação de alto nível de seleção estão, na verdade, jogando fora a maior parte das múltiplas possibilidades genéticas acumuladas em centenas de gerações na população selvagem. A partir desse dado, Simmonds argumenta que precisamos com urgência de instituições que "conservem" esse armazém de variabilidade por meio da preservação de populações não selecionadas.

Lerner[7] argumentou que mecanismos autocorretores ou de modulação agem para manter constante a composição dessas misturas de genótipos selvagens e resistir aos efeitos da seleção artificial. Há, portanto, ao menos uma presunção de que essa economia da variabilidade dentro da população se revelará do tipo multiplicativo.

Ora, a dificuldade para distinguir entre uma característica adquirida por homeostase somática e a mesma característica adquirida (de forma mais econômica) por meio de um atalho genotípico será claramente muito maior quando se levar em conta uma população, ao invés de indivíduos fisiológicos. Toda experimentação efetiva nesse campo trabalhará inevitavelmente com populações e, nesse trabalho, será necessário distinguir entre os efeitos dessa economia de *flexibilidade* que age nos indivíduos e os efeitos da economia de *variabilidade* que age no nível da população. Essas duas ordens de economia podem ser de fácil separação em teoria, mas separá-las em experimentos com certeza será complicado.

Seja como for, listemos aqui quais evidências que podem sustentar algumas das proposições cruciais para a hipótese:

1. *Que os fenômenos de ajuste somático sejam descritos apropriadamente em termos de uma economia de flexibilidade.* Em geral, acreditamos que a presença de uma pressão A pode reduzir a capacidade de um organismo de responder a uma pressão B e, orientados por essa opinião, normalmente nós protegemos os doentes do mau tempo. Quem já se acostumou à rotina de escritório provavelmente achará difícil escalar montanhas, e alpinistas treinados podem achar difícil permanecer confinados em escritórios; o estresse da aposentaria pode ser fatal; e

---

6   Norman Willison Simmonds, "Variability in Crop Plants, Its Use and Conservation". *Biological Reviews*, v. 37, n. 3, 1962.

7   Isadore M. Lerner, *Genetic Homeostasis*. Edinburg: Oliver and Boyd, 1954.

assim por diante. Mas o conhecimento científico sobre essas questões, no homem ou outros organismos, é muito pequeno.

2. *Que essa economia de flexibilidade tem a estrutura lógica que descrevemos acima – cada demanda sucessiva de flexibilidade fraciona o conjunto de possibilidades disponíveis.* Essa proposição é bastante razoável, mas que eu saiba não existem provas de que seja verdadeira. Mas valerá a pena examinarmos os critérios que determinam se um sistema "econômico" específico é mais adequadamente descrito em termos aditivos ou multiplicativos. Parece haver dois critérios para tal:

a) O sistema será aditivo na medida em que as unidades de sua moeda são mutuamente intercambiáveis e, portanto, não podem ser classificadas de forma significativa em conjuntos, tais como aqueles empregados no começo deste artigo para demonstrar que a economia da flexibilidade só pode ser multiplicativa. As calorias na economia da energia são totalmente intercambiáveis e inclassificáveis, tal e qual os dólares no orçamento individual. Esses dois sistemas são, portanto, aditivos. As permutações e combinações de variáveis que definem os estados de um organismo são classificáveis e – na medida que o são – não são intercambiáveis. O sistema é, portanto, multiplicativo. Sua matemática será parecida com a da teoria da informação ou da entropia negativa, e não com a do dinheiro ou da conservação de energia.

b) O sistema será aditivo na medida em que as unidades de sua moeda são mutuamente independentes. Aqui pareceria haver uma diferença entre o sistema econômico do indivíduo, cujos problemas orçamentários são aditivos (ou subtrativos), e os da sociedade como um todo, em que a distribuição geral ou fluxo da riqueza é governado por sistemas homeostáticos complexos (e talvez imperfeitos). Será que existe uma economia da flexibilidade econômica (uma metaeconomia) que é multiplicativa e, assim, se parece com a flexibilidade fisiológica de que tratamos há pouco? Note-se, porém, que as unidades dessa economia mais abrangente não serão dólares, e sim padrões de distribuição de riqueza. De forma similar, a "homeostase genética" de Lerner, na medida em que é verdadeiramente homeostática, terá um caráter multiplicativo.

A questão, porém, não é tão simples e não podemos esperar que todos os sistemas sejam ou totalmente multiplicativos ou totalmente aditivos. Haverá casos intermediários, que combinarão as duas características. Especificamente, quando diversos circuitos homeostáticos alternativos *independentes* controlam uma única variável, torna-se claro que o sistema pode demonstrar características aditivas – e até mesmo que pode valer a pena incorporar tais vias alternativas ao sistema, com a condição de que possam ser efetivamente isoladas uma da outra. Tais sistemas com múltiplos controles alternativos podem oferecer alguma vantagem na sobrevivência, desde que a matemática da adição e da subtração valha mais a pena que a matemática do fracionamento lógico.

3. *Que a mudança genotípica usualmente faça demandas sobre a capacidade de adaptação do soma.* Ortodoxamente, os biólogos acreditam nessa proposição, mas, por sua própria natureza, ela não pode ser verificada por provas diretas.

4. *Que inovações genotípicas sucessivas façam demandas multiplicativas sobre o soma.* Essa proposição (que envolve *ambas* as noções, a de economia multiplicativa da flexibilidade e a de que cada mudança genotípica inovadora tem seu preço somático) possui diversas implicações interessantes e talvez verificáveis.

a) Podemos esperar que organismos nos quais se acumularam numerosas mudanças genotípicas recentes (como resultado de seleção ou procriação planejada) sejam delicados, ou seja, precisarão ser protegidos das pressões ambientais. Essa sensibilidade a pressões é esperada de novas raças de animais e plantas domésticas, e de organismos produzidos experimentalmente que sejam portadores de diversos genes mutantes ou de combinações genotípicas incomuns (quer dizer, obtidas recentemente).

b) Podemos esperar que, para esses organismos, outras inovações genotípicas (ou de qualquer tipo que não sejam as mudanças afirmativas de que tratamos anteriormente) tenham efeito progressivamente deletério.

c) Essas novas variantes especiais devem se tornar mais resistentes tanto às pressões ambientais como à mudança genotípica, à medida que a seleção atua sobre as sucessivas gerações para favorecer os indivíduos nos quais foi obtida a "assimilação genética das características adquiridas" (Proposição 5).

5. *Que as características adquiridas induzidas pelo meio ambiente possam, sob condições de seleção adequadas, ser substituídas por características similares que sejam geneticamente determinadas.* Esse fenômeno foi demonstrado por Waddington[8] no caso dos fenótipos bitórax das

---

8   Conrad H. Waddington, "Genetic Assimilation of an Acquired Character". *Evolution*, v. 7, n. 2, 1953, p. 118; ver também *The Strategy of Genes*. London: Allen and Unwin, 1957.

Drosophila. Ele chama isso de "assimilação genética das características adquiridas". É provável que fenômenos semelhantes tenham ocorrido em diversos experimentos quando os pesquisadores quiseram provar a herança das características adquiridas, mas não obtiveram provas por não conseguir controlar as condições de seleção. Não temos, no entanto qualquer prova da frequência desse fenômeno de assimilação genética. Mas vale assinalar que, como argumentamos neste trabalho, pode ser impossível, em princípio, excluir o fator da seleção dos experimentos que pretendem testar "a herança de características adquiridas". Minha tese é justamente que a simulação da herança lamarckiana terá valor de sobrevivência em circunstâncias de pressão indefinida ou múltipla.

6. *Que é, em geral, mais econômico em termos de flexibilidade obter uma determinada característica por meio das mudanças genotípicas do que pelas fenotípicas*. Aqui, os experimentos de Waddington não são de muita valia, porque foi o cientista que fez a seleção. Para testar essa proposição, precisamos de experimentos nos quais a população de organismos seja submetida a uma dupla pressão: (a) a pressão que induzirá as características que nos interessam; e (b) uma segunda pressão que dizime seletivamente a população, favorecendo, como esperamos, a sobrevivência dos indivíduos cuja flexibilidade é mais capaz de contornar essa segunda pressão depois de se adaptar à primeira. Segundo a hipótese, esse sistema deve favorecer os indivíduos que conseguem se adaptar à primeira pressão por meio do processo genotípico.

7. Por fim, é interessante pensar num corolário que é o oposto complementar da tese deste ensaio. Argumentamos aqui que a herança lamarckiana simulada terá valor de sobrevivência quando a população precisar se ajustar a uma pressão que permanecer constante por várias gerações seguidas. Esse caso é, na verdade, o que foi examinado por quem pretendia demonstrar a herança das características adquiridas. Um problema oposto e complementar se apresenta nos casos em que uma população enfrenta uma pressão que muda de intensidade de maneira imprevisível e relativamente frequente – talvez a cada duas ou três gerações. É possível considerar que situações como essa sejam muito raras na natureza, mas podem ser reproduzidas em laboratório.

Sob essas circunstâncias variáveis, pode ser vantajoso para os organismos em termos de sobrevivência obter o *inverso* da assimilação genética das características adquiridas. Ou seja, eles podem entregar a mecanismos homeostáticos somáticos, com maior proveito, o controle de características que antes eram mais rigidamente controladas pelo genótipo.

É evidente, porém, que uma experiência como essa seria muito difícil de realizar. Só estabelecer a assimilação genética de características como o *bitórax* já requer seleção em escala astronômica, pois a população final em que poderão ser encontrados os indivíduos bitórax geneticamente determinados será uma amostra selecionada de uma população potencial de algo como 10^{50} ou 10^{60} indivíduos. É muito questionável se, depois do processo seletivo, ainda existirá heterogeneidade genética suficiente na amostra para passar por uma segunda seleção inversa que favorecesse os indivíduos que ainda desenvolvem o fenótipo bitórax por meios somáticos.

Entretanto, embora esse corolário invertido não seja talvez demonstrável em laboratório, algo desse tipo parece acontecer no quadro mais amplo da evolução. Podemos apresentar a questão de forma dramática considerando a dicotomia entre "reguladores" e "ajustadores".[9] Prosser propõe que, quando a fisiologia interna contém uma variável de mesma dimensão que certa variável ambiental externa, é conveniente classificar os organismos segundo o grau no qual eles mantêm constante a variável interna, a despeito das mudanças da variável externa. Assim, os animais homeotérmicos são classificados como "reguladores" com relação à temperatura, enquanto os pecilotérmicos são "ajustadores". A mesma dicotomia pode ser aplicada aos animais aquáticos em relação à forma como eles lidam com a pressão osmótica interna e externa.

Normalmente pensamos nos reguladores como sendo, em um sentido evolucionário muito amplo, "superiores" aos ajustadores. Vamos pensar agora no que isso quer dizer. Se há uma tendência evolucionária forte em favor dos reguladores, será que essa tendência é consistente com o que já foi dito aqui sobre os benefícios que se adquire na luta pela sobrevivência quando se transfere o controle para os mecanismos genotípicos?

Claramente, não só os reguladores, mas também os ajustadores precisam se apoiar em mecanismos homeostáticos. Para a vida continuar a existir, um grande número de variáveis fisiológicas essenciais deve ser mantido dentro de limites estritos. Se é permitido, por exemplo que a pressão osmótica interna mude, deve haver mecanismos que defendam essas variáveis essenciais. Disso decorre que a diferença entre ajustadores e reguladores é uma questão de *onde* o processo homeostático opera na complexa rede de causas e efeitos psicológicos.

---

9   C. Ladd Prosser, "Physiological Variation in Animals". *Biological Reviews*, v. 30, n. 3, 1955.

Nos reguladores, os processos homeostáticos operam perto ou nos pontos de entrada e saída da rede, isto é, o organismo individual. Nos ajustadores, as variáveis ambientais podem penetrar no corpo e o organismo deve lidar com seus efeitos usando mecanismos que envolvem *loops* mais profundos da rede como um todo.

Nos termos dessa análise, a polaridade entre ajustadores e reguladores pode ser extrapolada mais uma vez para incluir o que podemos chamar de "extrarreguladores", que conseguem controles homeostáticos *do lado de fora* do corpo, modificando e controlando o ambiente – sendo o homem o exemplo mais patente dessa classe.

Na seção anterior, argumentamos que o indivíduo, ao se adaptar a uma grande altitude, obtém um benefício em termos de economia da flexibilidade quando, por exemplo, o ofegar é substituído por mudanças mais profundas e menos reversíveis de aclimatação; que o hábito é mais econômico do que a tentativa e erro; e que o controle genotípico pode ser mais econômico do que a aclimatação. Todas essas mudanças são *centrípetas* no lócus do controle.

No quadro evolucionário mais amplo, porém, a tendência parece se dar na direção oposta: a seleção natural, no longo prazo, favorece mais os reguladores do que os ajustadores, e mais os extrarreguladores do que os reguladores. Isso parece indicar que existe uma vantagem evolucionária de longo prazo a ser obtida com mudanças *centrífugas* no lócus de controle.

Especular sobre problemas tão vastos talvez seja mero romantismo, mas vale assinalar que esse contraste entre a tendência evolucionária geral e a tendência de uma população confrontada com pressões constantes é o que esperaríamos quando pensamos em nosso corolário inverso. Se a pressão constante favorece a mudança centrípeta no lócus de controle e as pressões variáveis favorecem a mudança centrípeta, deveria decorrer disso que nas faixas mais amplas de tempo e de mudança que determinam o quadro evolutivo geral, a mudança de controle centrífuga será favorecida.

Resumo

Neste ensaio, o autor usa uma abordagem dedutiva. Partindo de premissas da fisiologia convencional e da teoria evolucionária e aplicando a elas os argumentos da cibernética, ele demonstra que deve existir uma *economia da flexibilidade somática* e que essa economia deve, no longo prazo, ser coerciva sobre o processo evolucionário. A adaptação externa por mutação ou rearranjo genotípico, como pensamos nela em geral, inevitavelmente usará a flexibilidade somática disponível até que esta acabe. Disso decorre – caso se pressuponha uma evolução contínua – que deve haver também uma classe de mudanças genotípicas que forneça mais flexibilidade somática.

Em geral, a mudança somática é pouco econômica, pois o processo depende de homeostase, ou seja, de circuitos integrais de variáveis interdependentes. Com isso, verifica-se que a herança de características adquiridas seria letal para o sistema evolucionário, uma vez que *tornaria fixos* os valores dessas variáveis por toda a extensão desses circuitos. No entanto, o organismo ou a espécie se beneficiaria (em termos de sobrevivência) da mudança genotípica que *simulasse* a herança lamarckiana, ou seja, que possibilitasse o componente adaptativo da homeostase somática sem envolver todo o circuito homeostático. Tal mudança genotípica (erroneamente chamada de "efeito Baldwin") concederia um bônus de flexibilidade somática e, assim, teria um real valor de sobrevivência.

Por fim, o autor sugere que um argumento contrário pode ser aplicado aos casos em que uma população precisa se aclimatar a pressões *variáveis*. Aqui, a seleção natural deve favorecer um antiefeito Baldwin.

Problemas na comunicação de cetáceos e outros mamíferos

A comunicação dos mamíferos pré-verbais

Tenho pouca experiência com cetáceos.[1] Certa vez, dissequei no laboratório de zoologia de Cambridge um espécime do gênero *Phocoena*, comprado do peixeiro local, e não voltei a encontrar cetáceos até este ano, quando tive a oportunidade de conhecer os golfinhos da dra. Lilly. Espero que minha discussão a respeito de certas questões que me vêm à cabeça enquanto abordo esses curiosos mamíferos possa ajudar os senhores a examinar essas questões ou outras afins.

Minha obra precedente nos campos da antropologia, da etologia animal e da teoria psiquiátrica fornece um arcabouço teórico para a análise transacional do comportamento. As premissas dessa posição teórica podem ser brevemente resumidas: (1) uma relação entre dois (ou mais) organismos é, na verdade, uma sequência de sequências S-R (ou seja, de contextos em que ocorre uma protoaprendizagem); (2) a deuteroaprendizagem (ou seja, o aprender a aprender) é, na verdade, aquisição de informação sobre os padrões de contingência dos contextos em que ocorre a protoaprendizagem; e (3) o "caráter" do organismo é o agregado de sua deuteroaprendizagem e, portanto, reflete os padrões contextuais da protoaprendizagem passada.[2]

Essas premissas são essencialmente uma estruturação hierárquica da teoria da aprendizagem em linhas similares às da teoria dos tipos lógicos de Russell.[3] As premissas, segundo a teoria dos tipos lógicos, são especialmente adequadas para a análise da comunicação *digital*. Saber em que medida elas são aplicáveis à comunicação analógica ou

---

1   Publicado em Kenneth S. Norris (org.), *Whales, Dolphins and Porpoises* (Berkeley: University of California Press, 1966).

2   Jurgen Ruesh & Gregory Bateson, *Communication: The Social Matrix of Psychiatry*. New York: Norton, 1951.

3   Alfred N. Whitehead & Bertrand Russell, *Principia Mathematica* [1910–13], trad. Augusto de Oliveira. São Paulo: Ed. Livraria da Física, 2020.

a sistemas que combinam o digital com o analógico é problemático. Espero que o estudo da comunicação dos golfinhos ajude a elucidar esses problemas fundamentais. O objetivo não é descobrir que os golfinhos possuem uma linguagem complexa, tampouco lhes ensinar inglês, mas sim preencher lacunas em nosso conhecimento teórico sobre a *comunicação* mediante o estudo de um sistema que, rudimentar ou complexo, é quase com certeza de um tipo nada familiar a nós.

Vou partir do fato de que o golfinho é um mamífero. Esse fato tem, é claro, todo tipo de implicação para a anatomia e fisiologia do animal, mas não são elas que me interessam. Estou interessado na comunicação, no que chamamos de "comportamento", visto como um agregado de dados perceptíveis e *significativos* para outros membros da mesma espécie. É significativo, em primeiro lugar, porque afeta o comportamento do animal recipiente e, em segundo lugar, porque o fracasso perceptível na recepção de significado adequado afetará o comportamento de ambos os animais. O que digo a uma pessoa pode ser totalmente inefetivo, mas minha *inefetividade,* se for perceptível, afetará tanto a mim como a ela. Enfatizo esse ponto porque devemos nos lembrar de que em toda relação entre homem e animal, especialmente quando esse animal é um golfinho, muito do comportamento de ambos é determinado por essa inefetividade.

Quando vejo o comportamento dos golfinhos como comunicação, o rótulo de mamífero implica, para mim, algo bem definido. Vou ilustrar o que tenho em mente com o exemplo da matilha de lobos de Benson Ginsburg no Zoológico de Brookfield, na periferia de Chicago.

Entre os canídeos, é a mãe que desmama os filhotes. Quando o filhote tenta mamar, ela pressiona a nuca dele com a boca aberta, empurrando-o contra o solo. Ela faz isso repetidas vezes, até ele parar de tentar mamar. Esse método é observado em coiotes, dingos e cães domésticos. Entre os lobos, o sistema é diferente. Os filhotes passam aos poucos da mama para a comida regurgitada. A matilha volta ao covil de barriga cheia. Todos regurgitam o que comeram e todos comem juntos. Em algum momento, os adultos começam a impedir os filhotes de participar dessas refeições, desacostumando-os pelo método observado nos demais canídeos: o adulto empurra o filhote contra o solo, pressionando sua nuca com a boca aberta. Entre os lobos, essa função não é exclusiva da mãe, adultos de ambos os sexos podem realizá-la.

O líder da matilha de Chicago é um majestoso macho que passa o dia patrulhando o acre de terreno no qual a matilha está confinada. Ele se locomove num trote perfeito, e aparentemente incansável, enquanto os outros oito ou nove membros da matilha passam a maior parte do tempo cochilando. Quando as fêmeas entram no cio, geralmente se oferecem ao líder esfregando suas traseiras contra ele, que geralmente não reage, mas impede outros machos de cruzar com elas. No ano passado, um macho conseguiu cruzar com uma fêmea. Como ocorre com todos os canídeos, o lobo macho fica preso à fêmea, sendo incapaz de retirar o pênis de dentro dela; o animal fica indefeso. O líder da matilha correu até ele. E o que fez contra o macho indefeso que ousou desrespeitar as prerrogativas do líder? O antropomorfismo diria que ele o estralhaçaria. Mas não. O filme mostra que ele pressionou a cabeça do macho infrator quatro vezes contra o solo, com as mandíbulas abertas, e depois simplesmente se afastou.

Quais são as implicações desse exemplo para nossa pesquisa? O que o líder da matilha fez não é descritível ou é apenas insuficientemente descritível em termos S-R. Ele não "reforçou negativamente" a atividade sexual do outro macho. Ele asseverou ou afirmou a natureza da relação entre ele e o outro. Se tivéssemos de traduzir em palavras a ação do líder, não seria: "Não faça isso". Ao contrário, traduziríamos a ação metafórica: "Eu sou o macho mais velho, seu filhote!". O que estou tentando dizer aqui sobre os lobos em especial e os animais pré-verbais em geral é que o discurso se refere primariamente às regras e contingências da relação.

Dou um exemplo mais familiar para entendermos como essa noção é onipresente entre os etólogos, mas de forma alguma ortodoxa. Quando um gato tenta dizer que quer ser alimentado, como ele faz? Ele não tem palavras para dizer comida nem leite. O que faz é movimentar-se e emitir sons que são caracteristicamente aqueles que um filhote de felino faz para a mãe. Se tivéssemos de traduzir a mensagem do gato em palavras, não seria correto dizer que ele está gritando: "Leite!". Ao contrário, ele está dizendo algo como: "Mamãe!". Ou, talvez mais corretamente ainda, deveríamos dizer que está dizendo: "Dependência! Dependência!". O gato fala em termos dos padrões e contingências da relação e, a partir dessa conversa, compete ao ser humano fazer um salto *dedutivo*, adivinhando que é leite o que o gato quer. É a necessidade desse salto dedutivo que marca a diferença entre a comunicação mamífera pré-verbal, de um lado, e, de outro, a comunicação das abelhas e as linguagens humanas.

O que foi extraordinário – novidade impressionante – na evolução da linguagem humana não foi a descoberta da abstração ou da generalização, mas como ser específico a respeito de algo fora da relação.

De fato, essa descoberta, embora tenha acontecido, afetou pouco o comportamento dos seres humanos. Se A disser a B: "O voo está marcado para as 6h30", é difícil que B aceite essa observação pura e simplesmente como uma declaração *de facto*. No mais das vezes, dedicará alguns neurônios à pergunta: "Isso que A está me dizendo indica o que a respeito da minha relação com A?". Nossa ancestralidade mamífera está muito próxima da superfície, a despeito dos truques linguísticos adquiridos recentemente.

Seja como for, o que espero deste estudo sobre a comunicação entre golfinhos é que ele comprove que ela possui a característica mamífera geral de se referir em primeiro lugar a relações. Essa premissa talvez seja suficiente por si só para explicar o desenvolvimento esporádico de cérebros grandes entre os mamíferos. Não é preciso protestar que, como elefantes não falam e baleias não inventam ratoeiras, essas criaturas não são inteligentes. Devemos apenas supor que, em algum momento da evolução, as criaturas de cérebro grande foram suficientemente insensatas para entrar no jogo das relações e que, uma vez que a espécie se envolveu nesse jogo de interpretar o comportamento de um membro da espécie em relação a outro como pertinente para esse tema complexo e vital, havia valor de sobrevivência para os indivíduos que conseguiam jogar o jogo com mais engenhosidade ou sabedoria. É razoável, portanto, esperar encontrar uma alta complexidade de comunicação sobre as relações entre os cetáceos. Como são mamíferos, podemos esperar que suas comunicações serão, sobre e primariamente, em termos de padrões e contingências da relação. Como são sociáveis e têm cérebro grande, podemos esperar um alto grau de complexidade em suas comunicações.

Considerações metodológicas

A hipótese aqui apresentada introduz dificuldades muito especiais no problema do modo de testar o que chamamos de "psicologia" dos animais (ou seja, inteligência, engenhosidade, discriminação etc.). Um experimento simples de discriminação, como o que foi realizado nos laboratórios da dra. Lilly, e certamente em outros lugares, envolve uma série de etapas: (1) o golfinho pode ou não perceber diferença entre os objetos X e Y de estímulo; (2) o golfinho pode ou não perceber que essa diferença é um sinal de comportamento; (3) o golfinho pode ou não perceber que o comportamento em questão tem um efeito positivo ou negativo sobre o reforço, ou seja, "acertar" é condicionalmente seguido de peixes; (4) o golfinho pode ou não escolher "acertar", mesmo depois de saber o que é o certo. Sair-se bem nas três primeiras etapas apenas concede ao golfinho uma escolha mais adiante. Esse grau de liberdade deve ser o primeiro foco da nossa investigação.

Ele deve ser nosso *primeiro* foco por motivos metodológicos. Pensemos nos argumentos que convencionalmente se baseiam em experimentos desse tipo. Sempre partimos das últimas etapas da série para as primeiras. Dizemos: "Se o animal foi capaz de vencer a etapa 2 do experimento, então deve ter sido capaz de vencer a etapa 1". Se pôde aprender a se comportar de maneira a receber a recompensa, então deve ter a acuidade sensorial necessária para discriminar entre X e Y, e assim por diante.

Precisamente porque queremos argumentar a partir da observação do êxito do animal nas etapas ulteriores para tirar conclusões a respeito das etapas elementares, é de suma importância saber se o organismo com o qual estamos lidando é capaz de vencer a etapa 4. Caso seja capaz, então todos os argumentos sobre as etapas 1 a 3 serão invalidados, a não ser que métodos adequados de controle da etapa 4 sejam incluídos no plano do experimento. Curiosamente, embora os seres humanos sejam plenamente capazes de vencer a etapa 4, os psicólogos que trabalham com sujeitos humanos conseguiram estudar as etapas 1 a 3 sem tomar nenhum cuidado especial para excluir as confusões introduzidas por esse fato. Se o sujeito humano é "cooperativo e são", em geral ele responde à situação de teste reprimindo a maioria de seus impulsos para modificar seu comportamento em função de sua visão pessoal da relação com o pesquisador. As palavras *cooperativo* e *são* implicam um grau de consistência no nível da etapa 4. O psicólogo opera com uma espécie de *petitio principii*: se o sujeito experimental é cooperativo e são (ou seja, se as regras relacionais são basicamente constantes), o psicólogo não precisa se preocupar com mudanças nessas regras.

O problema do método muda totalmente quando o sujeito experimental é não cooperativo, psicopata, esquizofrênico, uma criança levada ou um golfinho. Talvez a característica mais fascinante desse animal derive precisamente de sua capacidade de operar nesse nível relativamente alto, uma capacidade que ainda resta demonstrar.

Pensemos agora na arte do treinador de animais. Das conversas com essas pessoas altamente habilidosas – treinadores tanto de golfinhos como de cães-guia –, a impressão que tenho é que o primeiro requisito para ser um treinador é ser capaz de impedir que o animal faça escolhas no nível da etapa 4. Deve ficar claro para o animal que, quando ele sabe qual é a opção certa em determinado contexto, essa é a única opção que ele *pode* fazer, e nada de inventar artes. Noutras palavras, a condição primária para fazer sucesso no circo é que o animal abdique do uso de níveis mais altos de inteligência. A arte do hipnotizador é similar.

Conta-se uma anedota que teria acontecido com o dr. Samuel Johnson. Uma senhora frívola fez seu cachorro realizar alguns truques em sua presença. O dr. não pareceu muito impressionado. A senhora disse: "Mas, dr. Johnson, o senhor não sabe como é difícil para o cachorro". E o dr. Johnson respondeu: "Difícil, madame? Quem dera fosse impossível!"

Nos truques circenses, o que é incrível é que o animal pode abdicar de parte de sua inteligência e ainda ter o bastante para realizá-los. Considero a inteligência consciente o maior ornamento da mente humana. Contudo, muitas autoridades, dos mestres zen a Sigmund Freud, vêm enfatizando o engenho do nível menos consciente e talvez mais arcaico.

Comunicação sobre relações

Como disse anteriormente, minha expectativa é que a comunicação dos golfinhos seja de tipo quase totalmente desconhecido. Quero me deter nessa questão. Como mamíferos que somos, temos familiaridade (embora majoritariamente inconsciente) com o hábito de nos comunicarmos a respeito de nossas relações. Assim como outros animais terrestres, realizamos a maior parte de nossas comunicações sobre elas por meio de sinais cinestésicos e paralinguísticos, tais como movimentos corporais, tensões involuntárias de músculos voluntários, mudanças de expressão facial, hesitações, alterações no ritmo da fala ou do movimento, irregularidades na respiração. Se quisermos saber o que "significa" o latido de um cão, devemos olhar para sua boca, para os pelos atrás de sua nuca, para sua cauda, e assim por diante. Essas partes "expressivas" do corpo do cão dizem para qual objeto do ambiente ele está latindo e quais padrões de relação com esse objeto ele é suscetível de levar a cabo nos minutos seguintes. Mas, acima de tudo, devemos olhar para seus órgãos sensoriais: olhos, orelhas e nariz.

Em todos os mamíferos, os órgãos sensoriais são também órgãos de transmissão de mensagens sobre a relação. Um cego nos causa desconforto não porque não consegue enxergar – isso é problema dele e mal temos consciência de sua incapacidade –, mas porque não nos transmite, pelo movimento dos olhos, as mensagens que esperamos e necessitamos para conhecer e ter certeza do status da nossa relação com ele. Não saberemos grande coisa da comunicação dos golfinhos enquanto não soubermos o que um golfinho é capaz de ler no uso, na direção, no volume e no tom da ecolocalização de outro golfinho.

Talvez seja essa lacuna que torne a comunicação dos golfinhos tão misteriosa e opaca para nós, mas suspeito que existe uma explicação mais profunda. A adaptação à vida no oceano destituiu as baleias de expressão facial. Elas não têm orelhas para abanar e poucos pelos para eriçar, se é que eles existem. Em muitas espécies, até mesmo as vértebras cervicais estão fundidas em um bloco sólido; a evolução otimizou o corpo para o ambiente aquático, sacrificando a expressividade de partes isoladas em nome da locomoção do todo. Além do mais, as condições da vida marinha são tais que, mesmo que um golfinho tivesse um rosto mais mobilizável, os detalhes da expressão só ficariam visíveis para outros golfinhos a distâncias muito curtas, mesmo nas águas mais límpidas.

É razoável supor, portanto, que nesses animais a vocalização substituiu as funções comunicativas que a maioria dos animais desempenha por meio da expressão facial, da batida da cauda, do punho cerrado, da supinação das mãos, da abertura das narinas etc. Podemos dizer que a baleia é o oposto da girafa em termos de comunicação: ela não tem pescoço, mas tem voz. Só essa especulação já tornaria a comunicação dos golfinhos um tema de alto interesse teórico. Seria fascinante, por exemplo, saber se, na mudança evolucionária da comunicação cinestésica para a vocal, a mesma estrutura geral das categorias se mantém.

Minha impressão pessoal – e trata-se apenas de uma impressão, sem comprovação por testes – é que a hipótese de que golfinhos substituíram a comunicação cinestésica pela paralinguística não se encaixa em minha experiência quando ouço os ruídos produzidos por eles. Nós, mamíferos terrestres, temos familiaridade com a comunicação paralinguística; nós a usamos em resmungos e gemidos, no riso e no soluço, nas modulações da respiração enquanto conversamos e assim por diante. Portanto, não achamos totalmente ininteligíveis os sons paralinguísticos produzidos por outros mamíferos. Aprendemos com certa facilidade a reconhecer neles saudações, emoções, raiva, persuasão e territorialidade, embora frequentemente nossos palpites estejam errados. Quando ouvimos os sons dos golfinhos, porém, não conseguimos nem sequer arriscar um palpite sobre o que significam. Não confio inteiramente no palpite de que os sons dos golfinhos são apenas uma versão mais elaborada da paralinguagem de outros mamíferos. (Mas argumentar a partir da nossa incapacidade é mais frágil do que argumentar a partir do que podemos fazer.)

Pessoalmente, não acredito que os golfinhos possuam o que um linguista poderia chamar de "linguagem". Não creio que um animal sem mãos seria suficientemente burro para chegar a um modo de comunicação tão estapafúrdio. Usar uma sintaxe e um sistema de categorias adequado para discutir coisas que podem ser manuseadas, quando na verdade se discutem os padrões e as contingências da relação, é fantástico. Mas isso, afirmo, é o que está acontecendo neste recinto. Estou aqui de pé falando, enquanto os senhores ouvem e veem. Eu tento convencê-los, tento fazê-los ver as coisas ao meu modo, tento angariar seu respeito, tento demonstrar meu respeito pelos senhores, desafiá-los, e assim por diante. O que realmente está acontecendo aqui é uma discussão sobre os padrões da nossa relação, tudo em conformidade com as regras de uma conferência científica sobre baleias. Isso é ser humano.

Simplesmente não acredito que os golfinhos tenham linguagem nesse sentido. Mas creio que, assim como nós e outros mamíferos, eles se preocupem com os padrões de suas relações. Chamemos essa discussão sobre os padrões da relação de função µ da mensagem. Afinal, foi o gato com seus miados que nos mostrou a grande importância dessa função. Os mamíferos pré-verbais se comunicam a respeito das coisas, quando precisam, usando primariamente sinais dessa função µ. Diferentemente deles, os seres humanos usam a linguagem, que é primariamente orientada para coisas, para discutir as relações. O gato pede leite dizendo: "Dependência", e eu peço sua atenção e talvez seu respeito falando de baleias. Mas não sabemos se os golfinhos, ao se comunicar, se parecem comigo ou com o gato. Talvez eles tenham um sistema radicalmente diferente.

Comunicação analógica versus comunicação digital

Há outra faceta do problema. Como é que pode que a paralinguagem e a cinestesia de pessoas de culturas estranhas à nossa ou mesmo a paralinguagem de outros mamíferos terrestres sejam ao menos em parte inteligíveis para nós, enquanto as linguagens verbais de pessoas de culturas estranhas à nossa nos pareçam totalmente ininteligíveis?

Nesse aspecto, a impressão que temos é que as vocalizações do golfinho se parecem com a linguagem humana, e não com a cinestesia ou a paralinguagem dos mamíferos terrestres.

É claro que sabemos por que gestos e tons de voz nos são parcialmente inteligíveis, enquanto línguas estrangeiras nos são ininteligíveis. É porque a linguagem é *digital* e a cinestesia e a paralinguagem são *analógicas*.[4] O *x* da questão é que, na comunicação digital, uma série de signos puramente convencionais – 1, 2, 3, X, Y e assim por diante – circula segundo regras que chamamos de algoritmos. Os signos em si não têm conexão direta (por exemplo, correspondência de grandeza) com aquilo que representam. O número "5" não é maior do que o número "3". É verdade que, se retiramos a barra horizontal do número "7", obtemos o número "1", mas a barra horizontal não representa o número "6". Em geral, um nome tem uma conexão convencional ou arbitrária com a *classe* nomeada. O número "5" é apenas o *nome* de uma grandeza. Não faz sentido perguntar se meu número de telefone é maior do que o seu, porque a central telefônica é um computador puramente digital. Ele não é alimentado com grandezas, mas apenas com *nomes* de posições em uma matriz.

Na comunicação analógica, porém, usamos grandezas reais, e elas correspondem a grandezas reais no assunto discutido. O telêmetro embutido nas câmeras fotográficas é um exemplo de computador analógico. Ele é alimentado com um ângulo que possui uma grandeza real e que é, na verdade, o ângulo que a base do telêmetro subtende em um ponto no objeto que será fotografado. Esse ângulo controla um came que, por sua vez, move a lente para a frente ou para trás. O segredo do dispositivo é a forma do came, que é uma representação analógica (ou seja, um retrato, um gráfico cartesiano) da relação funcional entre distância do objeto e distância da imagem.

A linguagem verbal é quase toda (mas não inteiramente) digital. A palavra "grande" não é maior que a palavra "pequeno"; e, em geral, não existe nada no padrão (ou seja, o sistema de grandezas inter-relacionadas) da palavra "mesa" que corresponda ao sistema de grandezas

---

4   A diferença entre modos digitais e analógicos de comunicação talvez se esclareça se pensarmos em um matemático anglófono que se depara com o trabalho de um colega japonês. Ele olha sem entender os ideogramas, mas é parcialmente capaz de compreender os gráficos cartesianos na edição japonesa. Os ideogramas, embora originalmente tenham figuras analógicas, hoje são puramente digitais; os gráficos cartesianos são analógicos.

inter-relacionadas no objeto denotado. Por outro lado, na comunicação cinestésica e paralinguística, a grandeza do gesto, a altura da voz, a duração da pausa, a tensão dos músculos etc., em geral essas grandezas correspondem (direta ou inversamente) a grandezas na relação que é assunto do discurso. O padrão de ação na comunicação do líder da matilha é imediatamente inteligível quando temos dados sobre as práticas de desmame dos lobos, porque as práticas de desmame são em si sinais cinestésicos analógicos.

É lógico, portanto, considerar a hipótese de que a vocalização dos golfinhos pode ser uma expressão *digital* das funções μ. É essa possibilidade que tenho especialmente em mente quando digo que essa comunicação pode ser quase totalmente não familiar. O homem, é verdade, possui algumas palavras para as funções μ, palavras como "amor", "respeito", "dependência" etc. Mas essas palavras funcionam mal numa discussão real sobre relação entre os participantes dessa relação. Se dissermos "eu amo você" a uma moça, ela provavelmente prestará mais atenção na comunicação cinestésica e paralinguística que acompanha a fala do que nas palavras em si.

Nós, seres humanos, ficamos muito incomodados quando alguém começa a interpretar nossas posturas e gestos, traduzindo-os em palavras sobre relações. Preferimos que essas nossas mensagens continuem analógicas, inconscientes e involuntárias. Tendemos a desconfiar dos homens que conseguem simular mensagens sobre relações. Assim, não temos ideia de como é ser uma espécie dotada de um sistema *digital*, mesmo que muito simples e rudimentar, cujo assunto principal sejam as funções μ. Esse sistema é algo que nós, mamíferos terrestres, não conseguimos imaginar e com o qual não temos nenhuma empatia.

Planos de pesquisa

A parte mais especulativa do meu trabalho é a discussão dos planos para testar e amplificar esse corpo de hipóteses. Vou me orientar pelas seguintes suposições heurísticas:

1. A epistemologia em cujos termos as hipóteses estão baseadas não está sujeita a testagem. Derivada de Whitehead e Russell,[5] ela serve para

---

5   A. N. Whitehead & B. Russell, *Principia Mathematica*, op. cit.

orientar nosso trabalho. Caso o trabalho seja frutífero, seu êxito servirá apenas como uma frágil verificação dessa epistemologia.

2. Nem sequer sabemos qual seria a aparência de um sistema digital primitivo que permita a discussão de padrões de relação, mas podemos arriscar que não há de se parecer com uma linguagem de "coisas". (Poderia, mais provavelmente, se parecer com a música.) Não espero, portanto, que as técnicas de deciframento de códigos linguísticos humanos sejam imediatamente aplicáveis à vocalização dos golfinhos.

3. O primeiro requisito, portanto, é identificar e classificar as variedades e os componentes da relação existente entre os animais por meio de um estudo etológico detalhado de suas ações, interações e organização social. Os elementos que compõem esses padrões estão, sem dúvida, presentes na cinestesia e nos atos da espécie. Partiremos, portanto, de uma lista dos sinais cinestésicos dos golfinhos e em seguida tentaremos relacioná-los com os contextos nos quais eles são usados.

4. Sem dúvida, da mesma forma que o comportamento do líder da matilha nos diz que a "dominação" entre os lobos está metaforicamente relacionada ao desmame, os golfinhos nos informarão suas metáforas cinestésicas para "dominação", "dependência" e outras funções μ. Gradualmente, esse sistema de sinais se encaixará, parte por parte, até formar um retrato das variedades de relação existentes até mesmo entre animais arbitrariamente confinados num tanque.

5. Quando começarmos a entender o sistema de metáforas dos golfinhos, seremos capazes de reconhecer e classificar os contextos de suas vocalizações. Nessa etapa, presumivelmente as técnicas estatísticas de decodificação serão úteis.

As assunções a respeito da estrutura hierárquica do processo de aprendizagem – nas quais se baseia todo este trabalho – são a base para diversos tipos de experimentação. Os contextos de protoaprendizagem podem ser construídos de diversas formas para observarmos em que contextos certos tipos de aprendizagem ocorrem com mais rapidez. Prestaremos especial atenção aos contextos que envolvem tanto relação entre dois ou mais animais e uma pessoa quanto relações entre duas ou mais pessoas e um animal. Esses contextos são modelos em miniatura da organização social dentro da qual se pode esperar que o animal mostre comportamentos característicos e faça tentativas características de modificar o contexto (isto é, manipular os seres humanos).

Comentários

Sr. Wood: Ao longo de doze anos nos Marine Studios, na Flórida, passei muitíssimo tempo observando aquela que talvez fosse a coleção mais natural de *Tursiops* em cativeiro, inclusive com animais de diversas faixas etárias e, em geral, com pelo menos dois exemplares em idade de crescimento, e eu vi pouquíssimo do que você pretende observar em um grupo muito mais restrito de animais nas Ilhas Virgens.

Certa vez, testemunhei algo muito interessante. Certa manhã, bem cedo, por volta das 6 horas ou 6h30, por um período de mais ou menos meia hora, o macho adulto tomou posição ao lado de uma das fêmeas que estava imóvel sob a corrente. Às vezes ele subia, saía de perto dela e depois voltava, tomava posição e acariciava o flanco dela repetidamente com a barbatana direita. Não havia indicação de que esse gesto tivesse conotação sexual. Não havia ereção por parte do macho nem reação observável por parte da fêmea. Mas foi o sinal não vocal mais inequívoco que eu já havia observado no tanque.

Sr. Bateson: Eu gostaria de afirmar que a quantidade de sinalizações que acontecem é bem maior do que as que se percebem à primeira vista. Existem, é claro, tipos de sinais muito específicos, que são muito importantes. Não nego. Refiro-me aos toques e coisas afins. Mas um indivíduo tímido, uma fêmea traumatizada, ao ficar quase imóvel a um metro de profundidade, enquanto dois outros indivíduos nadam e brincam ao seu redor, recebe muita atenção simplesmente por ficar ali parada. Ela pode não estar transmitindo ativamente um sinal, mas, na comunicação corporal, você não precisa transmitir ativamente um sinal para que ele seja captado por outra pessoa. Você pode simplesmente *estar* ali, e só por estar ali parada ela já atrai a atenção dos dois outros indivíduos, que chegam, passam, param um pouquinho, e assim por diante. Ela é, como diríamos, "retraída", mas é tão retraída que chega ao nível de um esquizofrênico – que, de tão retraído, torna-se o centro gravitacional da família. Todos os demais membros do grupo gravitam ao redor do fato do seu retraimento, e ela nunca deixa que o esqueçam.

Dr. Ray: Eu tendo a concordar com o sr. Bateson. Estamos trabalhando no Aquário de Nova York com uma baleia beluga e creio que esses animais são muito mais expressivos do que ousamos suspeitar. Acredito que um dos motivos pelos quais eles não fazem muita coisa em cativeiro é que, na maior parte do tempo, eles estão entediadíssimos. Não há nada de muito interessante em seu ambiente, o tanque, e eu gostaria de sugerir que deveríamos manipular o cativeiro com muito mais inteligência do que fazemos hoje. Não digo manipular as baleias – elas não gostam de ser manipuladas. Mas introduzir diferentes espécies de animais, ou empregar certos artifícios, que fariam com que elas reagissem mais. Os cetáceos cativos são como macacos em jaula. Eles são altamente inteligentes e desenvolvidos e estão entediados.

Outro fator é nossa capacidade de observação e, na baleia beluga, pelo menos, conseguimos perceber visualmente os sons que elas produzem observando a mudança no formato do melão, que é extremamente pronunciado nesse animal. Ele pode inflar de um lado ou de outro, ou assumir diversos formatos diferentes relacionados com a produção do ruído. Assim, por uma observação bastante cuidadosa e/ou por uma manipulação habilidosa, creio que é possível fazer muita coisa com esses animais, de forma bastante simples.

Sr. Bateson: Eu tinha a intenção de assinalar que todos os órgãos sensoriais dos mamíferos, ou até mesmo das formigas, acabam se tornando órgãos importantes para a transmissão de mensagens como: "Onde os olhos do outro indivíduo estão focados?", ou: "Seus pavilhões auriculares estão voltados para onde?". Dessa forma, órgãos sensoriais viram órgãos transmissores de sinais.

Uma das coisas que precisamos saber obrigatoriamente para entender os golfinhos é o que um animal sabe e consegue ler a partir do uso do sonar por outro animal. Suspeito que há todos os tipos de regras de cortesia nessa questão; provavelmente não deve ser de bom-tom passar demais seus amigos pelo sonar, assim como entre seres humanos não é de bom-tom olhar demais para o pé dos outros. Temos muitos tabus em relação a observar a cinestesia dos outros, porque podemos obter muitas informações dessa forma.

Dr. Purves: Me parece que o golfinho ou o cetáceo sofre de uma desvantagem ainda pior do que aquela que o ser humano já sofreu, porque – esqueci a fonte – já disseram que a origem da linguagem humana é analógica. Noutras palavras, se você usar a palavra *"down"* [embaixo], você abaixa a mão e a mandíbula ao mesmo tempo. Se você disser *"up"* [em cima], você levanta a mão e levanta a mandíbula. E se você usa a palavra *"table"* [mesa] e, melhor ainda, se a pronunciar em francês, a boca se estica e você faz um gesto horizontal. Não importa quão complicada seja a linguagem humana, ela se origina de uma linguagem analógica. O pobre boto não tem nada parecido de onde possa partir. Então ele deve ser altamente inteligente para ter inventado um sistema de comunicação totalmente original.

Sr. Bateson: O que aconteceu com essa criatura é que a informação que recebemos visualmente e que os outros animais terrestres recebem visualmente deve ter sido transportada para a voz. Eu sustento a tese de que é adequado que comecemos investigando o que resta do material visual.

Reexaminando a "regra de Bateson"

Introdução

Há quase oitenta anos, meu pai, William Bateson, ficou fascinado com os fenômenos de simetria e regularidade metamérica presentes na morfologia dos animais e das plantas.[1] É difícil hoje em dia definir precisamente o que ele procurava, mas, de forma genérica, está claro que ele acreditava que um conceito inteiramente novo sobre a natureza dos seres vivos emergiria do estudo desses fenômenos. Ele defendia, sem dúvida corretamente, que a seleção natural não podia ser o único determinante da direção da mudança evolucionária e que a gênese da variação não poderia ser aleatória. Assim, ele começou a tentar demonstrar regularidade e "cumprimento de regras à risca" nos fenômenos de variabilidade.

Em sua tentativa de demonstrar uma ordem que a maioria dos biólogos da época havia ignorado, ele foi guiado pela ideia, nunca claramente formulada, de que a regularidade da variação deveria ser procurada justamente onde a variação tivesse impacto sobre o que já era regular e repetitivo. Os fenômenos de simetria e metamerismo, eles mesmos acentuadamente regulares, devem ter sido suscitados por regularidades ou "regras" dentro do processo evolucionário e, portanto, as *variações* da simetria e do metamerismo devem exemplificar justamente o funcionamento dessas regras.

Em termos atuais, poderíamos dizer que ele estava em busca de características organizadoras dos seres vivos que ilustrassem o fato de que os organismos evoluem e se desenvolvem dentro de limitações cibernéticas e organizacionais, entre outras limitações comunicacionais.

Foi para esse estudo que ele cunhou a palavra "genética".[2]

---

1   Publicado originalmente em *Journal of Genetics*, n. 60, 1971.
2   William Bateson, "The Progress of Genetic Research". *Royal Horticultural Society Report*, 1906.

Ele procurou examinar material de museus, coleções particulares e periódicos de todo o mundo que versassem sobre a teratologia da simetria e do metamerismo animal. Os detalhes dessa pesquisa foram publicados em um grande livro[3] que ainda hoje tem um interesse considerável.

Para demonstrar a regularidade no campo da variação teratológica, ele tentou classificar os diversos tipos de modificação que encontrou. Não vou me ocupar com essa classificação, exceto pelo fato de que, durante a pesquisa, ele topou com uma generalização que pode ser chamada de "descoberta". Essa descoberta veio a ser chamada de "regra de Bateson" e continua sendo um dos mistérios sem explicação da biologia.

O objetivo deste trabalho é levar a regra de Bateson a uma nova perspectiva teórica determinada pela cibernética, pela teoria da informação e afins.

Resumidamente, a regra de Bateson afirma, em sua forma mais simples, que, quando um apêndice lateral assimétrico (por exemplo, uma mão direita) é reduplicado, o membro reduplicado resultante será bilateralmente reduplicado e consistirá de duas partes, sendo cada uma delas uma imagem espelhada da outra, e dispostas de forma tal que se poderia imaginar um plano de simetria entre elas.

Ele próprio, porém, tinha sérias dúvidas se a reduplicação simples ocorria de fato. Ele acreditava e armazenava indícios que demonstravam que, em grande parte dos casos, um componente do sistema reduplicado ficava duplo em si. Ele afirmava que, nesses sistemas, os três componentes estão normalmente em um plano; que os dois componentes da parelha são imagens espelhadas um do outro; e que o componente da parelha que estiver mais próximo do apêndice primário é uma imagem espelhada do primário.

Meu pai mostrava que essa generalização se sustentava em um amplíssimo número de exemplos de reduplicação nos vertebrados e nos artrópodes e, em alguns outros casos, em outros filos dos quais o material em museus era, é claro, mais escasso.

Ross Harrison[4] acreditava que Bateson subestimou a importância da reduplicação simples.

Seja ou não a reduplicação simples um fenômeno real e comum, começarei este ensaio com uma discussão dos problemas lógicos que isso representaria.

---

3   Id., *Materials for the Study of Variation*. London: Macmillan and Co., 1894.
4   Ross G. Harrison, "On Relations of Symmetry in Transplanted Limbs". *Journal of Experimental Zoology*, v. 32, n. 1, 1921.

O problema redefinido

Em 1894, o problema parecia gravitar ao redor da pergunta: o que causa o desenvolvimento da simetria bilateral em um contexto em que ela não se encaixa?

Mas a teoria moderna virou todas essas perguntas de cabeça para baixo. A informação, no sentido técnico, é aquilo que *exclui* determinadas alternativas. Uma máquina equipada com um regulador não escolhe o curso estável; ela se *impede* de permanecer em qualquer estado alternativo; e em todos esses sistemas cibernéticos, a ação corretiva é suscitada pela *diferença*. No jargão dos engenheiros, o sistema é "ativado por erro". A diferença entre o estado real e o estado "preferido" ativa a resposta corretiva.

O termo técnico "informação" pode ser sucintamente definido como *qualquer diferença que faça diferença em um evento posterior*. Essa definição é fundamental para toda análise de sistemas e organizações cibernéticos. Ela liga esta análise ao resto da ciência, em que as causas dos eventos não costumam ser diferenças e sim forças, impactos e afins. O exemplo clássico desse vínculo é a máquina térmica, em que a energia disponível (ou seja, a entropia negativa) é uma função da *diferença* entre duas temperaturas. Nesse exemplo clássico, "informação" e "entropia negativa" se sobrepõem.

Além disso, as relações energéticas desses sistemas cibernéticos são comumente invertidas. Como organismos são capazes de armazenar energia, é comum que o gasto de energia seja, por períodos limitados, uma função inversa da entrada de energia. A ameba é mais ativa quando não tem alimento e a haste de uma planta cresce mais rápido do lado que recebe menos luz.

Vamos, portanto, inverter a pergunta sobre a simetria do apêndice reduplicado: por que esse apêndice duplo não é assimétrico como os apêndices correspondentes dos organismos normais?

A essa pergunta, pode-se construir uma resposta formal e geral (mas não específica), nos seguintes termos:

1. O ovo de sapo não fecundado é radialmente simétrico, com polos animais e vegetais, mas sem diferenciação nos raios equatoriais. Esse ovo se desenvolve em um embrião bilateralmente simétrico, mas como é que ele escolhe o meridiano que será o plano da simetria bilateral desse embrião? Sabemos a resposta: na verdade, o óvulo recebe a informação *de fora*. O ponto de entrada do espermatozoide (ou a punção

de uma fibra fina) marca um meridiano diferente de todos os outros e esse meridiano será o futuro plano da simetria bilateral.

Também podemos citar casos inversos. Plantas de muitas famílias dão flores bilateralmente simétricas. Essas flores são todas claramente derivadas da simetria radial triádica (como nas orquídeas) ou da simetria pentarradial (como nas labiatas, leguminosas etc.); e a simetria bilateral é obtida pela diferenciação de um eixo (ou seja, o "padrão" da ervilha-de-cheiro) dessa simetria radial. Novamente perguntamos como é possível selecionar um dos três (ou cinco) eixos similares. E novamente descobrimos que cada flor recebe informação *de fora*. Essas flores bilateralmente simétricas *só* podem ser produzidas em hastes ramificadas, e a diferenciação da flor é sempre orientada para a maneira como o ramo florido sai do caule principal. Muito ocasionalmente uma planta que normalmente dá flores bilateralmente simétricas formará uma flor no término de um caule principal. Essa flor tem necessariamente simetria radial – uma monstruosidade em forma de copo. (O problema das flores bilateralmente assimétricas, por exemplo, no grupo das orquídeas *Catasetum*, é interessante. Presumivelmente, elas devem nascer, como os apêndices laterais dos animais, de ramos saídos dos caules principais que já são eles próprios bilateralmente simétricos, por exemplo, achatados dorsoventralmente.)

2. Percebemos então que, em sistemas biológicos, a passagem da simetria radial para a simetria bilateral muitas vezes requer uma informação externa. Porém, é concebível que um processo divergente seja desencadeado por diferenças minúsculas e aleatoriamente distribuídas: por exemplo, entre os raios do ovo do sapo. Nesse caso, é claro, a seleção de um meridiano específico para o desenvolvimento especial seria em si aleatória e não poderia ser orientada por outras partes do organismo, como é o caso do plano de simetria bilateral em ervilhas-de-cheiro e flores labiatas.

3. Considerações semelhantes aplicam-se à passagem da simetria bilateral para a assimetria. Novamente, a assimetria (diferenciação entre uma metade e outra) só pode ser obtida por meio de um processo aleatório ou por meio de informação recebida do exterior, ou seja, de tecidos e órgãos adjacentes. Todo apêndice lateral de um vertebrado ou artrópode é mais ou menos assimétrico e a assimetria nunca é ajustada aleatoriamente em relação ao restante do animal. Os membros direitos não nascem do lado esquerdo do corpo, exceto sob circunstâncias experimentais. Sendo assim, a assimetria precisa depender de informações externas, presumivelmente derivada dos tecidos adjacentes.

4. Mas se a passagem da simetria bilateral para a assimetria requer informações adicionais, disso decorre que, na ausência de informação adicional, o apêndice que deveria ser assimétrico[5] só pode ser bilateralmente simétrico.

Assim, o problema da simetria bilateral de membros reduplicados torna-se simplesmente um problema de *perda* de unidade de informação. Isso decorre da regra lógica geral de que toda redução de simetria (de radial para bilateral ou de bilateral para assimétrica) requer informações *adicionais*.

Não estamos dizendo que o argumento acima explica todos os fenômenos que ilustram a regra de Bateson. De fato, o argumento só é oferecido para mostrar que existem formas simples de pensar sobre esses fenômenos que foram pouco exploradas. O que se propõe é uma *família* de hipóteses e não uma hipótese. Um exame crítico do que afirmamos como uma hipótese única fornecerá, porém, mais um exemplo do método.

Em qualquer caso de reduplicação específico, será necessário decidir que unidade de informação específica foi perdida, e o argumento apresentado até agora deve facilitar essa decisão. Um primeiro palpite seria naturalmente que o apêndice em desenvolvimento precisa de três tipos de informação para ser capaz de chegar à assimetria: informação proximodistal; informação dorsoventral; informação anteroposterior. A hipótese mais simples sugere que essas três informações podem ser recebidas *separadamente* e, portanto, que *um* desses tipos de informação será perdido ou estará ausente em qualquer caso de reduplicação. Portanto, deve ser fácil classificar os casos de reduplicação segundo a unidade de informação ausente. Haverá no máximo três tipos de reduplicação, e eles devem ser claramente diferentes.

---

5   Sob esta luz, escamas, penas e pelos são de especial interesse. Uma pena nos parece ter uma simetria bilateral bem clara, na qual o plano de simetria está relacionado à diferenciação anteroposterior do pássaro. Além disso, há uma assimetria tal qual a dos membros bilaterais individuais. Como no caso dos membros laterais, as penas correspondentes em lados opostos do corpo são imagens espelhadas uma da outra. Toda pena é como se fosse uma bandeira cujo formato e cor denotam os valores de variáveis determinantes no ponto e momento de seu crescimento.

Patas duplas supranumerárias em coleópteros

Mas, no único conjunto de casos em que se pode testar essa dedução, os fatos claramente não se encaixam na hipótese. Os casos são os de pares de apêndices supranumerários em besouros. Cerca de cem casos como esses eram conhecidos em 1894 e, destes, Bateson[6] descreve cerca da metade, ilustrando treze.

As relações formais são impressionantemente uniformes e não deixam dúvida de que um único tipo de explicação para a simetria deve valer em todos os casos.

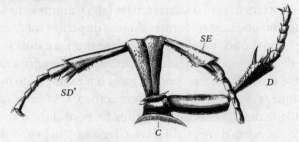

[FIGURA 1] *Carabus scheidleri*, n. 736. A pata dianteira direita (D) duplicando-se em um par de patas adicionais (SE e SD') a partir da superfície ventral da coxa (C). Vista de frente. (Propriedade do dr. Kraatz.) Extraído de William Bateson, *Materials for the Study of Variation*. London: Macmillan, 1894, p. 483.

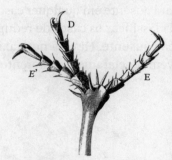

[FIGURA 2] *Pterostichus mühlfeldii*, n. 742. Representação semidiagramática da tíbia intermediária esquerda dividindo-se nos tarsos extras sobre a borda anteroventral do ápice. E: tarso normal; D: direito extra; E': tarso esquerdo extra. (Propriedade do dr. Kraatz.) Extraído de W. Bateson, *Materials for the Study of Variation*, op. cit., p. 485.

---

6 W. Bateson, *Materials for the Study of Variation*, op. cit., pp. 477–503.

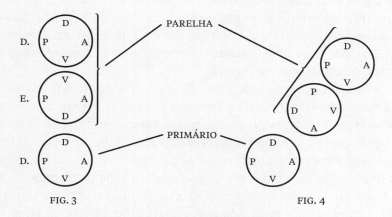

[FIGURA 3] Simetria de uma parelha na região dorsal.
[FIGURA 4] Simetria de uma parelha na região dorsoanterior.

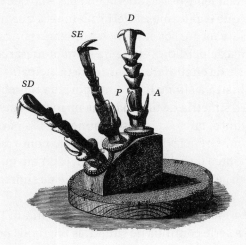

[FIGURA 5] Dispositivo mecânico para mostrar as inter-relações das patas adicionais em simetria secundária com a pata normal da qual emergem. O modelo D representa uma pata direita normal. SE e SD representam respectivamente as patas adicionais direita e esquerda do par supranumerário. A e P representam as esporas anterior e posterior da tíbia. Em cada pata, a superfície *morfologicamente anterior* é sombreada, ficando a posterior em branco. D é vista pelo ângulo ventral e SE e SD estão na posição VP. Extraído de William Bateson, *Materials for the Study of Variation*, op. cit., p. 480.

Em geral[7] uma das patas (raramente mais de uma) de um besouro é anormal ao ramificar-se em algum ponto de sua extensão. Essa ramificação é em geral uma parelha, consistindo de duas partes que podem estar fundidas no ponto de origem, mas comumente estão separadas em seus termos distais.

Distalmente, portanto, do ponto de origem da ramificação existem três componentes: uma pata principal e duas patas supranumerárias. Todas estão no mesmo plano e possuem a seguinte simetria: os dois componentes da parelha supranumerária são um par complementar (uma esquerda e outra direita) como sugerido pela regra de Bateson. Dessas duas, a pata mais próxima da pata principal é complementar a esta.

Essas relações estão representadas na Figura 3 (ver *supra* p. 387). Cada componente é mostrado em corte transversal diagramático, e suas faces dorsais, ventrais, anteriores e posteriores são indicadas pelas letras D, V, A e P, respectivamente.

O que é surpreendente nessas anormalidades – no que elas conflitam com a hipótese que explicamos anteriormente – é que não existe descontinuidade clara na qual os casos possam ser classificados segundo o tipo de informação perdida. A parelha supranumerária pode nascer de qualquer parte da circunferência da pata principal.

A Figura 3 ilustra a simetria de uma parelha na região dorsal. A Figura 4 ilustra a simetria de uma parelha na região dorso-anterior.

Parece, portanto, que os planos de simetria são paralelos a uma tangente da circunferência da pata principal no ponto de brotamento, mas, como os pontos de brotamento podem estar em qualquer ponto da circunferência, é gerada uma série *contínua* de simetrias bilaterais possíveis.

A Figura 5 é uma máquina inventada por William Bateson para demonstrar essa série contínua de simetrias bilaterais possíveis.

Se a simetria bilateral da parelha existir em razão de uma perda de informação orientadora, devemos esperar que o plano dessa simetria bilateral esteja em ângulo reto com a direção da informação perdida; em outras palavras, se a informação perdida é a dorsoventral, os membros ou parelha resultante devem conter um plano de simetria que esteja posicionado em ângulo reto em relação à linha dorsoventral. (Esse argumento pode ser explicado da seguinte forma: um gradiente em sequência linear cria uma diferença entre as duas pontas da sequên-

---

7   Ver figuras 1 e 2, p. 386.

cia. Se esse gradiente não está presente, as pontas da sequência serão semelhantes, ou seja, a sequência será simétrica em relação a um plano de simetria transverso a si próprio. Pensemos no caso do ovo de sapo. Os dois polos e o ponto de entrada do espermatozoide determinam um plano de simetria bilateral. Para conseguir a assimetria, o ovo requer informação *em ângulo reto a esse plano*, ou seja, algo que vá tornar a metade direita diferente da esquerda. Se isso é perdido, o ovo retornará à simetria bilateral original, com o plano de simetria transverso original na direção da informação perdida.)

Como observamos anteriormente, as parelhas supranumerárias podem se originar de *qualquer* face da pata principal e, portanto, é possível que ocorram todos os intermediários que se espera entre os tipos descontínuos de perda de informação. Disso decorre que, se a simetria bilateral nessas parelhas é devida à perda de informação, a informação perdida não pode ser classificada nem como anteroposterior, nem como dorsoventral, nem como proximodistal. Devemos, portanto, corrigir a hipótese.

Vamos nos ater à noção geral de informação perdida, cujo corolário é que o plano de simetria bilateral deve estar posicionado em ângulo reto em relação à direção da informação que foi perdida.

A hipótese mais simples sugere que a informação perdida era centroperiférica. (Conservo aqui o termo bipolar, em vez de "radial", por ser mais simples.)

Imaginemos, então, uma diferença centroperiférica – possivelmente um gradiente químico ou elétrico – dentro do corte transversal da pata principal; e suponhamos que a perda ou o embotamento dessa diferença em algum ponto da extensão da pata principal determine que qualquer membro ramificado produzido nesse ponto não conseguirá ser assimétrico. Daí decorrerá, naturalmente, que um membro ramificado (caso seja produzido) será bilateralmente simétrico e que seu plano de simetria bilateral estará situado em ângulo reto em relação à direção do gradiente ou diferença perdida.

Mas, claramente, uma diferença ou gradiente centroperiférico *não* é um componente principal do sistema de informação que determinou a assimetria da pata principal. Esse gradiente pode, porém, inibir a ramificação, de forma que sua perda ou embotamento resultaria na produção de um ramo supranumerário no local da perda.

A questão se torna superficialmente paradoxal: a perda de um gradiente que poderia inibir a ramificação acarreta a formação de ramificações, de forma que o ramo não consegue chegar à assimetria. Parece, portanto, que o gradiente ou diferença centroperiférica hipotética pode ter dois tipos de funções de comando: (a) inibir a ramificação; e (b) determinar a assimetria nesse ramo que só pode vir a existir caso o gradiente centroperiférico esteja ausente. Se pudermos demonstrar que esses dois tipos de funções mensageiras se justapõem ou são de algum modo sinônimas, teremos gerado uma descrição hipotética bastante econômica desses fenômenos.

Assim, ataquemos a questão: existe um caso *a priori* em que se possa esperar que a *ausência* de um gradiente que proíbe a ramificação da pata principal permita a formação de um ramo ao qual faltará a informação necessária para determinar a assimetria por um plano em ângulo reto em relação ao gradiente ausente?

A pergunta precisa ser invertida para se encaixar na qualidade invertida de toda a explicação cibernética. O conceito de "informação necessária para determinar a assimetria" torna-se, assim, "informação necessária à *proibição* da simetria bilateral".

Mas qualquer coisa que "proíba a simetria bilateral" também irá "proibir a ramificação", já que os dois componentes de uma estrutura ramificadora constituem um par simétrico (embora os componentes possam ser radialmente simétricos).

É razoável, portanto, esperar que a perda ou o embotamento de um gradiente centroperiférico que proíba a estrutura ramificadora permita a formação de um ramo que, no entanto, será ele mesmo bilateralmente simétrico em relação a um plano paralelo à circunferência do membro primário.

Enquanto isso, no membro primário, é possível que um gradiente centroperiférico, ao impedir a formação de ramos, tenha uma função de preservar uma assimetria previamente determinada.

Essas hipóteses oferecem uma possível estrutura explicativa da formação da parelha supranumerária e da simetria bilateral dentro dela. Resta ponderar sobre a orientação dos componentes dessa parelha. Segundo a regra de Bateson, o componente mais próximo à pata principal está em simetria bilateral em relação a ela. Noutras palavras, a face da pata supranumerária que estiver na direção da pata principal é a contraparte morfológica da face da periferia da pata principal da qual brotou o ramo.

A explicação mais simples, e talvez mais óbvia, dessa regularidade é que, no processo de ramificação, há o compartilhamento de estruturas morfologicamente diferenciadas entre ramo e pata principal e essas estruturas compartilhadas são, na verdade, as portadoras da informação necessária. Porém, como a informação acondicionada terá claramente propriedades muito diferentes das da informação transportada por gradientes, é aconselhável esclarecer a questão com mais detalhes.

Pense-se em um cone radialmente simétrico com base circular. Essa figura é diferenciada na dimensão axial, tal como entre o ápice e a base. Tudo o que é necessário para tornar o cone totalmente assimétrico é diferenciar, na circunferência da base, dois pontos que sejam diferentes um do outro e não estejam em posições diametralmente opostas, ou seja, a base deve conter uma diferenciação tal que nomear suas partes na ordem do sentido horário dará um resultado diferente do resultado de nomear as partes em ordem anti-horária.

Presuma-se agora que o ramo supranumerário, em virtude de sua própria origem como unidade surgida de uma matriz, apresente uma diferenciação proximodistal, e que essa diferenciação seja análoga à diferenciação na dimensão axial do cone. Para obter uma assimetria completa, é necessário apenas que o membro em desenvolvimento receba informação direcional em um arco da sua circunferência. Tal informação é clara e imediatamente disponível pelo fato de que, no ponto de ramificação, o membro secundário tem de compartilhar certa circunferência com o membro principal. Mas os pontos compartilhados que estão em ordem horária na periferia do membro principal estarão em ordem anti-horária na periferia do ramo. A informação proveniente do arco compartilhado será tal, portanto, que ela determinará tanto que o membro resultante será uma imagem espelhada do membro principal quanto que o ramo estará adequadamente voltado para o membro principal.

Agora é possível montar uma sequência hipotética de ocorrências para as reduplicações das patas dos besouros:

1. Uma pata principal desenvolve uma assimetria, derivando a informação necessária dos tecidos circundantes.

2. Essa informação, depois que tem efeito, continua a existir, transformada em diferenciação morfológica.

3. A assimetria da pata principal normal é, daí em diante, mantida por um gradiente centroperiférico que normalmente impede a ramificação.

4. Nos espécimes anormais, esse gradiente centroperiférico é perdido ou embotado – possivelmente por lesão ou trauma.

5. A partir da perda do gradiente centroperiférico, ocorre a ramificação.

6. O ramo resultante é uma parelha; sem a informação gradiente que teria determinado a assimetria, ele se torna, portanto, bilateralmente simétrico.

7. O componente da parelha que está mais próximo do membro principal fica orientado de forma que seja uma imagem espelhada do membro primário pelo compartilhamento de estruturas periféricas diferenciadas.

8. De forma semelhante, cada componente da parelha é em si assimétrico, derivando a informação necessária da morfologia das periferias compartilhadas no plano da parelha.

Com essas especulações, pretendemos exemplificar como o princípio explicativo de *perda* de informação pode ser aplicado a algumas das regularidades incluídas na regra de Bateson. Mas é perceptível que os dados sobre a simetria nas patas dos besouros foram, na verdade, superexplicados.

Duas explicações distintas – mas não mutuamente exclusivas – foram invocadas: (a) a perda da informação que deveria ter sido derivada de um gradiente centroperiférico, e (b) informação derivada da morfologia periférica compartilhada.

Por si só, nenhuma dessas explicações é suficiente para explicar os fenômenos, mas, quando combinados, os dois princípios se sobrepõem de forma que alguns detalhes do panorama completo podem ser atribuídos simultaneamente a ambos os princípios.

Essa redundância é, sem dúvida, a regra e não a exceção nos sistemas biológicos, assim como em todos os outros sistemas de organização, diferenciação e comunicação. Em todos esses sistemas, a redundância é uma fonte importante e necessária de estabilidade, previsibilidade e integração.

A redundância dentro do sistema aparecerá inevitavelmente como sobreposição entre nossas explicações do sistema. De fato, sem essa acomodação nossas explicações seriam muitas vezes insuficientes, não conseguindo explicar os fatos da integração biológica.

Pouco sabemos sobre como as vias da mudança evolucionária são influenciadas por tais redundâncias morfogenéticas e fisiológicas. Mas com certeza essas redundâncias internas devem impor características não aleatórias sobre os fenômenos da variação.[8]

---

[8] G. Bateson, "The Role of Somatic Change in Evolution". *Evolution*, v. 17, n. 4, 1962.

Membros reduplicados nos anfíbios

Neste ponto, é interessante deixar de lado a análise da reduplicação nas patas de besouros e passar para outro *corpus* de dados no qual a reduplicação costuma ocorrer e foi associado à regra de Bateson.[9] Trata-se dos dados sobre reduplicação dos membros experimentalmente transplantados de salamandras larvais.

1. Existem casos, em sua maioria transplantes heterotópicos, nos quais o cotoco de um membro enxertado se desenvolve até virar um sistema binário simples e aparentemente idêntico, em que os dois componentes estão em simetria espelhada. Há cerca de três anos, o dr. Emerson Hibbard me mostrou uma preparação surpreendente no California Institute of Technology. Nesse espécime, o membro-cotoco havia sido rotacionado 180°, de forma que o limite anterior do cotoco estava voltado para a metade posterior do animal, e havia sido implantado em uma posição dorsal mediana na região posterior à cabeça do animal. Esse transplante havia se desenvolvido até virar duas patas perfeitamente completas em relação espelhada. Esse sistema binário estava conectado à cabeça do animal somente por um fino ligamento de tecido.

Preparações como essa, em que o produto é binário e as partes iguais, certamente se parecem com o que se poderia esperar de uma simples perda de uma dimensão de informação orientadora. (Foi o espécime do dr. Hibbard que me deu a ideia de que a hipótese de informação perdida poderia ser aplicada ao material anfíbio.)

2. No entanto, afora essas instâncias de reduplicação binária idêntica, o material anfíbio não se encaixa de forma alguma em uma hipótese que explique a reduplicação como se fosse devida a uma simples perda de informação. De fato, se a regra de Bateson se restringisse a casos em que a explicação é formalmente análoga àquela que se encaixa na reduplicação das patas de besouros, então os casos dos anfíbios provavelmente não estariam sob essa rubrica.

As limitações de uma hipótese são, porém, tão importantes quanto suas aplicações e, portanto, devo resumir aqui os dados altamente complexos sobre os transplantes ortotópicos.

Um paradigma esquemático bastará: se o cotoco de membro direito anterior for extirpado, girado 180° e reimplantado no local, ele crescerá

---

9 R. G. Harrison, "On Relations of Symmetry in Transplanted Limbs", op. cit.; ver também F. H. Swett, "On The Production of Double Limbs in Amphibians". *Journal of Experimental Zoology*, v. 44, n. 1, 1926.

e virará um membro *esquerdo*. Mas esse membro principal pode, em seguida, formar cotocos de membro secundários em sua base, em geral ou imediatamente anterior ou posterior ao ponto da inserção. O membro secundário será uma imagem espelhada do membro primário e, depois pode até mesmo desenvolver um membro terciário que geralmente será formado do lado exterior do membro secundário, isto é, no lado do membro secundário que estiver mais longe do membro principal.

A formação do membro principal esquerdo no lado direito do corpo é explicada[10] pela suposição de que a orientação anteroposterior é recebida pelo cotoco de membro antes da informação dorsoventral e que, uma vez recebida, essa informação anteroposterior é irreversível. Supõe-se que o enxerto já é determinado anteroposteriormente no momento do enxerto, mas que depois recebe informação dorsoventral dos tecidos com os quais está em contato. O resultado é um membro cuja orientação anteroposterior está correta para sua nova localização, mas cuja orientação anteroposterior está invertida. Presume-se tacitamente que a orientação proximodistal do cotoco não sofre interferência. O resultado é um membro que fica invertido com relação a *um* de seus três tipos de assimetria. Esse membro tem logicamente de ser esquerdo.

Essa explicação eu aceito. Agora passo a refletir sobre as reduplicações.

Estas diferem em quatro importantes aspectos das reduplicações em patas de besouros de que tratamos anteriormente:

a) Nos besouros, em geral a reduplicação é igual. As duas metades da parelha supranumerária têm tamanhos iguais e, em geral, mais ou menos o mesmo tamanho das partes correspondentes da pata principal. Essas diferenças, como de fato aparecem nos três componentes, são tais que se pode esperar que resultem de diferenças tróficas. Mas, nas salamandras larvais, há grandes diferenças de tamanho entre os componentes do sistema reduplicado, e parece que essas diferenças são determinadas pelo *tempo*. As partes secundárias são menores que as partes primárias porque são produzidas mais tarde e, de forma semelhante, as raras partes terciárias são mais tardias e menores do que as secundárias. Esse espaçamento temporal entre os acontecimentos indica claramente que o membro principal recebeu toda a informação necessária para determinar sua própria assimetria. De fato, ele recebeu informação "errada" e, ao crescer, virou uma pata esquerda no lado

---

10   Frank Howard Swett, "On The Production of Double Limbs in Amphibians", op. cit.; ver também R. G. Harrison, "On Relations of Symmetry in Transplanted Limbs", op. cit.

direito do corpo, mas não sofreu uma deficiência de informação tal que imediatamente o fizesse deixar de ter assimetria. A reduplicação não pode simplesmente ser atribuída à perda de informação orientadora no membro principal.

b) As reduplicações das patas de besouros podem ocorrer em qualquer ponto do comprimento da pata. Mas as das larvas anfíbias surgem, em geral, na região de inserção do membro no corpo. Não há nem sequer a certeza de que os membros secundários sempre compartilhem tecidos com os membros principais.

c) No caso dos besouros, as parelhas supranumerárias formam uma série contínua, brotando de qualquer parte da periferia da pata principal. Em contraste, a reduplicação de membros nas larvas anfíbias localiza-se ou anterior ou posteriormente à principal.

d) Nos besouros, está claro que os dois componentes supranumerários formam uma unidade só. Em muitos casos, chega a haver combinação entre os dois componentes (como na Figura 1). Em nenhum caso,[11] o componente da parelha que está mais próximo do principal combinou-se a este, em vez de combinar-se com o componente supranumerário. Nas preparações anfíbias, por outro lado, não está claro que o secundário e terciário formem uma subunidade. A relação entre o terciário e o secundário não parece mais próxima do que a relação entre o secundário e o primário. Sobretudo, a relação é assimétrica na dimensão temporal.

Essas profundas diferenças formais entre os dois *corpora* de dados indicam que as explicações para os dados anfíbios devem ser de outra ordem. Parece que os processos não estão localizados na haste do membro, e sim em sua base e nos tecidos que a circundam. Arriscamos dizer que o membro principal de certo modo propõe a formação posterior de um secundário por meio da inversão de uma informação de gradiente, e que o secundário propõe, da mesma forma, um terciário invertido. Há modelos disponíveis para esses sistemas na teoria cibernética nas estruturas de circuitos que propõem paradoxos russellianos.[12] Seria prematuro tentar construir um modelo semelhante no momento atual.

---

11 W. Bateson descreve e apresenta uma exceção ambígua a essa afirmativa em *Materials for the Study of Variation*, op. cit., p. 507. Trata-se da reduplicação do tarso traseiro esquerdo do *Platycerus caraboides*.

12 Ver *supra* "Requisitos mínimos para uma teoria da esquizofrenia", p. 256.

Resumo

Este ensaio sobre a simetria dos apêndices laterais reduplicados parte de um princípio explicativo, a saber, o de que qualquer etapa de diferenciação ontogenética que reduza a simetria de um órgão (ou seja, de simetria radial para bilateral, ou de simetria bilateral para assimetria) requer informação orientadora adicional. A partir desse princípio argumenta-se que um apêndice lateral normalmente orientado, na *falta* de uma unidade de informação orientadora, conseguirá obter apenas a simetria bilateral, quer dizer: em vez de um apêndice assimétrico normal, o resultado será uma parelha bilateralmente simétrica.

Para examinar esse princípio explicativo, o autor tentou construir uma hipótese para explicar a regra de Bateson, conforme essa regularidade é exemplificada pelas raras patas duplas supranumerárias dos coleópteros. Na construção dessa hipótese, presumiu-se que a informação orientadora morfogenética pode passar pela conversão de um tipo de codificação para outro, e que cada conversão ou código está sujeita a limitações características:

a) A informação pode estar encerrada em *gradientes* (talvez bioquímicos). Nessa codificação, a informação pode ser difundida a partir de tecidos adjacentes e fornecer os primeiros determinantes da assimetria no apêndice em desenvolvimento. Sugere-se que a informação assim codificada é disponível apenas brevemente e que, uma vez que a assimetria do membro é estabelecida, a informação continua existindo, mas transformada em morfologia.

b) Sugere-se que a informação codificada como diferença morfológica é essencialmente estática. Ela não pode ser difundida para tecidos adjacentes e não pode inibir a ramificação. Todavia, ela pode ser utilizada por um ramo que, na ocasião de seu brotamento, compartilha um tecido com o membro principal do qual brota. Nesse caso, a informação passada adiante pelo método da periferia compartilhada será necessariamente invertida: se o membro principal for um direito, a ramificação será um esquerdo.

c) Sendo a informação morfológica (diz a hipótese) incapaz de inibir a ramificação, a assimetria de um membro principal em crescimento deve ser preservada por um gradiente centroperiférico – que não é em si um fator determinante dessa assimetria.

d) Sugere-se que a *perda* desse gradiente centroperiférico pode ter dois efeitos: o de permitir a ramificação e o de privar o ramo resultante de uma dimensão de informação necessariamente orientadora;

de forma que o ramo só pode ser uma unidade bilateralmente simétrica com um plano de simetria em ângulo reto em relação ao gradiente centroperiférico perdido.

Também examinamos os dados sobre a reduplicação em cotocos de membros de anfíbios experimentalmente transplantados. Argumenta-se que esses dados não podem ser explicados pela simples perda de informação orientadora. Sugere-se que o esperado é a simples perda resultar em simetria bilateral igual e síncrona. As reduplicações anfíbias são, em geral, desiguais e sucessivas. Em alguns poucos casos, ocorre reduplicação síncrona e igual nos experimentos anfíbios, especialmente em implantes heterotópicos. Tais casos podem, talvez, ser atribuídos a simples perda de informação orientadora.

Pós-escrito (1971)

Compare-se a simetria bilateral na parelha supranumerária da pata do besouro com a simetria bilateral da ervilha-de-cheiro ou da flor da orquídea. Tanto na planta como no animal, a unidade bilateralmente simétrica brota de um ponto de ramificação.

Na planta, a morfologia da forquilha *fornece* informação que permite à flor não ser radialmente, mas bilateralmente simétrica, ou seja, essa informação diferenciará o padrão "dorsal" do lábio ventral da flor.

Na parelha da pata do besouro, o plano de simetria bilateral é ortogonal ao da flor.

Podemos dizer que a informação que a pata do besouro perdeu é precisamente a informação que a planta cria pelo ato de se ramificar.

Comentário

Os trabalhos reunidos nesta parte são bem diferentes entre si na medida em que, se cada trabalho é um ramo do tronco argumentativo principal deste livro, esses ramos brotam de locais muito diferentes. "O papel da mudança somática na evolução" é uma ampliação dos pensamentos por trás de "Requisitos mínimos para uma teoria da esquizofrenia", e "Problemas na comunicação de cetáceos e outros mamíferos" é uma aplicação de "As categorias lógicas da aprendizagem e da comunicação" a um tipo específico de animal.

"Reexaminando a 'regra de Bateson'" pode parecer inovador, mas está relacionado ao restante do livro na medida em que estende a noção de controle informacional ao campo da morfogênese e, por discutir o que acontece na *ausência* de informação necessária, enfatiza a importância do contexto *dentro* do qual a informação é recebida.

Samuel Butler, com sua perspicácia ímpar, certa vez comentou a analogia entre os sonhos e a partenogênese. Podemos dizer que as monstruosas patas duplas dos besouros se incluem nessa analogia: elas são a projeção do contexto receptivo destituído de informação que deveria ter vindo de uma fonte externa.

O material da mensagem ou informação sai de um contexto para entrar em outro. Em outras partes deste livro, o foco é o contexto do qual a informação *sai*. Aqui, o foco é o estado interno do organismo como contexto no qual a informação *entrará* e será recebida.

É claro que nenhum desses focos basta, por si só, para compreendermos os animais ou os homens. Mas talvez não seja por acaso que, nos trabalhos que tratam de organismos não humanos, o "contexto" discutido é o oposto ou o complemento do "contexto" ao qual dediquei atenção em outras partes deste livro.

Pensemos no caso do ovo de sapo não fecundado no qual o ponto de entrada do espermatozoide define o plano da simetria bilateral do futuro embrião. A espetadela de um pelo de camelo pode substituir o espermatozoide e passar a mesma mensagem. Por esse fato, parece-nos que o contexto externo do qual provém a mensagem é relativamente indefinido. Apenas pelo ponto de entrada, o ovo aprende muito pouco sobre o mundo exterior. Mas o contexto interno no qual a mensagem penetra deve ser incrivelmente complexo.

O ovo não fecundado, portanto, encarna uma *questão imanente* ao qual o ponto de entrada do espermatozoide fornece uma resposta; e essa forma de descrever a questão é o contrário ou o inverso da visão convencional, que veria o contexto externo da aprendizagem como uma "pergunta" à qual o comportamento "correto" do organismo seria uma resposta.

Podemos até mesmo começar a listar alguns dos componentes da questão imanente. Primeiro, há os polos já existentes do ovo e, necessariamente, uma polarização do protoplasma interveniente em relação a esses polos. Sem essas condições estruturais para o recebimento da espetadela do espermatozoide, essa mensagem não poderia ter significado nenhum. A mensagem precisa entrar em uma *estrutura* adequada.

Mas somente a estrutura não basta. Parece provável que qualquer meridiano do ovo de sapo pode potencialmente se tornar o plano de simetria bilateral e que, nisso, todos os meridianos são iguais. Decorre disso que não existe, nesse aspecto, nenhuma diferença estrutural entre eles. Mas todos os meridianos precisam estar *prontos* para receber a mensagem de ativação, sendo essa "prontidão" direcionada pela estrutura, mas não restringida por ela. A prontidão, na verdade, é precisamente a *não estrutura*. Se e quando o espermatozoide entrega sua mensagem, uma nova estrutura é gerada.

Nos termos da economia da flexibilidade, discutida em "O papel da mudança somática na evolução" e em "Ecologia e flexibilidade na civilização urbana" (Parte VI, p. 512), essa "prontidão" é um *potencial irrestrito de mudança* e, aqui, observamos que esse potencial irrestrito não só existe sempre em quantidade finita, como deve estar adequadamente localizado em uma matriz estrutural, que também deve existir sempre em quantidade finita em qualquer momento que a observemos.

Tais considerações naturalmente nos levam à Parte V, que intitulei "Epistemologia e ecologia". Talvez "epistemologia" seja apenas outra palavra para estudo da ecologia da mente.

PARTE V

Epistemologia e ecologia

A explicação cibernética

Pode ser de grande valia descrever certas particularidades da explicação cibernética.[1]

A explicação causal geralmente é positiva. Dizemos que a bola de bilhar B moveu-se de tal maneira porque a bola de bilhar A bateu nela em tal ângulo. Em contraste, a explicação cibernética é sempre negativa. Consideramos quais outras possibilidades poderiam ter ocorrido e então nos perguntamos por que muitas dessas alternativas não foram adiante, de modo que a ocorrência em questão era uma das poucas que poderia, na verdade, acontecer. O exemplo clássico desse tipo de explicação é a teoria da evolução por seleção natural. Segundo essa teoria, organismos que não eram viáveis fisiológica e ambientalmente não poderiam de modo algum viver o suficiente para se reproduzir. Portanto, a evolução sempre seguiu o caminho da viabilidade. Como assinalou Lewis Carroll, a teoria explica de forma bastante satisfatória por que não existem borboleteigas.[2]

Em linguagem cibernética, diz-se que o fluxo dos acontecimentos está sujeito a *restrições* e presume-se que, fora dessas restrições, as mudanças seriam governadas apenas por uma igualdade de probabilidades. Na verdade, as "restrições" das quais depende a explicação cibernética podem ser vistas, em todos os casos, como fatores que determinam a desigualdade das probabilidades. Caso vejamos um macaco batendo à máquina de forma aparentemente aleatória, mas na verdade escrevendo uma prosa com sentido, devemos buscar restrições que estão dentro do macaco ou dentro da máquina de escrever. Talvez o macaco seja incapaz de datilografar errado; ou talvez a barra de tipo não se mexa se for acionada de maneira inadequada; ou talvez as letras incorretas não sobrevivam na superfície do papel. Em algum lugar deve haver um circuito capaz de identificar o erro e eliminá-lo.

Idealmente – e comumente – o evento real em qualquer sequência ou agregado é determinado exclusivamente de acordo com os termos da explicação cibernética. Restrições de diversos tipos podem se combinar

---

1   Artigo publicado originalmente em *American Behavioral Scientist*, v. 10, n. 8, 1967.

2   "Bread-and-butter-flies", no original. [N. T.]

para gerar essa determinação específica. Por exemplo, a seleção de uma peça que se encaixe em determinada posição num quebra-cabeça é "restringida" por diversos fatores. Seu formato deve ser adequado aos das diversas peças adjacentes e, possivelmente, às bordas do quebra-cabeça; sua cor precisa se encaixar no padrão de cores das outras peças; a orientação de suas bordas deve obedecer às regularidades topológicas estipuladas pela máquina de corte com a qual foi fabricado o quebra-cabeça; e assim por diante. Do ponto de vista de quem está tentando resolver o quebra-cabeça, tudo isso são pistas, ou seja, unidades de informação que vão orientar a seleção das peças. Do ponto de vista do observador cibernético, são *restrições*.

De forma similar, do ponto de vista cibernético, uma palavra em uma oração, ou uma letra em uma palavra, ou a anatomia de uma parte interna de um organismo, ou o papel de uma espécie em um ecossistema, ou o comportamento de uma pessoa dentro de uma família – tudo isso é (negativamente) explicado pela análise das restrições.

A forma negativa dessas explicações é exatamente comparável à forma da prova lógica por *reductio ad absurdum*. Nesse tipo de prova, enumera-se um conjunto suficiente de proposições alternativas mutuamente excludentes, por exemplo, "P" e "não P", e o processo de comprovação passa pela demonstração de que todos os elementos desse conjunto, menos um, são indefensáveis ou "absurdos". Decorre daí que o elemento que resta no conjunto deve ser defensável de acordo com os termos do sistema lógico. Trata-se de uma forma de prova que às vezes os não matemáticos acham não convincente e, sem dúvida, às vezes a teoria da seleção natural parece pouco convincente para não matemáticos por motivos semelhantes – quaisquer que sejam esses motivos.

Outra tática de prova matemática que tem contraparte na construção de explicações cibernéticas é o uso de "mapeamento" ou metáfora rigorosa. Uma proposição algébrica pode, por exemplo, ser mapeada num sistema de coordenadas geométricas e então comprovada por métodos geométricos. Em cibernética, o mapeamento aparece como uma técnica de explicação sempre que um "modelo" conceitual é invocado ou, mais concretamente, quando um computador é utilizado para simular um processo comunicacional complexo. Mas esse não é o único caso em que o mapeamento aparece nessa ciência. Os processos formais de mapeamento, tradução ou transformação são, em princípio, imputados a *todas* as etapas de qualquer sequência de fenômenos que o cientista cibernético esteja tentando explicar. Esses *mapeamentos* ou conversões podem ser altamente complexos, por exemplo, quando a saída de uma máquina é vista como uma conversão da entrada; ou podem ser muito simples, por exemplo, quando a rotação de um eixo em determinado ponto de sua extensão é vista como uma conversão (ainda que idêntica) de sua rotação em algum ponto anterior.

As relações que permanecem constantes após tais conversões podem ser de qualquer tipo imaginável.

Esse paralelo entre a explicação cibernética e as táticas de comprovação lógica ou matemática possui interesse mais do que trivial. Fora da cibernética, procuramos uma explicação, mas nada que simule uma prova lógica. Essa simulação de prova é algo novo. Mas podemos dizer, com a sabedoria do retrospecto, que a explicação pela simulação de provas lógicas ou matemáticas já era esperada. Afinal, o tema principal da cibernética não são eventos nem objetos, e sim a *informação* "transportada" por ocorrências e objetos. Consideramos que os objetos ou eventos são somente fatos propositivos, proposições, mensagens, percepções e afins. Sendo o tema proposicional, era esperado que a explicação simulasse o lógico.

Os ciberneticistas se especializaram naquelas explicações que simulam o *reductio ad absurdum* e o "mapeamento". Talvez existam domínios inteiros de explicação à espera de serem descobertos por um matemático que reconheça, nos aspectos informacionais da natureza, sequências que simulem outros tipos de prova.

Como o tema principal da cibernética é o aspecto proposicional ou informacional dos eventos e objetos no mundo natural, essa ciência é obrigada a seguir procedimentos bem diferentes daqueles das demais ciências. Por exemplo, a diferenciação entre mapa e território, que os semanticistas insistem que os cientistas devem respeitar ao escrever, precisa ser observada, no caso da cibernética, nos próprios fenômenos sobre os quais o cientista está escrevendo. Como é esperado, organismos que se comunicam e computadores que são mal programados confundirão mapa com território; e a linguagem do cientista deve ser capaz de lidar com tais anomalias. Nos sistemas comportamentais humanos, especialmente na religião e no ritual, e onde mais o processo primário dominar a cena, o nome muitas vezes *é* a coisa nomeada. O pão *é* o Corpo, e o vinho *é* o Sangue.

De forma similar, toda a questão da indução e da dedução – e nossas preferências doutrinárias por uma ou outra – assumirá um novo significado quando reconhecermos etapas indutivas e dedutivas não apenas em nossos argumentos, mas também nas relações entre os dados.

De especial interesse, nesse ponto, é a relação entre *contexto* e seu conteúdo. Um fonema existe como tal apenas combinado a outros fonemas que formam uma palavra. A palavra é o *contexto* do fonema. Mas a palavra só existe como tal – só tem "significado" – no contexto maior de uma declaração, que também só tem significado dentro de uma relação.

Essa hierarquia de contextos dentro de contextos é universal sob o aspecto comunicacional (ou "êmico") dos fenômenos e leva o cientista a sempre buscar a explicação em unidades cada vez maiores. Talvez seja verdade que na física a explicação do macroscópico deve ser buscada no microscópico. Geralmente o contrário é verdadeiro na cibernética: sem contexto, não existe comunicação.

De acordo com o caráter negativo da explicação cibernética, a "informação" é quantificada em termos negativos. Um evento ou objeto como a letra K em determinada posição no texto de uma mensagem *poderia* ter sido qualquer outro elemento do conjunto limitado de 26 letras da língua inglesa. A presença confirmada da letra exclui (ou seja, elimina por restrição) 25 alternativas. Em comparação com uma letra do alfabeto, um ideograma chinês excluiria muitos milhares de alternativas. Dizemos, portanto, que o ideograma chinês contém mais informação do que a letra. A quantidade de informação é convencionalmente expressa por log de base 2 da improbabilidade do evento ou do objeto real.

Sendo a probabilidade uma razão entre quantidades que têm dimensões semelhantes, ela tem em si zero dimensões. Ou seja, a quantidade explanatória central, a informação, tem zero dimensões. Quantidades com dimensões reais (massa, comprimento, tempo) e suas derivadas (força, energia etc.) não têm lugar na explicação cibernética.

O status da energia é de especial interesse. Em geral, em sistemas comunicacionais, lidamos com sequências que se assemelham mais a estímulo/resposta do que causa/efeito. Quando uma bola de bilhar bate em outra, há uma transferência de energia tal que o movimento da segunda bola é induzido pelo impacto da primeira. Em sistemas comunicacionais, por outro lado, a energia da resposta costuma ser fornecida pelo respondente. Se eu chutar um cachorro, seu comportamento imediato será induzido por seu metabolismo, não por meu chute. Da mesma forma, quando um neurônio dispara sinais para outro, ou o impulso de um microfone ativa um circuito, o evento subsequente tem suas próprias fontes de energia.

É claro que tudo isso está dentro dos limites definidos pela lei da conservação de energia. O metabolismo do cachorro pode, no fim das contas, limitar sua reação, mas, em geral, nos sistemas com que estamos lidando, as reservas de energia são grandes, se comparados com as exigências por eles atendidas; e, muito antes que essas reservas se esgotem, limitações de "economia" são impostas pelo número finito de alternativas disponíveis, ou seja, existe uma economia de probabilidades. Essa economia difere de uma economia de energia ou de dinheiro no sentido de que a probabilidade – por ser uma razão – não é passível de adição ou subtração, mas apenas de processos multiplicativos, tais como o fracionamento. Uma central telefônica em emergência pode ficar "congestionada" quando grande parte de suas vias alternativas está ocupada. Nesse caso, há pouca probabilidade de qualquer mensagem chegue ao seu destino.

Além das restrições devidas à economia limitada das alternativas, duas outras categorias de restrições devem ser consideradas: as restrições relacionadas à "retroalimentação" e as restrições relacionadas à "redundância".

Primeiro, vamos pensar no conceito de retroalimentação.

Quando os fenômenos do universo são vistos como coligados por causa e efeito e transferência energética, o quadro resultante são cadeias de causa e efeito complexamente ramificadas e interconectadas. Em certas regiões deste universo (em especial organismos em ambientes, ecossistemas, termostatos, motores a vapor com reguladores, sociedades, computadores e afins), essas cadeias de causalidade formam circuitos *fechados* no sentido de que a interconexão causal pode ser rastreada por todo o circuito e voltar a qualquer posição que tenha sido (arbitrariamente) escolhida como ponto de partida. Nesse tipo de circuito, evidentemente, espera-se que os eventos de qualquer posição no circuito tenham efeito em *todas* as posições em um momento posterior.

Esses sistemas, porém, são sempre *abertos*: (a) no sentido de que o circuito é induzido por uma fonte externa e perde energia, geralmente na forma de calor, para o ambiente externo; e (b) no sentido de que os eventos que ocorrem dentro do circuito podem ser influenciados de fora ou podem influenciar eventos fora dele.

Uma parte muito grande e importante da teoria cibernética trata das características formais desses circuitos causais e das condições de sua estabilidade. Aqui considerarei esses sistemas somente como fontes de *restrição*.

Pense-se em uma variável em qualquer posição no circuito e suponha-se que essa variável esteja sujeita a mudanças aleatórias de valor (uma mudança que talvez seja imposta por impacto de um evento externo ao circuito). Agora vamos nos perguntar como essa mudança afetará o valor dessa variável em um momento posterior, quando a sequência de efeitos já deu a volta completa no circuito. Claramente a resposta a essa última pergunta vai depender das características do circuito e, portanto, será *não aleatória*.

Em princípio, portanto, um circuito causal gerará uma reação não aleatória a um evento aleatório *na mesma posição do circuito em que se deu o evento aleatório.*

Esse é o requisito geral para a criação de restrição cibernética em qualquer variável em qualquer posição dada. A restrição específica criada em qualquer instância dada dependerá, é claro, das características do circuito específico – seja seu ganho geral positivo ou negativo, e sejam quais forem suas características, seus limites de atividade etc. Juntos, todos determinarão as restrições que ele exercerá em qualquer posição dada.

Para fins de explicação cibernética, quando se observa que uma máquina está (improvavelmente) em marcha constante, mesmo sob uma carga variável, devemos buscar as restrições – por exemplo, para um circuito que seja ativado por mudanças de marcha e, quando ativado, opere de acordo com uma variável (por exemplo, a reserva de combustível) de forma a diminuir a mudança de marcha.

Quando se observa que um macaco (improvavelmente) está datilografando uma prosa, devemos procurar um circuito que seja ativado toda vez que ele comete um "erro" e, quando ativado, apague esse erro na posição em que ele ocorreu.

O método cibernético de explicação negativa suscita a seguinte pergunta: existe diferença entre "estar certo" e "não estar errado"? Devemos dizer que o rato em um labirinto "aprendeu o caminho certo" ou devemos dizer apenas que ele aprendeu a "evitar os caminhos errados"?

Subjetivamente, creio que sei escrever corretamente um grande número de palavras e, certamente, não tenho consciência de rejeitar a letra K enquanto opção insatisfatória quando estou escrevendo a palavra "muitos". Ainda assim, na explicação cibernética de primeiro nível, devo ser considerado alguém que rejeita ativamente a letra K quando escreve "muitos".

A pergunta não é trivial e a resposta é tão sutil quanto fundamental: *as escolhas não são todas no mesmo nível.* Em determinado contexto, posso ter de evitar erros na escolha da palavra "muitos" rejeitando as alternativas "poucos", "vários", "frequentes" etc. Mas se eu puder fazer essa escolha de nível superior partindo de uma base negativa, decorre daí que a palavra "muitos" e suas alternativas devem ser de alguma forma concebíveis para mim – devem existir como padrões distinguíveis e possivelmente etiquetados ou codificados nos meus processos neurais. Se existem em algum sentido, decorre daí que, depois de fazer a escolha de nível superior de qual palavra devo utilizar, eu não serei confrontado necessariamente com alternativas de nível inferior. Pode ser desnecessário para mim excluir a letra K da palavra "muitos". Será correto dizer que sei positivamente como escrever corretamente a palavra "muitos"; não simplesmente que sei como evitar erros quando escrevo essa palavra.

Disso decorre que a piada de Lewis Carroll sobre a teoria da seleção natural não é inteiramente convincente. Se nos processos comunicacionais e organizacionais da evolução biológica existirem *níveis* – itens, padrões e possivelmente padrões de padrões –, então é logicamente possível que o sistema evolucionário faça escolhas positivas. Podemos conceber que esses níveis e padronizações existam nos genes, entre eles ou em outra parte qualquer.

O circuito do macaco que citamos teria de ser capaz de reconhecer os desvios da "prosa", e a prosa é caracterizada por padrões ou – como diriam os engenheiros – por redundâncias.

A ocorrência da letra K em determinado ponto de uma mensagem em prosa inglesa não é um evento puramente aleatório no sentido de que houve sempre uma probabilidade igual de que qualquer uma das 25 letras do alfabeto possa ocorrer naquele ponto. Algumas letras são mais comuns em inglês do que outras e certas combinações de letras são mais comuns do que outras. Existe, portanto, uma espécie de padronização que determina parcialmente quais letras devem ocorrer em quais posições. Resultado: se o receptor da mensagem recebesse todo o resto da mensagem, mas não recebesse a letra K em particular da qual estamos falando, ele seria capaz de adivinhar, com probabilidade de êxito superior à de uma tentativa aleatória, que a letra que faltava era, afinal, o K. Sendo esse o caso, a letra K não exclui as outras 25 letras para esse receptor, porque elas já são parcialmente excluídas pela informação que o recipiente recebeu do resto da mensagem. Essa padronização ou previsibilidade de eventos específicos dentro de um agregado de eventos mais amplo é chamado tecnicamente de "redundância".

O conceito de redundância é geralmente derivado, como eu mesmo o derivei, considerando-se primeiramente o máximo de informação que poderia ser transportada pelo elemento em questão e, em seguida, considerando-se como esse total pode ser reduzido por meio do conhecimento dos padrões adjacentes dos quais faz parte o elemento em questão. Há, porém, um caso em que se deve olhar a questão por outro lado. Podemos ver a padronização ou a previsibilidade como a própria essência e *raison d'être* da comunicação e a letra única não acompanhada de indícios colaterais como um caso particular e especial.

A ideia de que a comunicação é a criação de redundância ou de padronização pode ser aplicada aos exemplos mais simples da engenharia. Pense-se em um *observador* vendo A enviar uma mensagem a B. O objetivo da transação (do ponto de vista de A e de B) é criar, no bloco de notas de B, uma sequência de letras idêntica à que foi criada antes no bloco de notas de A. Mas, do ponto de vista do observador, isso é criação de redundância. Se ele viu o que tinha no bloco de notas de A, ele não terá nenhuma informação nova sobre a mensagem em si ao inspecionar o bloco de notas de B.

Evidentemente, a natureza de "significado", padrão, redundância, informação e afins depende de onde estamos. Na discussão usual de engenheiros sobre uma mensagem enviada de A para B, é costume omitir o observador e dizer que B recebeu de A informações mensuráveis em termos de número de letras transmitidas, reduzido por uma redundância no texto que pode permitir a B arriscar palpites. Porém, em um universo mais amplo, ou seja, naquele definido pelo ponto de vista do observador, isso não aparece mais como "transmissão" de informação e sim como disseminação de redundância. As atividades de A e B se combinam para tornar o universo do observador mais previsível, mais organizado e mais redundante. Podemos dizer que as regras do "jogo" jogado por A e B explicam (enquanto "restrições") o que, de outro modo, seria uma coincidência enigmática e improvável no universo do observador – a saber, a conformidade entre o que está escrito no bloco de notas de A e o que está escrito no bloco de notas de B.

Fazer um palpite é, essencialmente, deparar-se com um corte ou barra separadora na sequência de elementos e prever quais elementos poderiam estar do outro lado. A barra separadora pode ser espacial ou temporal (ou ambos) e o palpite pode ser preditivo ou retrospectivo. Um padrão, na verdade, pode ser definido como um agregado de eventos ou objetos que em certo grau permitirá esses palpites quando o agregado completo não está disponível para inspeção.

Mas esse tipo de padronização também é um fenômeno muito disseminado fora da comunicação *entre* organismos. A recepção de material de mensagem por *um* organismo não é fundamentalmente diferente de qualquer outro caso de percepção. Se eu vejo a copa de uma árvore, posso prever – com probabilidade de êxito superior à de uma tentativa aleatória – que a árvore possui raízes sob o solo. A percepção da copa da árvore redunda em (ou seja, contém "informação" sobre) partes do sistema que eu não consigo ver em razão da barra separadora que é a opacidade do solo.

Se dissermos que uma mensagem tem "sentido" ou fala "a respeito" de um referente, o que queremos dizer é que há um universo de relevância mais amplo que consiste em mensagem mais referente e que a redundância, padrão ou previsibilidade são introduzidos nesse universo pela mensagem.

Se eu digo: "Está chovendo", essa mensagem insere redundância no universo (mensagem mais gotas de água), de forma que a partir da mensagem isolada seria possível adivinhar – com probabilidade de êxito superior à de uma tentativa aleatória – parte de algo que seria visto olhando-se pela janela. O universo (mensagem mais referente) recebe forma e padrão – no sentido shakespeariano, o universo é *informado* [*informed*] pela mensagem – e a "forma" da qual estamos falando não está na mensagem nem no referente. É uma correspondência entre mensagem e referente.

Em conversas descompromissadas, localizar a informação parece simples. A letra K em determinada posição sugere que a letra naquela posição específica é um K. E, desde que a informação seja muito direta, ela pode ser "localizada": a informação sobre a letra K está aparentemente naquela posição.

A questão é menos simples se o texto da mensagem é redundante, mas, se tivermos sorte e a redundância for de uma ordem baixa, ainda podemos assinalar partes do texto que indicam (comportam uma parte da informação) que se pode esperar que a letra K esteja naquela posição específica.

Mas caso nos perguntem onde estão os elementos de informação que dizem que: (a) "Esta mensagem está em inglês"; e (b) "Em inglês, uma letra K geralmente acompanha uma letra C, exceto quando o C principia uma palavra"; só podemos responder que essa informação *não* está localizada em nenhum lugar do texto, pois se trata de uma indução estatística a partir do texto todo (ou talvez de um agregado de textos "semelhantes"). Isso é metainformação e de uma ordem basicamente diferente – de um tipo lógico diferente – da informação de que "a letra nessa posição é K".

Essa questão da localização da informação vem atormentando a teoria da comunicação e especialmente a neurofisiologia há muitos anos e é interessante, portanto, pensar com que a questão se parece quando partimos da redundância, do padrão ou da forma como conceito básico.

É bastante óbvio que nenhuma variável de dimensão zero pode ser de fato localizada. "Informação" e "forma" são análogas a contraste, frequência, simetria, correspondência, congruência, conformidade e afins por serem de dimensão zero e, portanto, não serem encontráveis. O contraste entre esse papel branco e aquele café preto não está em algum lugar entre o papel e o café e, mesmo que o papel e o café sejam justapostos, o contraste não está localizado nem espremido entre eles. Tampouco entre os dois objetos e meu olho. Nem em minha cabeça; ou, se está, também está na cabeça do leitor. Mas você, leitor, não viu nem o papel nem o café aos quais eu me referia. Possuo em minha cabeça uma imagem ou conversão ou nome do contraste entre eles; e você tem em sua cabeça uma conversão daquilo que tenho na minha. Mas a conformidade entre nós não é localizável. Na verdade, informação e forma não são elementos que possam ser localizados.

É possível, portanto, começar (mas talvez não terminar) uma espécie de mapeamento de relações formais dentro de um sistema que contém redundância. Pense-se em um agregado finito de objetos ou eventos (digamos, uma sequência de letras ou uma árvore) e um observador que já esteja informado de todas as regras de redundância que são reconhecíveis (ou seja, que possuem significado estatístico) dentro desse agregado. É possível, então, delimitar regiões do agregado dentro das quais o observador pode fazer palpites com probabilidade de êxito superior à de uma tentativa aleatória. Mais um passo é dado em direção à localização quando essas regiões são atravessadas por barras, possibilitando que o observador educado faça seus palpites transversalmente, ou seja, tentar adivinhar o que está do lado de lá da barra a partir do que está do lado de cá.

Entretanto, esse mapeamento da distribuição dos padrões é, em princípio, incompleto, porque não levamos em conta as fontes de conhecimento prévio do observador sobre as regras de redundância. Mas se considerarmos um observador que não tenha *nenhum* conhecimento prévio, está claro que ele pode descobrir algumas regras relevantes a partir da percepção de *menos* do que o agregado inteiro. Ele poderia usar essa descoberta na previsão de *regras* para o restante do agregado – regras essas que são corretas, embora não estejam codificadas. Ele pode descobrir que "o H muitas vezes acompanha o T", embora o restante do agregado não contenha nenhum exemplo dessa combinação. Para essa ordem de fenômeno, será necessária uma ordem diferente de barra separadora – uma metabarra.

É interessante observar que as metabarras que delimitam aquilo que é necessário ao observador ingênuo para descobrir uma regra são, em princípio, deslocadas em relação às barras que apareceriam no mapa confeccionado para um observador completamente informado das regras de redundância desse agregado. (Esse princípio é de certa importância na estética. Para o olhar do esteta, a forma de um caranguejo com uma garra maior do que a outra não é uma simples assimétrica. Ela sugere primeiro uma regra de simetria e depois sutilmente a denega, propondo uma combinação de regras mais complexa.)

Quando excluímos todas as coisas e todas as dimensões reais de nosso sistema explicativo, o que nos resta é enxergar cada etapa de uma sequência comunicacional como uma *conversão* da etapa anterior. Se considerarmos a passagem de um impulso por um axônio, veremos os eventos que ocorrem em cada ponto do trajeto como uma conversão (embora idêntica ou semelhante) das ocorrências de qualquer ponto anterior. Ou se pensarmos em uma série de neurônios disparando sinais, o disparo de cada neurônio é uma conversão do disparo do anterior. Tratamos de sequências de eventos que não necessariamente implicam passagem adiante da mesma energia.

De forma semelhante, podemos pensar em qualquer rede de neurônios e secionar aleatoriamente toda a rede em uma série de posições diferentes e, a partir daí, enxergar os eventos de cada seção transversal como uma conversão dos eventos de uma seção transversal anterior.

No que diz respeito à percepção, não devemos dizer, por exemplo, "vejo uma árvore", porque a árvore não está no nosso sistema explicativo. No máximo, é possível ver apenas uma imagem que é uma conversão complexa, mas sistemática da árvore. Essa imagem, obviamente, é induzida pelo meu metabolismo e a natureza da conversão é, em parte, determinada por fatores dentro dos meus circuitos neurais: "eu" fabrico a imagem, com diversas restrições, algumas impostas pelos meus circuitos neurais e outras pela árvore externa a mim. Uma alucinação ou sonho seria mais verdadeiramente "meu", na medida em que é produzido sem restrições externas imediatas.

Tudo o que não é informação, redundância, forma e restrição é ruído, a única fonte possível de *novos* padrões.

Redundância e codificação

A discussão das relações evolucionárias e outras entre os sistemas comunicacionais do homem e outros animais tornou bem claro que os dispositivos de codificação característicos da comunicação verbal diferem profundamente dos da cinestesia e da paralinguagem.[1] Mas já ficou patente que existe uma grande semelhança entre os códigos da cinestesia e da paralinguagem e os códigos dos mamíferos não humanos.

Creio que podemos afirmar categoricamente que o sistema verbal do homem não deriva de maneira simples desses códigos preponderantemente icônicos. Há a crença popular de que, durante a evolução do homem, a linguagem substituiu sistemas mais toscos dos animais. Vejo isso como um erro cabal, e eu o refutaria da seguinte forma:

Em qualquer sistema funcional complexo capaz de mudança evolucionária adaptativa, quando o desempenho de uma função é assumido por um novo método mais eficiente, o método antigo cai em desuso e se deteriora. A técnica de fabricar armas de pedras lascadas se deteriorou quando se começou a usar o metal.

Essa deterioração de órgãos e habilidades – que são substituídos evolutivamente – é um fenômeno sistêmico necessário e inevitável. Portanto, se a linguagem verbal fosse, em qualquer sentido, uma substituição evolucionária da comunicação cinestésica e paralinguística, esperaríamos que os sistemas antigos, preponderantemente icônicos, tivessem sofrido uma deterioração evidente. Claramente, isso não aconteceu. Ao contrário, a cinestesia do homem se tornou mais rica e mais complexa, e a paralinguagem desabrochou lado a lado com a evolução da linguagem verbal. Tanto a cinestesia como a paralinguagem se elaboraram até virar formas de arte complexas, como música, balé e poesia; até mesmo na vida cotidiana, a complexidade da comunicação cinestésica, da expressão facial e da entonação vocal humanas excedem em muito a produção conhecida de qualquer outro animal. O sonho do especialista em lógica de que os homens se comunicassem somente através de sinais digitais, sem nenhuma ambiguidade, não se tornou realidade nem parece possível.

---

[1]   Publicado originalmente em Thomas A. Sebeok (org.), *Animal Communication: Techniques of Study and Results of Research*. Bloomington: Indiana University Press, 1968.

Sugiro que essa evolução separada de cinestesia e paralinguagem que acontece em paralelo à evolução da linguagem verbal indica que nossa comunicação icônica atende funções totalmente diferentes das da linguagem e, de fato, cumpre funções para as quais a linguagem verbal é inadequada.

Quando um rapaz diz a uma moça "eu amo você", ele está usando palavras para transmitir uma ideia que é transmitida de forma mais convincente pelo tom de voz e pelos movimentos; e a moça, se tiver um mínimo de tino, prestará mais atenção a esses sinais paralelos do que às palavras. Há pessoas – atores profissionais e golpistas, entre outros – que conseguem usar a comunicação cinestésica e paralinguística com um grau de controle voluntário comparável ao controle voluntário que acreditamos ter sobre o uso das palavras. Para as pessoas que conseguem mentir usando a cinestesia, a utilidade específica da comunicação não verbal é menor. É um pouco mais difícil para elas serem sinceras e mais ainda que alguém acredite em sua sinceridade. Elas estão presas em um processo de retornos cada vez menores porque, quando alguém desconfia delas, elas tentam aprimorar sua habilidade de simular sinceridade paralinguística e cinestésica. Mas essa habilidade é exatamente o que leva à desconfiança.

O discurso da comunicação não verbal parece tratar precisamente das questões de relacionamento – amor, ódio, respeito, medo, dependência etc. – entre o eu e o interlocutor ou entre o eu e o meio ambiente, e a natureza da sociedade humana é tal que a falsificação desse discurso rapidamente se torna patogênica. Do ponto de vista adaptativo, portanto, é importante que esse discurso seja realizado por meio de técnicas relativamente inconscientes e sujeitas apenas imperfeitamente ao controle voluntário. Na linguagem neurofisiológica, o controle desse discurso deve estar localizado no núcleo caudado cerebral, local do controle da verdadeira linguagem.

Se esse quadro geral da questão é correto, decorre daí que traduzir em palavras mensagens cinestésicas ou paralinguísticas é muito provavelmente introduzir uma séria falsificação, não apenas em razão da propensão humana de tentar falsificar afirmações sobre "sentimentos" e relações e das distorções que surgem sempre que produtos de um sistema de codificação são dissecados a partir das premissas de outro, mas também porque toda tradução desse tipo precisa dar à mensagem icônica mais ou menos inconsciente e involuntária a aparência de uma intenção consciente.

Enquanto cientistas, temos a preocupação de construir um simulacro do universo dos fenômenos em forma de palavras. Ou seja, nosso produto deve ser uma conversão verbal dos fenômenos. É necessário, portanto, examinar com todo o cuidado as regras dessa conversão e as diferenças de codificação entre fenômenos naturais, fenômenos de mensagem e palavras. Sei que é incomum presumir uma "codificação" de fenômenos não viventes e, para justificar essa expressão, preciso estender um bocado o conceito de "redundância", tal como o termo é usado pelos engenheiros da comunicação.

Os engenheiros e matemáticos concentraram sua atenção rigorosamente sobre a estrutura interna do material da mensagem. Tipicamente, esse material consiste em uma sequência ou coleção de eventos ou objetos (comumente elementos de conjuntos finitos – fonemas e afins). Essa sequência é diferenciada dos eventos ou objetos irrelevantes que ocorrem na mesma região de tempo-espaço pela razão sinal/ruído e outras características. Diz-se que o material da mensagem contém "redundância" se, quando a sequência é recebida com elementos faltantes, o receptor é capaz de adivinhar os elementos faltantes com probabilidade de êxito superior à de uma tentativa aleatória. Já dissemos que, na verdade, o termo "redundância" usado nessa acepção é sinônimo de "padronização"[2]. É importante observar que essa padronização do material da mensagem sempre ajuda o receptor a diferenciar sinal e ruído. De fato, a regularidade que chamamos de razão sinal/ruído é, na verdade, apenas um caso especial de redundância. A camuflagem (o oposto da comunicação) é obtida por (1) redução da razão sinal/ruído, (2) dispersão de padrões e regularidades pelo sinal, ou (3) inserção de padrões similares no ruído.

Concentrando sua atenção na estrutura interna do material da mensagem, os engenheiros creem que podem evitar as complexidades e dificuldades inseridas na teoria da comunicação pelo conceito de "significado". Eu diria, porém, que o conceito de "redundância" é, pelo menos, um sinônimo parcial de "significado". A meu ver, se o receptor pode adivinhar as partes faltantes da mensagem, as partes recebidas devem conter um *significado* que é referente às partes faltantes e é uma informação sobre essas partes.

---

2   Fred Attneave, *Applications of Information Theory to Psychology*. New York: Henry Holt and Co., 1959.

Se agora retirarmos nosso foco do universo estreito da estrutura das mensagens e pensarmos no mundo exterior dos fenômenos naturais, observamos imediatamente que esse mundo exterior é também caracterizado por redundância, ou seja, quando um observador só percebe certas partes de uma sequência ou configuração de fenômenos, em muitos casos ele é capaz de adivinhar, com probabilidade de êxito superior à de uma tentativa aleatória, as partes que ele não consegue perceber imediatamente. Um dos principais objetivos do cientista é de fato elucidar essas redundâncias ou padronizações do mundo dos fenômenos.

Caso pensemos agora no universo mais amplo do qual participam esses dois subuniversos, ou seja, o sistema mensagem *mais* fenômenos externos, descobrimos que esse sistema mais amplo contém um tipo muito especial de redundância. A capacidade do observador de prever fenômenos externos é aumentada em muito pela recepção do material de mensagem. Se eu disser: "Está chovendo" e o observador olhar pela janela, ele terá menos informações pela percepção das gotas de chuva do que teria se nunca tivesse recebido a mensagem. A partir da minha mensagem, ele poderia arriscar o palpite de que veria chuva.

Em resumo, "redundância" e "significado" se tornam sinônimos sempre que as duas palavras são aplicadas ao mesmo universo de discurso. É claro que "redundância" dentro do universo restrito da sequência da mensagem não é sinônimo de "significado" no universo mais amplo que abrange tanto mensagem como referente externo.

É perceptível que essa forma de pensar sobre a comunicação agrupa todos os métodos de codificação sob a rubrica única da parte-pelo-todo. A mensagem verbal "está chovendo" deve ser vista como *parte* de um universo mais amplo dentro do qual essa mensagem cria redundância ou previsibilidade. O "digital", o "analógico", o "icônico", o "metafórico" e todos os demais métodos de codificação estão incluídos nessa classe. (O que os gramáticos chamam de "sinédoque" é o uso metafórico da parte no lugar do todo, como na expressão "cinco *cabeças* de gado".)

Essa abordagem da questão tem certas vantagens: o analista é o tempo todo forçado a definir o universo do discurso dentro do qual a "redundância" ou o "significado" supostamente devem ocorrer. Ele é obrigado a examinar a "tipificação lógica" de todo o material da mensagem. Vamos ver como essa visão ampla da questão facilita a identificação de etapas importantes da evolução da comunicação. Consideremos o cientista que está observando dois animais em um ambiente físico. Nesse caso, os seguintes componentes precisam ser levados em conta:

1. O ambiente físico contém padronização ou redundância internos, ou seja, a percepção de determinados eventos ou objetos torna outros eventos ou objetos previsíveis para os animais e/ou para o observador.

2. Sons ou outros sinais de um animal podem contribuir com redundância para o sistema, *meio ambiente mais sinal*, ou seja, os sinais podem falar "sobre" o meio ambiente.

3. A sequência de sinais certamente conterá redundância – um sinal de um animal tornará outro sinal do mesmo animal mais previsível.

4. Os sinais podem contribuir com redundância para o universo; *os sinais de A mais os sinais de B*, ou seja, os sinais podem falar *sobre* a interação da qual são partes integrantes.

5. Se todas as regras ou códigos da comunicação e compreensão animal fossem genotipicamente fixas, a lista terminaria por aqui. Mas certos animais são capazes de *aprender*, ou seja, a repetição de sequências pode fazer com que elas se tornem efetivamente padrões. Em lógica, "toda proposição propõe sua própria verdade", mas na história natural sempre lidamos com uma inversão dessa generalização. Os eventos perceptíveis que acompanham uma percepção propõem que essa percepção "significa" esses eventos. Por algumas dessas etapas, um organismo consegue aprender a usar a informação contida em sequências padronizadas de eventos externos. Assim, eu consigo prever, com probabilidade de êxito superior à de uma tentativa aleatória, que no universo, organismo *mais* ambiente, ocorrerão eventos para completar padrões ou configurações de adaptação aprendida entre organismo e ambiente.

6. A "aprendizagem" comportamental geralmente estudada em laboratórios de psicologia é de outra ordem. A redundância desse universo, que consiste em ações do animal *mais* os eventos externos, aumenta, do ponto de vista do animal, quando este responde a determinados eventos com determinadas ações. De forma semelhante, esse universo adquire redundância quando o animal consegue realizar as ações que funcionam como *precursoras* (ou causas) regulares de eventos externos específicos.

7. Para cada organismo existem limitações e regularidades que definem o que será aprendido e sob que circunstâncias ocorrerá esse aprendizado. Essas regularidades e padrões se tornam premissas básicas para a adaptação individual e a organização social de qualquer espécie.

8. Por último, mas não menos importante, há a questão da aprendizagem filogenética e da filogenia em geral. Há uma redundância tal no sistema, organismo *mais* meio ambiente, que um observador humano pode adivinhar, com probabilidade de êxito superior à de uma tentativa

aleatória, a natureza do meio ambiente a partir da morfologia e do comportamento de um organismo. Essa "informação" sobre o meio ambiente se entranhou no organismo graças a um longo processo filogenético, e sua codificação é de um tipo muito especial. O observador que queira conhecer o ambiente aquático a partir da forma de um tubarão deve deduzir a hidrodinâmica a partir da adaptação à água. A informação contida no tubarão fenotípico está implícita nas formas que são complementares às características de outras partes do universo, *fenótipo mais meio ambiente*, cuja redundância é aumentada pelo fenótipo.

Esse levantamento muito breve e incompleto de alguns tipos de redundância em sistemas biológicos e os universos de sua relevância indica que na rubrica geral de "parte-pelo-todo" inclui-se uma série de relações diferentes entre parte e todo. Listemos algumas das características dessas relações formais. Temos em mente alguns casos icônicos:

1. Os eventos ou objetos que aqui chamamos de "parte" ou "sinal" podem ser componentes reais de uma sequência ou todo existentes. O tronco de uma árvore de pé indica a provável presença de raízes invisíveis. Uma nuvem pode indicar a chegada de uma tempestade. O canino exposto de um cão pode ser parte de um ataque de verdade.

2. A "parte" pode ter apenas uma relação condicional com seu todo: a nuvem pode indicar que vamos nos molhar caso não entremos em casa; o canino exposto pode ser o começo de um ataque que será concluído a não ser que certas condições sejam cumpridas.

3. A "parte" pode estar completamente separada do todo que é seu referente. O canino exposto em dado instante pode *aludir* a um ataque que, se e quando ocorrer, incluirá uma *nova* exposição dos caninos. A essa altura, a "parte" se tornou um verdadeiro sinal icônico.

4. O verdadeiro sinal icônico tendo evoluído – não necessariamente depois de passar pelas etapas 1, 2 ou 3 –, uma variedade de caminhos de evolução torna-se possível:

a) A "parte" pode se tornar mais ou menos digitalizada, de forma que as grandezas dentro dela não mais se referem a grandezas dentro do todo que é seu referente, mas, por exemplo, contribuem para uma melhoria da razão sinal/ruído.

b) A "parte" pode assumir significados rituais ou metafóricos especiais em contextos em que o todo original ao qual ela primariamente se refere não é mais relevante. O jogo de mastigação entre cadela e cachorro que acompanha o desmame pode se tornar um agregado ritual. Os gestos de alimentação do filhote de uma ave podem se tornar um ritual de acasalamento etc.

Por toda essa série, cujas ramificações e variedades são apenas brevemente indicadas aqui, é notável como a comunicação animal está confinada a sinais que são derivados de ações dos próprios animais, ou seja, aqueles que fazem parte dessas ações. O universo externo é, como assinalamos, redundante no sentido de estar repleto de mensagens de parte-pelo-todo e – talvez por esse motivo – esse estilo básico de codificação é característico da comunicação animal primitiva. Mas na medida em que os animais podem sinalizar algo sobre o universo externo, eles o fazem por ações que fazem parte de sua resposta a esse universo. As gralhas sinalizam umas às outras que Lorenz é um "comedor de gralhas" não simulando uma parte do ato de comer gralhas, mas parte de sua agressão contra essa criatura. Ocasionalmente, fragmentos reais do ambiente externo – fragmentos de material potencialmente utilizável em ninhos, "troféus" e afins – são usados para se comunicar e, nesses casos, novamente as mensagens costumam contribuir com redundância para o universo *mensagem mais relação entre os organismos*, e não para o universo *mensagem mais ambiente externo*.

Nos termos da teoria evolucionária, não é simples explicar por que os controles genotípicos evoluíram tantas vezes até determinar essa sinalização icônica. Do ponto de vista do observador humano, os sinais icônicos são muito fáceis de interpretar e podemos esperar que seja relativamente fácil para os animais decodificar a codificação icônica – na medida em que esses animais devem *aprender* a fazê-lo. Mas presume-se que o genoma seja incapaz de aprender isso, portanto podemos esperar que os sinais genotipicamente determinados sejam não icônicos ou arbitrários, ao invés de icônicos.

Podemos oferecer três possíveis explicações para a natureza icônica dos sinais genotípicos:

1. Até mesmo os sinais genotipicamente determinados não ocorrem na forma de elementos isolados e separados na vida do fenótipo; eles são necessariamente componentes de uma complexa matriz de comportamentos, dos quais alguns ao menos são aprendidos. É possível que a codificação icônica de sinais genotipicamente determinados torne-se fácil de assimilar a essa matriz. Pode ser que exista uma "tia da escola" experencial que age seletivamente para favorecer as mudanças genotípicas que suscitarão a sinalização icônica, em vez da arbitrária.

2. Um sinal de agressão que coloca quem sinaliza em posição de ataque tem provavelmente mais valor para a sobrevivência do que um sinal arbitrário.

3. Quando o sinal genotipicamente determinado afeta o comportamento de outras espécies – por exemplo, sinais oculares ou posturas que têm efeito de advertência, movimentos que facilitam a camuflagem ou o mimetismo apossemático –, claramente o sinal deve ser icônico para o sistema perceptivo daquela outra espécie. No entanto, ocorre um fenômeno interessante em diversos casos em que o que se obtém é um iconicismo estatístico secundário. O *Labroides dimidiatus*, um pequeno bodião-limpador indo-pacífico que vive dos ectoparasitas de outros peixes, possui uma coloração viva e se move ou "dança" de certa maneira facilmente reconhecível. Sem dúvida, essas características atraem outros peixes e fazem parte de um sistema de sinalização que leva outros peixes a permitir a aproximação do bodião-limpador. Mas existe um imitador dessa espécie, o blênio-de-sabre (*Aspidontus taeniatus*) cuja coloração e movimento similares aos dos *Labroides* permitem que ele se aproxime – e coma pedaços das barbatanas de outros peixes.[3]

Claramente, a coloração e os movimentos do imitador são icônicos e "representam" o bodião-limpador. Mas que dizer da coloração e dos movimentos do peixe original? Tudo que é necessário, em primeira instância, é que o bodião-limpador seja evidente ou distinto. Não é necessário que ele represente outra coisa. Mas quando pensamos nos aspectos estatísticos do sistema, torna-se claro que, se os blênios-de--sabre se tornarem muito numerosos, as características distintas dos bodiões-limpadores se tornarão um alerta icônico e os hospedeiros os evitarão. O que é necessário é que os sinais do bodião-limpador representem clara e indubitavelmente o bodião, ou seja, os sinais, ainda que não icônicos à primeira vista, têm de atingir e manter por múltiplos impactos uma espécie de autoiconicidade. "Quando digo uma coisa três vezes, ela é verdadeira." Mas essa necessidade de autoiconicidade também pode surgir dentro de uma espécie. O controle genotípico da sinalização assegura a repetitividade necessária (que pode ser apenas fortuita, se os sinais têm de ser aprendidos).

4. Há um forte argumento para afirmar que a determinação genotípica das características adaptativas é, num sentido especial, mais econômica do que obter uma característica similar por meio de mudança somática ou aprendizagem fenotípica. Essa questão foi discutida

---

3   John E. Randall e Helen S. Randall, "Examples of Mimicry and Protective Resemblance in Tropical Marine Fishes". *Bulletin of Marine Science of the Gulf and Caribbean*, v. 10, n. 4, 1960.

noutro texto.[4] Em resumo, a flexibilidade adaptativa somática e/ou capacidade de aprendizagem de qualquer organismo são limitadas e as exigências feitas a essas capacidades serão reduzidas pela mudança genotípica adequada. Tais mudanças teriam, portanto, valor de sobrevivência porque liberam uma valiosa capacidade adaptativa e de aprendizagem para outros fins. Isso vale como um argumento a favor dos efeitos *Baldwin*. Uma extensão desse argumento seria sugerir que o caráter icônico das características sinalizadoras genotipicamente controladas pode ser explicado, em alguns casos, pela hipótese de que essas características foram, originalmente, aprendidas. (Essa hipótese não implica, é claro, nenhum tipo de herança lamarckiana. É óbvio que (1) fixar o valor de qualquer variável em um circuito homeostático por meio dessa herança prejudicaria o sistema homeostático do corpo, e (2) não importa quantas modificações as variáveis dependentes em um circuito homeostático sofram, a propensão do circuito não mudará.)

5. Por fim, não está claro em que nível a determinação genotípica do comportamento atuaria. Sugerimos anteriormente que é mais fácil para um organismo aprender códigos icônicos do que grande parte dos códigos arbitrários. É possível que a contribuição genotípica para tal organismo tome a forma não de uma fixação do comportamento em questão, mas torne mais fácil aprender esse comportamento – uma mudança na capacidade de aprendizagem específica, em vez de uma mudança no comportamento genotipicamente determinado. Tal contribuição do genótipo teria vantagens óbvias pelo fato de trabalhar em conjunto com a mudança ontogenética, ao invés de trabalhar possivelmente em desacordo com ela.

Para resumir a discussão até agora:

1. É compreensível que um método primitivo (em sentido evolucionário) de criação de redundância seja o uso da codificação icônica parte-pelo-todo. O universo não biológico externo contém uma redundância desse tipo e, quando um código de comunicação evolui, é de se esperar que os organismos caiam no mesmo truque. Já assinalamos que a "parte" pode ser separada do todo, de forma que mostrar os caninos pode denotar uma briga possível, mas ainda inexistente. Tudo isso oferece um contexto explicativo para a comunicação por meio de "movimentos de intenção" e afins.

---

4   Gregory Bateson, "The Role of Somatic Change in Evolution". *Evolution*, v. 17, n. 4, 1963.

2. É parcialmente compreensível que tais truques de codificação por meio de partes icônicas se tornem genotipicamente fixos.

3. Foi sugerido que a sobrevivência de sinalizações primitivas (e, portanto, involuntárias) na comunicação humana sobre as relações pessoais é explicada por uma necessidade de honestidade nessas questões.

Mas a evolução de codificação verbal não icônica continua sem explicação.

Sabemos pelos estudos sobre a afasia, pela enumeração das características da linguagem que Hockett apresentou neste simpósio e pelo senso comum mais elementar que os processos que compõem a criação e a compreensão da comunicação verbal são muitos e que a linguagem fracassa quando qualquer um desses processos é interrompido. É possível que cada um desses processos mereça um estudo separado. Aqui, porém, levarei em conta somente um aspecto da questão: a evolução da afirmação indicativa simples.

É possível reconhecer no sonho e no mito humano um interessante intermediário entre a codificação icônica dos animais e a codificação verbal da fala humana. Em teoria psicanalítica, diz-se que as produções do processo onírico são caracterizadas pelo pensamento de "processo primário".[5] Os sonhos, sejam eles verbais ou não, devem ser considerados declarações metafóricas, ou seja, os referentes do sonho são *relações* que o sonhador, conscientemente ou não, percebe no mundo enquanto está desperto. Como em toda metáfora, os *relata* permanecem não mencionados e, em seus lugares, aparecem outros elementos tais que as relações entre esses elementos substitutos serão as mesmas que existem entre os *relata* do mundo real.

Identificar a qual dos *relata* do mundo real o sonho se refere converteria a metáfora em símile, e, em geral, os sonhos não contêm material de mensagem que cumpra abertamente essa função. Não há no sonho um sinal que diga a quem sonha que aquilo é uma metáfora ou qual é o referente da metáfora. Da mesma forma, o sonho não contém tempo verbal. O tempo é condensado e representações de eventos passados sob formas reais ou distorcidas podem ter o presente como referente – ou vice-versa. Os padrões do sonho são atemporais.

No teatro, o público é informado pela cortina e pela moldura do palco que a ação sobre o palco é "só" uma peça. De dentro dessa mol-

---

5   Otto Fenichel, *Teoria psicanalítica das neuroses* [1945], trad. Samuel Penna Reis. Rio de Janeiro: Atheneu, 1981.

dura, diretor e atores podem tentar envolver o público em uma ilusão de realidade tão aparentemente direta quanto a experiência do sonho. E, tal qual num sonho, a peça faz referência metafórica ao mundo exterior. Mas no sonho, a não ser que o indivíduo esteja parcialmente consciente de que está dormindo, não há cortina nem moldura em ação. A negativa parcial – "Isso é *só* uma metáfora" – está ausente.

Sugiro que essa ausência de enquadramentos metacomunicativos e a persistência do sonho no reconhecimento de padrões são características arcaicas em sentido evolucionário. Caso isso esteja correto, compreender o ato de sonhar deve jogar luz tanto sobre o funcionamento da comunicação icônica entre os animais quanto sobre a misteriosa passagem evolucionária do icônico para o verbal.

Sob a limitação imposta pela falta de enquadramento metacomunicativo, é claramente impossível o sonho fazer uma afirmação indicativa, seja positiva, seja negativa. Assim como não pode haver enquadramento que rotule o conteúdo como "metafórico", também não pode haver enquadramento que rotule o conteúdo como "literal". O sonho pode imaginar chuva ou seca, mas nunca pode afirmar que "está chovendo" ou "não está chovendo". Assim, como vimos, a utilidade de imaginar "chuva" ou "seca" está limitada a seus aspectos metafóricos.

O sonho pode *propor* a aplicabilidade do padrão. Jamais pode afirmar ou negar essa aplicabilidade. E muito menos fazer uma afirmação indicativa sobre qualquer referente identificado, já que nenhum referente é identificado.

O padrão é a coisa.

Essas características do sonho podem ser arcaicas, mas é importante lembrar que elas não são obsoletas: assim como a comunicação cinestésica e a paralinguística foram elaboradas na forma de dança, música e poesia, a lógica do sonho foi elaborada como teatro e arte. Ainda mais impressionante é esse mundo de fantasia rigorosa que chamamos de matemática, um mundo eternamente isolado por seus axiomas e definições da possibilidade de afirmação indicativa sobre o mundo "real". O teorema de Pitágoras tem validade somente *se* uma linha reta for a distância mais curta entre dois pontos.

O banqueiro manipula os algarismos segundo as regras fornecidas pelo matemático. Algarismo é o nome dos números, e os números se encarnam em dinheiro (real ou fictício). Para se lembrar do que está fazendo, o banqueiro marca os algarismos com rótulos, tais como os cifrões, mas eles são não matemáticos e nenhum computador precisa deles. Nos procedimentos estritamente matemáticos, tal qual no processo do sonho, o padrão de relação controla as operações, mas os *relata* são não identificados.

Agora retornamos ao contraste entre o método icônico de criar redundância no universo, organismo *mais* outro organismo, através da emissão de partes de padrões interativos e do dispositivo linguístico de nomeação dos *relata*. Já assinalamos neste texto que a comunicação humana que cria redundância nas relações ainda é preponderantemente icônica e se realiza através da cinestésica, da paralinguística, dos movimentos intencionais, das ações e afins. Foi ao lidar com o universo, mensagem *mais* meio ambiente, que a evolução da linguagem verbal teve os seus maiores avanços.

No discurso animal, a redundância é introduzida nesse universo por meio de sinais que são partes icônicas da reação provável do sinalizador. Os elementos do ambiente podem atender a uma função ostensiva, mas em geral não são passíveis de menção. De forma semelhante, na comunicação icônica sobre relações, os *relata* – os organismos em si – não precisam ser identificados porque o assunto de qualquer predicado nesse discurso icônico é o emissor do sinal, que está sempre ostensivamente presente.

Parece, portanto, que pelo menos duas etapas foram necessárias para a passagem do uso icônico de partes de padrões do próprio comportamento para a nomeação de entidades no ambiente externo: houve tanto uma mudança na codificação quanto uma mudança na centralização do enquadramento sujeito-predicado.

A tentativa de reconstruir essas etapas só pode ser especulativa, mas podemos tecer algumas considerações:

1. A imitação de fenômenos ambientais torna possível deslocar o enquadramento sujeito-predicado do eu para uma entidade ambiental ainda mantendo o código icônico.

2. Deslocamento semelhante do enquadramento sujeito-predicado do eu para o outro é latente nas interações entre animais em que A propõe um padrão de interação e B o nega com um "não faça" icônico ou ostensivo. O sujeito da mensagem de B aqui verbalizada como "não faça" é A.

3. É possível que os paradigmas de interação que estão na base da sinalização icônica sobre a relação possam servir de modelo evolucionário para os paradigmas da gramática verbal. Não devemos, a meu ver, pensar nos primeiros rudimentos da comunicação verbal como análogos ao que uma pessoa faz com apenas algumas palavras de uma língua estrangeira e nenhum conhecimento de sua gramática e sintaxe. Com certeza, em todos os estágios da evolução da linguagem, a comu-

nicação de nossos ancestrais era estruturada e formada – completa em si mesma, e não feita de pedaços desconexos. Os antecedentes da gramática certamente devem ser tão ou mais velhos do que os antecedentes das palavras.

4. Para as ações do eu, as abreviações icônicas são imediatamente disponíveis e controlam o *vis-à-vis* por meio de referência implícita a paradigmas interacionais. Mas toda comunicação desse gênero é necessariamente positiva. Mostrar os caninos é fazer alusão a combate, e fazer alusão a combate é propô-lo. Não é possível existir representação icônica simples de uma negativa: não há nenhum modo simples de um animal dizer "eu não vou morder". Mas é fácil imaginar formas de comunicar comandos negativos se (e *somente* se) o outro organismo primeiro propuser o padrão de ação que deve ser proibido. Pela ameaça, pela reação inadequada e afins, é possível comunicar "não faça". Um padrão de interação oferecido por um organismo é negado pelo outro, que susta o paradigma proposto.

Mas "não faça" é bem diferente de "não". Em geral, a mensagem crucial "eu não vou morder" é gerada como um *acordo* entre dois organismos após um combate real ou ritual. Ou seja, o oposto da mensagem final é levado a cabo para se chegar a um *reductio ad absurdum* que então pode servir de base para paz mútua, precedência hierárquica ou relações sexuais. Muitas das curiosas interações entre animais que chamamos de "brincadeiras", e que parecem (mas não são) combate, provavelmente são testes e reafirmações desse acordo negativo.

Mas são métodos trabalhosos e incômodos de chegar à negação.

5. Já foi sugerido neste texto que os paradigmas da gramática verbal podem ser derivados de certo modo dos paradigmas de interação. Portanto, estamos buscando as raízes evolucionárias da negação simples entre os paradigmas da interação. No entanto, não é simples a questão. O que se sabe que acontece no nível animal é a apresentação simultânea de sinais contraditórios – posturas que aludem tanto a agressão quanto a fuga, e afins. Essas ambiguidades, porém, são muito diferentes do fenômeno familiar entre seres humanos no qual a afabilidade das palavras de um homem pode ser contradita pela tensão ou pela agressividade de sua voz ou de sua postura. O homem se engaja numa espécie de logro, um ato bem mais complexo, enquanto o animal ambivalente oferece alternativas positivas. Não é fácil derivar um simples "não" de um desses padrões.

6. A partir dessas considerações, parece provável que a evolução da negação simples tenha surgido pela introjeção ou imitação do *vis-à-vis*, de forma que o "não" tenha derivado de algum modo do "não faça".

7. Isso ainda não explica a passagem da comunicação sobre padrões de interação para a comunicação sobre outras coisas e elementos do mundo exterior. Essa mudança é que determina que a linguagem nunca torne obsoleta a comunicação icônica a respeito dos padrões de contingência da relação pessoal.

Não podemos ir além disso no presente momento. É possível até que a evolução da nomeação verbal tenha precedido a evolução da negação simples. É importante lembrar, porém, que um passo decisivo em direção à linguagem como conhecemos seria a evolução de uma negação simples. Esse passo dotaria imediatamente os sinais – sejam eles verbais ou icônicos – de um grau de separação em relação aos seus referentes, o que justificaria chamarmos os sinais de "nomes". Esse mesmo passo tornaria possível o uso de aspectos negativos da classificação: elementos que não fazem parte de uma classe identificada passariam a ser identificáveis como não elementos dela. E, por fim, seriam possíveis declarações afirmativas indicativas simples.

Propósito consciente versus a natureza

Nossa civilização, que está aqui em pauta para ser investigada e avaliada, possui raízes em três grandes civilizações antigas: a romana, a hebraica e a grega; e, ao que parece, muitos de nossos problemas estão relacionados ao fato de que somos uma civilização imperialista impregnada ou influenciada por uma colônia oprimida e explorada na Palestina.[1] Nesta conferência, vamos disputar novamente a batalha entre romanos e palestinos.

Os senhores se lembram de que são Paulo se gabou: "Pois eu a tenho [a cidadania] de nascença".[2] O que ele quis dizer era que tinha nascido romano e isso implicava certos privilégios jurídicos.

Podemos entrar nessa velha batalha do lado dos oprimidos ou dos imperialistas. Se vamos entrar numa batalha, temos de escolher um lado. Simples.

Por outro lado, é claro, a ambição de são Paulo e a ambição dos oprimidos é sempre estar no lado dos imperialistas – também ser imperialista de classe média – e é duvidoso que aumentar a população da civilização que aqui estamos criticando traria uma solução para o problema.

Há, portanto, outro problema, este mais abstrato. Precisamos entender as patologias e peculiaridades do sistema romano-palestino como um todo. É sobre isso que quero falar. Não estou preocupado, aqui, nem em defender os romanos nem em defender os palestinos – nem os líderes da matilha nem os pobres coitados. Quero refletir sobre a dinâmica da patologia tradicional na qual estamos metidos, e na qual permaneceremos enquanto continuarmos a lutar naquele velho conflito. Simplesmente estamos andando em círculos nos termos das velhas premissas.

---

1   Palestra apresentada em agosto de 1968 na London Conference on the Dialectics of Liberation, publicada em *Dialectics of Liberation* (London: Penguin, 1968) e republicada em David Cooper (org.), *The Dialectics of Liberation*. London: Verso, 2015.

2   Atos dos Apóstolos 22,29. Bíblia de Jerusalém, op. cit. [N. T.]

Afortunadamente, nossa civilização possui uma terceira raiz – a grega. É claro que os gregos se enfiaram numa mixórdia muito parecida, mas eles ainda tinham um pensamento sereno e cristalino, um pensamento de tipo bastante surpreendente.

Vou abordar o problema geral de forma histórica. De são Tomás de Aquino até o século XVIII nos países católicos e a Reforma nos países protestantes (porque jogamos fora boa parte da sofisticação grega com a Reforma), a estrutura da nossa religião era grega. Em meados do século XVIII, o mundo biológico era o seguinte: havia uma mente suprema no topo da escada hierárquica, que era a explicação básica de tudo o que vinha depois dele – no cristianismo, essa mente suprema era Deus; e ele possuía vários atributos em diversos estágios filosóficos. A escada explicativa descia dedutivamente do Supremo para o homem, para os macacos e assim por diante, até os protozoários.

Essa hierarquia era uma série de etapas dedutivas do mais perfeito até o mais bruto ou simples. E era rígida. Presumia-se que toda espécie era imutável.

Lamarck, provavelmente o maior biólogo da história, virou essa escada explicativa de cabeça para baixo. Foi ele que disse que tudo começou com os protozoários e que mudanças levaram até o homem. Ele ter virado a taxonomia de cabeça para baixo é um dos feitos mais impressionantes já alcançados. Foi na biologia o equivalente da revolução de Copérnico na astronomia.

O resultado lógico de termos virado a taxonomia de cabeça para baixo foi que o estudo da evolução poderia oferecer uma explicação para a *mente*.

Até Lamarck, a mente era a explicação do mundo biológico. Mas, de repente, surgiu a questão: será que o mundo biológico era a explicação da mente? Aquilo que era a explicação passou a ser o que devia ser explicado. Mais ou menos três quartos do livro de Lamarck, *Filosofia zoológica* (1809), é uma tentativa muito rudimentar de formular uma psicologia comparativa. Ele entendeu e formulou uma série de ideias bastante modernas: não se pode atribuir a nenhuma criatura capacidades psicológicas para as quais ela não possui órgãos; o processo mental sempre precisa ter uma representação física; a complexidade do sistema nervoso está relacionada à complexidade da mente.

A questão ficou parada aí por 150 anos, principalmente porque a teoria evolucionária foi tomada não por uma heresia católica, mas por uma heresia protestante em meados do século XIX. Os opositores de Darwin, como os senhores bem se recordam, não foram Aristóteles nem Tomás de

Aquino, que tinham alguma sofisticação, mas cristãos fundamentalistas cuja sofisticação parava no primeiro capítulo do Gênesis. A questão da natureza da mente era algo que os evolucionistas do século XIX tentaram extirpar de suas teorias, e a questão não voltou a ser considerada a sério até depois da Segunda Guerra Mundial. (Estou sendo injusto com alguns hereges desse período, especialmente com Samuel Butler – entre outros.)

Na Segunda Guerra Mundial, descobriu-se que tipo de complexidade leva à mente. E, desde essa descoberta, sabemos que, sempre que encontramos no universo esse tipo de complexidade, estamos tratando de fenômenos mentais. A questão é materialista a esse ponto.

Procurarei descrever aos senhores essa ordem de complexidade, que é até certo ponto uma questão técnica. Russel Wallace enviou da Indonésia um famoso ensaio a Darwin. Nele, anunciava a descoberta da seleção natural, que concordava com a de Darwin. Parte de sua descrição da luta pela existência é bem interessante:

> A ação desse princípio [a luta pela existência] é exatamente como a do motor a vapor, que verifica e corrige qualquer irregularidade pouco antes de ela se tornar evidente; e de maneira similar, nenhuma deficiência desequilibrada no reino animal jamais pode chegar a uma magnitude evidente, porque seria sentida no primeiríssimo momento, tornando a existência difícil e a futura extinção quase certa.[3]

O motor a vapor com regulador é simplesmente uma série circular de eventos causais com um elo em um ponto dessa cadeia de tal modo que, quanto mais se tem de uma coisa, menos se terá da próxima. Quanto *mais* divergentes as esferas do regulador, *menor* a injeção de combustível. Se as cadeias causais com essa característica geral são alimentadas com energia, o resultado é (se tivermos sorte e as coisas se equilibrarem) um sistema autocorretivo.

Wallace, na verdade, propôs o primeiro modelo cibernético.

Hoje em dia a cibernética lida com sistemas desse tipo geral muito mais complexos; e sabemos que, quando tratamos de processos da civilização, ou avaliamos o comportamento humano, a organização humana ou qualquer evento biológico, estamos tratando de sistemas

---

3   Alfred Russel Wallace, "On the Tendency of Varieties to Depart Indefinitely From the Original Type" [1858]. *The Alfred Russel Wallace Page,* Western Kentucky University, 2007, disponível on-line. [N. E.]

autocorretivos. Basicamente esses sistemas são sempre *conservadores* de alguma coisa. Assim como no motor com regulador, em que o fornecimento de combustível é modificado para conservar – manter constante – a velocidade, nesses sistemas sempre ocorrem mudanças para conservar a veracidade de uma afirmação descritiva, um componente do status quo. Wallace entendeu corretamente a questão, e a seleção natural atua primariamente para conservar a espécie sem variações; mas ela pode atuar em níveis mais altos para manter constante aquela variável complexa que chamamos de "sobrevivência".

O doutor Laing observou que as pessoas podem achar extremamente difícil enxergar o óbvio. Isso é porque elas são sistemas autocorretivos. São autocorretivos contra a perturbação, e se o óbvio não é de um tipo que elas possam assimilar facilmente, sem distúrbios internos, seus mecanismos de autocorreção trabalham para desviá-lo, escondê-lo, chegando até mesmo a fechar os olhos ou desligar diversas partes do processo de percepção. A informação perturbadora pode ser emoldurada como uma pérola para não se tornar algo inconveniente; e isso será feito conforme o entendimento do próprio sistema sobre o que é uma perturbação. Também isso – a premissa sobre o que causa perturbação – é algo que se aprende e só depois é perpetuado ou conservado.

Nesta conferência, tratamos fundamentalmente de três desses sistemas enormemente complexos ou arranjos de *loops* conservadores. Um é o indivíduo humano. Sua fisiologia e neurologia conservam a temperatura do corpo, a química do sangue, o comprimento, tamanho e formato dos órgãos durante o crescimento e a embriologia, e todas as demais características do corpo. É um sistema que conserva as afirmações descritivas sobre o ser humano, corpo ou alma. Pois o mesmo é válido para a psicologia do indivíduo, em que a aprendizagem ocorre para conservar opiniões e componentes do status quo.

O segundo é a sociedade na qual vive esse indivíduo – e essa sociedade é também um sistema do mesmo tipo geral.

E o terceiro é o ecossistema, as adjacências biológicas naturais desses animais humanos.

Permitam-me partir dos ecossistemas naturais ao redor do homem. Um bosque de carvalho-roble, uma floresta tropical ou uma região desértica são todos comunidades de criaturas. No bosque de carvalhos, talvez existam mil espécies, talvez mais; na floresta tropical, talvez dez vezes mais espécies convivam umas com as outras.

Posso dizer que muito poucos aqui já viram um sistema tão imperturbado. Não existem mais tantos sistemas nessas condições porque a maioria foi maltratada pelo *Homo sapiens*, que ou exterminou espécies ou inseriu outras que se tornaram daninhas, pragas, ou então alteraram a reserva de água etc. etc. Visivelmente, estamos destruindo com muita rapidez todos os sistemas naturais do mundo, os sistemas naturais em equilíbrio. Nós simplesmente os desequilibramos – mas ainda assim eles continuam sendo naturais.

Seja como for, essas criaturas vivem juntas em uma combinação de competição e dependência mútua, e é essa combinação que é importante termos em conta. Toda espécie possui uma capacidade malthusiana primária. Toda espécie que não produz potencialmente mais indivíduos do que o número de indivíduos da geração anterior já era. Está condenada. É absolutamente necessário para todas as espécies e para todo sistema que seus componentes tenham um ganho potencial positivo na curva populacional. Mas, se toda espécie tem um ganho em potencial, então é um baita truque chegar ao equilíbrio. Todos os gêneros de equilíbrios e dependências interativos vêm a campo, e são esses processos que têm o tipo de estrutura em circuito que mencionei.

A curva malthusiana é exponencial. É a curva do crescimento populacional e não é impróprio chamá-la de *explosão* populacional.

Podemos lamentar o fato de organismos terem essa característica explosiva, mas também podemos muito bem aceitá-la. As criaturas que não a aceitam estão fora do jogo.

Por outro lado, em um sistema ecológico balanceado, cujos sustentáculos têm essa natureza, está muito claro que qualquer interferência no sistema provavelmente perturbará o equilíbrio. Então as curvas exponenciais começarão a aparecer. Uma planta se tornará daninha, algumas criaturas serão exterminadas e o sistema, enquanto sistema *equilibrado*, terá boa probabilidade de desmoronar.

O que é válido para espécies que vivem juntas em um bosque é válido também para tipos e agrupamentos de pessoas em uma sociedade, que estão, de forma semelhante, em um equilíbrio desconfortável de dependência e competição. E o mesmo é verdade para o nosso interior, onde existem competição e dependência fisiológica mútuas entre os órgãos, tecidos, células e outros. Sem essa competição e essa dependência, nós não existiríamos, porque ninguém pode existir sem qualquer de seus órgãos e membros em competição. Se qualquer um dos membros não tivesse características expansivas, elas se extinguiriam, e o indivíduo se extinguiria também. Então, até mesmo dentro do corpo, há certo risco. Quando há perturbação indevida no sistema, aparecem as curvas exponenciais.

O mesmo vale para a sociedade.

Creio que é preciso presumir que toda mudança fisiológica ou social importante é, em certo grau, uma queda do sistema em algum ponto da curva exponencial. A queda pode não durar muito ou pode acabar em desastre. Mas em princípio, se, digamos, matarmos todos os tordos de um bosque, certos componentes do equilíbrio percorrerão curvas exponenciais e acabarão em um lugar diferente.

Nesse tipo de queda sempre há o perigo ou a possibilidade de que uma variável, por exemplo, a densidade populacional, chegue a um valor tal que quedas posteriores sejam controladas por fatores inerentemente prejudiciais. Por exemplo, se a população for finalmente controlada pela quantidade de alimento disponível, os sobreviventes estarão quase mortos de fome e o suprimento de comida estará exaurido, geralmente num ponto sem volta.

Permitam-me falar agora sobre o organismo individual. Esse ser é semelhante ao bosque de carvalhos e seus controles estão representados na mente *total*, que talvez seja apenas um reflexo do corpo total. Mas o sistema está segmentado de diversas maneiras, de forma que os efeitos de uma coisa, digamos, na nossa vida alimentar não alteram totalmente nossa vida sexual, e coisas de nossa vida sexual não alteram totalmente nossa vida cinestésica e assim por diante. Existe um certo grau de compartimentalização, sem dúvida uma economia necessária. Existe uma compartimentalização específica que é, sob muitos aspectos, misteriosa, mas definitivamente de importância crucial para a vida do homem. Refiro-me ao vínculo "semipermeável" entre a consciência e o restante da mente total. Certa quantidade limitada de informação sobre o que está acontecendo nessa parte maior da mente parece ser retransmitida àquilo que podemos chamar de tela da consciência. Mas o que chega à consciência é selecionado, é uma amostragem sistemática (não aleatória) do resto.

É claro, o *todo* da mente não poderia ser reportado em uma *parte* da mente. Isso é uma consequência lógica da relação entre parte e todo. A tela da televisão não lhe dá uma cobertura ou relatório completo do que está acontecendo em todo o processo televisivo; e não é porque os telespectadores não estão interessados nesse tipo de relatório, mas é porque, para relatar qualquer parte adicional do processo completo, seria necessário uma rede adicional de circuitos. Mas relatar os eventos desse circuito adicional requereria outra adição de mais outra rede de circuitos e assim por diante. Cada passo em direção a uma consciência maior deixará o sistema mais longe da consciência total. Na verdade, acrescentar um relatório sobre os eventos em determinada parte da máquina *diminuirá* a porcentagem de eventos relatados no total.

Devemos, portanto nos contentar com uma consciência bastante limitada e coloca-se a questão: como é feita essa seleção? Baseada em que princípios, a mente seleciona aquilo de que "eu" teria consciência? E se, por um lado, não sabemos muito a respeito desses princípios, sabemos alguma coisa, embora os princípios em operação não sejam acessíveis à consciência. Primeiro de tudo, boa parte do *input* é escaneada pelo consciente, mas só *depois* que ele foi processado pelo processo totalmente inconsciente da percepção. Os eventos sensoriais são empacotados em imagens e essas imagens é que são "conscientes".

Eu, o eu consciente, vejo uma versão inconscientemente editada de uma pequena porcentagem do que afeta minha retina. Em minha percepção, sou guiado por *propósitos*. Vejo quem está presente, quem está ausente, quem está compreendendo, quem não está, ou pelo menos chego a um mito a respeito desse assunto, que pode muito bem estar correto. Estou interessado na obtenção desse mito enquanto falo. É relevante para meus objetivos que vocês me ouçam.

O que acontece com o retrato de um sistema cibernético – seja um bosque de carvalhos, seja um organismo – quando esse retrato é seletivamente desenhado para responder apenas a perguntas ou objetivos?

Vamos pensar na medicina hoje em dia, que é chamada de ciência médica. O que acontece é que os médicos acham que seria bom erradicar a pólio, a febre tifoide ou o câncer. Dedicam dinheiro e esforço de pesquisa para se concentrar nesses "problemas" ou objetivos. Em certo ponto, o doutor Salk e outros "resolvem" o problema da pólio. Descobrem uma solução de vírus [atenuado] que se pode dar às crianças para que elas não tenham pólio. Essa é a solução para o problema da pólio. Nesse momento, eles param de despejar grandes quantidades de dinheiro e esforço no problema da pólio e passam ao problema do câncer, ou qualquer que seja o problema do momento.

Assim, a medicina termina sendo uma ciência total, cuja estrutura é essencialmente aquela de uma cartola de mágico. Dentro dessa ciência há incrivelmente pouco conhecimento a respeito do que estou falando, quer dizer, do corpo como sistema autocorretivo, organizado sistêmica e ciberneticamente. Suas interdependências internas são mal e mal compreendidas. O que aconteceu é que o *objetivo* determinou o que chegará à inspeção ou à consciência da ciência médica.

Se permitimos que o objetivo organize aquilo que passa por nossa inspeção consciente, o que temos é uma cartola de mágico – e alguns truques serão muito valiosos. É uma conquista extraordinária que tenhamos descoberto esses truques; não estou negando isso. Mas, na realidade, ainda não sabemos uma mísera migalha sobre o sistema em rede total. Cannon escreveu um livro chamado *A sabedoria do corpo*,[4] mas ninguém nunca escreveu um livro sobre a sabedoria da ciência médica, porque é justamente isso que lhe falta, sabedoria. Chamo de sabedoria o conhecimento do sistema interativo mais amplo – aquele sistema que, caso perturbado, provavelmente gerará curvas de mudança exponenciais.

A consciência opera da mesma forma que a medicina em sua amostragem dos acontecimentos e processos do corpo e do que acontece na mente total. Ela é organizada em termos de objetivos. É um dispositivo de atalho para permitir acesso rápido ao que se deseja; não agir com a máxima sabedoria na vida, mas seguir o caminho lógico ou causal mais curto para obter o que se quer em seguida, que pode ser o jantar, uma sonata de Beethoven ou sexo. Mas, sobretudo, pode ser dinheiro ou poder.

E os senhores podem dizer: "Sim, mas vivemos dessa forma há um milhão de anos". A consciência e o objetivo são características do homem há pelo menos um milhão de anos, e podem nos caracterizar há muito mais tempo. Não estou preparado para afirmar que cães e gatos não têm consciência, e muito menos que golfinhos não têm consciência.

Então os senhores podem retrucar: "Por que se preocupar com isso?".

Mas o que me preocupa é o acréscimo da tecnologia moderna ao velho sistema. Hoje em dia, os objetivos da consciência são implementados por maquinários, sistemas de transportes, aviões, armamentos, medicina e pesticidas cada vez mais eficientes. O propósito consciente agora tem poder para perturbar os equilíbrios do corpo, da sociedade e do mundo biológico ao nosso redor. Uma patologia – uma perda de equilíbrio – nos ameaça.

Creio que muito do que nos traz aqui, hoje, está basicamente relacionado aos pensamentos que acabei de apresentar aos senhores. Por um lado, temos a natureza sistêmica do ser humano individual, a natureza sistêmica da cultura em que ele vive, e a natureza sistêmica do sistema biológico e ecológico ao redor dele; e, por outro, a curiosa reviravolta na natureza sistêmica do indivíduo humano pela qual a consciência

---

4   Walter B. Cannon, *A sabedoria do corpo* [1932], trad. Jayme Regalo Pereira. São Paulo: Companhia Editora Nacional, 1946. [N. E.]

se torna, quase que necessariamente, cega à natureza sistêmica do próprio homem. A consciência imbuída de objetivos seleciona, a partir da mente total, sequências que não possuem a estrutura em *loop* que é característica da estrutura sistêmica integral. Se formos atrás dos ditames da consciência no "senso comum", tornamo-nos efetivamente gananciosos e pouco sábios – utilizo novamente a palavra "sabedoria" para designar reconhecimento e orientação por meio do conhecimento da criatura sistêmica total.

A falta de sabedoria sistêmica é sempre punida. Podemos dizer que os sistemas biológicos – o indivíduo, a cultura, a ecologia – são em parte o sustentáculo vivo das células ou organismos que os compõem. Não obstante, porém, os sistemas castigam toda espécie insensata o bastante para brigar com a sua ecologia. Se quiserem, podem chamar as forças sistêmicas de "Deus".

Permitam-me contar um mito.

Era uma vez um jardim. O jardim continha várias centenas de espécies – provavelmente subtropicais – vivendo com grande fertilidade e equilíbrio, muito húmus, e coisa e tal. Nesse jardim, havia dois antropoides que eram mais inteligentes do que os outros animais.

Em uma árvore havia uma fruta, mas num lugar tão alto que os dois símios não eram capazes de alcançá-la. Então eles começaram a *pensar*. Esse foi o seu erro. Eles começaram a pensar com um determinado propósito.

Finalmente, o símio macho, cujo nome era Adão, pegou uma caixa vazia, colocou-a embaixo da árvore e subiu nela, mas descobriu que ainda não conseguia alcançar a fruta. Então pegou outra caixa e colocou-a em cima da primeira. Então subiu em ambas as caixas e, por fim, pegou a maçã.

Adão e Eva ficaram quase inebriados de tanta empolgação. Era *assim* que se deveriam fazer as coisas. Traça-se um plano ABC e consegue-se D.

Então eles começaram a se especializar em fazer as coisas de modo planejado. Com efeito, eles eliminaram do jardim o conceito de sua própria natureza sistêmica total e da natureza sistêmica total do jardim.

Depois que expulsaram Deus do jardim, eles começaram a trabalhar a sério naquele negócio de ter objetivos e, em pouco tempo, a camada superior do solo desapareceu. Depois disso, diversas espécies de plantas se tornaram "ervas daninhas" e alguns dos animais se tornaram "pragas"; e Adão descobriu que a jardinagem estava dando muito mais trabalho. Ele teve de ganhar o pão com o suor de seu rosto e disse: "Que Deus mais vingativo. Eu nunca deveria ter comido aquela maçã".

Além disso, ocorreu uma mudança qualitativa na relação entre Adão e Eva, depois que eles expulsaram Deus do jardim. Eva começou a sentir rancor do sexo e da reprodução. Sempre que esses fenômenos tão básicos intervinham em seu modo de vida cheio de propósitos, ela se lembrava da vida mais ampla que fora expulsa do jardim. Quanto ao parto, Eva achava o processo muito doloroso. Dizia que isso também se devia à natureza vingativa de Deus. Chegou a ouvir uma Voz que lhe dizia: "Na dor darás à luz filhos" e "Teu desejo te impelirá ao teu marido e ele te dominará".

A versão bíblica dessa história, da qual tomei muita coisa de empréstimo, não explica a extraordinária perversão de valores segundo a qual a capacidade de amar da mulher parece uma maldição infligida pela divindade.

Seja como for, Adão continuou perseguindo seus objetivos e, por fim, inventou o sistema da livre iniciativa. Por muito tempo não foi permitido que Eva participasse porque ela era mulher. Mas ela entrou para um clube de *bridge* e ali encontrou um canal de escape para sua raiva.

Na geração seguinte, houve novamente problemas com o amor. Caim, inventor e inovador, ouviu de Deus que "se não estás bem disposto não jaz o pecado à porta, como animal acuado que te espreita; podes acaso dominá-lo?".[5] Então ele matou Abel.

Uma parábola, é claro, não é um dado sobre o comportamento humano. É apenas um dispositivo explicativo. Mas incluí nela um fenômeno que parece ser quase universal quando o homem comete o erro do pensamento puramente objetivo e desconsidera a natureza sistêmica do mundo com o qual ele precisa lidar. Esse fenômeno é chamado pelos psicólogos de "projeção". O homem, afinal, agiu conforme aquilo que ele pensou ser o bom senso e agora se vê em uma grande confusão. Ele não sabe bem o que causou essa confusão e sente que o que aconteceu é, de certo modo, injusto. Ele ainda não se vê como parte do sistema no qual existe a confusão, e culpa o resto do sistema ou culpa a si próprio. Em minha parábola, Adão conjuga os dois tipos de insensatez: a noção de que "eu pequei" e a noção de que "Deus é vingativo".

Quem olhar para as situações reais em nosso mundo em que a natureza sistêmica do mundo foi ignorada em favor do propósito ou do senso comum, encontrará uma reação bastante semelhante. O presidente Johnson está muito ciente, sem dúvida, de que está lidando com

---

5   Gênesis 4,7. Bíblia de Jerusalém, op. cit. [N. T.]

uma enorme confusão, não somente no Vietnã, mas também em outras partes dos ecossistemas nacional e internacional; e tenho certeza de que, de seu ponto de vista, ele parece ter seguido seus propósitos com todo o bom senso e a confusão se deve provavelmente à perversidade dos outros ou ao seu próprio pecado, ou uma combinação de ambos, conforme o seu temperamento.

E o aspecto terrível dessas situações é que, inevitavelmente, elas abreviam o período de qualquer planejamento. A emergência está instalada ou prestes a se instalar; e a sabedoria de longo prazo deve, portanto, ser sacrificada em nome da rapidez, apesar da débil consciência de que a rapidez nunca fornecerá uma solução de longo prazo.

Além disso, já que estamos decididos a diagnosticar o maquinário que move nossa sociedade, permitam-me acrescentar um detalhe: nossos políticos – tanto os que estão cheios de poder como aqueles que estão protestando ou famintos de poder – são todos terrivelmente ignorantes quanto às questões que estou expondo. Procurem os senhores no registro do Congresso discursos que demonstrem consciência de que os problemas do governo são problemas biológicos e encontrarão raríssimos que aplicam algum *insight* biológico. É extraordinário!

Em geral, as decisões governamentais são tomadas por pessoas que são tão ignorantes dessas questões quanto os pombos. Como o famoso doutor Skinner em *The Way of All Flesh* [O caminho de toda carne],[6] eles "conjugam a sabedoria da pomba com a inocência da serpente".

Estamos aqui não apenas para diagnosticar alguns dos males do mundo, mas também para pensar sobre como remediá-los. Já sugeri que não pode haver solução simples para o que chamei de problema romano-palestino, não se apoiarmos os romanos contra os palestinos ou vice-versa. O problema é sistêmico e a solução certamente depende de dar-se conta desse fato.

Primeiro, há a humildade, e proponho isso não como um princípio moral, algo insípido para um grande número de pessoas, mas simplesmente como um elemento de filosofia científica. No período da Revolução Industrial, talvez o maior desastre tenha sido o enorme crescimento da arrogância científica. Tínhamos descoberto como fabricar trens e outras máquinas. Sabíamos como colocar uma caixa em cima da outra para pegar a maçã, e o homem ocidental se via como um autocrata com

---

6   O autor se refere a Samuel Butler, *The Way of All Flesh*. London: Grant Richards, 1903. [N. T.]

poder total sobre um universo feito de física e química. E os fenômenos biológicos seriam, no fim das contas, controlados como processos em um tubo de ensaio. A evolução era a história da aprendizagem de mais truques pelos organismos para controlar o meio ambiente; e o homem tinha truques melhores que qualquer outra criatura.

Mas essa filosofia científica arrogante é obsoleta hoje em dia e, em seu lugar, ficou a descoberta de que o homem é somente parte de sistemas maiores e que a parte jamais pode controlar o todo.

Goebbels pensou que poderia controlar a opinião pública na Alemanha com um amplo sistema de comunicações, e nossos próprios relações-públicas talvez estejam sujeitos a ilusões semelhantes. Mas, na verdade, o aspirante a controlador sempre precisa de uns espiões para lhe dizer o que as pessoas estão dizendo sobre a propaganda dele. Assim, ele fica em posição de *responder* ao que dizem dele. Quer dizer, ele não consegue exercer um controle linear simples. Não vivemos num universo no qual o controle linear simples é possível. A vida não é assim.

De forma semelhante, no campo da psiquiatria, a família é um sistema cibernético como os que estou caracterizando aqui e, geralmente, quando há uma patologia sistêmica, os membros culpam uns aos outros ou, às vezes, a si próprios. Mas a verdade é que ambas as alternativas são fundamentalmente arrogantes. Qualquer uma delas presume que o ser humano individual possui plenos poderes sobre o sistema do qual ele ou ela faz parte.

Mesmo dentro do ser humano individual, o controle é limitado. Podemos nos dispor em algum grau a aprender até mesmo características abstratas como arrogância ou humildade, mas não somos, de maneira nenhuma, os capitães da nossa alma.

É possível, no entanto, que o remédio para os males do objetivo consciente esteja no indivíduo. Existe aquilo que Freud chamou de melhor atalho para o inconsciente. Ele estava falando dos sonhos, mas creio que devemos agrupar sonhos e criatividade artística, ou percepção da arte, poesia e afins. E eu incluiria também a melhor parte da religião. O indivíduo como um todo está envolvido em todas essas atividades. O artista pode ter o objetivo consciente de vender seu quadro ou, quem sabe, o objetivo consciente de criá-lo. Mas, ao criá-lo, ele precisa necessariamente afrouxar a arrogância em benefício de uma experiência criativa na qual a sua mente consciente tem somente uma pequena participação.

Podemos dizer que, na arte criativa, o homem tem de experimentar a si mesmo – ao seu eu como um todo – como modelo cibernético.

É característico dos anos 1960 um grande número de pessoas estar procurando nas drogas psicodélicas algum tipo de sabedoria ou expansão da consciência, e creio que esse sintoma da nossa época surgiu provavelmente como uma tentativa de compensar a nossa objetividade excessiva. Mas não estou bem certo de que se pode adquirir sabedoria dessa forma. O que é necessário não é simplesmente relaxar a consciência para deixar o material inconsciente extravasar. Isso é simplesmente trocar uma visão parcial do eu por outra. Suspeito que o que é preciso é a síntese das duas visões, e isso é mais difícil.

A ligeira experiência que tive com LSD me levou a crer que Próspero estava errado quando disse que "somos feitos da mesma matéria dos sonhos".[7] Pareceu-me que o sonho puro, assim como o objetivo puro, é bem trivial. Não era a matéria de que somos feitos, mas apenas fragmentos dessa matéria. Da mesma forma, nossos propósitos conscientes também são apenas fragmentos.

A visão sistêmica é alguma coisa além disso.

---

7 William Shakespeare, *A tempestade* [1611], trad. José Francisco Botelho. São Paulo: Penguin-Companhia, 2022. [N. E.]

Efeitos do objetivo consciente na adaptação humana

"Progresso", "aprendizado", "evolução", as semelhanças e diferenças entre a evolução filogenética e a cultura, e afins, são tema de discussão há muitos anos.[1] Essas questões tornam-se novamente investigáveis à luz da cibernética e da teoria dos sistemas.

Nesta conferência, examinaremos um aspecto particular desse amplo tema, a saber, o papel da *consciência* no processo contínuo da adaptação humana.

Contemplaremos três sistemas cibernéticos ou homeostáticos: o organismo humano individual, a sociedade humana e o ecossistema maior. A consciência será considerada um importante componente na *junção* desses sistemas.

Uma questão de grande interesse científico e talvez de grave importância é se a informação processada pela consciência é adequada e apropriada para a tarefa da adaptação humana. Pode ser que a consciência contenha distorções sistemáticas de visão que, quando implementadas pela tecnologia moderna, venham a destruir os equilíbrios entre homem, sociedade e ecossistema.

Para delinear essa questão, partiremos das seguintes ponderações:

1. Todo sistema biológico e evolutivo (por exemplo, organismos individuais, sociedades animais e humanas, ecossistemas e sistemas afins) consiste de redes cibernéticas complexas, e todos esses sistemas compartilham certas características formais. Cada sistema contém subsistemas que são potencialmente regenerativos, ou seja, eles fugiriam exponencialmente ao controle caso não fossem corrigidos. (Exemplos de componentes regenerativos são as características malthusianas da

---

[1] Texto redigido como artigo opinativo para a Wenner-Gren Foundation Conference sobre "Os efeitos do objetivo consciente na adaptação humana". O autor presidiu a conferência, que foi realizada em Burg Wartenstein, na Áustria, 17 a 24 jul. 1968. [N. E.: Ver Mary Catherine Bateson (org.), *Our Own Metaphor*. New York: Knopf & Co., 1972].

população, as mudanças cismogênicas da interação social, a corrida armamentista etc.) As potencialidades regenerativas desses subsistemas geralmente são mantidas sob controle por diversos tipos de *loops* reguladores para que haja um "estado de equilíbrio". Tais sistemas são "conservadores" no sentido de que tendem a conservar a veracidade das proposições sobre os valores das variáveis que os compõem – em especial elas conservam esses valores que, não fosse por esse controle, sofreriam mudanças exponenciais. Tais sistemas são homeostáticos, ou seja, os efeitos de pequenas mudanças na entrada serão refutados e o estado de equilíbrio será mantido por ajuste *reversível*.

2. Porém, "*plus c'est la même chose, plus ça change*" ["quanto mais é a mesma coisa, mais muda"]. Essa inversão do aforismo francês parece ser a descrição mais exata dos sistemas biológicos e ecológicos. A constância de uma variável é conservada pela mudança de outras variáveis. Isso é característico do motor a vapor com regulador: a constância do ritmo da rotação é conservada por meio da alteração do fornecimento de combustível. *Mutatis mutandis*, a mesma lógica é subjacente ao progresso evolucionário: serão conservadas as alterações mutacionais que contribuem para a constância da complexa variável que denominamos "sobrevivência". A mesma lógica se aplica à aprendizagem, à mudança social etc. A veracidade persistente de certas proposições descritivas é conservada pela alteração de outras proposições.

3. Em sistemas que contêm muitos *loops* homeostáticos interconectados, as mudanças trazidas por um impacto externo podem se disseminar pelo sistema pouco a pouco. Para conservar uma determinada variável (v_1) em um determinado valor, os valores de v_2, v_3 etc. sofrem mudanças. Mas v_2 e v_3 podem eles mesmos estar sujeitos a controle homeostático ou podem estar vinculados a variáveis (v_4, v_5 etc.) que estejam sujeitas a controle. Essa homeostase de segunda ordem pode levar à mudança em v_6, v_7 etc. E assim por diante.

4. Esse fenômeno de mudança disseminante é, em sentido mais amplo, uma espécie de *aprendizagem*. A aclimatação e o vício são casos especiais desse processo. Com o tempo, o sistema se torna dependente da presença contínua daquele impacto externo original cujos efeitos imediatos foram neutralizados pela homeostase de primeira ordem.

Exemplo: sob o impacto da Lei Seca nos Estados Unidos, o sistema social norte-americano reagiu homeostaticamente para conservar a constância do fornecimento de álcool. Surgiu uma nova profissão: o *bootlegger*, o fabricante de bebida clandestina. Para controlar a profissão, houve uma mudança no sistema policial. Quando foi levantada a questão da revogação da lei, com certeza era de se esperar que o dono da destilaria ilegal e, possivelmente, a polícia fossem a favor da manutenção da Lei Seca.

5. Nesse sentido fundamental, toda mudança biológica é conservadora e toda aprendizagem é aversiva. O rato, que é "recompensado" com comida, aceita a recompensa para neutralizar as mudanças que a fome começa a induzir; e a distinção normalmente feita entre "recompensa" e "punição" depende de uma linha mais ou menos arbitrária que traçamos para delimitar o subsistema que chamamos de "indivíduo". Chamamos um evento externo de "recompensa" se ele corrige uma mudança "interna" que seria punidora. E assim por diante.

6. A consciência e o "eu" são ideias intimamente ligadas, mas as ideias (possivelmente relacionadas a premissas de território genotipicamente determinadas) são cristalizadas por essa linha mais ou menos arbitrária que delimita o indivíduo e define uma diferença lógica entre "recompensa" e "castigo". Quando vemos o indivíduo como um servossistema acoplado ao seu meio ambiente, ou como parte do sistema maior que é indivíduo + meio ambiente, toda a aparência de adaptação e objetivo é modificada.

7. Em casos extremos, a mudança precipitará ou permitirá uma fuga ou queda no caminho estabelecido ao longo das curvas potencialmente exponenciais dos circuitos regenerativos subjacentes. Isso pode ocorrer sem a destruição total do sistema. Quedas em curvas exponenciais, é claro, sempre serão limitadas, em casos extremos, pelo colapso do sistema. Salvo por esse desastre, outros fatores podem limitar a queda. É importante, porém, assinalar que existe o risco de se atingir níveis nos quais o limite é imposto por fatores em si mesmos deletérios. Wynne-Edwards já demonstrou o que todo fazendeiro sabe: uma população de indivíduos saudáveis não pode ser limitada diretamente pelo suprimento de comida. Se matar de fome fosse um método para diminuir o excesso populacional, os sobreviventes sofreriam, se não a morte, no mínimo uma deficiência nutricional severa, enquanto o suprimento de comida em si será reduzido, talvez irreversivelmente, em razão do sobrepastoreio. Em princípio, os controles homeostáticos dos sistemas biológicos devem ser ativados por variáveis que não sejam em si mesmas prejudiciais. Os reflexos da respiração são ativados não pela deficiência de oxigênio, mas pelo excesso de CO_2, que é relativamente inofensivo. O mergulhador que aprende a ignorar os sinais de CO_2 excessivo e continua o mergulho, aproximando-se da deficiência de oxigênio, corre sérios riscos.

8. O problema de acoplar sistemas autocorretivos um ao outro é crucial na adaptação do homem às sociedades e ecossistemas em que ele vive. Muito tempo atrás, Lewis Carroll fez piada com a natureza e a ordem da *aleatoriedade* criada pelo acoplamento inapropriado de sistemas biológicos. O problema, poderíamos dizer, era criar um "jogo" que deveria ser aleatório não somente no sentido estrito em que o "jogo de parear moedas" é aleatório, mas também meta-aleatório. A aleatoriedade das jogadas dos dois jogadores é restrita a um conjunto finito de alternativas conhecidas, a saber, "cara" ou "coroa", em qualquer jogada específica do jogo. Não há possibilidade de sair desse conjunto, não existe nenhuma alternativa meta-aleatória em um conjunto de conjuntos finito ou infinito.

Ao acoplar de forma imperfeita sistemas biológicos no famoso jogo de croquet, porém, Carroll cria um jogo meta-aleatório. Alice é acoplada a um flamingo e a "bola" é um porco-espinho.

Os "objetivos" (se pudermos usar esse termo) desses sistemas biológicos contrastantes são tão discrepantes que a aleatoriedade do jogo não pode mais ser delimitada por conjuntos de alternativas finitas que sejam conhecidas pelos jogadores.

A dificuldade de Alice surge do fato de ela não "compreender" o flamingo, quer dizer, ela não possui informação sistêmica a respeito do "sistema" diante dela. De forma semelhante, o flamingo não compreende Alice. Eles trabalham com propósitos conflitantes. O problema de acoplar o homem ao seu meio ambiente biológico por meio da consciência é comparável. Se a consciência carece de informação sobre a natureza do homem e do meio ambiente, ou se a informação é distorcida e selecionada de forma inadequada, o acoplamento provavelmente vai gerar uma sequência de eventos meta-aleatórios.

9. Presumimos que a consciência não é totalmente destituída de efeitos – não é mera ressonância colateral sem retroação no sistema, como um observador atrás de um espelho falso, um monitor de TV que não afeta o programa em si. Acreditamos que a consciência tem uma retroação no restante da mente e, portanto, tem efeito sobre os atos. Mas os efeitos dessa retroação são quase desconhecidos e precisam urgentemente ser investigados e validados.

10. Certamente é verdade que o conteúdo da consciência não é uma amostra aleatória de relatórios sobre o que acontece no restante da mente. Ao contrário, o conteúdo da tela da consciência é selecionado sistematicamente a partir da incrível superabundância de eventos que ocorrem na mente. Mas, das regras e preferências dessa seleção, sabe-

mos pouquíssimo. É preciso investigar a questão. Da mesma forma, as limitações da linguagem verbal exigem investigação.

11. Parece que o sistema de seleção de informação da tela da consciência tem uma relação importante com os "objetivos", a "atenção" e outros fenômenos semelhantes que também necessitam de definição, elucidação etc.

12. Se a consciência retroage no restante da mente (conforme dissemos no nono parágrafo), e se a consciência lida apenas com uma amostra enviesada dos eventos que ocorrem na mente total, então deve existir uma diferença *sistemática* (quer dizer, não aleatória) entre as visões conscientes de si mesmo e do mundo. Essa diferença só pode distorcer os processos de adaptação.

13. Sob essa luz, há uma profunda diferença entre os processos de mudança cultural e os de evolução filogenética. Neste último, presume-se que a barreira weismanniana entre o soma e o germoplasma é totalmente opaca. Não há acoplamento entre meio ambiente e genoma. Na evolução cultural e na aprendizagem individual, o acoplamento por meio da consciência está presente, é incompleto e provavelmente gera distorções.

14. Sugerimos que a natureza específica dessa distorção é tal que *a natureza cibernética do eu e do mundo tende a ser imperceptível para a consciência*, na medida em que os conteúdos da "tela" da consciência são determinados por considerações de objetivos. O argumento do objetivo tende a assumir a forma de "D é desejável; B leva a C; C leva a D; logo, D pode ser obtido por meio de B e C". Mas se a mente total e o mundo exterior não possuem em geral essa estrutura linear, ao impor-lhes essa estrutura, não enxergamos as circularidades cibernéticas do eu e do mundo externo. Nossa amostragem consciente de dados não nos revelará circuitos integrais, mas arcos de circuitos, isolados da matriz por nossa atenção seletiva. Especificamente, a tentativa de realizar uma mudança em uma variável específica, seja ela localizada no eu ou no ambiente, provavelmente será empreendida sem uma compreensão da rede homeostática que a rodeia. As considerações tecidas do primeiro ao sétimo parágrafos deste ensaio serão, portanto, ignoradas. Pode ser essencial à *sabedoria* que essa estreita visão voltada para os propósitos seja de alguma forma corrigida.

15. A função da consciência no acoplamento entre o homem e os sistemas homeostáticos ao seu redor não é, é claro, nenhum fenômeno novo. Mas há três circunstâncias que fazem da investigação desse fenômeno uma questão urgente.

16. Primeiramente, o homem tem o hábito de mudar o ambiente, em vez de mudar a si mesmo. O organismo pode fazer mudanças *ou* em si *ou* no ambiente externo quando se depara com uma variável inconstante (por exemplo, a temperatura) que ele precisa controlar. Ele pode se adaptar ao meio ambiente ou adaptar o meio ambiente a ele. Na história da evolução, a grande maioria das providências são mudanças do organismo dentro dele próprio; algumas são intermediárias, nas quais os organismos conseguiram mudar o ambiente mudando de ambiente. Em alguns poucos casos, organismos não humanos conseguiram criar microambientes ao seu redor, por exemplo, os ninhos dos himenópteros e dos pássaros, florestas de coníferas, colônias de fungos etc.

Em todos esses casos, a lógica do progresso evolutivo é voltada para os ecossistemas que sustentam *apenas* as espécies dominantes, as que controlam o meio ambiente, e seus simbiontes e parasitas.

O homem, notório modificador do meio ambiente, obtém ecossistemas de uma espécie só nas cidades, mas dá um passo além, estabelecendo ambientes especialmente para seus simbiontes. Estes, da mesma forma, também se tornam ecossistemas de uma espécie só: milharais, culturas bacterianas, granjas de aves engaioladas, colônias de ratos de laboratório etc.

17. Em segundo lugar, a razão de poder entre consciência com propósito e meio ambiente mudou radicalmente nos últimos cem anos, e o *grau* da mudança nessa razão vem aumentando rápida e visivelmente com o avanço tecnológico. O homem consciente, enquanto modificador de seu meio ambiente, está plenamente capacitado a destruir a si mesmo e ao seu meio ambiente – com a melhor das intenções conscientes.

18. Em terceiro lugar, vem acontecendo nos últimos cem anos um fenômeno sociológico peculiar, que talvez ameace isolar o propósito consciente de diversos processos corretivos. O panorama social vem se caracterizando pela existência de um grande número de entidades automaximizantes que, perante a lei, possuem status de "pessoas" – trustes, empresas, partidos políticos, sindicatos, agências financeiras e comerciais, nações e afins. O fato biológico é que essas entidades são *não* pessoas, e não são nem sequer agregados de pessoas integrais. São agregados de *partes* de pessoas. Quando o senhor Smith entra na sala de reuniões onde o conselho de sua companhia está reunido, espera-se que ele limite estreitamente seu pensamento aos objetivos específicos da empresa ou aos objetivos da parte da empresa que ele "representa". Felizmente, isso não é inteiramente possível e algumas de suas decisões

são influenciadas por ponderações que emergem das partes mais abertas e sábias de sua mente. Mas o que se espera idealmente do senhor Smith é que ele aja como uma consciência pura, sem correções – uma criatura desumanizada.

19. Para terminar, convém citar alguns dos fatores que podem atuar como corretivos – áreas dos atos humanos que não são limitadas pelas distorções estreitas do acoplamento pelo propósito consciente e nas quais a sabedoria pode prevalecer.

a) Destes, sem dúvida o mais importante é o amor. Martin Buber classificou as relações interpessoais de maneira relevante. Ele diferencia as relações "eu-você" das relações "eu-isso", definindo esta última como o padrão normal das interações entre homem e objetos inanimados. Ele também considera que o relacionamento "eu-isso" é característico das relações humanas sempre que o objetivo é mais importante que o amor. Mas se a complexa estrutura cibernética das sociedades e dos ecossistemas é, em algum grau, análoga à animação, disso decorreria que uma relação "eu-você" é concebível entre o homem e sua sociedade ou ecossistema. Sob essa luz, a formação de "grupos de sensibilidade" em muitas organizações impessoalizadas é de especial interesse.

b) As artes, a poesia, a música e as ciências humanas têm em comum o fato de serem áreas em que há mais da mente em atividade do que a mera consciência admitiria. *Le coeur a ses raisons que la raison ne connaît point*".

c) O contato entre o homem e os animais e entre o homem e o mundo natural promove – às vezes – a sabedoria.

d) Existe a religião.

20. Para concluir, lembramos que a piedade estrita de Jó, seu absoluto senso objetivo, seu senso comum e seu sucesso mundano são estigmatizados em um maravilhoso poema totêmico pela Voz que sai do Redemoinho: "Quem é esse que obscurece meus desígnios com palavras sem sentido? [...] Sabes quando parem as camurças? Ou assististes ao parto das corças?"[2]

---

2   Jó 38,2 e 39,1. Bíblia de Jerusalém, op. cit. [N. T.]

Forma, substância e diferença

Permitam-me começar dizendo que é uma grande honra e um prazer estar aqui esta noite.[1] Estou um pouco assustado ao ver todos esses rostos, porque sei que alguns dos presentes conhecem muito melhor do que eu os campos de conhecimento com os quais tive contato. É verdade que trabalhei com muitos deles e acho que posso olhar nos olhos de qualquer um dos senhores e dizer que tive contato com um campo que os senhores não tiveram. Mas tenho certeza de que há pessoas aqui muito mais especializadas do que eu em cada campo com que tive contato. Não sou tão lido em matéria de filosofia, e filosofia não é a minha especialidade. Também não sou tão lido em matéria de antropologia, e antropologia não é exatamente a minha especialidade.

Mas tentei fazer algo que interessava muito a Korzybski e que interessa a todo o movimento semântico. Refiro-me à zona de impacto entre o pensamento filosófico formal e abstrato, de um lado, e a história natural do homem e de outras criaturas, de outro. Essa área de interseção entre premissas formais e comportamento na vida real é, eu lhes asseguro, de uma importância colossal hoje em dia. O mundo em que vivemos corre o risco não apenas de desorganização de diversos gêneros, mas também de destruição de seu meio ambiente, e nós, até hoje, somos incapazes de pensar claramente sobre as relações entre um organismo e seu meio ambiente. O que é isso que chamamos de "organismo mais meio ambiente"?

Retornemos à afirmação original de Korzybski pela qual ele é famoso – a de que *o mapa não é o território*. Essa afirmação saiu de um amplo leque de pensamentos filosóficos que remonta à Grécia e veio se insinuando na história do pensamento europeu nos últimos 2 mil anos. Nessa história, houve uma espécie de dicotomia grosseira e, frequentemente, sérias controvérsias. Houve violenta inimizade e derramamento de sangue. Tudo começa, creio eu, com os pitagóricos

---

[1] Nineteenth Annual Korzybski Memorial Lecture, proferida em 9 jan. 1970, com o apoio do Institute of General Semantics. Publicada no Boletim da *General Semantics*, n. 37, 1970.

contra seus predecessores e o debate era o seguinte: "Você quer saber do que é feito – terra, fogo, água etc.?" ou: "Qual é o *padrão*?". Pitágoras defendia a investigação pelo padrão e não pela *substância*.[2] Essa controvérsia vem rendendo há eras, e o time de Pitágoras tem sido em grande medida o menos favorecido, até recentemente. Os gnósticos seguem o exemplo dos pitagóricos e os alquimistas seguem o exemplo dos gnósticos, e assim por diante. O debate chegou a uma espécie de clímax no fim do século XVIII, quando uma teoria evolucionária pitagórica foi construída e descartada – uma teoria que incluía a Mente.

A teoria evolucionária do fim do século XVIII, a teoria lamarckiana, que foi a primeira teoria transformista organizada da evolução, foi extrapolada a partir de um curioso histórico que foi descrito por Lovejoy em *A grande cadeia do ser*.[3] Antes de Lamarck, acreditava-se que o mundo orgânico, o mundo vivo, tinha uma estrutura hierárquica, em cujo topo estava a Mente. A cadeia, ou escada, passava pelos anjos, pelos homens, pelos macacos, pelos infusórios (ou protozoários) e chegava ao degrau mais baixo, as plantas e as pedras.

O que Lamarck fez foi virar essa escada de cabeça para baixo. Observou que os animais mudavam por pressão do ambiente. Ele estava errado, é claro, porque acreditava que essas mudanças eram herdadas, mas, em todo caso, essas mudanças foram para ele a comprovação da evolução. Quando ele virou a escada de cabeça para baixo, o que era a explicação, ou seja, a Mente, passou a ser o que exigia explicação. O problema agora era explicar a Mente. Ele estava convencido da evolução, e aí cessava seu interesse por ela. De forma que, se os senhores lerem a *Filosofia zoológica* (1809), vão descobrir que o primeiro terço dele é dedicado a resolver o problema da evolução e da inversão da taxonomia, e que o resto, na verdade, é dedicado à psicologia comparativa, ciência que ele fundou. Era na *Mente* que ele estava realmente interessado. Ele utilizou o hábito como um dos fenômenos axiomáticos de sua teoria da evolução e isso, é claro, também o levou ao problema da psicologia comparativa.

A mente e o padrão como princípios explicativos que demandavam investigação urgente foram excluídos do pensamento biológico nas teorias evolucionárias posteriores de Darwin, Huxley etc. Ainda havia uns

---

2   Robin G. Collingwood forneceu um relato claro da posição pitagórica em *The Idea of Nature*. London: Oxford, 1945.

3   Arthur O. Lovejoy, *A grande cadeia do ser: um estudo da história de uma ideia* [1936], trad. Aldo Fernando Barbieri. São Paulo: Palíndromo, 2005. [N. E.]

endiabrados, como Samuel Butler, que diziam que o espírito não podia ser simplesmente ignorado – mas eram vozes fracas e, diga-se de passagem, nunca se interessaram pelos organismos. Creio que Butler nunca observou nada a não ser seu próprio gato, mas, ainda assim, sabia mais a respeito de evolução do que certos pensadores mais convencionais.

Hoje, finalmente, com a descoberta da cibernética, da teoria dos sistemas, da teoria da informação e afins, começamos a dispor de uma base formal que nos permite pensar a respeito da mente e de todos esses problemas de uma forma que era totalmente heterodoxa de cerca de 1850 até a Segunda Guerra Mundial. Preciso falar como a grande dicotomia da epistemologia mudou sob o impacto da cibernética e da teoria da informação.

Hoje podemos falar – ou, pelo menos, podemos começar a falar – do que pensamos que é a mente. Nos próximos vinte anos haverá outras formas de dizê-lo e, como as descobertas são recentes, posso lhes dar apenas a minha versão pessoal. Com certeza as versões antigas estão erradas, mas quais descrições revisadas sobreviverão não sabemos.

Vamos começar pelo lado evolucionário. Hoje é empiricamente claro que a teoria evolutiva darwiniana continha um grande erro em sua identificação da unidade de sobrevivência sob a seleção natural. A unidade que se acreditava ser crucial e ao redor da qual a teoria foi estabelecida era o indivíduo reprodutor, ou a linhagem familiar, ou a subespécie, ou um conjunto homogêneo similar de congêneres. O que sugiro é que os últimos cem anos mostraram empiricamente que, se um organismo ou agregado de organismos sai a campo concentrado em sua própria sobrevivência e pensa que essa é a forma de selecionar suas ações adaptativas, seu "progresso" gerará um meio ambiente destruído. Se o organismo acaba por destruir seu ambiente, ele destrói na verdade a si mesmo. E poderemos ver facilmente esse processo chegar ao seu derradeiro *reductio ad absurdum* nos próximos vinte anos. A unidade de sobrevivência não é o organismo reprodutor, nem a linhagem familiar, nem a sociedade.

A velha unidade já foi parcialmente corrigida pelos geneticistas populacionais. Eles vêm insistindo que a unidade evolucionária na verdade não é homogênea. A população selvagem de qualquer espécie consiste sempre de indivíduos cuja constituição genética varia enormemente. Noutras palavras, a potencialidade e a prontidão para a mudança já estão incluídas na unidade de sobrevivência. A heterogeneidade da população selvagem já é metade do sistema de tentativa e erro de que precisamos para lidar com o meio ambiente.

As populações artificialmente homogeneizadas de animais e plantas domésticas do ser humano são pouquíssimo aptas à sobrevivência.

E, hoje, é necessária mais uma correção à unidade. O meio ambiente flexível precisa ser incluído com o organismo flexível porque, como já dissemos, o organismo que destrói seu meio ambiente destrói a si mesmo. A unidade de sobrevivência é um organismo flexível em ambiente flexível.

Deixarei a evolução de lado por um momento para pensar no que é a unidade da mente. Retornemos ao mapa e ao território para perguntar: "O que do território passa para o mapa?". Sabemos que o território não entra no mapa. Com esse ponto central todos aqui concordam. Agora, se o território é uniforme, não entra nada nele que esteja além de suas fronteiras – que é o ponto no qual ele deixa de ser uniforme em relação a uma matriz mais ampla. O que entra no mapa, na verdade, é a *diferença*, seja ela uma diferença de altitude, uma diferença de vegetação, uma diferença de estrutura populacional, uma diferença de superfície, ou o que seja. As diferenças são o que entra em um mapa.

Mas o que é diferença? Diferença é um conceito muito peculiar e muito obscuro. Com certeza, não é uma coisa nem um evento. Essa folha de papel é diferente da madeira desse púlpito. Existem muitas diferenças entre eles – cor, textura, forma etc. Mas caso comecemos a indagar a localização dessas diferenças, nos metemos numa encrenca. Obviamente a diferença entre o papel e a madeira não está no papel; obviamente não está na madeira; obviamente não está no espaço entre eles; e obviamente não está no tempo entre eles. (A diferença que ocorre com o tempo é aquilo que chamamos de "mudança".)

A diferença, portanto, é uma questão abstrata.

Nas ciências exatas, os efeitos em geral são causados por condições ou eventos bem concretos – impactos, forças e assim por diante. Mas quando entramos no reino da comunicação, da organização etc., deixamos para trás todo esse mundo em que os efeitos são produto de forças, impactos e trocas de energia. Entramos em um mundo em que os "efeitos" – e não tenho certeza se devemos usar a mesma palavra – são produto de *diferenças*. Ou seja, são produto daquele tipo de "coisa" que se inscreve no mapa a partir do território. Isso é diferença.

A diferença viaja do papel e da madeira até a minha retina. Ali é acusada e trabalhada por esse sofisticado maquinário computacional que existe na minha cabeça.

Toda a relação de energia é diferente. No mundo da mente, o nada – aquilo que *não* é – pode ser uma causa. Nas ciências exatas, indagamos as causas e esperamos que elas existam e sejam "reais". Mas, lembrem-se, o zero é diferente do um, e por que o zero é diferente do um, o zero pode ser causa no mundo psicológico, no mundo da comunicação. A carta que não escrevemos pode receber uma resposta furiosa; e o formulário de imposto de renda que não preenchemos pode ocasionar uma reação vigorosa dos funcionários da Receita Federal, porque eles também tomam café da manhã, almoçam, lancham e jantam e são capazes de reagir com energia derivada de seu metabolismo. A carta que nunca existiu não é fonte de energia.

Disso decorre, é claro, que precisamos alterar toda a nossa forma de pensar a respeito do processo mental e comunicacional. As analogias rasteiras da teoria energética que as pessoas emprestam das ciências exatas para servir de estrutura conceitual sobre a qual elas tentam construir teorias sobre a psicologia e o comportamento – toda essa estrutura procustiana – são um disparate. Ela está errada.

Sugiro aos senhores que a palavra "ideia", em sentido mais elementar, é sinônimo de "diferença". Kant, em *Crítica da faculdade do juízo*[4] – se é que entendi bem –, afirma que o ato estético mais elementar é a seleção de um fato. Ele argumenta que em um pedaço de giz existe um número infinito de fatos em potencial. O *Ding an sich* [a coisa em si], o pedaço de giz, jamais pode entrar na comunicação nem no processo mental por causa dessa infinitude. Os receptores sensoriais não são capazes de aceitá-lo; eles o excluem na filtragem. O que fazem é selecionar determinados *fatos* sobre o pedaço de giz, que então se tornam, segundo a terminologia moderna, informação.

Minha sugestão é que a afirmação de Kant pode ser modificada para dizer que há um infinito número de *diferenças* ao redor e dentro do pedaço de giz. Há diferenças entre o giz e o resto do universo, entre o giz e o Sol ou a Lua. E, dentro do pedaço de giz, para cada molécula existe um número infinito de diferenças entre sua localização e as localizações onde ele *poderia* ter estado. Dessa infinitude, selecionamos um número muito reduzido, que se torna informação. De fato, o que queremos dizer com informação – a unidade elementar da informação – é uma *diferença que faz diferença*, e ela é capaz de fazer diferença porque as vias neurais ao longo das quais ela trafega e é continuamente transformada recebem energia. As vias estão prontas para serem provocadas. Podemos até dizer que a pergunta já está implícita nelas.

---

4   Immanuel Kant, *Crítica da faculdade do juízo* [1790], trad. Valério Rohden e Antonio Marques. Rio de Janeiro: Forense Universitária, 2016. [N. E.]

Mas há um contraste importante entre a maioria das vias de informação dentro do corpo e a maioria das vias fora dele. As diferenças entre o papel e a madeira são inicialmente transformadas em diferenças na propagação da luz ou do som, e viajam nesse formato até minhas terminações sensoriais. A primeira parte da jornada é induzida daquela maneira convencional das ciências exatas, lá de "trás". Mas quando as diferenças entram no meu corpo após excitar uma terminação sensorial, essa forma de viagem é substituída pela viagem induzida a cada passo pela energia metabólica latente no protoplasma que *recebe*, recria ou transforma a diferença e a passa adiante.

Quando martelo a cabeça de um prego, um impulso é transmitido até a ponta dele. Mas trata-se de um erro semântico, de uma metáfora ilusória, dizer que o que viaja em um axônio é um "impulso". Poderíamos chamá-lo corretamente de "notícia de uma diferença".

Seja como for, esse contraste entre vias externas e vias internas não é absoluto. Há exceções dos dois lados da linha. Certas cadeias externas de eventos são induzidas por relês, e certas cadeias internas de eventos no corpo são induzidas de "trás". Notavelmente, a interação mecânica dos músculos pode ser usada como modelo computacional.[5]

Apesar dessas exceções, ainda é amplamente verdade que a codificação e a transmissão de diferenças fora do corpo são muito diferentes da codificação e da transmissão dentro dele, e essa diferença precisa ser mencionada porque ela pode nos induzir a erro. Geralmente consideramos o "mundo físico" exterior separado, de certo modo, do "mundo mental" interior. Creio que essa divisão se baseia no contraste entre codificação e transmissão dentro e fora do corpo.

O mundo mental – a mente, o mundo do processamento da informação – não é limitado pela pele.

Voltemos à ideia de que a transformação de uma diferença trafegando por um circuito é uma ideia elementar. Se isso está correto, perguntemo-nos o que é a mente. Dissemos que o mapa é diferente do território. Mas o que é o território? Operacionalmente, alguém vai a campo com retina e régua e cria representações no papel. O que está

---

5   É interessante notar que computadores digitais dependem de transmissão de energia "de trás" para enviar "notícias" de um relê para outro. Mas cada relê possui sua própria fonte de energia. Computadores analógicos, por exemplo, máquinas de previsão de marés e afins, em geral são totalmente movidos a energia "de trás". Qualquer um dos tipos pode ser empregado para fins computacionais.

no mapa em papel é uma representação do que estava na representação retínica do homem que desenhou o mapa; e, à medida que insistimos na questão, o que encontramos é uma regressão infinita, uma série infinita de mapas. O território nunca chega a entrar no mapa. O território é *Ding an sich* e não podemos fazer nada com ele. O processo de representação vai sempre eliminá-lo por filtragem, de modo que o mundo mental é apenas mapas de mapas de mapas, *ad infinitum*.[6] Todos os "fenômenos" são literalmente "aparências".

Ou podemos acompanhar a cadeia até mais adiante. Recebo vários tipos de mapeamentos que chamo de dados ou informação. Quando os recebo, ajo. Porém minhas ações, minhas contrações musculares são conversões das diferenças no material de entrada. E novamente recebo dados que são conversões das minhas ações. O quadro que obtemos do mundo mental, portanto, parece ter se desprendido da nossa imagem convencional do mundo físico.

Isso não é novidade. Voltemos ao contexto histórico dos alquimistas e gnósticos. Carl Jung escreveu um livro curiosíssimo que recomendo a todos. Chama-se *Septem Sermones ad Mortuos*, ou *Sete sermões aos mortos*.[7] Em suas *Memórias, sonhos, reflexões*, Jung conta que sua casa estava cheia de fantasmas, e eles eram muito barulhentos. Perturbavam a ele, perturbavam sua esposa, perturbavam as crianças. No jargão vulgar da psiquiatria, podemos dizer que todos eram psicóticos de pedra, e por bons motivos. Se ficamos confusos com nossa epistemologia, ficamos psicóticos, e Jung estava passando por uma crise epistemológica. Assim, ele se sentou na escrivaninha, pegou uma pena e começou a escrever. Logo que começou a escrever, todos os fantasmas desapareceram, e ele escreveu esse livrinho. A partir desse ponto, ele data todos os seus insights posteriores. Ele assinou esse livro como Basílides, que foi um famoso gnóstico de Alexandria, do século II.

---

6   Podemos, ainda, esclarecer a questão e dizer que, a cada etapa, à medida que a diferença se transforma e se propaga ao longo de sua via, a encarnação da diferença pré-etapa é um "território" do qual a encarnação pós-etapa é um "mapa". A relação mapa-território se conserva a cada etapa.

7   Escrito em 1916 e traduzido para o inglês por H. G. Baynes, circulou de forma restrita em 1925. Foi republicado por Stuart & Watkins e pela Random House em 1961. Em obras posteriores, Jung parece ter perdido a clareza dos *Sete sermões*. Em *Resposta a Jó*, os arquétipos são ditos "pleromáticos". É certamente verdade, no entanto, que constelações de ideias podem parecer subjetivamente com "forças" quando seu caráter ideacional não é reconhecido.

No livro, Jung afirma que existem dois mundos. Podemos chamá-los de mundos de explicação. Ele os chama de *pleroma* e *criatura*, dois termos gnósticos. O pleroma é o mundo onde os eventos são provocados por forças e impactos, e onde não existem "distinções". Ou, como eu diria, "diferenças". Na criatura, os efeitos são levados a cabo justamente por meio da diferença. Na realidade, trata-se da velha dicotomia entre mente e matéria.

Podemos estudar e descrever o pleroma, mas as distinções que fazemos são sempre atribuídas *por nós* ao pleroma. O pleroma nada sabe a respeito da diferença nem da distinção; ele não contém "ideias" no sentido em que estou usando a palavra. Quando estudamos e descrevemos a criatura, devemos identificar adequadamente as diferenças que têm efetividade dentro dela.

Creio que "pleroma" e "criatura" são palavras úteis e, portanto, vale a pena darmos uma olhada nas pontes que existem entre esses dois "mundos". É simplificar demais dizer que as "ciências exatas" só tratam do pleroma e as ciências da mente só tratam da criatura. A questão é mais complexa que isso.

Primeiro, pensemos na relação entre energia e entropia negativa. O motor térmico clássico de Carnot consiste em um cilindro de gás com um pistão. Esse cilindro entra alternadamente em contato com um recipiente de gás quente e um recipiente de gás frio. O gás no cilindro se expande ou se contrai alternadamente, conforme aquece ou esfria em contato com a fonte quente e fria. O pistão move-se assim para cima e para baixo.

Mas, a cada ciclo do motor, a *diferença* entre a temperatura da fonte quente e a da fonte fria diminui. Quando essa diferença chega a zero, o motor para.

O físico, ao descrever o pleroma, escreve equações que traduzem a diferença de temperatura em "energia disponível", que ele chama de "entropia negativa", e segue daí.

O analista da criatura percebe que o sistema é um órgão sensorial ativado pela diferença de temperatura. Ele chama essa diferença que faz diferença de "informação" ou "entropia negativa". Para ele, trata-se apenas de um caso especial em que a diferença efetiva calha de ser uma questão de energética. Ele está igualmente interessado em todas as diferenças capazes de ativar um órgão sensorial. E assume que qualquer diferença desse tipo é "entropia negativa".

Ou então pensemos no fenômeno que os neurofisiologistas chamam de "somação somática". O que se observa é que, em certos casos, quando dois neurônios, A e B, possuem conexão sináptica com um terceiro neurônio, C, o disparo dos neurônios sozinho não é suficiente para ativar C; mas quando A e B disparam simultaneamente (ou quase), seus "impulsos" combinados causam a ativação de C.

Falando em língua pleromática, essa combinação de ocorrências para ultrapassar uma barreira se chama "somação".

Mas, do ponto de vista daquele que estuda a criatura (e o neurofisiologista certamente precisa ter um pé no pleroma e o outro na criatura), isso não é em absoluto uma somação. O que acontece é que o sistema opera para criar diferenças. Existem duas *classes* diferenciadas de disparos por parte de A: os disparos que são acompanhados por B e aqueles que não são acompanhados por B. Do mesmo modo, existem duas classes de disparos por parte de B.

A "soma", ou seja, quando ambos disparam, não é um processo aditivo desse ponto de vista. É a formação de um produto lógico – é um processo de fracionamento e não de soma.

A criatura é, portanto, o mundo visto como mente, onde quer que tal visão seja adequada. E onde quer que essa visão seja adequada surge uma espécie de complexidade que está ausente da descrição pleromática: a descrição criatural é sempre hierárquica.

Já mencionei que o que passa do território para o mapa são diferenças convertidas e que essas diferenças (selecionadas de alguma forma) são ideias elementares.

Mas existem diferenças entre as diferenças. Toda diferença efetiva denota uma demarcação, uma linha de classificação, e toda classificação é hierárquica. Noutras palavras, as próprias diferenças serão também diferenciadas e classificadas entre si. Nesse contexto, falarei apenas de forma breve sobre a questão das classes de diferença, porque levar adiante a questão nos faria cair nos problemas da *Principia Mathematica*.

Permitam-me convidá-los a uma experiência psicológica, no mínimo para demonstrar a fragilidade do computador humano. Primeiro, observem que as diferenças de textura são *diferentes* (a) das diferenças de cor. Agora observem que as diferenças de tamanho são *diferentes* (b) das diferenças de formato. E que as razões são diferentes (c) das diferenças subtrativas.

Permitam-me convidá-los agora, como discípulos de Korzybski, a definir as diferenças entre "diferente (a)", "diferente (b)" e "diferente (c)". O computador da cabeça humana se atrapalha nessa tarefa. Mas as classes de diferença não são todas tão difíceis de gerir.

Todos aqui têm intimidade com uma dessas classes. Estou falando da classe de diferenças que são criadas através do processo de conversão pelo qual as diferenças imanentes do território tornam-se diferenças imanentes do mapa. No cantinho de qualquer mapa sério, vocês encontram essas regras de conversão em termos claros – geralmente em palavras. Dentro da mente humana, é absolutamente essencial reconhecer as diferenças dessa classe e, de fato, são elas o tema central da "ciência e sanidade".

Uma alucinação ou imagem onírica com certeza é uma conversão de alguma coisa. Mas do quê? E seguindo quais regras de conversão?

Por último, existe aquela hierarquia de diferenças que os biólogos chamam de "níveis". Estou falando de diferenças como as que existem entre uma célula e um tecido, entre um tecido e um órgão, um órgão e um organismo, e um organismo e uma sociedade.

São essas as hierarquias de unidades ou *Gestalten*, nas quais cada subunidade faz parte da unidade seguinte de âmbito maior. E, ainda na biologia, essa diferença ou relação que chamo "parte de" é tal que certas diferenças na parte têm um efeito informacional sobre a unidade de âmbito maior, e vice-versa.

Tendo estabelecido essa relação entre parte e todo biológicos, agora posso passar da noção de criatura como Mente em geral para a questão do que é *uma* mente.

O que quero dizer com "minha" mente?

Sugiro que a delimitação da mente individual dependa sempre dos fenômenos que queremos entender ou explicar. Obviamente, existem muitas vias de comunicação além dos limites da pele, e elas devem ser incluídas no sistema mental, com as mensagens que transportam, sempre que forem relevantes.

Pensem numa árvore, num homem e num machado. Observem que o machado se move no ar e faz cortes num talho preexistente na árvore. Se quisermos explicar esse conjunto de fenômenos, devemos nos preocupar com as diferenças na face talhada da árvore, diferenças na retina do homem, diferenças em seu sistema nervoso central, diferenças em suas mensagens eferentes neurais, diferenças no comportamento de seus músculos, diferenças no movimento do machado e até com as diferenças que o machado efetua finalmente na árvore. A nossa explicação (para certos fins) dará voltas e voltas por esse circuito. Em princípio, se queremos explicar ou entender alguma coisa a respeito do comportamento humano, temos de lidar sempre com circuitos totais, circuitos completos. Esse é o pensamento cibernético elementar.

O sistema cibernético elementar, com suas mensagens em circuito, é, na verdade, a unidade mental mais simples; e a conversão de uma diferença que trafega por um circuito é a ideia elementar. Sistemas mais complicados talvez mereçam ser chamados de sistemas mentais, mas essencialmente é disso que estamos falando. A unidade que demonstra a característica de tentativa e erro pode ser legitimamente chamada de sistema mental.

Mas e quanto a "mim"? Suponhamos que eu seja cego e use uma bengala. Vou fazendo tap, tap, tap pelo chão. Onde *eu* começo? Será que meu sistema mental é limitado pelo cabo da bengala? Será que ele é limitado pela minha pele? Será que ele começa no meio da bengala? Ou será que vai até a ponta dela? Mas essas perguntas não fazem sentido. A bengala é uma via pela qual as conversões das diferenças são transmitidas. A forma de delinear o sistema é desenhar a linha-limite de tal modo que nenhuma dessas vias seja cortada e as coisas não sejam inexplicáveis. Se o que estamos tentando explicar é um determinado comportamento, como a locomoção do homem cego, então, para esse fim, vamos precisar da rua, da bengala, do homem; da rua, da bengala, e assim por diante, sempre em círculos.

Mas quando o cego se senta para almoçar, a bengala e as mensagens da bengala não serão mais relevantes – se é o modo como ele come que queremos entender.

E, além do que eu disse para definir a mente individual, penso ser necessário incluir as partes relevantes da memória e dos "bancos" de dados. Afinal, é possível dizer até do circuito cibernético mais simples que ele tem memória de tipo dinâmico – que não se baseia em armazenamento estático e sim no transporte de informações pelo circuito. O comportamento do regulador de um motor a vapor no Tempo 2 é parcialmente determinado pelo que ele fez no Tempo 1 – nesse caso, o intervalo entre Tempo 1 e Tempo 2 é o tempo necessário para a informação completar o circuito.

Temos, assim, um panorama da mente como sinônimo de sistema cibernético – a unidade total de processamento de informação relevante que opera por tentativa e erro. E nós sabemos que dentro da Mente, em sentido mais amplo, haverá uma hierarquia de subsistemas dos quais qualquer um pode ser chamado de mente individual.

Porém, esse panorama é precisamente o mesmo a que cheguei ao discutir *a unidade da evolução*. Creio que essa identidade é a generalização mais importante que posso oferecer nesta conferência.

Ao falar de unidades de evolução, argumentei que é preciso situar, a cada passo, as vias completas fora do agregado protoplásmico, quer seja o DNA na célula, quer seja a célula no corpo, quer seja o corpo no meio ambiente. A estrutura hierárquica não é novidade. Antigamente, falávamos de indivíduo reprodutor, linhagem familiar, taxonomia e assim por diante. Hoje, cada nível da hierarquia deve ser pensado como um *sistema*, e não como um pedaço recortado e visualizado *em comparação com* a matriz que o rodeia.

Essa identidade entre a unidade da mente e a unidade da sobrevivência evolucionária é de enorme importância, não somente teórica como também ética.

Isso significa que hoje posso localizar algo que estou chamando de "Mente" imanente no grande sistema biológico – o ecossistema. Ou, se eu traçar as fronteiras do sistema em um nível diferente, a mente é imanente na estrutura evolucionária total. Se essa identidade entre unidades mentais e evolucionárias está correta no geral, então temos muita coisa para modificar na maneira como pensamos.

Primeiro vamos pensar na ecologia. Ela possui hoje duas facetas: a faceta chamada bioenergética – a economia da energia e dos materiais num recife de corais, numa floresta de sequoias ou numa cidade; e a economia da informação, da entropia, da neguentropia etc. As duas não casam muito bem justamente porque as unidades são delimitadas de forma diferente nos dois tipos de ecologia. Na bioenergética, é natural e adequado pensar em unidades delimitadas pela membrana da célula, ou pela pele; ou unidades compostas de séries de indivíduos congêneres. Tais limites são, portanto, as fronteiras nas quais podem ser feitas medições para determinar o balanço aditivo-subtrativo de energia para a unidade específica. Em contraste, a ecologia informacional ou entrópica trata do balanço das vias e da probabilidade. Os orçamentos resultantes são fracionantes (e não subtrativos). As fronteiras precisam cercar e não cortar as vias relevantes.

Além do mais, o próprio significado de "sobrevivência" é diferente quando paramos de falar da sobrevivência de algo limitado pela pele e começamos a pensar na sobrevivência do sistema de ideias em circuito. O conteúdo da pele se torna aleatório com a morte, assim como as vias dentro da pele. Mas as ideias, após novas transformações, podem sair para o mundo em livros ou obras de arte. Sócrates enquanto indivíduo bioenergético está morto, mas boa parte dele ainda vive como componente da ecologia contemporânea das ideias.[8]

---

8   Devo a expressão "ecologia das ideias" ao ensaio de Sir Geoffrey Vickers, "The Ecology of Ideas", in *Value Systems and Social Process*. New York: Basic, 1968. Para uma discussão mais formal sobre a sobrevivência das ideias, ver

Também está claro que a teologia muda e talvez ressurja renovada. As religiões mediterrâneas hesitam entre imanência e transcendência há 5 mil anos. Na Babilônia, os deuses eram transcendentes nos cumes das montanhas; no Egito, havia um deus imanente no faraó; e o cristianismo é uma complexa combinação dessas duas crenças.

A epistemologia cibernética que apresentei aqui parece indicar um novo caminho. A mente individual é imanente, mas não apenas no corpo. É imanente também nas vias e mensagens fora do corpo; e há uma Mente maior da qual a mente individual é apenas um subsistema. Essa Mente maior é comparável a Deus e talvez seja o que algumas pessoas queiram dizer com "Deus", mas ainda assim é imanente no sistema social e na ecologia planetária totais e interconectados.

A psicologia freudiana expandiu o conceito de mente para dentro, incluindo todo o sistema de comunicação dentro do corpo – o autônomo, o habitual e a grande amplitude de processos inconscientes. O que estou dizendo expande a mente para fora. E essas duas mudanças reduzem a alçada do eu consciente. Uma certa humildade passa a ser de bom-tom, temperada pela dignidade ou alegria de fazer parte de algo muito maior. Parte de – se assim quisermos – Deus.

Se colocarmos Deus do lado de fora, frente a frente com sua criação, e se tivermos a ideia de que fomos criados à sua imagem, é lógico e natural nos vermos separados das coisas ao nosso redor e em comparação com elas. E se reclamarmos toda a mente para nós, veremos o mundo ao nosso redor como sem inteligência e, portanto, sem direito a considerações morais ou éticas. O meio ambiente parecerá ser nosso, para o explorarmos ao nosso bel-prazer. Nossa unidade de sobrevivência seremos nós mesmos e nossa família, ou congêneres, contra o meio ambiente de outras unidades sociais, contra outras raças, feras e vegetais.

Se essa é a avaliação que fazemos da nossa relação com a natureza *e se possuímos uma tecnologia avançada*, nossa probabilidade de sobrevivência é a mesma de uma bola de neve no inferno. Vamos morrer por causa do lixo tóxico do nosso próprio ódio ou simplesmente pelo excesso de população e de pastoreio. A matéria bruta do mundo é finita.

Se eu estiver certo, tudo o que pensamos sobre o que somos nós e as outras pessoas precisa ser reestruturado. Não tem a menor graça e

---

as observações de Gordon Parks na Wenner-Gren Conference, "Effects of Conscious Purpose on Human Adaptation", 1968.

eu não sei quanto tempo temos para resolver esse problema. Se continuarmos a funcionar com as premissas que estavam na moda na era pré-cibernética, e que foram especialmente salientadas e reforçadas durante a Revolução Industrial, que parecia validar a unidade de sobrevivência darwiniana, podemos ter vinte ou trinta anos até que o *reductio ad absurdum* lógico das nossas velhas ideias nos destrua. Ninguém sabe quanto tempo temos no sistema atual antes que um desastre nos atinja, um desastre mais sério do que a destruição de qualquer grupo de nações. A tarefa mais importante hoje é, talvez, aprender a pensar dessa forma nova. Permitam-me dizer que *eu* não sei como pensar dessa forma. Intelectualmente, posso chegar aqui e apresentar um problema de forma ponderada; mas quando estou cortando uma árvore, ainda penso que "Gregory Bateson" está cortando a árvore. *Eu* estou cortando a árvore. "Eu mesmo", para mim, ainda é um objeto excessivamente concreto, diferente do resto do que eu venho chamando de "mente".

O passo que falta para percebermos – tornar habitual – a outra forma de pensar – de modo que pensemos naturalmente dessa forma quando estendemos a mão para pegar um copo d'água ou cortar uma árvore –, esse passo não é fácil.

E, falando sério, sugiro aos senhores que não confiemos nas decisões políticas que emanam de quem ainda não possui esse hábito.

Há experiências e disciplinas que podem me ajudar a imaginar como seria ter esse hábito de pensamento correto. Sob a influência do LSD, experimentei, como tantas outras pessoas, a desaparição da divisão entre o eu e a música que eu estava escutando. O perceptor e a coisa percebida ficaram estranhamente mesclados em uma só entidade. Com certeza, esse estado parece mais correto do que o estado no qual parece que "eu ouço a música". O som, afinal, é *Ding an sich*, mas a minha percepção dele faz parte da mente.

Dizem que Johann Sebastian Bach, quando alguém lhe perguntou como ele conseguia tocar tão divinamente, respondeu: "Toco as notas em ordem, como estão escritas. É Deus quem faz a música". Mas só uma pequena parte de nós pode alegar ter essa epistemologia correta de Bach – ou de William Blake, que sabia que a Imaginação Poética era a única realidade. Os poetas sabem dessas coisas há séculos, mas o resto de nós se perdeu em uma falsa reificação do "eu" e em separações entre o "eu" e a "experiência".

Para mim, outra pista – outro momento em que a natureza da mente se tornou clara – veio à luz por ocasião dos famosos experimentos de Adelbert Ames Jr. Trata-se de ilusões de ótica na percepção de profundidade. Como cobaia de Ames, descobre-se que os processos mentais pelos quais criamos o mundo em perspectiva tridimensional estão dentro de nossa mente, mas são totalmente inconscientes e totalmente fora de nosso controle voluntário. É claro, todos sabemos que as coisas funcionam assim – que a mente cria as imagens que "nós" vemos depois. Mas ainda assim é um profundo choque epistemológico experimentar diretamente algo que sempre soubemos.

Peço encarecidamente que não me entendam mal. Quando digo que os poetas sempre souberam dessas coisas ou que a maior parte do processo mental é inconsciente, não estou defendendo um maior uso da emoção nem um menor uso do intelecto. É claro, se o que estou dizendo aqui tem algo de verdade, nossas ideias sobre a relação entre pensamento e emoção precisam ser revisadas. Se os limites do "ego" estão incorretos ou talvez sejam totalmente fictícios, pode ser insensato ver nossas emoções, sonhos ou computações inconscientes de perspectiva como egodistônicas.

Vivemos uma estranha época, em que muitos psicólogos tentam "humanizar" sua ciência pregando um evangelho anti-intelectual. Eles podem, com a mesma sensibilidade, tentar fisicalizar a física descartando as ferramentas matemáticas.

É a tentativa de *separar* o intelecto da emoção que é monstruosa, e sugiro que é igualmente monstruoso – e perigoso – tentar separar a mente externa da interna. Ou separar a mente do corpo.

Blake observou que a "lágrima é uma coisa intelectual" e Pascal assegurou que o "coração tem *razões* que a própria razão desconhece". Não precisamos nos desalentar pelo fato de que os raciocínios do coração (ou do hipotálamo) são acompanhados de sensações de júbilo ou tristeza. Esses cômputos dizem respeito a questões que são vitais para os mamíferos, a saber, questões de *relação*, com isso quero dizer amor, ódio, respeito, dependência, contemplação, exibição, dominação e assim por diante. Todos são centrais na vida de qualquer mamífero e não faço objeção a chamar esses cômputos de "pensamentos", embora certamente as unidades de computação relacional sejam diferentes das unidades que usamos para computar coisas isoláveis.

Mas existem pontes entre um e outro tipo de pensamento, e me parece que os artistas e os poetas lidam especificamente com essas pontes. Não é que a arte seja a expressão do inconsciente, mas sim que ela se ocupa da relação *entre* os níveis de processo mental. A partir de uma obra de arte pode ser possível analisar pensamentos inconscientes do artista, mas creio que, por exemplo, a análise de Freud de *A Virgem e o Menino com*

Sant'Ana, de Leonardo da Vinci, é totalmente míope para as sutilezas do exercício. A técnica artística é a combinação em vários níveis mentais – inconscientes, conscientes e externos – para fazer uma declaração a respeito de sua combinação. Não é uma questão de expressar um único nível.

De forma semelhante, Isadora Duncan, quando disse: "Se eu pudesse dizê-lo, não precisaria dançá-lo", disse uma bobagem, porque sua dança tratava de combinações entre dizeres e movimentos.

De fato, se algo do que eu disse é remotamente correto, toda a base da estética precisará ser reexaminada. Parece que vinculamos sentimentos não só aos cômputos do coração, como também aos cômputos nas vias externas da mente. É quando reconhecemos as operações da criatura no mundo exterior que tomamos ciência da "beleza" ou da "feiura". A "prímula na beira do rio" é bela porque estamos cientes de que a combinação de diferenças que constitui sua aparência só poderia ser obtida através do processamento de informações, ou seja, através do *pensamento*. Reconhecemos outra mente dentro de nossa própria mente exterior.

E, por último, há a morte. É compreensível que, em uma civilização que separa corpo e mente, devamos tentar esquecer a morte ou fabricar mitologias sobre a sobrevivência da mente transcendente. Mas se a mente é imanente não apenas nas vias de informação que estão localizadas dentro do corpo, mas também nas vias externas, então a morte tem outro aspecto. O nexo individual de vias que chamo de "eu" não é mais tão precioso porque esse nexo é apenas parte de uma mente mais ampla.

As ideias que pareceram ser minhas podem também se tornar imanentes em vocês. Que elas sobrevivam – caso sejam verdadeiras.

Comentário

No ensaio final desta parte, "Forma, substância e diferença", muito do que foi dito em partes anteriores do livro se esclarece. Em suma, o que foi dito equivale ao seguinte: que além de (e sempre em conformidade com) o determinismo físico familiar que caracteriza nosso universo, há um determinismo mental. Esse determinismo mental não é de forma alguma sobrenatural. Ao contrário, é da própria natureza do mundo macroscópico[1] exibir características mentais. O determinismo mental não é transcendente, mas imanente e é especialmente complexo e evidente naquelas partes do universo que estão vivas ou incluem coisas vivas.

Mas o pensamento ocidental é tão moldado pela premissa da divindade transcendente que que é difícil para muita gente repensar suas teorias em termos de imanência. Até mesmo Darwin se referia ocasionalmente à seleção natural com expressões que quase atribuíam ao processo as características de transcendência e objetivo.

Pode valer a pena, portanto, fazer um esboço radical da diferença entre a crença na transcendência e na imanência.

Imagina-se que a mente ou a divindade transcendente é pessoal e onisciente, que é receptora de informação por meio de canais separados do terreno. Esse Ser vê uma espécie agindo de formas que podem prejudicar sua ecologia e, triste ou irado, nos envia a guerra, a praga, a poluição e a precipitação radioativa.

A mente imanente obteria o mesmo resultado, no fim das contas, mas sem tristeza nem ira. A mente imanente não tem canais separados ou extraterrenos pelos quais pode conhecer ou atuar e, assim, não consegue sentir emoções independentes nem fazer comentários de avaliação independente. A volição imanente difere da transcendente por seu maior determinismo.

---

[1] Não concordo com Samuel Butler, Whitehead ou Teilhard de Chardin que decorre desse caráter mental do mundo macroscópico que as partículas individuais devem ter caráter mental ou potencialidade. Vejo o mental somente como uma função de *relação* complexa.

São Paulo (Gálatas 6,7) disse: "de Deus não se zomba"[2] e, da mesma forma, a mente imanente não é nem vingativa nem piedosa. De nada vale inventar desculpas; da mente imanente "não se zomba".

Mas como nossas mentes – e isso inclui nossas ferramentas e ações – são somente partes de uma mente maior, seus cômputos podem ser confundidos por nossas contradições e confusões. Como ela inclui nossa insânia, a mente imanente está inevitavelmente sujeita a uma possível insanidade. Está em nosso poder, com nossa tecnologia, gerar insanidade no sistema mais amplo do qual formamos parte.

Na última seção do livro, vou examinar alguns desses processos mentalmente patogênicos.

---

2 Bíblia de Jerusalém, op. cit. [N. T.]

PARTE VI

Crise na ecologia da mente

De Versalhes à cibernética

Preciso falar da história recente, como ela pareceu para mim, para a minha geração, e para vocês, para a geração de vocês.[1] Assim que o avião pousou hoje de manhã, certas palavras começaram a ecoar na minha mente. Eram expressões mais impactantes do que qualquer outra que eu pudesse escrever. Um desses grupos de palavras era: "Os pais comeram uvas verdes e os dentes dos filhos se embotaram".[2] Outro era a frase de Joyce de que "a história é o pesadelo do qual é impossível acordar".[3] Outro era "puno a iniquidade dos pais sobre os filhos, até a terceira e a quarta geração dos que me odeiam".[4] E por fim, não sendo imediatamente relevante, mas ainda assim acho relevante para o problema do mecanismo social: "Quem faz o bem ao outro deve fazê-lo nos mínimos detalhes. O Bem Geral é a justificativa do imoral, do hipócrita e do falso".[5]

Estamos falando de coisas sérias. Intitulei esta palestra: "De Versalhes à cibernética", citando os dois eventos históricos do século XX. A palavra "cibernética" é familiar, não? Mas quantos de vocês sabem o que aconteceu em Versalhes em 1919?

A questão é: *o que* será considerado importante na história dos últimos sessenta anos? Tenho 62 anos e, quando comecei a pensar a respeito do que vi da história em minha vida, me pareceu que testemunhei só dois momentos que se qualificariam como realmente importantes do ponto de vista do antropólogo. O primeiro foram os eventos que levaram ao Tratado de Versalhes e o segundo foi o avanço da cibernética. Talvez vocês estejam surpresos ou chocados por eu não ter citado a bomba atômica, ou até mesmo a Segunda Guerra Mundial.

---

1   Palestra proferida em 21 abr. 1966, no Two Worlds Symposium, Sacramento State College.

2   Jeremias 31,29. Bíblia de Jerusalém, op. cit. [N. T.]

3   A frase original é "a história é o pesadelo do qual estou tentando acordar". [N. T.]

4   Deuteronômio 5,9. Bíblia de Jerusalém, op. cit. [N. T.]

5   *"He who would do good to another, must do it in minute particulars./ General good is the plea of the scoundrel, hypocrite and flatterer"* (William Blake, *Jerusalém* [1815], trad. Saulo Alencastre. São Paulo: Hedra, 2010). [N. T.]

Não mencionei a disseminação do automóvel, nem a do rádio e da TV, nem muitas outras coisas que ocorreram nos últimos sessenta anos.

Vou falar do meu critério de importância histórica.

Mamíferos em geral, inclusive nós, dão profunda importância não a episódios, mas a padrões em suas relações. Quando você abre a porta da geladeira e a gata chega perto de você e faz determinados sons, ela não está falando de fígado ou peixe, embora você talvez saiba muito bem que é isso que ela quer. Você talvez consiga acertar e dar a ela o que ela quer – se tiver na geladeira. O que ela diz, na realidade, é algo a respeito da relação entre ela e você. Se você traduzisse a mensagem dela em palavras, seria algo como "dependência, dependência, dependência". Ela está falando, na verdade, de um padrão muito abstrato dentro da relação. A partir dessa asserção do padrão, espera-se que você vá do geral para o específico – para deduzir "leite" ou "fígado".

Isso é o essencial. Os mamíferos se resumem a isso. Eles se preocupam com padrões na relação, com posições de amor, ódio, respeito, dependência, confiança e abstrações similares, em relação a outra pessoa. É por isso que dói quando estamos errados. Se confiamos e depois descobrimos que aquilo em que confiamos não é digno de confiança, ou se desconfiamos e depois descobrimos que aquilo de que desconfiamos é digno de confiança, nós nos sentimos *mal*. Os seres humanos e todos os outros mamíferos podem sentir uma dor pungente quando cometem esse tipo de erro. Portanto, se queremos mesmo conhecer os pontos significativos da história, temos de perguntar quais são os momentos históricos nos quais os comportamentos mudaram. É nesses momentos que as pessoas se magoam por causa dos seus antigos "valores".

Pensemos no termostato de casa. A temperatura muda lá fora, a temperatura dentro de casa cai, o sensor do termômetro na sala faz o que tem de fazer e liga o aquecimento; a casa aquece e, quando está adequadamente quente, o sensor do termômetro desliga o aquecimento. Esse sistema é aquele chamado circuito homeostático ou servocircuito. Mas também existe uma caixinha na parede na qual você *ajusta* o termostato. Se a casa tem estado muito fria, temos de aumentar a temperatura do termostato em relação ao nível atual para fazer o sistema oscilar em torno de um novo nível. Nenhum tipo de clima, quente ou frio, vai mudar esse ajuste, que chamamos de "viés" do sistema. A temperatura da casa oscilará, ficando mais quente ou mais fria conforme as circunstâncias, mas o ajuste do mecanismo não será modificado por essas mudanças. Mas quando *nós* mudamos esse viés, *nós* mudamos o que podemos chamar de "comportamento" do sistema.

De forma similar, a pergunta que importa sobre a história é: o viés ou o ajuste foram modificados? A resolução episódica dos eventos em um único ajuste estacionário é, na realidade, trivial. Foi com isso em mente que afirmei que os dois eventos históricos mais importantes durante a minha vida foram o Tratado de Versalhes e a descoberta da cibernética.

A maioria de vocês deve ter ouvido pouco sobre como o Tratado de Versalhes se materializou. A história é muito simples. A Primeira Guerra Mundial se arrastava a não poder mais; os alemães estavam visivelmente perdendo. Nesse ponto, George Creel, porta-voz do governo – e quero que vocês não se esqueçam de que esse homem é o avô das relações-públicas modernas – teve uma ideia: talvez os alemães se rendessem, caso lhes oferecêssemos um armistício mais brando. Assim, ele esboçou um conjunto de termos segundo os quais não haveria medidas punitivas. Esses termos foram resumidos em catorze pontos. Ele passou esses catorze pontos para o presidente Wilson. (Se é para enganar alguém, é melhor mandar o recado por um homem honesto.) O presidente Wilson era honesto a níveis quase patológicos, além de filantropo. Ele elaborou os pontos em uma série de discursos: não haveria "nenhuma anexação, nenhuma contribuição, nenhuma indenização punitiva..." e assim por diante. E os alemães se renderam.

Nós, britânicos e norte-americanos – mas especialmente os britânicos – mantivemos o bloqueio militar na Alemanha porque não queríamos que eles pusessem as manguinhas de fora antes de assinar o tratado. E assim, durante outro ano, eles continuaram a passar fome.

A Conferência de Paz foi vividamente descrita por Maynard Keynes em *As consequências econômicas da paz* (1919).[6]

Finalmente, o tratado foi esboçado por quatro homens: "o tigre" Clemenceau, que queria esmagar a Alemanha; Lloyd George, que achava que seria politicamente oportuno arrancar muitas reparações da Alemanha e um pouco de vingança; e Wilson, que teve de ser ludibriado para participar. Sempre que Wilson tinha uma crise de consciência por causa dos catorze pontos, eles o levavam aos cemitérios de guerra e o faziam sentir vergonha por não estar com raiva dos alemães. Quem era o quarto homem? O quarto era Orlando, o italiano.

Esse foi um dos maiores atos de corrupção pessoal da história da nossa civilização. Um fato extraordinário que levou quase direta e ine-

---

6   John Maynard Keynes, *As consequências econômicas da paz* [1919], trad. Sérgio Bath. São Paulo/Brasília: Imprensa Oficial/Ed. UnB, 2002]. [N. E.]

vitavelmente à Segunda Guerra Mundial. Mas também levou (e talvez isso seja mais interessante do que a Segunda Guerra) à total desmoralização da política germânica. Se você promete uma coisa ao seu filho e depois não a dá, inserindo a coisa toda num plano altamente ético, provavelmente descobrirá que não só ele vai sentir muita raiva de você, mas também que as atitudes morais *dele* se degradarão enquanto sentir os reflexos da injustiça que você está cometendo contra ele. Não apenas a Segunda Guerra Mundial foi uma reação adequada de uma nação injustiçada, mas também – e mais importante aqui – era de se esperar a desmoralização dessa nação após o tratamento que recebeu. Com a desmoralização da Alemanha nós também nos desmoralizamos. É por isso que digo que o Tratado de Versalhes foi um ponto de virada no que tange às nossas atitudes.

Imagino que ainda teremos outro par de gerações sofrendo e lidando com as ondas de choque desse naufrágio moral. Nós somos, na verdade, como a casa de Atreu na tragédia grega. Primeiro Tiestes comete adultério, depois Atreu assassina dois dos três filhos de Tiestes e os serve a Tiestes num banquete para comemorar a paz. Então Agamenon, filho de Atreu, é assassinado por Egisto, filho de Tiestes; e, por fim, Egisto é assassinado por Clitemnestra e Orestes.

E isso não tem mais fim. A tragédia da desconfiança, do ódio e da destruição oscilantes e autopropagantes contamina geração após geração.

Quero que vocês se imaginem no meio de uma dessas tragédias. Como se sentiu a geração intermediária da casa de Atreu? Eles vivem num universo de loucos. Do ponto de vista dos que começaram a confusão, não é loucura; eles sabem o que aconteceu e como chegaram àquele ponto. Mas os descendentes, que não assistiram ao começo de tudo, se veem num universo de loucos e se sentem loucos, precisamente porque não sabem como chegaram àquele ponto.

Está tudo certo se você toma LSD e tem a experiência de ficar mais ou menos louco, mas aí as coisas vão fazer certo sentido porque você *sabe* que tomou LSD. Se, por outro lado, você toma LSD por acidente e descobre que está louco, sem saber como chegou lá, essa experiência é terrível, aterrorizante. Será uma experiência bem mais séria, terrível, muito diferente da viagem que poderia desfrutar se soubesse que tomou LSD.

Pensem agora na diferença entre a minha geração e a de vocês, que têm menos de 25 anos. Todos nós vivemos no mesmo universo louco em que ódio, desconfiança e hipocrisia remetem (especialmente em nível internacional) aos catorze pontos e ao Tratado de Versalhes.

Nós, os mais velhos, sabemos como chegamos aqui. Lembro do meu pai lendo os catorze pontos à mesa do café da manhã e dizendo: "Minha nossa, eles vão mesmo oferecer um armistício decente, uma paz decente", ou algo do gênero. E também me lembro, mas não vou verbalizar, o que ele disse quando o Tratado de Versalhes saiu. É impublicável. Então eu sei mais ou menos como chegamos aqui.

Mas, do ponto de vista de vocês, estamos absolutamente loucos e vocês não sabem que evento histórico nos levou a essa loucura. "Os pais comeram uvas verdes e os dentes dos filhos se embotaram." Para os pais está tudo bem, eles sabem muito bem o que comeram. Os filhos não sabem o que foi ingerido.

Vamos ponderar o que se deve esperar das pessoas após um grande logro. Antes da Primeira Guerra Mundial, presumia-se em geral que concessões e um pouco de hipocrisia eram ingredientes muito importantes para o conforto do dia a dia. Se vocês já leram *Erewhon Revisited*,[7] por exemplo, sabem do que estou falando. Todos os personagens principais do romance estão em terríveis apuros: alguns estão prestes a ser executados, outros estão prestes a ser objeto de escândalo público e o sistema religioso da nação está sob ameaça de colapso. Essas tragédias e confusões são amenizadas pela senhora Ydgrun (ou, como diríamos, "senhora Grundy"), a guardiã da moral erewhoniana. Ela reconstrói cuidadosamente a história, tal como um quebra-cabeças, de forma que ninguém fique magoado nem caia em desgraça – muito menos seja executado. É uma filosofia muito confortável. Um pouco de hipocrisia e um pouco de concessão azeitavam as engrenagens da vida social.

Mas, após o grande logro, essa filosofia é insustentável. Temos certeza absoluta de que algo está errado; e que esse "algo errado" tem a natureza de um logro, de uma hipocrisia. Vivemos na corrupção absoluta.

É claro que a reação natural é puritana. Não o puritanismo sexual, porque não se trata de um logro sexual. É um puritanismo extremo contra a concessão, contra a hipocrisia, e isso acaba reduzindo a vida a pedacinhos. As grandes estruturas integradas da vida parecem ter acarretado a insânia, então tentamos nos concentrar nas pequenas coisas. "Quem faz o bem ao outro deve fazê-lo nos mínimos detalhes. O Bem Geral é a justificativa do imoral, do hipócrita e do falso." O bem geral cheira a hipocrisia para a geração atual.

---

7   Romance satírico do escrito britânico Samuel Butler (1835–1902). [N. T.]

Não duvido que, se vocês pedissem a George Creel que justificasse os catorze pontos, ele invocaria o bem geral. É possível que aquela pequena operação que ele executou tenha salvado milhares de norte-americanos em 1918. Não sei quantas custou na Segunda Guerra Mundial e, desde então, na Coreia e no Vietnã. Lembro que Hiroshima e Nagasaki foram justificadas em nome do bem geral e da vida dos norte-americanos. Falou-se muito em "rendição incondicional", talvez porque não podíamos confiar em nós mesmos para honrar um armistício condicional. Será que o destino de Hiroshima foi selado em Versalhes?

Agora quero falar do outro evento histórico significativo que aconteceu durante a minha vida, por volta de 1946–47. Trata-se da aglutinação e fermentação de uma série de ideias que haviam se desenvolvido em diferentes lugares durante a Segunda Guerra Mundial. Podemos chamar esse agregado de ideias de cibernética, ou teoria das comunicações, ou teoria das informações, ou teoria dos sistemas. As ideias nasceram em diferentes lugares: em Viena, com Bertalanffy; em Harvard, com Wiener; em Princeton, com Von Neumann; nos laboratórios da Bell Telephone, com Shannon; em Cambridge, com Craik etc. Todos esses desenvolvimentos isolados, em diferentes centros intelectuais, tratavam de problemas relativos à comunicação, especialmente o problema do que é um sistema organizado.

Vocês hão de observar que tudo o que eu disse sobre a história e Versalhes é uma discussão sobre sistemas organizados e suas propriedades. Agora, quero dizer que estamos elaborando, em certa medida, uma compreensão cientificamente rigorosa desses misteriosos sistemas organizados. Hoje, nosso conhecimento vai muito além do que George Creel possa ter dito. Ele foi um cientista aplicado muito tempo antes de a ciência estar pronta para ser aplicada.

Uma das raízes da cibernética remonta a Whitehead e Russell e ao que chamamos de teoria dos tipos lógicos. Em princípio, o nome não é a coisa nomeada, e o nome do nome não é o nome, e assim por diante. Nos termos dessa importante teoria, uma mensagem *sobre* a guerra não faz parte *da* guerra.

Coloquemos a coisa da seguinte maneira: a mensagem "vamos jogar xadrez" não é uma jogada do jogo de xadrez. É uma mensagem em uma linguagem mais abstrata que a linguagem do jogo no tabuleiro. A mensagem "vamos fazer as pazes nos termos x e y" não está dentro do mesmo sistema ético que os logros e truques da batalha. Dizem que vale tudo no amor e na guerra, e isso pode até ser verdade *dentro* do amor e da guerra, mas, fora deles, a ética é um pouco diferente. Há séculos, os homens têm o sentimento de que a traição na trégua ou num tratado de paz é pior do que o logro em uma batalha. Hoje, esse princípio ético conta com uma fundamentação teórico-científica rigorosa. A ética pode ser examinada de maneira formal, rigorosa, lógica, matemática e tudo o mais, e repousa sobre uma base diferente das prédicas meramente invocativas. Não precisamos andar às cegas; às vezes é possível *distinguir* o certo do errado.

Cito a cibernética como o segundo evento histórico de importância na minha vida porque tenho pelo menos uma tênue esperança de que podemos usar essa nova compreensão com alguma honestidade. Se entendemos ao menos um pouco do que estamos fazendo, talvez isso nos ajude a descobrir como sair do labirinto de alucinações que criamos ao nosso redor.

A cibernética é, de qualquer modo, uma contribuição para a mudança – não simplesmente uma mudança de atitude, mas sobretudo uma mudança no entendimento do que é uma atitude.

A posição que assumi ao selecionar os fatos que julgo importantes na história – dizer que as coisas importantes são os momentos em que a atitude é determinada, os momentos em que o viés do termostato é mudado –, essa posição deriva diretamente da cibernética. Esses pensamentos foram moldados pelo que aconteceu de 1946 em diante.

Mas nada vem de graça. Hoje temos muita cibernética, muita teoria dos jogos e começamos a compreender os sistemas complexos. Mas toda compreensão pode ser utilizada de forma destrutiva.

Creio que a cibernética é a maior mordida que a humanidade já deu no fruto da Árvore do Conhecimento nos últimos 2 mil anos. Mas a maioria das mordidas na maçã acabou numa baita indigestão – geralmente por motivos cibernéticos.

A cibernética é íntegra em si própria para nos ajudar a não nos deixar seduzir por ela e fazer mais loucuras, mas não podemos nos fiar *nela* para ficar longe do pecado.

Por exemplo, os ministérios das relações exteriores de diversos países estão utilizando a teoria dos jogos, com o apoio de computadores, para tomar decisões em matéria de política internacional. Primeiro identificam quais parecem ser as regras do jogo na interação internacional; em seguida, consideram a distribuição de forças, armas, pontos estratégicos, rancores etc. a partir da geografia e das nações envolvidas. Por fim, perguntam ao computador qual deve ser a próxima jogada para minimizar as chances de perder o jogo. O computador mastiga, resfolega e cospe uma resposta, e há certa tentação em obedecer a ele. Afinal, se seguirmos o que diz o computador, seremos um pouco *menos responsáveis* do que seríamos se tivéssemos tomado nós mesmos a decisão.

Mas se fizermos o que o computador aconselha, afirmamos por essa jogada que apoiamos *as regras do jogo* com que programamos o computador. Acabamos de reafirmar as regras do jogo.

Sem dúvida, as nações no outro polo também têm computadores e também estão jogando a mesma partida, e estão afirmando as regras do jogo com que estão programando seus computadores. O resultado é um sistema em que as regras de interação internacional se tornam cada vez mais rígidas.

Minha tese é que o que está errado no campo das forças internacionais é que as *regras* precisam mudar. A questão não é o que seria melhor fazer de acordo com as regras do presente. A questão é como podemos escapar das regras de acordo com as quais estamos funcionando nos últimos dez ou vinte anos, ou desde o Tratado de Versalhes. O problema é *mudar* as regras, e na medida em que deixamos nossas invenções cibernéticas – os computadores – nos levar a situações cada vez mais rígidas, estamos na verdade maltratando e abusando do primeiro avanço a nos dar esperança desde 1918.

E, é claro, existem outros perigos latentes na cibernética e muitos não foram nem identificados. Não sabemos, por exemplo, que efeitos pode ter a digitalização de todos os dossiês do governo.

Mas uma coisa é certa: também são latentes na cibernética os meios de obtermos uma nova perspectiva, talvez mais humana, um meio de mudar nossa filosofia de controlar e enxergar nossas próprias loucuras sob uma perspectiva mais ampla.

Patologias da epistemologia

Em primeiro lugar, quero que vocês me acompanhem em um pequeno experimento.[1] Levantem as mãos, por favor. Quantos aqui concordam que *vocês estão me vendo*? Estou contando uma porção de mãos – talvez a loucura seja contagiosa. É claro que *vocês* "na realidade" não *me* veem. O que vocês "veem" são unidades de informação sobre mim que vocês sintetizam em uma imagem pictorial de mim. Vocês fabricam essa imagem. Simples assim.

A afirmação "eu vejo vocês" ou "vocês me veem" é uma afirmação que comporta o que vou chamar de "epistemologia". Contém suposições a respeito do modo como obtemos informações, o que é a informação e assim por diante. Quando vocês dizem que me "veem" e inocentemente levantam a mão, na verdade estão concordando com certas proposições sobre a natureza do conhecer e a natureza do universo em que vivemos e como o conhecemos.

Meu argumento é que muitas dessas proposições são, na verdade, falsas, embora todos nós partilhemos delas. No caso dessas proposições epistemológicas, o erro não é facilmente detectado nem rapidamente punido. Vocês e eu somos capazes de nos virar no mundo, pegar um avião para o Havaí, ler trabalhos sobre psiquiatria, encontrar nossos lugares à mesa e, em geral, funcionar razoavelmente bem enquanto seres humanos, apesar desses erros tão graves. As premissas errôneas de fato *funcionam*.

Por outro lado, essas premissas só funcionam até determinado limite e, em certo estágio ou determinadas circunstâncias, se temos uma bagagem de erros epistemológicos sérios, vamos descobrir que elas não funcionam mais. Nesse ponto, descobrimos, horrorizados, que é cada vez mais difícil se livrar do erro, que ele é grudento. É como se tivéssemos lambuzado a mão de mel. Como se fosse mel, o erro escorre por todos os lados; e tudo em que tocamos para tentar tirar o mel também fica grudento, e as nossas mãos também continuam meladas.

---

1   Apresentação proferida em 1969 na Second Conference on Mental Health in Asia and the Pacific, East-West Center, Havaí.

Há muito tempo eu tinha o conhecimento intelectual – e sem dúvida vocês também – de que vocês não estão me vendo; mas não me dei conta de fato dessa verdade até passar pelos experimentos de Adelbert Ames, sob circunstâncias em que meu erro epistemológico levou a ações erradas.

Permitam-me descrever um experimento típico de Ames usando um maço de cigarros da marca Lucky Strike e uma caixa de fósforos. Os cigarros são colocados a cerca de um metro da cobaia do experimento sobre um suporte em cima da mesa e os fósforos ficam sobre um suporte similar a dois metros da cobaia. Ames faz a cobaia olhar para a mesa e dizer qual é o tamanho dos objetos e onde está cada um. A cobaia concorda que eles estão no local onde estão e têm o tamanho que têm e, aparentemente, não há erro epistemológico. Então Ames diz: "Quero que você se abaixe e olhe por essa tábua aqui". A tábua está em posição vertical na ponta da mesa. É apenas um pedaço de madeira com um furo redondo e é por esse furo que se olha. É claro que a cobaia perdeu a visão de um olho e está olhando mais de baixo, de forma que não tem mais a visão "aérea". Mas ainda vê os cigarros no local onde estão e do tamanho que têm. Então, Ames diz: "Por que você não provoca um efeito de paralaxe deslizando a tábua?". A cobaia desliza a tábua no sentido lateral e de repente sua imagem muda. Vê uma minúscula caixinha de fósforos, com metade do tamanho da original e a um metro de distância; enquanto o maço de cigarros parece ter duas vezes seu tamanho e está a dois metros de distância.

Esse efeito é obtido de forma muito simples. Quando deslizamos a tábua, na verdade fazemos uma alavanca sob a mesa, sem olhá-la. A alavanca inverte o efeito de paralaxe; quer dizer, a alavanca fez com que o objeto mais próximo se desloque conosco e o que estava mais longe pareça mais para trás.

Nossa mente foi treinada ou determinada genotipicamente – e existem muitos indícios que favorecem a hipótese do treinamento – para fazer os cálculos necessários e empregar a paralaxe para criar uma imagem com profundidade. Ela faz isso independente de nós e sem termos consciência. Não consegue controlá-la.

Quero usar esse exemplo como paradigma do tipo de erro sobre o qual pretendo discorrer. O argumento é simples, possui fundamento experimental e ilustra a natureza intangível do erro epistemológico e a dificuldade de se modificar o hábito epistemológico.

Em meus pensamentos cotidianos, *eu vejo vocês*, embora saiba intelectualmente que não os vejo. Desde mais ou menos 1943, quando assisti ao experimento, tenho me esforçado para viver em um mundo de verdade, e não num mundo de fantasias epistemológicas; mas não acho que consegui. A loucura, afinal, precisa de psicoterapia para mudar ou de uma nova experiência grandiosa. Apenas uma experiência que termina no laboratório é insuficiente.

Esta manhã, quando estávamos debatendo o trabalho do doutor Jung, levantei uma questão que ninguém pareceu levar a sério, talvez porque meu tom de voz tenha feito vocês acharem que eu estava brincando. A pergunta era se existem *verdadeiras* ideologias. Percebemos que povos diferentes possuem ideologias diferentes, epistemologias diferentes, ideias diferentes sobre a relação entre o homem e a natureza, ideias diferentes sobre a natureza do próprio homem, a natureza de seu conhecimento, de seus sentimentos e de sua vontade. Mas se houvesse uma verdade a respeito dessas questões, somente os grupos sociais que pensassem de acordo com essa verdade poderiam ser estáveis. E se nenhuma cultura no mundo pensasse de acordo com essa verdade, não existiria cultura estável.

Observem novamente que estamos diante da questão do tempo que demora para encontrarmos problemas. O erro epistemológico costuma ser reforçado e, portanto, se autovalida. Podemos continuar a levar a vida numa boa, apesar de nutrirmos, em níveis profundos da mente, premissas que simplesmente são falsas.

Creio talvez que a descoberta científica mais interessante – embora ainda incompleta – do século XX foi a descoberta da natureza da *mente*. Vou listar por alto algumas das ideias que contribuíram para essa descoberta. Immanuel Kant, em sua *Crítica da faculdade do juízo*, afirma que o ato de juízo estético primordial é a seleção de um fato. Em certo sentido, não existem fatos na natureza; ou, se quisermos, existe um número infinito de fatos em potencial na natureza, dos quais o juízo seleciona uns poucos que verdadeiramente se tornam fatos por intermédio desse ato de seleção. Agora coloquemos ao lado dessa ideia o insight de Jung em *Sete sermões aos mortos*, um estranho documento em que ele diz que existem dois mundos de explicação ou compreensão: o *pleroma* e a *criatura*. No pleroma existem somente forças e impactos. Na criatura existe a diferença. Noutras palavras, o pleroma é o mundo das ciências exatas, enquanto a criatura é o mundo da comunicação e da organização. Uma diferença não tem localização. Há uma diferença entre a cor dessa escrivaninha e a cor desse caderno. Mas essa diferença não está no caderno, não está na escrivaninha, e eu não consigo localizá-la entre os dois objetos. A diferença não está no espaço entre eles. Numa palavra, *a diferença é uma ideia*.

O mundo da criatura é o mundo de explicação em que os efeitos são provocados por ideias, essencialmente por diferenças.

Se agora juntarmos o insight de Kant com o de Jung, criamos uma filosofia que afirma que existe um número infinito de *diferenças* nesse pedaço de giz, mas somente algumas dessas diferenças fazem diferença. Eis a base epistemológica da teoria da informação. A unidade da informação é a diferença. Na verdade, a unidade do *input* psicológico é a diferença.

Toda a estrutura energética do pleroma – as forças e impactos das ciências exatas – desaparece, no que diz respeito à explicação no mundo da criatura. Afinal, zero é diferente de um e, assim, o zero pode ser uma causa, o que não é admissível nas ciências exatas. A carta que não escrevemos pode provocar uma resposta irada, porque o zero pode ser metade do bit de informação necessário. Até a uniformidade pode ser uma causa, porque ela não é igual à diferença.

Essas estranhas relações se dão porque nós, organismos (e muitas das máquinas que fabricamos), por acaso somos capazes de armazenar energia. Por acaso temos a estrutura de circuitos necessária para que nosso dispêndio de energia possa ser uma função inversa da entrada de energia. Se chutarmos uma pedra, ela se move com a energia que recebeu do chute. Se chutarmos um cachorro, ele se move com a energia que recebeu do seu próprio metabolismo. Uma ameba se moverá *mais*, por um período considerável, quando está com fome. Seu dispêndio de energia é uma função inversa da entrada de energia.

Esses estranhos efeitos criaturais (que não ocorrem no pleroma) também dependem da *estrutura de circuitos*, e um circuito é uma via fechada (ou rede de vias) ao longo da qual são transmitidas *diferenças* (ou conversões de diferenças).

De súbito, nos últimos vinte anos, essas noções se aglutinaram e nos ofereceram uma ampla concepção do mundo em que vivemos – uma nova forma de pensar sobre o que é a *mente*. Permitam-me listar o que me parecem ser as características mínimas essenciais de um sistema, que eu aceitarei como características da mente:

1. O sistema opera com e sobre *diferenças*.

2. O sistema consiste em *loops* fechàdos ou redes de vias ao longo das quais são transmitidas diferenças e conversões de diferenças. (O que é transmitido em um neurônio não é um impulso, é a notícia de uma diferença.)

3. Muitas ocorrências internas do sistema são induzidas pela parte responsiva, e não pelo impacto da parte disparadora.

4. O sistema demonstra autocorreção na direção da homeostase e/ou da desgovernança. A autocorreção implica tentativa e erro.

Ora, essas características mínimas da mente são geradas sempre e em todo lugar onde haja uma estrutura adequada de circuitos de *loops* causais. A mente é uma função inevitável, necessária da complexidade apropriada, sempre que ocorrer essa complexidade.

Mas essa complexidade ocorre em um sem-número de outros lugares, além da minha cabeça e da sua. Mais tarde falaremos se o homem ou o computador possui uma mente. No momento, permitam-me dizer que uma floresta de sequoias ou um recife de corais, com seus agregados de organismos interconectados, possui a estrutura geral necessária. A energia para as reações de cada organismo é fornecida pelo metabolismo deles, e o sistema total atua autocorretivamente de diversas formas. Uma sociedade humana, portanto, tem *loops* de causação fechados. Toda organização humana tanto demonstra a característica autocorretiva quanto possui o potencial para se tornar desgovernada.

Agora, analisemos por um momento se um computador pensa. Eu diria que não. O que "pensa" e opera por "tentativa e erro" é o homem *mais* o computador *mais* o meio ambiente. As fronteiras entre o homem, o computador e o meio ambiente são puramente artificiais, ficcionais. Elas são fronteiras que *cortam* as vias pelas quais é transmitida a informação ou a diferença. Elas não são fronteiras do sistema de pensamento. O que pensa é o sistema total que opera por tentativa e erro, que é o homem *mais* o meio ambiente.

Mas se admitimos a autocorreção como critério de pensamento ou processo mental, obviamente existe "pensamento" desenvolvendo-se em nível autônomo dentro do homem para manter diversas variáveis internas. E, da mesma forma, o computador, se ele controla sua temperatura interna, ele produz pensamentos simples em seu interior.

Estamos começando a ver algumas das falácias epistemológicas da civilização ocidental. Seguindo o ambiente intelectual reinante na Inglaterra de meados do século XIX, Darwin propôs uma teoria de seleção natural e evolução em que a unidade de sobrevivência era a árvore genealógica, a espécie, subespécie ou algo do gênero. Mas hoje está claro que essa não é a unidade de sobrevivência no mundo real biológico. A unidade de sobrevivência é o *organismo* mais o *meio ambiente*. Estamos aprendendo, de forma penosa com a experiência, que o organismo que destrói seu ambiente destrói a si próprio.

Se agora corrigirmos a unidade de sobrevivência darwiniana e incluirmos nela o meio ambiente, temos uma identidade muito estranha e surpreendente: *a unidade de sobrevivência evolucionária se mostra idêntica à unidade da mente*.

Antigamente, pensávamos a partir de uma hierarquia de taxonomias – indivíduo, árvore genealógica, subespécie, espécie etc. – como unidades de sobrevivência. Hoje, vemos uma hierarquia de unidades diferente – gene no organismo, organismo no meio ambiente, ecossistema etc. A ecologia, no sentido mais amplo, é afinal o estudo da interação e da sobrevivência de ideias e programas (ou seja, diferenças, complexos de diferenças etc.) em circuitos.

Pensemos agora no que acontece quando cometemos o erro epistemológico de escolher a unidade errada: temos a espécie contra espécies ao seu redor ou contra o meio ambiente em que ela vive. O homem contra a natureza. O resultado, na verdade, é uma baía de Kaneohe poluída, um lago Erie cheio de gosma verde e "vamos fabricar bombas atômicas mais potentes para exterminar nossos vizinhos". Existe uma ecologia de péssimas ideias, assim como existe uma ecologia de ervas daninhas, e é característico dos sistemas que o erro básico se propague. Ele se dissemina como um parasita enraizado nos tecidos da vida e tudo acaba virando uma estranha confusão. Quando estreitamos nossa epistemologia e agimos a partir da premissa de que "o que interessa sou eu, ou minha organização, ou minha espécie", nós decepamos considerações sobre outros *loops* da estrutura de *loops*. Decidimos que queremos nos livrar dos rejeitos da vida humana e que o lago Erie é um bom lugar para isso. Esquecemos que o sistema ecomental chamado lago Erie faz parte do *nosso* sistema ecomental mais amplo – e que, se o lago Erie enlouquecer, a insanidade dele é incorporada ao sistema mais amplo do *nosso* pensamento e da *nossa* experiência.

A ideia de "eu", de organização e de espécie está tão profundamente inculcada em nós que é difícil acreditar que o homem possa ver suas relações com o meio ambiente de modo diferente daquele que atribuí injustamente aos evolucionistas do século XIX. Sendo assim, preciso dizer algumas palavras sobre essa história.

Antropologicamente, pelo que sabemos do material inicial, parece que o homem em sociedade pegou indicações do mundo natural ao seu redor e aplicou essas indicações metaforicamente à sociedade em que ele vivia. Ou seja, ele se identificava ou sentia empatia pelo mundo natural ao seu redor e usava essa empatia para guiar sua própria organização social e suas próprias teorias sobre sua própria psicologia. É isso que chamamos de "totemismo".

De certa forma, era tudo absurdo, mas fazia mais sentido do que boa parte do que fazemos hoje, pois o mundo natural à nossa volta tem de fato essa estrutura sistêmica geral e, portanto, é uma fonte adequada de metáforas que permite ao homem se entender em sua organização social.

A etapa seguinte, ao que parece, foi reverter o processo e pegar indicações de si próprio, aplicando-as ao mundo natural. Foi o "animismo", a noção de personalidade ou mente foi estendida às montanhas, rios, florestas etc. Em vários aspectos, essa ideia ainda não era ruim. Mas a etapa posterior foi separar a noção de mente do mundo natural e aí temos a noção de deuses.

Mas quando separamos a mente da estrutura à qual ela é imanente, como a relação humana, a sociedade humana ou o ecossistema, incorremos, creio eu, num erro basilar, que no fim certamente nos fará mal.

Lutar pode fazer bem à alma até o momento em que ganhar a luta é fácil. Quando temos uma tecnologia eficiente o bastante para podermos agir baseados em nossos erros epistemológicos e provocar devastação no mundo em que vivemos, o erro é fatal. Está tudo bem com um erro epistemológico, está tudo ótimo, até que criamos ao nosso redor um universo em que o erro se torna imanente às mudanças monstruosas no universo que criamos e no qual tentamos viver.

Vejam bem, não estamos falando da velha Mente Suprema de Aristóteles, de são Tomás de Aquino e de seguidores séculos a fio – a Mente Suprema que era incapaz de erro e incapaz de loucura. Estamos falando da mente imanente, que é extremamente passível de loucura, como todos sabem graças à profissão que exercem. É precisamente por isso que estão aqui. Os circuitos e equilíbrios da natureza podem facilmente sair do esquadro, e eles inevitavelmente saem do esquadro quando certos erros básicos do nosso pensamento são reforçados por milhares de detalhes culturais.

Não sei quantas pessoas acreditam de fato que existe um espírito global separado do corpo, separado da sociedade, separado da natureza. Mas para os presentes que diriam que isso é apenas "superstição", eu aposto que consigo demonstrar, em poucos minutos, que os hábitos e formas de pensar que acompanham essas superstições ainda estão em sua mente e ainda determinam grande parte de seus pensamentos. A ideia de que *vocês estão me vendo* ainda governa seus atos e pensamentos, apesar de saberem, intelectualmente, que isso não é verdade. Do mesmo modo, a maioria de nós ainda é governada por epistemologias que sabemos ser erradas. Consideremos algumas implicações do que acabo de dizer.

Observemos como noções básicas são reforçadas e expressas em todo tipo de detalhe do nosso comportamento. Como o próprio fato de eu estar fazendo um monólogo diante de vocês – essa é a norma na nossa subcultura acadêmica, mas a ideia de que sou capaz de ensinar algo a vocês, *unilateralmente*, deriva da premissa de que a mente controla o corpo. E sempre que um psicoterapeuta cai na terapia unilateral, ele obedece a essa mesma premissa. Eu, aqui de pé na frente de vocês, na verdade estou realizando um ato subversivo, reforçando na mente de vocês um pensamento que na verdade não faz sentido. Nós fazemos isso o tempo todo, porque está incrustado nos mínimos detalhes do nosso comportamento. Percebam que eu estou de pé, enquanto vocês permanecem sentados.

O mesmo pensamento leva, é claro, a teorias de controle e poder. Nesse universo, se não conseguimos o que queremos, pomos a culpa em alguém e construímos uma prisão ou um hospício, conforme a preferência, e vamos trancá-los lá, se pudermos identificá-los. Se não pudermos identificá-los, vamos dizer que "é o sistema". É mais ou menos aí que os jovens estão hoje, culpando as instituições, mas nós sabemos que a culpa não é das instituições. Elas também fazem parte do mesmo erro.

E há, é claro, a questão das armas. Se acreditamos nesse mundo unilateral e pensamos que as outras pessoas acreditam nele (e é isso mesmo, elas acreditam nesse mundo), então, é claro, o melhor é comprar armas, agredir barbaramente as pessoas e "controlá-las".

Dizem que o poder corrompe; mas suspeito que isso não faz sentido. A verdade é que a *ideia de poder* corrompe. O poder corrompe mais rapidamente os que acreditam nele, e são eles que mais o desejam. Obviamente, nosso sistema democrático tende a dar poder aos mais ávidos por ele e oferece todas as oportunidades para não dar poder a quem não o deseja. Não é um arranjo muito satisfatório, se o poder corrompe quem acredita nele e o deseja.

Talvez não exista o que chamamos de poder unilateral. Afinal, o homem "no poder" depende sempre das informações recebidas do exterior. Ele reage a essas informações tanto quanto "faz" as coisas acontecerem. Goebbels não consegue controlar a opinião pública na Alemanha porque, para isso, ele precisa de espiões, informantes ou pesquisas de opinião para lhe dizer o que os alemães estão pensando. Então, ele precisa adaptar o que ele diz a essa informação; e descobrir outra vez como eles estão reagindo. É uma interação, não uma situação linear.

Mas, é claro, o *mito* do poder é muito poderoso e provavelmente a maioria das pessoas no mundo acredita mais ou menos nele. É um mito que, se todos acreditarem nele, é autovalidante na mesma medida. Mas ainda é uma insanidade epistemológica e conduz invariavelmente a vários tipos de desastre.

Por último, há a questão da urgência. Hoje está claro para muita gente que muitos perigos catastróficos derivam dos erros da epistemologia ocidental. Esses erros vão de inseticidas à poluição, passando por precipitação radioativa, possibilidade de derretimento das calotas polares. Acima de tudo, nossa fantástica compulsão por salvar vidas gerou a possibilidade de fome mundial em um futuro imediato.

Talvez até tenhamos a chance de passar os próximos vinte anos sem nenhum desastre mais sério do que a mera destruição de uma nação ou grupo de nações.

Creio que esse enorme agregado de ameaças ao homem e aos seus sistemas ecológicos decorrem de erros nos nossos hábitos de pensamento em níveis profundos e parcialmente inconscientes.

Como terapeutas, nós claramente temos uma tarefa a cumprir.

Primeiro, alcançar clareza em nós mesmos e depois buscar cada sinal de clareza nas outras pessoas para implementá-los e reforçá-los em qualquer resquício de sanidade que possuam.

Ainda existem resquícios de sanidade no mundo hoje. Boa parte da filosofia oriental é mais sadia do que qualquer coisa que o Ocidente tenha produzido, e certos esforços pouco articulados de nossos jovens são mais sadios que as convenções institucionalizadas.

As raízes da crise ecológica

Resumo

Apresentamos um testemunho suplementar sobre projetos de lei que tratam de problemas específicos de poluição e degradação ambiental no Havaí.[1] Esperamos que a futura Secretaria de Controle de Qualidade Ambiental e o Centro Ambiental da Universidade do Havaí avancem além dessa abordagem *ad hoc* e estudem as causas mais básicas da atual avalanche de problemas ambientais.

Este testemunho argumenta que essas causas básicas provêm da ação *conjunta* (a) dos avanços tecnológicos; (b) do aumento populacional; e (c) de ideias convencionais (e erradas) sobre a natureza do homem e sua relação com o meio ambiente.

Concluímos daí que os próximos cinco a dez anos serão como o período federalista na história dos Estados Unidos, em que toda a filosofia de governo, educação e tecnologia precisará ser colocada em debate.

Argumentamos

1. Que todas as medidas *ad hoc* deixam sem correção as causas mais profundas do problema e, pior, geralmente permitem que essas causas se fortaleçam e se potencializem. Na medicina, é sábio e suficiente aliviar os sintomas sem curar a doença *se e somente se* a doença é comprovadamente terminal *ou* tende a se curar.

A história do dicloro-difenil-tricloroetano (DDT) ilustra a falácia fundamental das medidas *ad hoc*. Quando foi inventado e usado pela primeira vez, o DDT foi em si uma medida *ad hoc*. Descobriu-se, em 1939, que a substância era um inseticida (e o descobridor ganhou o Prêmio

---

1   Este documento foi apresentado em nome do Comitê sobre a Ecologia e o Homem da Universidade do Havaí em março de 1970, perante o Comitê do Senado Estadual do Havaí, em favor de uma nova lei (Projeto de Lei 1132). Esse projeto de lei propunha a criação de uma Secretaria de Controle de Qualidade Ambiental no Governo e um Centro Ambiental na Universidade do Havaí. A lei foi aprovada.

Nobel). Os inseticidas eram "necessários" para (a) aumentar a produção agrícola e (b) proteger as pessoas da malária, especialmente as tropas no exterior. Noutras palavras, o DDT era uma cura sintomática para problemas ligados ao aumento da população.

Já em 1950, os cientistas sabiam que o DDT era extremamente tóxico para muitos outros animais (o popular livro de Rachel Carson, *Primavera silenciosa*, foi publicado em 1962).

Mas, nesse meio tempo, (a) houve um amplo comprometimento da indústria com a fabricação do DDT; (b) os insetos que o DDT atacava estavam se tornando resistentes; (c) os animais que normalmente comiam esses insetos estavam sendo exterminados; (d) a população mundial aumentou graças ao DDT.

Noutras palavras, o mundo ficou *viciado* no que era uma medida *ad hoc* e hoje se sabe que é um grande perigo. Por fim, em 1970, começamos a proibir ou controlar esse perigo. Mas ainda não sabemos, por exemplo, se a espécie humana, com sua dieta atual, pode definitivamente sobreviver ao DDT que já está circulando no mundo e estará presente nele pelos próximos vinte anos, mesmo que seu uso seja imediata e totalmente descontinuado.

Hoje há uma certeza razoável (após a descoberta de quantidades significativas de DDT nos pinguins da Antártida) de que *todas* as aves que comem peixes, assim como as aves de rapina terrestres e as que antigamente comiam insetos estão condenadas. É provável que em breve todos os peixes carnívoros[2] contenham DDT demais para serem consumidos pelos seres humanos e possam ser extintos. É possível que as minhocas, pelo menos em florestas e outras áreas dedetizadas, desapareçam – e ninguém sabe qual será o efeito disso para as florestas. Acredita-se que o plâncton de alto-mar (do qual toda a ecologia do planeta depende) ainda não foi afetado.

Essa é a história de uma aplicação às cegas de uma medida *ad hoc*. E a história pode se repetir para uma dúzia de outras invenções.

2. Que a combinação de agências do governo estadual e da universidade deve se dedicar a diagnosticar, compreender e, se possível, sugerir medidas saneadoras dos processos mais amplos de degradação social e ambiental no mundo e deve tentar definir a política do Havaí em relação a esses processos.

---

2   Ironicamente, aparentemente os peixes vão se tornar venenosos não por causa do DDT, mas do mercúrio.

3. Que *todas* as diversas ameaças atuais à sobrevivência do homem possam ser rastreadas até as três seguintes causas de origem:

a) o progresso tecnológico;
b) o aumento da população;
c) certos erros no pensamento e na postura da cultura ocidental. Nossos "valores" estão errados.

Cremos que todos esses três fatores fundamentais são condições necessárias para a destruição do nosso mundo. Noutras palavras, cremos *otimistamente* que a correção de qualquer *um* deles nos salvaria.

4. Que esses fatores fundamentais com certeza interagem entre si. O aumento da população estimula o progresso tecnológico e cria aquela ansiedade que nos volta contra nosso meio ambiente como se ele fosse um inimigo; enquanto a tecnologia tanto facilita o aumento da população quanto reforça nossa arrogância ou "húbris" em relação ao ambiente natural.

O diagrama a seguir ilustra essas interconexões. Observe-se que, nesse diagrama, cada canto está no sentido horário, denotando que cada um é em si um fenômeno autopromotor (ou, como dizem os cientistas, "autocatalisador"): quanto maior a população, mais rápido ele cresce; quanto mais tecnologia nós temos, mais veloz é o surgimento de novas invenções; e quanto mais acreditamos em nosso "poder" sobre um meio ambiente inimigo, mais "poder" parecemos ter e mais rancor o meio ambiente parece demonstrar.

Da mesma forma, os pares de cantos estão conectados no sentido horário de maneira a formar três subsistemas autopromotores.

O problema do mundo e do Havaí é simplesmente como inserir alguns processos anti-horários nesse sistema.

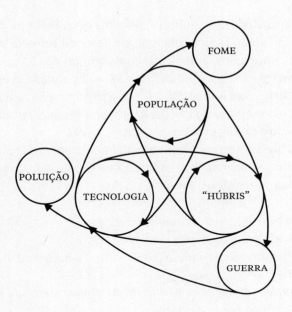

[FIGURA 1] A dinâmica da crise ecológica.

A forma como se deve fazê-lo deve ser o principal problema da futura Secretaria de Controle de Qualidade Ambiental e o Centro Ambiental da Universidade do Havaí.

Parece, no presente momento, que o único ponto de entrada possível para a inversão do processo são as atitudes convencionais em relação ao meio ambiente.

5. Que mais progressos tecnológicos não podem ser evitados, mas podem ser orientados para direções adequadas e explorados pelas secretarias propostas.

6. Que a explosão populacional é, isoladamente, o problema mais importante para o mundo hoje. Se a população continuar a aumentar, devemos esperar o contínuo advento de novas ameaças à sobrevivência, talvez ao índice de uma por ano, até chegarmos à condição de fome máxima (que o Havaí não tem condições de enfrentar). Não oferecemos soluções para o problema da explosão populacional, mas observamos que toda solução imaginável é dificultada ou impossibilitada pelo pensamento e pelas atitudes da cultura ocidental.

7. Que o primeiro requisito para a estabilidade ecológica é o equilíbrio entre os índices de nascimento e mortalidade. Para o bem ou para o mal, alteramos a taxa de mortalidade, especialmente controlando as epidemias e a mortalidade infantil. Sempre, em todo sistema vivo (quer

dizer, ecológico), todo desequilíbrio crescente gerará seus próprios fatores limitadores como efeitos colaterais do desequilíbrio. No momento atual, começamos a nos familiarizar com algumas das formas como a natureza corrige esse desequilíbrio – o *smog*, a poluição, o envenenamento por DDT, o lixo industrial, a fome, a precipitação radioativa e a guerra. *Mas o desequilíbrio já foi tão longe que não podemos confiar que a natureza não o corrija em excesso.*

8. Que as ideias que predominam atualmente em nossa civilização datam, em sua forma mais virulenta, da Revolução Industrial. Podem ser resumidas da seguinte maneira:

a) somos nós *contra* o meio ambiente;
b) somos nós *contra* os outros homens;
c) é o indivíduo (ou a empresa individual, ou a nação individual) que importa;
d) nós somos *capazes* de controlar unilateralmente o meio ambiente e devemos lutar por esse controle;
e) nós vivemos dentro de uma "fronteira" em expansão infinita;
f) o determinismo econômico é senso comum;
g) a tecnologia fará por nós.

Argumentamos que essas ideias são simplesmente *falsas*, como comprovam as grandes – e, no fim das contas, destrutivas – conquistas da nossa tecnologia nos últimos 150 anos. Da mesma forma, elas parecem ser falsas à luz da teoria ecológica moderna. *A criatura que vence a "batalha" contra seu meio ambiente se autodestrói.*

9. Que outras atitudes e premissas – outros sistemas de "valores" humanos – já governaram a relação do homem com seu meio ambiente e seu próximo em outras civilizações e em outras épocas. Por sinal, a antiga civilização havaiana e os havaianos atuais têm pouca ligação com essa "húbris" ocidental. Noutras palavras, nosso jeito de ser não é o único jeito de ser possível para o ser humano. *É concebível que ele seja modificável.*

10. Essa mudança em nosso pensar já começou – entre cientistas e filósofos, entre os jovens. Mas não são apenas os professores e os jovens que estão mudando suas formas de pensar. Há também milhares e milhares de homens de negócios e até legisladores que *gostariam* de poder mudar, mas acreditam que não seria seguro ou que seria uma ofensa ao "bom senso". As mudanças vão continuar tão inevitavelmente quanto o progresso tecnológico.

11. Que essas mudanças no pensamento terão impacto sobre nosso governo, nossa estrutura econômica, nossa filosofia educacional e nossa postura militar porque as velhas premissas estão profundamente incrustadas em todas essas facetas da nossa sociedade.

12. Que ninguém é capaz de prever quais novos padrões surgirão dessas mudanças drásticas. Esperamos que o período de mudanças possa ser caracterizado por sabedoria, e não por violência ou pelo medo da violência. Na verdade, o objetivo último dessa lei é tornar possível a transição.

13. Concluímos que os próximos cinco a dez anos serão comparáveis ao período federalista na história dos Estados Unidos. Novas filosofias de governo, educação e tecnologia devem ser debatidas tanto dentro do governo quanto na imprensa, e especialmente entre cidadãos proeminentes. A Universidade do Havaí e o governo do Estado poderiam tomar a frente nesses debates.

Ecologia e flexibilidade na civilização urbana

Primeiro, será conveniente ter não um objetivo último ou específico, mas uma ideia abstrata do que queremos dizer com saúde ecológica.[1] Essa ideia geral guiará tanto a coleta de dados como a avaliação das tendências observadas.

Sugiro, portanto, que uma ecologia saudável da civilização humana seja definida mais ou menos da seguinte forma:

Um sistema único de *meio ambiente combinado a uma civilização humana avançada* no qual a flexibilidade da civilização se equipara à do meio ambiente para criar um sistema complexo contínuo, aberto a mudanças graduais até mesmo de características básicas (codificadas de maneira rígida).

Vamos considerar agora alguns dos termos dessa definição de saúde sistêmica e relacioná-los com as condições do mundo existente.

"Uma civilização avançada"

É certo que o sistema homem-meio ambiente tem se tornado cada vez mais instável desde a descoberta do metal, da roda e da escrita. O desmatamento da Europa e os desertos resultantes da ação humana no Oriente Médio e no Norte da África constituem provas dessa afirmação.

Civilizações inteiras ascenderam e ruíram. Uma nova tecnologia para a exploração da natureza ou uma nova técnica para a exploração de outros homens permite a ascensão de uma civilização. Mas toda civilização, à medida que chega ao limite do que pode explorar daquela maneira

---

[1] Em outubro de 1970, o autor convocou e presidiu uma conferência de cinco dias intitulada "Reestruturar a ecologia de uma grande cidade", patrocinada pela Wenner-Gren Foundation. Um dos objetivos era se reunir com os planejadores do gabinete de John Lindsay, prefeito da cidade de Nova York, para examinar componentes relevantes da teoria ecológica. Este ensaio foi escrito para essa conferência e posteriormente editado. Foi acrescentada a seção "Transmissão da teoria", que apresenta reflexões posteriores à conferência.

específica, acaba ruindo. A nova invenção concede espaço de manobra ou flexibilidade, mas usar essa flexibilidade até esgotá-la é mortal.

Ou o homem é muito inteligente, e, se for esse o caso, estamos condenados, ou ele não era inteligente o suficiente para limitar sua ganância a medidas que não destruíssem o sistema total em curso. Prefiro a segunda hipótese.

Torna-se necessária então uma nova definição de "avançado".

a) Não seria sábio (mesmo que fosse possível) retornar à inocência dos aborígines australianos, dos esquimós e dos bosquímanos. Tal retorno implicaria a perda da sabedoria que motivou esse retorno e simplesmente recomeçaria do zero todo o processo.

b) Deveríamos então presumir que uma civilização "avançada" possui, no campo tecnológico, todos os aparatos necessários para promover, manter (e até mesmo incrementar) esse tipo de sabedoria. Isso pode muito bem abranger computadores e dispositivos complexos de comunicação.

c) Uma civilização "avançada" deve conter tudo o que é necessário (nas instituições educacionais e religiosas) para conservar a sabedoria indispensável na população humana e oferecer satisfação física, estética e criativa às pessoas. Deve haver adequação entre a flexibilidade das pessoas e a da civilização. Deve haver diversidade na civilização, não apenas para acomodar a diversidade genética e de experiências das pessoas, mas também para oferecer a flexibilidade e a "pré-adaptação" imprescindíveis à mudança imprevista.

d) Uma civilização "avançada" deve limitar suas interações com o meio ambiente. Ela deve consumir recursos naturais insubstituíveis *somente* para facilitar a mudança necessária (como uma crisálida em metamorfose deve viver de sua gordura acumulada). Quanto ao resto, o metabolismo da civilização deve depender da energia que a nave Terra consegue importar do Sol. Sob esse aspecto, grandes progressos técnicos são necessários. Com a tecnologia atual, é provável que o mundo consiga manter apenas uma pequena fração de sua atual população humana, usando como fontes de energia apenas a fotossíntese, o vento, as marés e a força hidráulica.

Flexibilidade

Para atingir, em poucas gerações, algo parecido com o sistema saudável com o qual sonhamos, ou até mesmo para sair das arapucas mortais em que nossa civilização se meteu, será necessária uma enorme *flexibilidade*. Convém, portanto, examinarmos esse conceito com um certo cuidado. De fato, é um conceito crucial. Devemos avaliar não tanto os valores e as tendências das variáveis pertinentes, mas a relação entre essas tendências e a flexibilidade ecológica.

Seguindo os passos de Ross Ashby, presumo que todo sistema biológico (por exemplo, o ambiente ecológico, a civilização humana e o sistema que deve ser a combinação desses dois) é descritível em termos de variáveis interligadas, de tal forma que, para qualquer variável, existem limites de tolerância máximos e mínimos, fora dos quais devem ocorrer desconforto, patologia e, por fim, a morte. Dentro desses limites, a variável pode se deslocar (e é deslocada) para alcançar a *adaptação*. Quando, sob pressão, uma variável deve assumir um valor próximo do seu limite de tolerância máximo ou mínimo, vamos dizer, tomando emprestada uma expressão da cultura jovem, que o sistema é "careta" em relação a essa variável ou não é "flexível" em relação a ela.

Mas, como as variáveis são interligadas, ser "careta" com relação a uma variável costuma significar que outras variáveis não podem ser modificadas sem pressionar a variável "careta". Assim, a perda de flexibilidade dissemina-se pelo sistema. Em casos extremos, o sistema só vai aceitar as mudanças que *mudam os limites de tolerância* da variável "careta". Por exemplo, uma sociedade superpopulosa procura as mudanças (mais alimento, mais estradas, mais casas etc.) que tornam as condições patológicas e patogênicas da superpopulação mais confortáveis. Mas essas mudanças *ad hoc* são precisamente aquelas que, no longo prazo, podem levar a uma patologia ecológica mais fundamental.

Podemos dizer que as patologias da nossa época, de forma geral, são o resultado acumulado desse processo – perda de flexibilidade em resposta a pressões de um tipo ou outro (especialmente a pressão da superpopulação) e a recusa de arcar com os efeitos colaterais dessas pressões (por exemplo, epidemias e fome), que são dispositivos imemoriais de correção do excesso populacional.

O analista enfrenta um dilema: por um lado, se é para suas recomendações serem seguidas, ele deve primeiro recomendar tudo o que dê ao sistema um balanço positivo de flexibilidade; por outro lado, as pessoas e as instituições com as quais ele deve lidar têm uma propensão natural a consumir toda a flexibilidade disponível. Ele precisa criar flexibilidade e impedir a civilização de imediatamente utilizá-la para se expandir.

Decorre disso que, enquanto a meta do ecologista é aumentar a flexibilidade, e nesse ponto ele é menos tirano que boa parte dos planejadores de bem-estar social (que tendem a aumentar o controle legislativo), o ecologista também tem de exercer autoridade para preservar a flexibilidade que existe ou pode ser criada. Nesse ponto (assim como na questão dos recursos naturais insubstituíveis), suas recomendações têm de ser tirânicas.

A flexibilidade social é um recurso tão precioso quanto o petróleo ou o titânio e precisa ser devidamente orçada para ser gasta (tal qual a gordura) com as mudanças necessárias. Em geral, como a "perda" de flexibilidade se deve a subsistemas regenerativos (ou seja, em escalada) dentro da civilização, são eles, no fim das contas, que devem ser controlados.

Vale assinalar aqui que a flexibilidade está para a especialização como a entropia está para a neguentropia. A flexibilidade pode ser definida como uma *potencialidade não comprometida de mudança*.

Uma central telefônica apresenta neguentropia máxima, especialização máxima, carga informativa máxima e rigidez máxima quando tantos circuitos estão em uso que mais uma chamada provavelmente congestionaria o sistema. Ele apresenta entropia máxima e flexibilidade máxima quando nenhum de seus canais está ocupado ou comprometido. (Nesse exemplo em particular, o estado de não uso não é um estado ocupado ou comprometido.)

Note-se: o balanço de flexibilidade é fracionante (não subtrativo, como um balanço em dinheiro ou energia).

A distribuição da flexibilidade

Novamente na trilha de Ashby, a *distribuição* da flexibilidade entre as muitas variáveis de um sistema é uma questão de imensa importância.

O sistema saudável, cuja forma ideal acabou de ser apresentada, pode ser comparado a um acrobata sobre uma corda esticada. Para manter a veracidade contínua de sua premissa básica ("estou sobre a corda"), ele precisa estar livre para se mover de uma posição de instabilidade para outra, ou seja, certas variáveis, tais como a posição dos braços e o grau de movimento de seus braços, devem possuir muita flexibilidade – que ele usa para manter a estabilidade de outras características mais fundamentais e gerais. Se seus braços estiverem fixos ou paralisados (isolados de comunicação), ele cai.

Sob essa luz, é interessante analisar a ecologia do nosso sistema legal. Por motivos óbvios, é difícil controlar pela lei os princípios éticos e abstratos mais básicos do qual depende o sistema social. De fato, historicamente, os Estados Unidos se basearam na premissa da liberdade religiosa e da liberdade de pensamento – sendo a separação entre a Igreja e o Estado o exemplo clássico.

Por outro lado, é relativamente fácil criar leis que estabeleçam os detalhes *mais episódicos* e superficiais do comportamento humano. Noutras palavras, quanto mais leis, mais o movimento dos braços do nosso acrobata é limitado, mas ele tem plena liberdade de cair da corda.

Observe-se, de passagem, que a analogia do acrobata pode ser aplicada em nível superior. Enquanto o acrobata está *aprendendo* a mexer os braços de forma adequada, arma-se uma rede de segurança embaixo dele, precisamente para lhe dar a liberdade de cair da corda. A liberdade e a flexibilidade em relação às variáveis mais básicas podem ser necessárias durante a aprendizagem e a criação de um novo sistema por meio das mudanças sociais.

Trata-se de paradoxos de ordem e desordem que o analista e o planejador ecológico devem levar em conta e pesar.

Seja como for, pelo menos é possível defender que a tendência de mudança social nos últimos cem anos, especialmente nos Estados Unidos, foi em direção a uma distribuição imprópria da flexibilidade entre as variáveis da civilização. As variáveis que deveriam ser flexíveis foram fixadas, enquanto as que deveriam ser comparativamente estáveis, com mudanças apenas graduais, foram deixadas ao léu.

Mas, mesmo assim, com certeza a lei não é o método apropriado para estabilizar as variáveis fundamentais. Isso deve ser feito pelos processos de educação e formação de caráter – as partes do nosso sistema social que estão atualmente, *como era de se esperar*, passando por uma grande perturbação.

A flexibilidade das ideias

Uma civilização vive de ideias de todos os graus de generalidade. Essas ideias estão presentes (umas explícitas, outras implícitas) nas ações e interações das pessoas – algumas conscientes e claramente definidas, outras vagas e muitas inconscientes. Algumas dessas ideias são amplamente partilhadas, outras diferenciadas em diversos subsistemas da sociedade.

Se queremos que um balanço de flexibilidade venha a ser um componente central de nossa compreensão a respeito do funcionamento do meio ambiente-civilização, e se uma categoria da patologia está relacionada ao dispêndio incorreto desse balanço, então, com certeza, a flexibilidade de ideias terá um importante papel em nossa teoria e prática.

Alguns exemplos de ideias culturais básicas vão esclarecer a questão:

- "Trate os outros como gostaria de ser tratado"; "Olho por olho, dente por dente"; "Justiça".
- "O bom senso da economia da escassez" versus "O bom senso da abundância".
- "O nome dessa coisa é 'cadeira'" e muitas das premissas reificadoras da linguagem;
- "A sobrevivência do mais apto" versus "A sobrevivência do organismo *mais* meio ambiente";
- Premissas de produção em massa, desafio, orgulho etc.
- Premissas de transferência, ideias sobre a determinação do caráter, teorias da educação etc.
- Padrões de relacionamento, dominação e amor, entre outros.

As ideias em uma civilização são (como todas as demais variáveis) interligadas, em parte por uma "psicológica" e em parte pelo consenso em torno dos efeitos semiconcretos das ações.

É característico dessa complexa rede de determinação de ideias (e ações) que muitas vezes determinadas ligações sejam frágeis, mas qualquer ideia ou ação seja sujeita a determinação múltipla através dos inúmeros filamentos entrelaçados. Apagamos a luz quando vamos para a cama influenciados em parte pela economia da escassez, em parte por premissas de transferência, em parte por ideias sobre privacidade, em parte para reduzir o *input* sensorial etc. Essa determinação múltipla é característica de todos os campos biológicos. Todo traço anatômico de um animal ou planta e todo detalhe de comportamento é determinado por um sem-número de fatores interagentes tanto no nível genético como no fisiológico; em consonância, os processos de qualquer ecossistema continuado são produto de determinação múltipla.

Além do mais, é incomum que qualquer traço de um sistema biológico seja diretamente determinado pela necessidade que ele satisfaz. O ato de se alimentar é governado pelo apetite, pelo hábito e pela convenção social e não fome; a respiração é governada pelo excesso de CO_2 e não pela falta de oxigênio. E assim por diante.

Em contraste, produtos de planejadores e engenheiros são concebidos para atender muito mais diretamente a determinadas necessidades e, consequentemente, são menos viáveis. As causas múltiplas da alimentação são suscetíveis de assegurar a concretização desse ato necessário sob uma grande variedade de circunstâncias e pressões; em contraste, caso a alimentação fosse controlada apenas pela hipoglicemia, qualquer perturbação na via única de controle resultaria em morte. Funções biológicas essenciais não são controladas por variáveis letais e é bom que os planejadores tomem nota desse fato.

Nesse contexto tão complexo, não é fácil elaborar uma teoria da flexibilidade das ideias e conceber um *balanço* de flexibilidade. Existem, no entanto, duas chaves para resolver esse problema teórico maior. Ambas são derivadas do processo estocástico de evolução ou aprendizagem pelo qual sistemas interligados de ideias vêm a existir. Pensemos, em primeiro lugar, na "seleção natural" que governa quais ideias sobreviverão por mais tempo; e, em segundo lugar, como às vezes esse processo acaba criando impasses evolucionários.

(De forma mais ampla, vejo o sulco do destino no qual a nossa civilização foi parar como um caso especial de impasse evolucionário. Adotamos caminhos que ofereciam vantagens a curto prazo, eles foram rigidamente programados e provaram ser desastrosos com o passar do tempo. Esse é o paradigma da extinção por perda de flexibilidade. E, com certeza, esse paradigma é mais letal quando escolhemos modos de agir de forma a maximizar variáveis únicas.)

Em um experimento simples de aprendizagem (ou em qualquer outro experimento), um organismo, especialmente se for um ser humano, adquire uma ampla variedade de informações. Ele aprende alguma coisa sobre o cheiro do laboratório; ele aprende alguma coisa sobre os padrões de comportamento do pesquisador; ele aprende alguma coisa sobre a sua própria capacidade de aprendizagem e o que é estar "certo" ou "errado"; ele aprende que há "certo" e "errado"; e assim por diante. Se for submetido a outro experimento (ou experiência) de aprendizagem, ele adquirirá outros elementos de informação: alguns do primeiro experimento serão repetidos ou afirmados; outros serão contestados. Numa palavra, certas ideias adquiridas na primeira experiência *sobreviverão* à segunda experiência, e a seleção natural insistirá tautologicamente que as ideias que sobreviveram resistirão mais tempo do que as que não sobreviveram.

Mas, na evolução mental, também há uma economia da flexibilidade. Ideias que sobrevivem ao uso repetido são tratadas de maneira especial, diferente da maneira como a mente trata as ideias novas. O fenômeno da *formação de hábito* seleciona as ideias que sobrevivem ao uso repetido e as classifica em categorias mais ou menos autônomas. Essas ideias confiáveis se tornam disponíveis para uso imediato, sem uma verificação cautelosa, e as partes mais flexíveis da mente são poupadas para serem usadas em questões mais inéditas. Noutras palavras, a *frequência* de uso de determinada ideia torna-se determinante de sua sobrevivência nessa ecologia de ideias que chamamos de Mente; além disso, a sobrevivência de uma ideia utilizada com frequência tende a remover a ideia do campo da verificação crítica.

Mas, com toda a certeza, a sobrevivência de uma ideia também é determinada por sua relação com outras ideias. Ideias podem se apoiar ou se contradizer; podem se combinar de forma mais ou menos imediata. Podem influenciar umas às outras de maneira complexa e desconhecida em sistemas polarizados.

São geralmente as ideias mais gerais e abstratas que sobrevivem ao uso repetido. As ideias mais gerais tendem, portanto, a se tornar *premissas* das quais dependem outras ideias. Essas premissas se tornam relativamente inflexíveis.

Noutras palavras, na ecologia das ideias existe um processo evolutivo, ligado à economia da flexibilidade, e esse processo determina quais ideias serão rigidamente programadas.

O mesmo processo determina que essas ideias rigidamente programadas acabem se tornando nucleares ou nodais entre constelações de outras ideias, porque a sobrevivência dessas outras ideias depende do modo como elas se encaixam nas ideias rigidamente programadas.[2] Decorre daí que qualquer mudança nas ideias programadas no *hardware* pode implicar mudança para toda a constelação relacionada.

Mas a frequência de validação de uma ideia em um dado segmento de tempo não é igual à *prova* de que uma ideia é verdadeira ou pragmaticamente útil no longo prazo. Estamos descobrindo hoje que diversas premissas profundamente engastadas no nosso modo de viver são simplesmente falsas e tornam-se patogênicas quando são implementadas com tecnologia moderna.

---

2   Há certamente relações análogas na ecologia de uma floresta de sequoias ou num recife de corais. A espécie mais frequente ou "dominante" será provavelmente nodal para as constelações de outras espécies, porque a sobrevivência de um recém-chegado no sistema será determinada muitas vezes pela forma como seu modo de viver se encaixa no modo de viver das espécies dominantes. Nesse contexto – tanto os ecológicos como os mentais – o verbo "encaixar-se" é um análogo inferior de "possuir flexibilidade equivalente".

Exercício da flexibilidade

Já afirmamos que a flexibilidade geral de um sistema depende da manutenção de suas variáveis dentro de seus limites toleráveis. Mas eis uma inversão parcial dessa generalização:

Devido ao fato de que inevitavelmente muitos dos subsistemas sociais são regenerativos, o sistema como um todo tende a "expandir-se" para uma área de liberdade não usada.

Costumava-se dizer que "a natureza detesta o vácuo" e, de fato, algo do gênero parece ser verdadeiro com relação à potencialidade de mudanças não usada em qualquer sistema biológico.

Ou seja, se uma variável permanece muito tempo em um valor intermediário, outras variáveis vão usurpar pouco a pouco a sua liberdade, estreitando os limites de tolerância até que sua liberdade de movimento seja zero ou, mais precisamente, até que todo movimento futuro seja possível somente ao preço da perturbação das variáveis usurpadoras.

Noutras palavras, a variável que não mudar seu valor se torna *ipso facto* rigidamente programada. De fato, essa forma de explicar a gênese das variáveis rigidamente programadas é só outra maneira de descrever a *formação de hábitos*. Como me disse certa vez um mestre zen japonês: "*Acostumar-se a qualquer coisa é terrível*".

De tudo isso se depreende que, para manter a flexibilidade de determinada variável, ou essa flexibilidade deve ser *exercitada* ou as variáveis usurpadoras têm de ser diretamente controladas.

Vivemos em uma civilização que parece preferir a proibição à demanda positiva e, portanto, devemos legislar (por exemplo, com leis antitruste) contra as variáveis usurpadoras; e tentamos defender as "liberdades civis" com punições legais pouco severas contra a autoridade usurpadora. Tentamos proibir certas usurpações, porém, talvez seja mais eficiente estimular as pessoas a conhecer e usar mais vezes suas liberdades e flexibilidades.

Em nossa civilização, mesmo o exercício do corpo fisiológico, cuja função própria é manter a flexibilidade de muitas de suas variáveis, forçando-as a valores extremos, torna-se um "esporte para espectadores", e o mesmo vale para a flexibilidade das normas sociais. Vamos ao cinema ou às quadras – ou lemos os jornais – para ter a experiência indireta de um comportamento excepcional.

A transmissão da teoria

Uma primeira pergunta em toda aplicação de uma teoria aos problemas humanos diz respeito à educação daqueles que devem executar os planos. Este texto é, em primeiro lugar, uma apresentação da teoria aos planejadores; é uma tentativa de pelo menos deixar algumas ideias teóricas à disposição deles. Mas, reestruturar uma grande cidade por um período de dez a trinta anos exige que os planos e a execução passem pela cabeça e pelas mãos de centenas de pessoas e dezenas de comitês.

É importante que as coisas certas sejam feitas pelos motivos certos? É necessário que os que revisam e executam o plano compreendam os insights ecológicos que guiaram os planejadores? Ou os planejadores deveriam inserir na própria estrutura do plano incentivos colaterais que inspirem seus sucessores a executá-lo por motivos muito diferentes daqueles que o inspiraram originalmente?

Esse é um problema antigo da ética que atormenta (por exemplo) todo psiquiatra. Ele deve se dar por satisfeito quando o paciente se readequa à vida convencional por motivos inadequados ou neuróticos?

Essa pergunta não apenas é ética em sentido convencional, mas também é ecológica. Os meios que uma pessoa utiliza para influenciar outra fazem parte da ecologia das ideias na relação que existe entre elas e do sistema ecológico mais amplo no qual existe essa relação.

A palavra mais dura da Bíblia é de são Paulo, na epístola aos Gálatas: *"de Deus não se zomba"*, e isso se aplica à relação entre o homem e sua ecologia. De nada vale argumentar que um determinado pecado de poluição ou exploração foi um pecadilho de nada, ou que não foi intencional, ou que foi com a melhor das intenções. Ou que se "eu não o tivesse cometido, outra pessoa o cometeria". Os processos ecológicos não se deixam ludibriar.

Por outro lado, a onça-parda, quando mata um cervo, certamente não está atuando para proteger a erva contra o sobrepastoreio.

Na verdade, saber como transmitir nosso raciocínio ecológico àqueles que desejamos influenciar na direção do que nos parece ecologicamente "bom" é em si um problema ecológico. Não estamos fora da ecologia para a qual planejamos – fazemos sempre e inevitavelmente parte dela.

Reside nisso o encanto e o terror da ecologia – que as ideias dessa ciência estejam se tornando irreversivelmente parte de nosso próprio sistema ecossocial.

Vivemos em um mundo diferente do mundo da onça-parda – e ela não é nem perturbada nem abençoada por ter ideias a respeito da ecologia. Nós, sim.

Creio que essas ideias não são maléficas e nossa maior necessidade (ecológica) é propagá-las à medida que elas se desenvolvem – e à medida que são desenvolvidas pelo processo (ecológico) de sua propagação.

Se esse cálculo estiver correto, as ideias ecológicas implícitas em nossos planos são mais importantes que os próprios planos, e seria insensato sacrificar essas ideias no altar do pragmatismo. Não compensará, no longo prazo, "vender" nossos planos com argumentos *ad hominem* superficiais que esconderão ou contradirão o insight mais profundo.

Índice onomástico

Abel 435
Adão 348, 434–35
Agamenon 468
Alexander, Franz 120
Ames Jr., Adalbert 459
Appleby, Lawrence 242, 244
Aquino, são Tomás de 427–28, 479
Aristóteles 427, 479
Ashby, W. Ross 149, 279, 355
Atreu 468

Bach, Johann Sebastian 459
Baldwin, J. Mark 357, 366, 420
Bateson, Beatrice C. 245
Bateson, John 290
Bateson, Lois 22
Bateson, Mary Catherine 26, 439
Bateson, William 24, 102, 245, 347, 381, 386–88
Bernard, Claude 289
Bertalanffy, Ludwig von 243, 254, 470
Bitterman, Morton E. 305
Blake, William 23, 58-59, 80, 207, 261, 275, 311, 314, 459–60, 465
Boehme, Jacob 275
Bohannon, Paul 91
Boothe, Bert 23
Brodey, Warren 344
Buber, Martin 445
Buffon, Georges-Louis Leclerc, conde de 154

Butler, Samuel 24, 159, 166, 250–51, 265–66, 269, 275–76, 398, 428, 436, 448, 462, 469

Caim 435
Cannon, Walter B. 289, 433
Carnap, Rudolf 197
Carpenter, Clarence Ray 201, 220
Carroll, Lewis 401, 407, 442
Carroll, Vern 23
Carson, Rachel 483
Clemenceau, Georges 467
Clitemnestra 468
Collingwood, Robin George 24, 327, 447
Craik, Kenneth J. W. 470
Creel, George 467, 470
Cristo 59–60
Cuvier, Georges 23

Darlington, Cyril D. 280
Darwin, Charles 265–66, 275–76, 280, 427–28, 447, 462, 477
Da Vinci, Leonardo 461
Demócrito 275
Deus 32, 76, 80–81, 122, 127, 153, 333, 338–43, 348, 427, 434–35, 458–59, 463, 497
Djati Sura, Ida Bagus 171, 173
Dollard, John 121
Doughty, Charles 110

Duncan, Isadora 162, 461
Dunkett 250–51

Epimênides 199, 203
Erickson, Milton H. 237–38
Erikson, Erik H. 331
Eva 434–35

Fenichel, Otto 160, 164, 421
Forge, Anthony 162
Fortes, Meyer 133
Frank, Lawrence K. 148, 188
Fremont-Smith, Frank 21–22
Freud, Sigmund 31, 79, 81–82,
    113, 161, 163, 335, 372, 437, 460
Fromm-Reichmann, Frieda 97,
    240, 247,
Fry, William 22, 242

Galileu Galilei 275
George, Lloyd 467
Gillespie, Charles C. 280
Ginsburg, Benson 368
Goebbels, Joseph 437, 480
Goethe, Johann Wolfgang
    von 285
Gosse, Philip Henry 348–49

Haag, Richard 287
Haley, Jay 22, 197, 209, 218,
    241–42, 247
Hamlet 243, 299
Harlow, Harry F. 221, 263, 301,
    304
Harrison, Ross G. 382, 393-94
Henley, William Ernest 319

Heráclito 275, 297
Herrigel, Eugen 159
Hibbard, Emerson 393
Hilgard, Ernest R. 192
Hilgard, Josephine R. 228
Holt, Anatol 340
Hull, Clark 190, 221, 263, 303–04
Huxley, Aldous 153
Huxley, Thomas H. 447

Jackson, Don D. 218, 231, 236,
    242, 248
Jó 445, 452
Johnson, Lyndon Baines 435
Johnson, Samuel 372
Jones, Henry Festing 250–51,
    279
Joyce, James 465,
Jung, Carl 452–53, 475–76;
    Basílides (pseudônimo) 452

Kant, Immanuel 450, 475–76
Kelly, George 322
Keynes, Jonh M. 275, 467
Korzybski, Alfred 22, 200, 446,
    454

Laing, Ronald 429
Lamarck, Jean-Baptiste de 23,
    275, 280, 348, 427, 447
Lasker, Alfred D. 256
La Touche, John 119
Lavoisier, Antoine 275
Leach, Edmund 154, 174
Lee, Dorothy 194
Lerner, Isadore M. 360–61
Lévi-Strauss, Claude 163

Lewin, Kurt 117, 192
Liddell, Howard S. 305
Lilly, John C. 367, 370
Lindsay, John 488
Lorenz, Konrad 200, 220, 332
Lovejoy, Arthur O. 447

Macaulay, Thomas
    Babington 175
Macbeth 65–66
Maier, Norman R. Frederick 188
Malinowski, Bronislaw 92, 194
Marquis, Donald G. 192
Marx, Irmãos (Chico, Harpo,
    Groucho, Gummo,
    Zeppo) 271
Maxwell, Clerk 289
McCulloch, Warren 21, 205
McPhee, Colin 139
Mead, Margaret 22, 97, 118, 120,
    124, 134, 137, 140, 143-45, 181–
    87, 195–96
Molière 29
Morgan, Lloyd 357
Morgenstern, Oskar 146–47, 251

Newton, sir Isaac 30, 69–70, 275,
    279, 293
Norris, Kenneth S. 367

O'Brien, Barbara 334
O'Rielly, Joseph 287
Orestes 468
Osmundsen, Lita 23

Parks, Gordon 458
Pascal, Blaise 163, 327, 460
Paulo, são 426, 463, 497
Perceval, John 224, 341
Pitágoras 422, 447,
Plog, Fred 91
Pollock, Jackson 172
Próspero 438
Prosser, C. Ladd 364
Pryor, Karen 287
Pryor, Taylor 23

Radcliffe-Brown, Alfred R. 110,
    140, 201
Randall, Helen S. 419
Randall, John E. 419
Richards, Audrey I. 92
Richardson, Lewis F. 135–37, 331
Robert H. Smith (dr. Bob) 318
Robinson, Earl 119
Róheim, Géza 124
Ruesch, Jurgen 22, 197, 241, 309
Russell, Bertrand 197, 199–200,
    205, 208, 219, 289, 305, 367,
    376, 470
Ryder, Robert 281

Salk, Jonas 432
Sebeok, Thomas A. 69, 334, 412
Shannon, Claude 28, 470
Silkworth, William D. 337
Simmonds, Norman
    Willison 360
Smith, Bernard 318
Sócrates 457
Stevenson, Robert Louis 243
Stroud, John 263–64, 280

Teilhard de Chardin, Pierre 462
Thompson, D'Arcy W. 245
Tiestes 468
Tinbergen, Nikolaas 200–01

Van Gogh, Vincent 159, 167--68
Van Slooten, Judith 23
Vickers, sir Geoffrey 457
Von Domarus, Eilhard 221–22
Von Foerster, Heinz 280
Von Neumann, John 21, 146–48,
    251–54, 294, 470

Waddington, Conrad H. 267–68,
    280, 362–63
Wallace, Russell 428–29
Watson, Goodwin 116
Weakland, John H. 22, 218, 242,
    248
Weismann, August 280, 350-51
Whitehead, Alfred North 93, 197,
    205, 219, 289, 367, 376, 462,
    470
Whitman, Walt 153
Whorf, Benjamin L. 197
Wiener, Norbert 21–22, 470
Wilmer, Harry A. 247
Wilson, William Griffith (Bill
    W.) 318, 320–21, 337, 340
Wilson, Woodrow 467
Wittgenstein, Ludwig 156, 197
Wynne-Edwards, Vero
    Copner 441

Sobre o autor

GREGORY BATESON, nasceu em 1904, na Inglaterra. Filho do geneticista William Bateson e de Caroline Beatrice Durham, graduou-se em Ciências Naturais pela Universidade de Cambridge, onde obteve também mestrado em antropologia em 1930. Como parte de sua formação, realizou trabalho de campo entre os Iatmul, uma comunidade da região do Sepik, na Papua Nova Guiné, que resultou na clássica etnografia *Naven*, publicada em 1936. A pesquisa em torno de dinâmicas culturais conduzida nesse período foi fundamental para o desenvolvimento de sua teoria da comunicação e do conceito de cismogênese, que mais tarde o consagraria como figura central na cibernética.

Conheceu a antropóloga Margaret Mead em 1932, com quem se casou em 1936. Entre 1936 e 1939, realizaram juntos pesquisa de campo em Bali e novamente na Papua Nova Guiné, onde se dedicaram a questões ligadas a comunicação e processos de aprendizado. Durante a década de 1940, Bateson e Mead aprofundaram seu interesse pela psicologia cultural, estudando como os fatores culturais moldam o comportamento individual e coletivo, traçando padrões comuns no desenvolvimento psicológico humano e buscando compreender como esses interagiam com variações culturais.

Em 1940, o casal se mudou para os Estados Unidos, dedicando-se a pesquisar diferenças culturais entre nações aliadas e rivais durante a Segunda Guerra Mundial. Em 1941, Bateson passou a atuar no desenvolvimento da cibernética como participante das Conferências Macy, que continuaria frequentando até 1960. Entre 1943 e 1945, ainda no contexto da guerra, fez parte do Escritório de Serviços Estratégicos dos Estados Unidos [United States Office of Strategic Services, OSS], recorrendo a ideias da cibernética para criticar o início da corrida armamentista da Guerra Fria.

Influenciado pela psicanálise, desenvolveu, entre 1952 e 1954, um projeto de pesquisa no departamento de antropologia e sociologia da Universidade de Stanford com o apoio da Fundação Rockefeller, por meio do qual procurou formular hipóteses para uma teoria da esquizofrenia. Nesse período, trabalhou no Veterans Administration Hospital em Palo Alto, Califórnia, onde estudou interações familiares e comunicação em contextos psiquiátricos, desenvolvendo conceitos importantes como a teoria do duplo vínculo (*double bind*) em colaboração com outros pesquisadores.

Em 1963 estudou a comunicação entre golfinhos e polvos nas Virgin Islands e depois no Havaí. Como residente do Havaí entre 1965 e 1971, colaborou com o Instituto Oceânico e a Universidade do Havaí. De 1972 a 1978, lecionou na Universidade da Califórnia, Santa Cruz; de 1977 a 1980, serviu no Conselho de Reitores da Universidade da Califórnia. Faleceu em 4 de julho de 1980.

Obras selecionadas

Naven: A Survey of the Problems Suggested by a Composite Picture of the Culture of a New Guinea Tribe Drawn from Three Points of View. Cambridge: Cambridge University Press, 1936 [ed. bras.: *Naven: um exame dos problemas sugeridos por um retrato compósito da cultura de uma tribo da Nova Guiné, desenhado a partir de três perspectivas*, trad. Magda Lopes. São Paulo: Edusp, 2008].

(com Margaret Mead) *Balinese Character: A Photographic Analysis*. New York: New York Academy of Sciences, 1942.

(com Jurgen Ruesch) *Communication: The Social Matrix of Psychiatry*. New York: Norton, 1951.

Steps to an Ecology of Mind: Collected Essays in Anthropology, Psychiatry, Evolution, and Epistemology. San Francisco: Chandler Publishing Co., 1972. [ed. bras.: *Rumo a uma ecologia da mente*, trad. Simone Campos. São Paulo: Ubu Editora, 2025].

Mind and Nature: A Necessary Unity. New York: E. P. Dutton, 1979.

(com Mary Catherine Bateson), *Angels Fear: Towards an Epistemology of the Sacred*. New York: Macmillan, 1987. [póstuma]

(com Rodney E. Donaldson), *A Sacred Unity: Further Steps to an Ecology of Mind*. New York: Cornelia & Michael Bessie Book, 1991. [póstuma]

Dados Internacionais de Catalogação na Publicação (CIP)
Bibliotecário Odilio Hilario Moreira Junior – CRB 8/9949

B329r Bateson, Gregory [1904–80]
  Rumo a uma ecologia da mente / Gregory Bateson;
  traduzido por Simone Campos/ textos de Mary Catherine
  Bateson e Mark Engel. Título original: *Steps to an Ecology
  of Mind*. – São Paulo: Ubu Editora, 2025. 512 pp.
  ISBN 978 85 7126 192 1

1. Antropologia. 2. Etnografia. 3. Ecologia. 4. Psicologia.
5. Tecnologia. 6. Cibernética. 7. Esquizofrenia. I. Campos,
Simone. II. Título.

2025–37   CDD 301   CDU 572

Índice para catálogo sistemático:
1. Antropologia 301
2. Antropologia 572

Título original: *Steps to an Ecology of Mind*
© Ubu Editora, 2025
© Bateson Idea Group, 2021
© Prefácio de Mary Catherine Bateson, 2000

imagem da capa Camillo Golgi, Representação de fragmento
da seção vertical do bulbo olfativo de um cachorro, gravura
reproduzida na obra *Sulla fina Struttura dei bulbi olfattorri*.
Reggio Emilia: Tipografia di Stefano Calderini, 1875.

preparação Mariana Echalar
revisão Talita Gonçalves de Almeida
design de capa Elaine Ramos
composição Nikolas Suguiyama
produção gráfica Marina Ambrasas

EQUIPE UBU

direção Florencia Ferrari
direção de arte Elaine Ramos; Júlia Paccola
e Nikolas Suguiyama (assistentes)
coordenação Isabela Sanches
coordenação de produção Livia Campos
editorial Bibiana Leme, Gabriela Ripper Naigeborin
e Maria Fernanda Chaves
comercial Luciana Mazolini e Anna Fournier
comunicação / circuito ubu Maria Chiaretti,
Walmir Lacerda e Seham Furlan
design de comunicação Marco Christini
gestão circuito ubu / site Cinthya Moreira e Vivian T.

UBU EDITORA
Largo do Arouche 161 sobreloja 2
01219 011 São Paulo SP
ubueditora.com.br
professor@ubueditora.com.br
/ubueditora

fontes Tiempos e Wayfinder
papel Pólen natural 70 g/m²
impressão Margraf